핵비확산의 국제정치와
한국의 핵정책

한용섭

International Politics of Nuclear Nonproliferation and South Korea's Nuclear Policy

박영사

발간사

21세기 세계의 군사적 단층은 9개의 핵무장국과 184개의 비핵국으로 나누어져 있다. 핵무기의 확산과 핵전쟁 우려를 종식하기 위해 1970년에 출범한 핵비확산조약 체제는 5대 국가(미국·소련·영국·프랑스·중국)의 핵보유를 공식적으로 인정하고, 나머지 국가들의 핵무기 개발을 금지한 불평등한 조약이었다. 핵비확산(NPT: Nuclear Nonproliferation Treaty)체제가 출범한 이후 핵국과 비핵국 사이에는 핵확산 방지와 핵확산 시도라는 국제정치적 게임이 전개되었다. 그런 중에도 세계의 189개국이 NPT 회원국이 되었고, 그 규범을 받아들이고 있으나, 이스라엘, 인도, 파키스탄, 북한이 NPT체제의 밖에서 핵무기를 개발하여 NPT의 도전요소가 되고 있다.

NPT가 보편적 국제체제가 되고 있음에도 불구하고, 한반도에서는 완전히 다른 양상이 나타났다. 한국은 1970년에 NPT에 가입하고 1975년에 NPT를 발효시켜 모범적인 비핵국으로 행동하여 왔고, 핵의 군사적 측면을 완전히 배제하고 전력생산을 통해 광명의 빛을 주는 평화적 측면의 원자력발전을 일으켜서 세계 5위의 원자력발전 국가에 진입하였다. 반면에 북한은 1985년에 NPT에 가입하고도 2003년에 NPT를 탈퇴하고, 군사적 측면의 핵무기 개발에만 올인하여 사실상의 핵보유국이 되었다고 선포하였으며, 한국과 미국, 세계를 상대로 핵위협과 NPT체제에 대해 도전하고 있다. 한국은 비핵과 세계평화라는 노선을 추구하고 있고, 아이러니 하게도 북한은 핵과 평화라는 이데올로기적 노선을 주장하고 있어, 남북한 간에 논리상의 대결도 만만치 않다.

이런 환경 속에서 저자는 NPT체제의 동향에 대해 예리하게 주목하고, 우리 대한민국의 국익을 반영시킨 가운데 NPT체제가 지속적으로 발전되어야 한다는 생각을 가지고, 학문적이고 정책적인 연구와 활동을 전개해 왔다. 사실상 저자의 NPT체제에 대한 정책적·학문적 관심은 남북한이 비핵화 협상을 개시한 1991년에 시작되었다.

돌이켜보면, 한국이 처음으로 핵무기에 관심을 가진 것은 1972년에 박정희 대통령이 핵무기 개발을 시작했던 때였다. 1974년에 미국정부가 이를 눈치 채고 다방면으로 압력을 구사하고 나오자, 1976년 1월에 박정희 정부는 핵개발 계획을 공식적으로 포기했다. 그 이후 한국의 정부나 학계, 국민들은 핵의 군사적 이용에 관한 모든 생각을 접고 관심을 두지 않았다.

한반도에서 핵무기에 대한 관심이 두 번째로 일어난 것은 1990년 탈냉전과 함께 북한 김일성이 핵무기 개발을 시작함에 따라, 이를 막기 위해 한·미 양국이 공조하여 노력하기 시작한 때이다. 북한의 핵개발을 막기 위해서 한국은 미국의 요청에 의해 북한과의 핵협상에 임하게 되었다. 1976년부터 1991년까지 한국의 국내에서는 핵무기에 대한 언급이 금기시 되어 있었기 때문에, 남북한 핵협상을 제대로 하기 위해 한국의 정책담당자들은 핵무기와 원자력의 평화적 이용에 대한 지식과 전문성이 필요하였다. 그때에 비로소 정부에서 핵공학자들과의 대화를 시작했고, 다른 한편으로는 미국의 비확산 및 핵정책 공동체와 교류하기 시작했다. 정부의 남북 핵협상 종사자들이 미국을 방문하여 핵지식과 핵군축, 핵검증에 관한 노하우를 배우기도 했다.

이때에 저자는 1985년부터 6년 간 미국의 하버드대학과 랜드대학원에서 미소 간 핵군비경쟁과 핵군축, 재래식 군비경쟁과 군비통제를 연구하고 관련 학위를 받고 귀국하여 1991년 12월부터 1년 간 남북 핵통제공동위원회의 남측 전략수행요원으로 일하게 되었다. 그해 12월 제5차 남북 고위급회담에서 북측 대표가 "지금 남한 땅에 핵무기가 있습니까? 없습니까? 예스 혹은 노우라고 대답하세요"라고 반복적으로 우리측 협상 대표를 코너로 몰아 넣었으나, 우리측 대표는 "시인도 부인도 안하는 것(Neither Confirm Nor Deny)이 우리 정책입니다"라고 반복하여 대답할 뿐 시원한 대화가 되지 않았다.

그 뒤 북한 핵위협이 가시화 될수록 우리도 핵에 대한 지식과 비핵화의 방법, 핵협상 기술과 검증방법에 대해 더 알아야 했다. 그리고 세계의 핵무기는 어떻게 되고 있는지, 비확산 레짐은 어떻게 되고 있으며, 우리가 북한에 요구할 것은 무엇이고, 한미 간의 협조 및 국제적인 지원은 어떻게 확보할 수 있는지에 대해서 다방면의 지식이 필요했다. 사회과학 중심의 정책공동체와 자연과학의 핵공학공동체 간에 지속적인 융합학문적 접근이 필요하였다. 그러나 북핵협상이 북미 간의 제네바협상으로 넘어가면서 한국은 남북 핵협상 기간 중에 결성되어 운영되고 있었던 핵정책공동체와 핵공학공동체 간의 네트워크가 사라져 버렸다.

이러한 문제의식을 가지고 있던 저자는 1992년 말 남북한 핵협상이 결렬되자마자, 스위스 제네바 소재 유엔군축연구소 소장에게 편지를 보내, 남북한 간 핵협상에 대한 평가를 국제적인 기록으로 남길 필요가 있고, 북한 핵문제뿐만 아니라 21세기에 닥쳐 올 중국과 일본, 대만을 포함한 동북아시아의 핵문제를 국제 핵군축과 핵비확산 체제의 관점에서 연구할 필요성을 제기하였다. 그때 유엔군축연구소 소장이었던 Sverre Lodgaard 박사가 저자를 유엔군축연구소의 객원연구원으로 받아 주었다. 이때 에 저자는 『동북아의 핵군축과 비확산(*Nuclear Disarmament and Nonproliferation in Northeast Asia*)』이란 책을 유엔이름으로 출판하였다. 북한을 포함한 동북아의 핵문제 를 광범위한 시각에서 분석하고, 동북아에서 비확산과 핵군축을 장려하기 위해서는 남북한을 동시에 제네바군축회의(Conference on Disarmament)의 회원국으로 가입시키 고, 북한에 대한 IAEA의 핵사찰을 강화할 수 있는 추가의정서(93+2)를 신속하게 통 과시킬 것을 건의하였다. 이 건의는 몇 년 내에 수용되었고, 그때부터 지금까지 저자 와 세계의 핵비확산전문가공동체와의 지속적인 교류협력이 이루어지고 있다.

그러다가 한국이 핵관련 문제에 대해 세 번째로 관심을 기울이게 된 것은 2010 년 오바마 미국 대통령이 "테러세력의 핵무기 획득과 사용 가능성에 기인한 핵테러리 즘을 저지하기 위해 핵안보정상회의를 주창하고 나선 때"였다. 이명박 정부는 2012년 제2차 핵안보정상회의를 서울에 유치하였고, 핵안보정상회의를 성공적으로 개최하고 자 정부는 준비자문단을 구성하였다. 이때에 저자는 이 자문단의 일원으로서 김성환 외교통상부장관에게 "1993년에 사라진 한국의 핵정책공동체와 핵공학공동체 간의 융 합학문적 네트워크를 다시 재건해야, 앞으로 글로벌 핵문제를 다루어나가는 데에 있 어서, 한국이 핵심적인 역할을 할 수 있다"고 건의하고 한국핵정책학회를 드디어 출 범시키게 되었다.

한편, 에너지자원 빈국인 한국이 1973년 중동 발 오일쇼크에서 벗어나고 에너지 의 대외 의존도를 줄이기 위해, "지하에서 캐내는 에너지가 아닌 인간의 머리에서 캐 내는 에너지"라고 불리는 원자력의 발전을 도모하고자 박정희 정부가 원자력 발전 장 기계획을 시작함으로써 한국에는 원자력 발전의 붐이 조성되었다. 박정희 이후 모든 대통령을 거치면서 한국의 원자력은 지속적으로 발전하여, 2016년에 한국은 세계 5 위의 원자력발전 대국이 되었다. 그러나 2017년 등장한 문재인 정부에서 탈원전을 감 행하여 한국은 원자력대국의 꿈이 사라지고, 핵공학 연구생태계는 소멸의 위기에 직 면하였다. 2022년 5월 등장한 윤석열 정부가 탈원전시대에 종지부를 찍고 원자력의 제2의 르네상스를 시도하고 있음은 국가적으로나 학문적으로나 다행한 일이라고 할 수 있을 것이다.

저자는 한국이 보편적인 국제핵비확산체제(NPT)에 대한 전반적인 이해도가 낮고, NPT에 가입하여 비핵정책과 핵의 이중성 중에서 평화적 원자력의 발전에 전념하면서도, 비핵화의 장점을 세계적으로 선양하고 국제적 연대를 형성함으로써 국가전략적 측면에서 국익을 챙겨오지 못하고 있음을 실감하였다. 그리고 핵공학 측면에서도 원자력의 세부적인 기술의 연구와 개발에만 관심을 기울이는 부처 이기주의가 만연함을 보았다. 그래서 국가전략적 차원에서 군사안보와 과학기술을 융합한 학제간 연구를 통해 NPT 모범 준수국으로서 누려야할 모든 국제적 과학기술적 권리를 찾아야 한다는 관점에서 "한국의 핵정책과 비확산의 국제정치"라는 연구 주제를 가지고 2015년 5월 한국연구재단에 우수학자 연구사업에 지원신청을 하여 선정이 되었다. 이 책은 지난 5년 간 연구를 종결 짓는 작업의 결과물이다.

이 책은 서론에서 연구목적과 연구방법과 연구범위를 설명하고, 제1장에서 국제핵비확산 레짐의 기원과 전개과정, 핵무기 개발을 성공한 국가의 동기와 실태, 핵무기 개발을 포기한 국가들의 동기와 실태, NPT의 국제레짐으로서 진화과정, 국제정치이론의 <자율성과 안보의 교환효과>이론을 확장하여 <자주－핵확산> 대 <안보동맹－핵비확산>의 4분면에서의 핵국 및 비핵국들의 전략적 선택의 비교 분포도, NPT의 국제레짐으로서의 건강성 평가와 도전 과제를 살펴본다.

제2장에서는 한국의 핵개발 정책의 기원과 전개, 포기에 이르기까지의 이슈와 한미 간의 협상과정, 주한미군의 전술핵무기의 규모의 변화와 미국의 대한반도 핵억제정책의 변화, 그리고 탈냉전과 주한미군의 전술핵 철수, 그 후속조치로서 등장한 한반도비핵화 정책의 기원과 진화과정, 북한의 핵무장과 핵위협에 대비한 한미 양국의 확장억제 개념의 등장, 한국의 독자적 핵무장에 관한 국민여론의 변화, 북한 핵시대에 한국의 비핵정책에 대한 도전과 과제를 살펴본다. 여기서 이루지 못한 박정희의 핵개발의 꿈을 미화함으로써 핵개발이 마치 성공할 수 있었던 것처럼 신화 만들기가 있었고, 이 신화 만들기가 오히려 장기적인 관점에서 미국과 국제사회의 한국에 대한 불신 가중과 우리의 평화적 핵이용 정책 면에서도 국익 손실을 초래한 것을 발견한다.

이 장에 이어서 NPT체제와 북한 간의 상호작용, 북한의 핵개발 정책과 능력, 북한의 핵협상 전략의 변화, 남북한, 북미, 6자회담에서 핵협상의 교훈, 2018년 사상 초유의 북미 정상회담에서 북한 비핵화의 성공을 위해서 반드시 고려해야 할 요소를 도출하여 이 책 속의 한 장으로 출판하려고 시도하였다. 그러나 2018년 북미정상회담이 개최됨에 따라 북핵에 대한 연구는 2018년 5월『북한핵의 운명』(박영사, 2018년)이란 책으로 독립하여 출판하였다. 따라서 북핵연구는 본서에서는 다루지 않는다.

제3장에서는 한국의 평화적 원자력 발전정책의 기원과 진화과정, 자율성과 에너지의 상호관계를 살펴본다. 그리고 대미 원자력 협력에 있어서 성취사항과 한계를 살펴보고, 결론적으로 국가전체적 입장에서 군사안보와 과학기술의 융합적 노력을 촉구하기 위해 사회과학과 자연과학의 협업을 통해 탈원전 운동을 비판적으로 극복하는 길을 발견하고자 노력하였다.

결론에서는 국제핵비확산체제와 한국의 역동적인 상호작용, 한국의 핵개발과 포기, 원자력발전에 있어서 한미 원자력 기술협력에서 나타난 국제정치적·군사전략적·과학기술적 측면의 장단점을 통합하여 우리에게 주는 교훈을 밝힌다. 지금까지 각 세부분야에서는 한미 간의 협력을 잘 해왔지만, 모두 부분최적화에 머물러 있고, 국가전략적 차원에서 각 세부분야를 통합하여 세계적 차원에서 비핵정책의 모델 국가로서 국익을 중장기적으로 확보하는 방법, 평화적 원자력의 모범 국가로서 문명국가의 위상을 떨치고 국제적 연대를 통한 북한의 비핵화를 유도할 수 있는 방안을 제시하게 될 것이다.

이 저서는 2015년 대한민국 교육부와 한국연구재단의 우수학자 연구지원을 받아 수행된 연구(NRF-2015S1A5B1012382)의 결과물이다. 원 제목은 "한국의 핵정책과 국제정치"였으나, "핵비확산의 국제정치와 한국의 핵정책"으로 바꾸어 출판하게 되었음을 밝힌다. 이 연구를 지원해 준 한국연구재단에 감사드린다. 이 책의 출판을 맡아준 안종만 박영사 회장님, 안상준 대표님과 관계자들에게 감사드린다. 그리고 본서의 모든 내용은 저자 개인의 견해임을 밝히며 부족한 점이나 오류에 대한 지적이 있다면 주저없이 반영할 것이다.

2022년 8월
저자 한용섭

감사의 말씀

이 책을 완성함에 있어서 감사를 드려야 할 분들이 너무 많다.

우선 저자와 같은 문제의식을 공유하고 핵비확산과 핵안보, 평화적 원자력활용이라는 분야에서 2012년부터 지금까지 한국핵정책학회를 결성, 동 학회를 통해 학문활동과 정책연구 작업에 함께 해 준, 이상현, 전봉근, 김태우, 김영평, 이동휘, 황일순, 조청원, 임만성, 유호식, 심형진, 변준연, 김석철, 황용수, 강정민, 김경표, 박영호, 함재봉, 홍규덕, 신범철, 이병철, 신창훈, 차두현, 박휘락, 최관규, 이나영, 송하중, 안남성, 이동형, 류재수, 최성열, 이병구, 황지환, 이성훈, 김영준, 조홍제, 양지은, 최윤화 박사께 감사드린다.

한국핵정책학회의 미국측 카운터파트너로서 2010년 핵안보정상회의 직후 형성된 글로벌 자문그룹 활동을 바탕으로 한미 핵정책리더십공동구상(Korea-US Nuclear Policy Leadership Initiative)을 저자와 함께 발족시켜서 지금까지 한미 간에 학문적·정책적 교류를 해 오고 있는 Kenneth N. Luongo, Laura Hollgate, Toby Dalton, Sharon Squassoni, Kenneth Brill, Anita Nilsson, Caroline Jorant, Bart Dal, Alex Burkart, Jenny Town, Joel Wit, Mark Holt, Matt Bowen, Rebecca Hersman, Alexandra Van Dine, Marc Nichol, Corey McDaniel에게 감사를 드린다.

그리고 한국의 저명 원자핵공학자인 김병구, 송명재, 장순흥, 최영명, 정연호, 황주호, 주한규, 임채영, 원로 이창건 박사님에게 감사드린다. 그리고 이종훈 전 한국전력 사장, 김영웅 전 한전보수원자력훈련원 원장, 김기학 전 한국핵연료주식회사 사장께 감사드린다. 몇 번의 인터뷰에 응해주신 전 박정희 정부 청와대 제2경제수석실의 김광모 비서관님, ADD의 구상회 박사님에게도 감사드린다.

한국 국제정치학계의 이홍구, 한승주, 이상우, 김달중, 황병무, 라종일, 김학준, 안청시, 최상용, 강성학, 하영선, 문정인, 이서항, 윤영관, 이태환, 김용호, 백진현, 윤덕민, 김영호, 김창수, 김태현, 김병국, 김성한, 최강, 박영준, 조성렬, 전재성, 김명섭,

마상윤, 신종대, 정욱식, 부형욱, 박창희, 고봉준, 조철호 교수께 감사드린다.

그리고 저자의 핵과 안보외교 분야의 학문과 정책적 연구에 큰 영향을 주시고 이제는 뵈올 수 없는 고 구영록 교수님, 고 이호재 교수님, 고 함택영 교수님, 고 권영빈 중앙일보 주필님께 깊은 감사의 말씀을 올린다.

1990년대 초반부터 지금까지 한국 외교부에서 비확산과 군축관련 지식과 경험을 공유해 주신 공로명, 반기문, 정태익, 송민순, 김성환, 윤병세, 천영우, 박진, 최영진, 박인국, 신각수, 안호영, 위성락, 조태용, 박노벽, 조태열, 김원수, 조현, 이태호, 서정하, 신봉길, 함상욱, 이용준, 조현동, 김봉현, 신동익, 한충희, 임상범께도 감사드린다. 국방분야에서 저자의 핵과 안보분야 학술연구를 늘 격려해 주신 권영해, 김동신, 윤광웅, 김재창, 박용옥, 권태영, 황진하, 안광찬, 차영구, 권안도, 임관빈, 신성택, 김동명, 문성묵, 이상철, 송승종. 백승주, 김정섭께 감사를 드리고 과학기술분야의 이승구, 통일분야의 임동원, 곽태환, 박영규, 현인택, 이종석, 최진욱, 전성훈께도 감사드린다.

저자의 핵관련 신문 기고를 항상 기꺼이 받아주신 언론계의 홍석현, 이하경, 황성규, 황온중, 이하원, 이정훈, 유용원, 전영기, 오동룡께도 감사드린다.

1990년대 초반부터 지금까지 세계의 핵과 비확산에 관한 학술교류와 정보교환을 했던 전문가들에게 감사하고 싶다. 미국의 Ronald F. Lehman II, Robert L. Gallucci, Daniel B. Poneman, Wendy Sherman, James E. Goodby, John E. Endicott, Leonard S. Spector, Daniel Russell, M. Elaine Bunn, Matthew Bunn, Mitchell B. Reiss, Kurt M. Campbell, John Merrill, Henry D. Sokolski, Scott A. Snyder, Gary Samore, Larry Niksch, David Albright, Bruce Klingner, Bruce Bechtol, Kongdan Oh, Florence Lowe—Lee, Victor Cha, 고 Jonathan Dean, 고 Richard Solomon, 고 Donald Rumsfeld, 고 Randall Forsberg, 고 Don Oberdorfer, 고 Selig Harrison에게 감사드리고 싶다.

조지워싱턴대학 국가안보자료센터의 William Burr 박사는 그가 가진 모든 관련 자료를 저자와 공유하였기에 감사드린다. 워싱턴에 있는 Atomic Heritage Foundation의 Cynthia C. Kelly 소장은 이 재단의 원자력관련 모든 자료의 사용을 허락하였기에 감사드린다. 랜드연구소의 James A. Thomson, Natalie W. Crawford, Michael D. Rich, Paul K. Davis, Bruce W. Bennett, Norman Levin, Richard Darilek, 고 Charlie

X 감사의 말씀

Wolf, Jr. 박사께도 감사드린다.

하버드의 Graham T. Allison, Albert Carnesale, Joseph S. Nye Jr., Richard N. Haass, Gregory Treverton, 몬테레이비확산연구센터의 William C. Potter, James Clay Moltz, Jeffrey Lewis, Jeffrey W. Knopf, Daniel Pinkston, 스탠포드의 Scott Sagan, Siegfried S. Hecker, 브루킹스연구소의 Jonathan D. Pollack, 미국 해군대학원의 David S. Yost, 샌디애고대학의 Stephan Haggard, 포틀랜드주립대학의 David Kinsella 에게도 감사하고 싶다. 미국 과학자협회의 Hans Kristensen, Leon V. Sigal, 미국군비통제협회의 Thomas Countryman, Daryl Kimball에게도 감사드린다.

영국의 David A. V. Fischer경, John Chipman, Mark Fitzpatrick, John Simpson, Wyn Bowen, Andrew Futter, 스위스의 Jozef Goldblat, 스리랑카의 Jayantha Dhanapala, 노르웨이의 Sverre Lodgaard, 인도의 고 Jasjit Singh 박사, 중국의 Shen Dingli, Xia Liping, Wu Xinbo, Su Hao, Li Bin, Zhao Tong, Zhu Xuwei, Pan Zhenqiang, Wang Zhongchun, 일본의 Kawaguchi Yoriko, Shinichi Ogawa, Nobuyasu Abe, Akiyama Nobumasa, Tatsujiro Suzuki, Narushige Michishita, Nishino Junya, 호주의 Gareth Evans, Andrew Mack, Ramesh Thakur, 이스라엘의 Ariel Levite와 고 Simon Peres 전 대통령님, 1993년 김정일의 특별사찰 수용 가능성 여부를 두고 저자와 격론을 벌인 바 있는 국제원자력기구의 Mohamed Mustafa ElBaradei 전 사무총장에게도 감사드리고 싶다.

마지막으로 이 책의 원고를 마무리 할 즈음에 좋은 연구실과 관대한 지원을 아끼지 않으신 경남대 박재규 총장님께 감사드리고 싶다. 그리고 오랜 기간 비슷한 주제를 가지고 연구를 지속해 준 제자들 중, 김기호, 심상순, 김광진, 최현수, 이규원, 김태현, 이재학, 오형식, 양욱, 박기태, 박선형, 김홍익, 홍준기, 김기덕, 정경두, 권정욱, 김진원, 이준상, 이상혁께도 감사드리며 이 책의 교정과 자료정리 작업에 함께 해준 연세대 박사과정 이호준 해군소령의 노고에 감사드린다.

차 례

서 론

제 2 장 한국의 핵무기 개발 포기와 비핵정책의 선택

제 3 장 한국의 민간 원자력 발전 과정: 도전과 응전

결 론 / 329

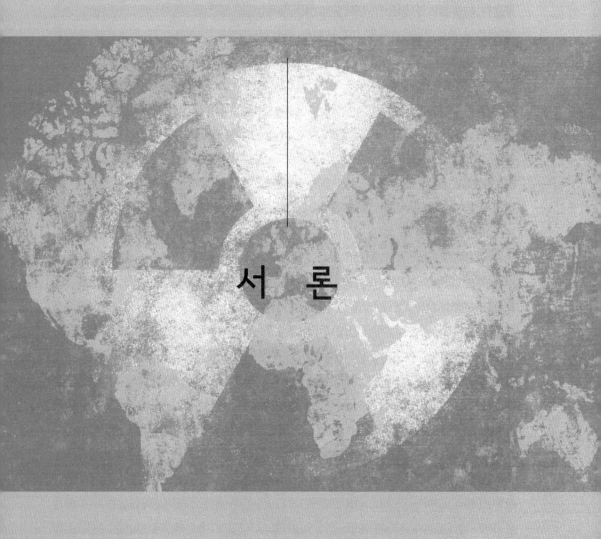

서 론

제 1 절 NPT의 배경

　핵무기가 지구상에 나타난 이후 핵은 국제정치와 국내정치에 막대한 영향을 미치고 있다. 현대 국제정치에서 한 국가의 핵무기의 보유 여부가 국력과 영향력, 그리고 위신을 나타내는 척도로 간주되고 있어, 국제정치에서 핵무기를 빼놓고 국제관계를 논할 수 없게 되었다.[1]

　냉전 시기, 미국과 소련은 양극체제 속에서 핵군비경쟁과 핵억제 군비태세를 유지해 왔다. 그러나 무한 핵군비경쟁이 가져올 폐해와 새로운 핵국가의 출현으로 국제질서가 혼란해질 가능성을 방지하기 위해 미·소 양국은 핵독점을 유지하면서, 다른 국가의 핵무장을 막자는 데에 이해가 일치하여, 1968년부터 공동 작업을 거쳐 1970년에 핵비확산조약(NPT: Nuclear Nonproliferation Treaty)을 발효시키고 핵비확산 레짐을 구축하였다. 연이어서 영국, 프랑스, 중국이 핵을 보유했기 때문에 이들 5개국의 핵기득권을 인정하고, 나머지 국가들의 핵보유를 막기 위해 1970년에 핵비확산조약 체제가 출범한 것이다. 그러나 이 NPT의 권위와 불평등성을 수용하지 않은 이스라엘, 인도, 파키스탄은 NPT에 가입하지 않고 핵무기를 개발하여 핵무장국가가 되었고, 21세기에 북한이 NPT를 탈퇴하고 핵무기를 개발하여 핵무장국가가 됨으로써 현재 지구상에는 유엔회원국 193개 국 중 5개의 공인된 핵보유국, 4개의 핵무장국 등 9개의 핵무장국가와 나머지 184개의 비핵보유국으로 나누어져 있다. 2020년에 NPT체제는 50주년을 맞았다.

　여기서 생기는 질문은, "NPT체제는 여전히 유효한가?", "NPT가 불공평한 조약임에도 불구하고 비핵국은 이것을 지킬 가치가 있는가?", "미국과 소련(러시아)는 그동안 핵군축을 했다고 하더라도 여전히 많은 핵무기를 보유하고 있는데, 비핵보유국은 NPT를 준수해야만 하는가?", "북한은 NPT를 탈퇴하고 한반도비핵화공동선언도 위반

---

1) Henry Kissinger, *Nuclear Weapons and Foreign Policy*(New York: WWNorton & Company, 1969), pp. 1-15.

하고 핵무장 국가가 되었는데, 왜 한국만 NPT와 한반도비핵화공동선언에 머물러 있어야 하나?", "왜 미국은 박정희의 핵개발을 막고, 한국을 NPT에 묶어 놓았나?", "한국은 세계적 핵비확산 레짐과 미국의 비확산정책에 잘 대응해 왔는가?", "미국은 한국의 핵무기 개발만 막으면 되었지, 왜 평화적 원자력 이용 목적의 우라늄 저농축과 핵폐기물 재처리도 못하게 하나?", "한국은 비핵정책 결정을 하면서 왜 조건부로 하지 않았나?", "한국이 미국과 세계의 비확산 규제에도 불구하고, 세계 5위의 원자력 선진국이 된 요인이 무엇인가?", "원자력이 그린에너지라고 하는데 왜 문재인 정부는 원자력을 퇴진시키면서 그 갭을 태양력·풍력 등 신재생에너지로만 메우려 하는가?", "한국 사회의 탈원전 운동에 대해서 원자력 공동체는 어떤 대응을 해야 하나?" 등 많은 질문이 현재 한국 국민들에게서 제기되는 것은 당연한 일인지도 모른다.

NPT 출범 후 50년 동안 국제정치는 핵확산을 시도하는 국가와 그것을 막으려는 핵국 사이에 국제정치적인 게임이 전개되었다. 그리고 미국과 소련의 세력권 내에 속하지 않은 비동맹 국가들(NAM: Non-Aligned Movement Group)은 미·소 중심의 핵독점과 5대 핵보유국의 기득권을 유지하기 위한 핵비확산 레짐에 대해 지속적으로 반대를 해왔다. 하지만 이들 중 대부분은 NPT의 회원국이 되어, NPT를 잘 준수해 왔다. 이들은 집단적으로 혹은 개별적으로 NPT 평가회의나 각종 국제회의에서 핵무기에 대한 비판적 입장을 표명해 왔으며,[2] 2013년부터는 핵무기 자체를 불법화하고 완전 폐기시키기 위한 핵무기금지조약을 2017년 유엔에서 국제조약으로 발효시켜 반핵운동을 이어오고 있다.

미국과 소련은 각각 양극체제의 정점에서 자기의 세력권 내에 있는 국가들의 핵무기 개발을 막고자 공동으로, 혹은 개별적으로 노력을 기울여 왔다. 첫째 수요적인 측면에서는 안보를 위해 자위적인 수단으로 핵무기를 개발하고자 하는 비핵국의 안보동기를 해소해 주기 위해 동맹을 결성해 주는 대신 핵비확산 규범을 지키도록 조치하였다. 따라서 동맹의 결성과 관리, 안보보장이라는 영역이 국제정치의 중요한 영역으로 등장하였고, 군사적인 차원에서는 핵국들은 핵전쟁억제에 관한 전략과 교리, 무기체계 개발에 집중하고, 비핵국들은 핵억제는 핵강대국 겸 동맹국에게 핵억제를 의존하고, 재래식 억제와 방위에 전념하는 분업구조가 형성되었다.[3] 둘째, 공급적인 측

---

2) William Potter and Gaukhar Mukhatzhanova, *Nuclear Politics and the Non-Aligned Movement*(London, UK: Routledge, 2012), pp. 37-50.

면에서는 핵기술과 연구개발능력 및 핵시설의 공급을 통제하는 각종 핵수출통제기구들을 만들었다. 셋째, 핵비확산 규범과 제도를 포함하는 레짐을 창설하여 핵비확산을 달성하고자 하였다. 여기서 NPT를 보조하는 각종 국제기구와 신사협정이 제정되었다.

핵비확산을 달성하기 위해서는 원자력의 이중성을 잘 이해하는 것이 필수적이다. 원자력은 군사용 핵무기를 만들 수 있고, 동시에 평화적 원자력 발전을 할 수 있기 때문이다. 핵비확산체제에서 핵국들 중심으로 원자력의 핵무기 이용을 철저하게 막아 왔는데, 그것은 원자력의 선행핵주기에서 농축우라늄을 얻을 수 있고, 후행핵주기에서는 사용후핵연료의 재처리를 통해 플루토늄을 얻을 수 있기 때문이다. 아래에서 농축과 재처리과정을 설명하기로 한다.

제 2 절 핵의 이중성

1. 핵의 군사적 이용

핵무기를 제조하는 방법에는 우라늄탄, 플루토늄탄, 수소탄 등 세 가지가 있다.

(1) 우라늄탄

우라늄탄은 90% 이상 고농축한 U-235를 사용하여 만든다. 1945년 8월 6일에 히로시마에 터뜨린 우라늄탄은 무게 4톤, 길이 3m, 89% 고농축우라늄-235를 64.1kg을 갖고 있었다고 한다.[4] 오늘날은 이와 같은 폭발력을 내려면 우라늄 12~20

---

3) 조성렬, 『전략공간의 국제정치: 핵 우주 사이버 군비경쟁과 국가안보』(서울: 서강대학교출판부, 2016), pp. 5-17.

4) Andrew Futter, *The Politics of Nuclear Weapons*(London, UK: SAGE Publications Ltd.,

kg 정도(90퍼센트 농축우라늄의 경우 18kg)있으면 된다고 한다.[5]

　고농축우라늄을 제조하는 과정은 농축시설을 필요로 하며, 자연상태에 존재하는 천연우라늄을 정제하여 저농축우라늄으로 바꾸고, 저농축우라늄을 고농축시키기 위한 방법으로는 원심분리법, 레이저농축법, 기체확산법 등이 있다. 오늘날은 주로 원심분리법을 사용하고 있다. 오늘날 핵무기를 보유한 9개 국가들은 공통적으로 농축시설을 다 가지고 있다. 남아프리카공화국은 농축기술로 핵무기를 제조하였으나 현재 농축 공장을 운영하고 있지 않다.

　참고로 2021년 말 현재, 세계에서 우라늄 농축을 하고 있는 국가들은 14개국이다.[6] 14개 국가(미국, 러시아, 중국, 영국, 프랑스, 네덜란드, 독일, 일본, 아르헨티나, 브라질, 인도, 파키스탄, 이란, 북한)들이 농축 능력을 보유하고 있으나, 약 90% 이상의 상업용 농축 시장은 핵무기를 보유한 5개 국가(러시아, 프랑스, 영국·독일·네덜란드 합작회사, 미국, 중국)이 점유하고 있다.[7] 상용 우라늄 시장은 러시아가 약 40%를 공급하고 있다. 중국이 12%, 영국·독일·네덜란드 합작회사인 Urenco가 27%, 프랑스가 14%, 미국은 영국·독일·네덜란드 합작회사인 Urenco 미국 자회사가 10% 정도를 공급하고 있다.

(2) 플루토늄탄

　플루토늄탄은 원자로에서 타고 남은 사용후핵연료를 화학처리한 후에 추출해 낸 순도 95% 이상의 Pu−239를 사용하여 제조한다. 자연상태에서 Pu−239가 존재하지 않으므로 연구용 원자로 내지 발전용 원자로에서 나온 사용후핵연료를 재처리 시설에서 재처리하여 Pu−239를 분리해 내어 폭탄원료로 쓴다. 따라서 플루토늄탄은 재처리 시설이 필수요소이다.

　1945년 8월 9일 나가사키에 투하한 플루토늄탄은 무게 4.6톤, 길이 3미터, 지름 1.5미터였다. 6.2kg의 플루토늄을 갖고 있었는데(1kg이 분열되었다고 한다), 오늘날은

　　2015); 고봉준 옮김, 『핵무기의 정치』(파주: 명인문화사, 2016), p. 30.
5)　Harold A. Feiveson, Alexander Glaser, Zia Mian, Frank N. Von Hippel, *Unmaking the Bomb: A Fissile Material Approach to Nuclear Disarmament and Nonproliferation* (Cambridge, MA: The MIT Press, 2014), p. 7.
6)　https://fissilematerials.org/facilities/enrichment_plants.html.
7)　이유호, "경제안보시대의 새로운 뇌관: 우라늄 농축시장에서 무슨 일 벌어지나?" 「지구와 에너지」, 제11호(2022 여름), pp. 24−38.

이와 같은 폭발력을 내려면 플루토늄 4kg 정도 있으면 된다고 한다.

세계적으로 재처리 시설을 가지고 있는 국가는 모두 10개국이다.[8] 5대 핵국(미국, 러시아, 영국, 프랑스, 중국)은 군사용과 민수용 모두 갖고 있다. 이스라엘, 인도, 파키스탄, 북한, 이란이 재처리 시설을 갖고 있다. 프랑스, 러시아 등이 대표적으로 상업적 재처리를 하고 있는 국가이며, 일본도 상업 운전의 시작을 눈앞에 두고 있다. 프랑스는 자국의 재처리 시설을 이용하며, 일본의 사용후핵연료를 비용을 받고 재처리 서비스를 제공하는 등 재처리 서비스를 해외에 제공하기도 한다. 미국은 재처리 능력은 보유하고 있으나, 군사적 목적이 아닌 상업적 재처리는 중단되어 있다.

(3) 수소탄

핵무기의 또 한 가지 종류로는 수소탄이 있는데, 수소탄은 "핵분열 – 핵융합 – 핵분열" 무기라고 할 수 있다. 수소탄 속에 이미 만들어 놓은 핵분열탄(우라늄)을 폭발시켜서 엄청난 고온과 고압을 발생시킨 다음, 이것이 스티로폼을 가열시켜 플라즈마 상태가 되고 2차로 폭탄이 압축 및 핵융합을 시작하여 3단계에서 외부의 핵분열성 물질(이중수소와 삼중수소, 리튬)을 둘러싸서 다시 고속 중성자에 의한 핵분열을 일으켜서 우라늄238까지 분열시키면 폭발력이 매우 강한 수소탄이 된다.

여기서 핵무기를 제조하는 원료가 중요한데 고농축우라늄과 플루토늄을 어떻게 확보할 수 있는가가 관건이 된다. 수소탄은 3~4kg의 플루토늄 분열주부분의 꼭대기에 15~25kg의 우라늄을 분열 – 융합 2차부분에 구성한다. 오늘날 미국의 핵과학자들은 4kg의 플루토늄, 12~15kg의 우라늄을 핵무기 제조에 유의미한 양이라고 간주한다. 오늘날의 무기제조기술로는 플루토늄 4kg, 우라늄12kg만 있으면 나가사키 및 히로시마급 핵무기를 제조할 수 있다고 보고 있는 것이다.

IAEA가 핵분열물질의 significant quantities (의미있는 양)이라고 정의할 때에는 폭탄 제조시의 손실을 고려하여 플루토늄탄은 8kg의 플루토늄을, 우라늄탄은 25kg의 고농축우라늄을 의미한다.

---

8) https://fissilematerials.org/facilities/reprocessing_plants.html.

2. 핵분열성 물질의 확보

핵무기 원료를 확보하기 위해서는 <그림 1>에서 보는 바와 같이 핵주기의 선행핵주기에서는 우라늄 농축시설의 존재, 후행핵주기에서는 사용후핵연료의 재처리 시설의 존재가 중요하게 된다. 원자력을 이용하는 단계는 우라늄 채광, 정련, 성형가공, 저농축 핵연료장전, 연소, 사용후핵연료추출, 저장 등의 과정을 거친다. 선행핵주기와 후행핵주기로 구분된다. 그림에서 보는 바와 같이, 선행핵주기는 채광-정련-변환-농축-성형가공-원자력발전소에 장입하는 과정을 말하며, 후행핵주기는 원자로에서 사용후핵연료를 꺼내어 재처리 시설에서 재처리하는 과정을 말한다.

<그림 1> 선행핵주기와 후행핵주기

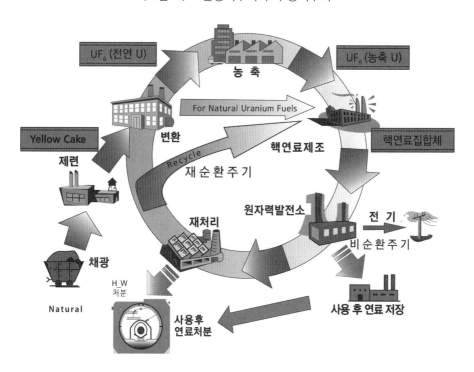

출처: IAEA, *Nuclear Fuel Cycle Simulation System*, IAEA-TECDOC-1864(Vienna: IAEA, 2019), p. 6.

후행핵주기에서 사용후핵연료를 재처리하면 무기급 플루토늄을 얻을 수 있다. 그런데 <그림 2>에서 보는 바와 같이 경수로에서 꺼낸 사용후핵연료와 중수로에서 꺼낸 사용후핵연료는 플루토늄 구성비에 있어서 차이를 보인다.

첫째, 경수로에서 꺼낸 사용후핵연료는 3년 간 연소하고 꺼내므로 사용후핵연료 중에서 플루토늄이 0.9%를 차지한다. 이 플루토늄 중에서 핵분열성 물질인 Pu-239가 0.57%, 비분열성 물질은 Pu-240, Pu-241, Pu-242로서 모두 0.404%이다.[9] 경수로에서는 3년마다 1번 사용후핵연료를 꺼낼 수 있으므로 중수로와 비교하여 핵분열성물질인 Pu-239를 획득하기가 용이하지 않다고 한다.

중수로에서 꺼낸 사용후핵연료에서 0.39%가 플루토늄이고, 이 플루토늄 중에서 핵분열성 물질인 Pu-239가 0.25%, 비분열성 물질은 Pu-240, Pu-241, Pu-242로서 모두 0.14%이다. 중수로에서는 사용후핵연료를 수시로 꺼낼 수 있으므로 핵분열성물질인 Pu-239를 획득하기가 용이하다. 그래서 IAEA에서는 핵확산을 방지하기 위해 중수로에 대한 사찰과 감시를 더욱 강하게 시행하고 있다.

미국과 구소련은 각각 자유진영과 공산진영의 종주국으로서 자기 세력권에 속한 국가들이 NPT규범을 잘 준수하도록 설득하고, 설득이 통하지 않을 경우 강제로 비확산 의무를 부과해 왔다. 또한 자기 세력권에 속하지 않은 국가들에 대해서도 개별적으로나 혹은 유엔안보리를 통해서 외교적 압박, 경제적 압박, 경제제재를 통해 비확산 의무를 부과하기도 했다.

따라서 미국과 구소련의 감시를 벗어나서 비밀리에 핵무기를 제조하고자 하는 국가들은 NPT에 가입하지 않거나, 가입했다고 하더라도 극비리에 우라늄 농축과 재처리를 시도했다. 국제사회에서 핵국과 비핵국 사이에 숨바꼭질이 전개되어 온 것이다. 핵국들은 정치와 외교, 군사적 측면에서 당근과 채찍을 사용했고, 때로는 개별적으로 때로는 집단적으로 핵개발을 막고자 엄격한 통제정책을 시도했다.

---

9) https://www.wikiwand.com/en/Nuclear_power

〈그림 2〉 경수로와 중수로의 사용후핵연료 구성비

경수로의 사용후핵연료 구성비

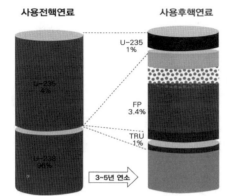

1%: U (우라늄) - 235

0.1%: 잔반감기 행종 (요오드,테크네튬)

0.3%: 고 방열 반감기 핵종 (세슘, 스트론튬)

3.0%: 단 반감기 핵종 (기타 핵분열 생성물)

0.9%: 플루토늄
0.1%: 마이너액티나이드
(넵티늄, 아메리슘, 큐리움)

94.6%: U (우라늄)- 238

* FP(Fission Products : 핵분열생성물) : 핵분열과정에서 생성된 물질
** TRU(Transuranic elements : 초우라늄) : 인공적으로 만들어진 우라늄보다 무거운 원소

중수로의 사용후핵연료 구성비

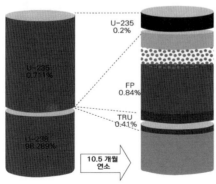

0.2%: 우라늄 - 235

0.03%: 장 반감기 핵종 (요오드, 테크네튬)

0.08 %: 고 방열 반감기 핵종 (세슘, 스트론튬)

0.73%: 단 반감기 핵종 (기타 핵분열 생성물)

0.39 %: 플루토늄
0.02 %: 마이너액티나이드
(넵티늄, 아메리슘, 큐리움)

98.6%: 우라늄- 238

* FP(Fission Products : 핵분열생성물) : 핵분열과정에서 생성된 물질
** TRU(Transuranic elements : 초우라늄) : 인공적으로 만들어진 우라늄보다 무거운 원소

출처: 한빛원자력본부 공식블로그: 사용후 핵연료 이야기, 2018.10. 2.
https://blog.naver.com/khnp_hanbit/221366444826.

<그림 3>은 핵무기 제조를 시도하는 국가나 집단이 핵분열물질을 얻을 수 있는 방법이 6가지가 있음을 말해주고 있다. 미국과 구소련은 자기 진영에 소속된 국가들이 우라늄을 농축하거나 재처리하는 것을 막기 위해, 개별적으로 노력하거나 핵공급국그룹을 조직(1975년)하여 우라늄 농축시설과 재처리 시설의 수출을 통제하였다.

<그림 3> 핵무기급 핵물질의 취득 경로

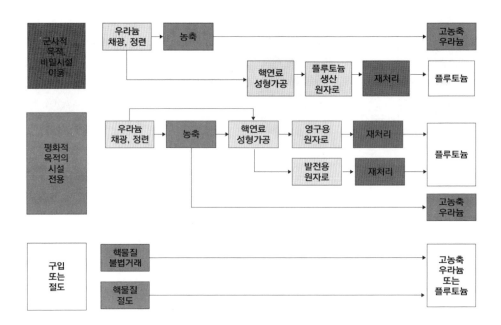

출처: 한국원자력연구원, 「한국의 원자력 개발」 발표 자료(2018.12.19.)[10]

첫째, 핵개발을 시도하는 국가가 처음부터 군사용으로 극비리에 우라늄 농축시설이나 재처리 시설을 건설하여 핵무기를 제조하는 방법이다.

핵무기를 만들기 위해서는 우라늄 농축시설이 필요하다. 천연우라늄을 채광·정련하여 농축하고, 이를 순도 90% 이상의 고농축우라늄으로 만들어야 폭발력을 가진 우라늄탄을 만들 수 있다. 미·소·영·프·중 5대 핵보유국 뿐만 아니라 이스라엘, 인도, 파키스탄, 남아공, 북한이 우라늄 농축시설을 통해 고농축우라늄을 획득하고 우라늄탄을 만들었다. 따라서 국제핵비확산체제에서 핵보유국들이 대상국에 대하여 우라

10) 한국 원자력연구원 이광석 박사 제공.

늄 농축시설의 건설을 자제하라고 요구하고, 통제하여 온 것이다.

둘째, 플루토늄탄을 제조하는 방법이다. 플루토늄은 지구상에 존재하는 원소가 아니므로, 원자로에서 우라늄을 태우고 난 후 꺼낸 사용후핵연료를 재처리하여 얻는다. 플루토늄을 얻기 위해서는 우라늄채광, 정련과정을 거쳐서 핵연료 성형가공, 플루토늄 생산 원자로(특히 중수로)에서 핵연료를 연소하고 꺼낸 사용후핵연료를 재처리하여 플루토늄을 얻는다. 그래서 재처리 시설이 필수적인데, 국제핵비확산체제에서는 비핵보유국이 재처리 시설을 해외로부터 구매하거나 자체적으로 건설하는 것을 통제해 오고 있다. 이 책의 제2장에서 설명하는 바와 같이, 1970년대 미국을 중심으로 핵선진국들이 한국의 프랑스제 재처리 시설의 도입을 저지했으며, 한국은 결국 프랑스제 재처리 시설의 도입을 포기하였다.

셋째, 민수용으로 원자력발전소를 건설하여 표면적으로는 민수용이라고 하고 IAEA의 감시를 피해 연구용 원자로 혹은 발전용 원자로에서 사용후핵연료를 꺼내어 재처리하여 플루토늄을 얻는 방법이다. 북한이 1980년대부터 핵무기 제조를 위해 흑연감속로를 민수용 원자로라고 내세우면서 실제로는 사용후핵연료를 꺼내어 재처리하여 플루토늄을 획득한 경우가 이에 해당한다.

넷째, 민수용 발전소에 사용될 농축공장에서 어느 한 국가가 비밀리에 우라늄을 고농축하여 무기급 우라늄을 만드는 방법이다. 이란, 리비아, 시리아 같은 국가들이 IAEA의 회원국이면서도 자기들이 가진 농축시설을 이용하여 우라늄 고농축을 시도한 적이 있는데 여기에 해당된다.

다섯째, 무기급 핵분열성물질(고농축우라늄 혹은 플루토늄)을 구매하거나 훔치거나 빼앗아서 수중에 넣어, 핵무기를 제조하는 방법이다.

여섯째, 핵폭탄을 절취하거나 밀수하는 방법이다. 국제사회에서 감시망이 엄격하므로, 정상적인 국가에서는 이런 행위를 하기 힘들지만 테러집단 같은 비국가단체인 테러집단에서 이런 행위를 할 가능성이 있다고 지적되기도 했다.

2010년에 오바마 미국 대통령이 주도하여 핵테러리즘을 방지하기 위한 핵안보정상회의를 개최하였는데 그 목적은 테러집단이 불법적으로 핵분열성물질을 획득하여 핵무기를 제조·사용하는 것을 막기 위해서였다. 한국은 2012년 제2차 핵안보정상회의를 유치하여 서울에서 개최하였으며, 2014년에는 네덜란드 헤이그에서 제3차 핵안보정상회의를 개최하였다. 2016년에 오바마 대통령이 미국 워싱턴에서 제4차 핵안보정상회의를 개최한 것을 끝으로, 2019년부터는 IAEA에서 각국의 외교부장관을 초청하여 후속 핵안보회의를 개최한 바 있다. 외교부장관급 회의는 3년마다 1회 IAEA에서 개최되고 있으며, 핵안보를 강화하기 위해 관심있는 국가들 간에 협력을 도모하고 있다.

3. 핵의 평화적 이용

미국과 소련은 비핵국에게 "핵무기 제조 금지"라는 국제규범을 부과하면서, 반대급부로서 평화적 원자력 이용기술을 제공했다. 왜냐하면, 핵비확산조약은 국제적 불평등 조약이기 때문에 엄밀하게 따지자면 NPT는 유엔의 정신에도 위배된다. 따라서 미국 아이젠하워 대통령은 "비핵국들의 핵무기 개발을 통제하는 대신 핵을 평화적으로 이용하는 기술을 제공"하고자 했다. IAEA를 출범시켜 비핵국들에게 인류에게 유용한 원자력 과학기술을 제공하는 조건으로 핵확산을 못하도록 비핵국은 IAEA와 안전조치협정(safeguards agreement)을 체결하도록 했고, 비핵국의 모든 핵시설을 IAEA가 사찰하도록 했다. 소련도 평화적 이용 원자력 기술을 상대국에게 수출하거나 지원하기도 했다. 프랑스는 원자력 기술을 상업용으로 많이 수출하였다.

한편 핵의 이중성에서 밝혀진 바와 같이, 인류의 문명의 발달을 위해 원자력 발전을 통해 전기 에너지를 이용하려는 움직임이 일어났다. 같은 질량의 석탄보다 우라늄이 300만 배나 많은 전력을 생산할 수 있음을 이용한 원자력, "제3의 불"의 시대가 도래했던 것이다. 1956년에 영국이 비등식가스냉각로를 개발한 이후 연이어서 경수로와 4가지 종류의 원자로가 개발되었다.

오늘날 세계적으로 사용되고 있는 원자력발전소의 원자로의 종류는 6가지로 알려지고 있다.[11] 6가지는 가압경수로, 비등경수로, 가압중수로, 흑연감속가스냉각로, 고속증식로, 흑연감속비등경수로이다. 이 중 어떤 형 원자로를 선택하여 전기를 발전할 것인가 하는 것은 한 국가의 주권적 행위이며 전략적 선택의 결과이다.

특정 원자로를 선정하는 과정에 누가 참여하며, 어떤 목표를 가지고 어떤 국가

---

11) John R. Lamarsh and Anthony J. Baratta, *Introduction to Nuclear Engineering* 3rd. ed. (New York: Pearson Education, 2001). 박종은, 문주현, 박동규, 김유석, 김규태 공역, 『원자력공학개론』(서울: 한티미디어, 2018), pp. 183–188.

와 협력을 진행해 나갈 것인가 하는 것들이 매우 중요하다. 앞에서 설명한 바와 같이 핵무기를 계획하는 국가들은 플루토늄을 얻기가 용이한 흑연감속로와 중수로를 채택한 국가들이 많았다. 하지만 핵무기 개발 계획을 포기하고 원자력 발전소를 건설하여 평화적 목적으로 전기 생산만 하고자 하는 국가들은 가압경수로와 비등경수로를 채택하는 국가들이 많았다. 단 평화적 목적의 원자로를 건설하는 모든 비핵국가들은 핵비확산조약에 가입하고, 국제원자력기구와 핵안전조치협정을 체결하고, 모든 핵시설에 대해 IAEA의 사찰을 받기로 되어 있으며, 거의 모든 국가들이 IAEA의 사찰을 절차에 따라 충실하게 받아 왔다고 볼 수 있다.

아래에서 현재 세계에서 이용중인 6가지 발전용 원자로에 대해 설명한다.[12]

(1) 가압경수로(PWR: Pressurized Water Reactor)

가압경수로는 세계에서 가장 널리 사용되고 있다. 2021년 말 현재, 세계의 원자력발전소의 원자로 중 2/3가 가압경수로형 원자로이다.

가압경수로는 물(경수, H_2O)을 원자로의 감속재와 냉각재로 사용하고 있다. 원자로 속에서 핵분열이 일어날 때에 발생하는 열로 인해 가열된 원자로를 냉각시키고, 핵분열 때에 발생하는 중성자들의 수를 일정하게 유지하면서 속도를 조절하는 감속재로 물을 사용하기 때문에 경수로라고 부른다. 가압경수로는 핵분열기와 증기발생기가 각각 다른 통 속에 있다. 핵분열기에서 원자로를 순환하는 냉각수의 압력이 150기압 이상이기에 온도가 325도가 되어도 끓지 않는다. 이러한 냉각수가 증기발생기라는 일종의 열교환기를 지나면서 1기압 상태에 있는 또 다른 물을 끓여 증기로 바꾸어 준다. 두 물은 관을 사이에 두고 있기에 절대로 섞이지 않는다. 그리고 원자로와 증기발생기를 외부의 충격(지진 등)으로부터 안전하게 보호하고 내부에서 발생한 방사성 물질의 유출을 차단할 수 있도록 1.2미터 두께의 견고한 원자로 격납고 속에 있어서 안전성이 제일 높은 원자로라고 할 수 있다. 1953년 미국이 원자력잠수함용으로 처음 개발한 경수로 방식은 1957년 말에 미국이 필라델피아주의 쉬핑포트에서 최초로 가압경수로 원자력 발전소를 건설할 때에 쓰여졌다.

---

12) IAEA, PRIS, 2021.12.31.

가압경수로에서 사용된 핵연료는 원자로 속에서 3년 동안 핵분열하고 난 후 꺼내므로 플루토늄 함량이 적어 핵확산 위험도가 덜하다고 평가받고 있다. 그리고 IAEA회원국의 경수로는 정기적으로 IAEA의 사찰을 받고 있어, 핵비확산 표준에 맞다고 평가되고 있으므로 핵무기 개발 의심을 덜 받는다. 이 원자로에서 꺼낸 사용후핵연료는 재처리하여 플루토늄을 추출하더라도 그 순도가 30~40%에 불과해서 핵무기 원료로 사용될 수 없다고 한다.

2021년 말 세계의 457개 원자력발전소의 원자로 중에서 약 66%인 300개가 가압경수로형이다. 이 원자로는 약 2~5% 농축우라늄을 핵연료로 사용하고 있다. 한국의 경수로들은 5% 농축우라늄을 사용하며 전량을 해외(미국, 호주, 러시아)에서 수입해서 사용하고 있다.

(2) 비등경수로(BWR: Boiling Water Reactor)

비등수형 경수로는 원자로 속에 핵분열기통과 증기발생통이 같이 들어 있고, 냉각수가 원자로 안에서 끓어 바로 증기가 된다. 이 증기가 원자로 밖에 나가서 터빈을 돌리고 다시 물이 되어 원자로로 들어와 핵연료를 냉각시키고 열을 받고 다시 증기가 되어 원자로 밖에 나가서 터빈을 돌리는 역할을 한다.[13] 따라서 BWR은 동일한 출력을 내기 위해 단위 시간당 퍼 올려야 하는 물의 양이 PWR보다 적다. 그러나 물이 원자로 노심을 관통하면서 방사성을 띠게 된다. 이 물을 발전소 내 전기생산하는 쪽에서도 사용하기 때문에 BWR발전소 증기 이용 계통의 모든 부품(터빈, 복수기, 가열기, 펌프, 배관 등)은 반드시 차폐를 해야 한다. BWR은 최초로 미국에서 1955년에 상용화되기 시작했다.

그런데 비상시에는 허점이 노출된다. 비등수형 원자로의 냉각수는 핵연료와 접촉하기 때문에 방사능 물질에 오염될 수 있고, 이 물이 원자로 밖으로 나가서 터빈을 돌리고 돌아오는 까닭에 외부적 변동요인이 강하게 개입하면 누설될 수도 있다. 냉각수가 누설되면 잔열처리가 힘들다. 후쿠시마 원전은 비상발전기가 가동되지 않아 냉각수가 공급되지 않음으로써 잔열처리를 못해 분열기가 가열되어 수소가 폭발하는

---

13) 심기보, 『원자력의 유혹: 핵무기, 원자력 발전 및 방사성 동위원소』(서울: 한솜미디어, 2015), pp. 215-221.

사고가 발생했다.

(3) (가압)중수로(PHWR: Pressurised Heavy Water Reactor)

이 원자로는 중수(deuterium oxide D₂O)를 냉각재와 감속재로 사용한다. D는 H에 중성자가 하나 더 있는 원소를 의미하며, 이 원자로에 사용되는 중수는 물보다 1.2배 무겁다. 중수는 캐나다와 러시아 같은 빙하지대에 많다고 한다. 보통 물속에 약 0.015%가 들어 있다고 하는데, 물을 전기분해하거나 증류를 통해 얻을 수 있다. 중수의 추출에 많은 비용이 들어가므로 수입해서 쓰는 편이 낫다.

중수로는 1950년대 캐나다에서 개발하기 시작하여 인도·한국·아르헨티나·중국·파키스탄 등지로 수출되었다. 현재 세계에서 6개국이 중수로를 운영하고 있다. 세계 모든 원자로 중에서 10.7%를 차지하고 있다.

중수로는 천연우라늄을 핵연료로 사용하므로, 농축시설이 없는 국가 중에서 중수로를 운용하는 나라가 많고, 연료교체를 위해 원자로의 운전을 중지하지 않고도 연료교체를 할 수 있다는 장점이 있다.

중수로의 단점은 중수가 매우 고가이고, 안전성 측면에서 경수로보다 불리하며, 중수로는 자주 핵연료를 교체할 수 있으므로 핵무기의 원료가 되는 플루토늄을 추출하기가 경수로보다 몇 배 쉬워서, 핵확산의 위험이 높다는 것이다. 중수로에서는 사용후핵연료 중 플루토늄 함량이 경수로의 사용후핵연료 보다 2배 이상 많고, 플루토늄의 순도가 높기 때문에 핵확산의 위험이 경수로보다 매우 높아서, IAEA의 사찰과 감시가 더 철저하다.

(4) 흑연감속가스냉각로

천연우라늄을 핵연료로 사용하고, 흑연을 감속재로 사용하며 고압탄산가스를 냉각재로 사용한다. 흑연감속가스냉각로는 영국에서 1956년 핵무기 개발용으로 처음 건설되었으며, 이후 전력 생산용으로 개량되어 이용되었다.

천연우라늄을 그대로 핵연료로 사용한다는 점과, 가압을 하지 않고도 고온 상태에서 운전이 가능하다는 점이 장점이나, 냉각재인 흑연의 가격이 비싸고, 물보다 감속능력이 떨어지며, 노심이 커서 건설비용이 많이 든다는 단점이 있다.

감속재인 흑연이 장시간 조사를 받을 경우에 원자로 내부에 고열이 발생하며, 그 경우 자연 발화할 수 있어 원자로의 안전 문제가 심각하다. 냉각재로 쓰이는 탄산가스의 열전달 능력이 나빠서 원자로 및 열교환기 내에서 열전달부의 접촉면적을 넓혀야 하고, 발전소 출력의 8~20%를 펌프동력용으로 사용해야 하므로 비효율적이다. 영국에서 개발되었고 현재는 영국 외에는 사용되지 않고 있다.

(5) 고속증식로(Fast Breeder Reactor)

고속증식로는 핵분열에서 생기는 에너지를 이용하여 전기를 생산하면서 한편으로 노심에서 발생하는 중성자를 이용하여 기존에 존재하는 핵연료물질보다 더 많은 핵연료물질(플루토늄)을 추가로 생성(증식)시키는 원자로이다.

우라늄-238이 중성자를 흡수하면 플루토늄으로 전환하는 것을 이용한 원자로이며 고속증식로는 감속재를 사용하지 않고 고속중성자를 그대로 이용하며 그 전환율이 높기 때문에 나트륨 등을 원자로냉각재로 사용하는 원자로이다. 연료로서는 플루토늄과 우라늄의 혼합체(MOX연료)를 사용한다. 플루토늄의 전환율을 높이기 위해 노심에서 누설되는 중성자를 우라늄-238에 흡수시키는 블랭킷을 두고 있다.

고속증식로는 기존의 경수로나 중수로에서 나온 사용후핵연료를 핵연료로 재사용할 수 있는 장점이 있으나, 건설비, 기술, 고장빈도가 높아서 현재 서방세계에서는 비경제적이라고 보고 있다. 러시아에 2기, 중국에 1기 정도가 있다. 프랑스에서도 이용되고 있지 않고, 일본에서는 고장이 잦아 상용화가 지연되고 있다.

(6) 흑연감속비등경수로(흑연감속수냉각 관형 원자로, RBMK)

이 노형은 구소련에 많은 원자로형으로 감속재는 흑연, 냉각재는 경수를 사용하며 격납건물 대신 상자형 지붕 형태의 구조물로 되어 있다. 1970년에 건설하기 시작, 1974년부터 운용에 들어갔다. 이 원자로는 안전성보다는 원자폭탄의 원료가 되는 플루토늄 생성이 많도록 원자로를 설계했기 때문에 사고 발생 시 엄청난 피해가 발생한다. 구소련의 체르노빌 원전의 원자로가 이 형태를 지녔다.

RBMK는 저농축우라늄으로 만든 핵연료다발을 원자로에 장전한다. 이 핵연료다발이 원자로에 장전 연소되는 시간은 경수로에 비해서 매우 짧다. RBMK는 냉각수의 온도가 상승하면 원자로의 반응속도도 빨라져서 출력이 급증하는 문제점이 있다. 외부적 변동요인이 발생하면 자동으로 출력이 줄어들어야 안정성이 있는데 RBMK는 그렇지 못하다. 현재 러시아에만 존재하는 원자로 형태이다.

4. 세계의 원자력 이용 추세

원자력 수요의 변화와 관련하여, 1964년에 예측한 원자력의 미래수요 전망은 2000년에 이르면 총 발전능력이 2,000GW가 될 것이라고 상당히 높게 설정했다. 이것은 1960년대에 미국의 케네디 행정부가 2000년에 이르면 세계에서 핵무기를 보유한 국가의 수가 15 내지 25개 국가가 될 것이라고 높게 예측한 것과 마찬가지다.

〈그림 4〉 세계의 원자력 발전 변화 추세

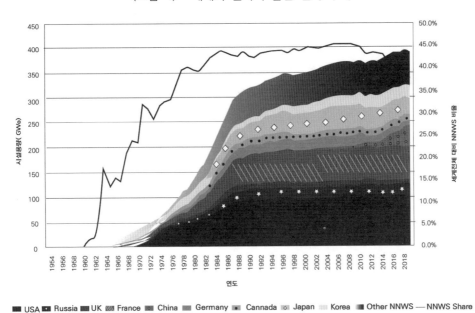

출처: IAEA PRIS(Power Reactor Information System), http:// www.iaea.org/pris/2021.

그러나 21세기의 원자력 규모는 1960년대에 예상했던 것보다 1/4 정도 수준인 약 400GW에 불과하다. 한편, 1960년대에는 20세기 말까지 40여 개 이상의 개발도상국이 원자력 발전능력을 보유할 것으로 예상했지만 2021년 말에 세계적으로 32개국 (대만포함)이 457기의 원전을 운영 중에 있고, 총 설비용량은 394.5GW에 달한다. 세계의 필요 전력의 10%를 원자력이 제공하고 있으며, 20개 국가에서 53기의 원전을 추가 건설 중에 있다.[14]

1970년에 핵비확산조약이 발효된 이후, 미국과 소련은 평화적 원자력 발전사업의 진흥을 위해 세계 각국에 대하여 원자력 관련 과학기술을 경쟁적으로 지원했고, 그에 따라 원자력 발전이 급속하게 증가하기 시작했다. <그림 4>에서 보듯이 북미 및 유럽 지역을 중심으로 1970년부터 1988년까지 원자력발전소 및 발전용량이 약 30 배로 증가하였다. 세계 총 원전 시설용량 대비 핵비보유국(NNWS: Non Nuclear Weapon State)의 원전시설 용량 비율도 1970년부터 1988년 사이에 약 2배 정도 증가했음을 보여준다.[15]

국가별로는 미국이 93기(95.5GW)로 가장 많으며, 프랑스 56기(61.4GW), 중국 52 기(49.6GW), 러시아 38기(28.6GW), 한국 24기(23.2GW), 일본은 53기의 원전 중 10기를 가동(20GW)중이다.

원자력 발전이 1960년대 예상한 대로 급성장하지 않은 이유로는 여러 가지가 있겠지만, 가장 큰 요인이 원자력발전소의 사고 때문이었다. 1979년 10월 미국의 스리마일아일런드 원자력발전소에서 첫 사고가 발생했으며, 1986년 4월 소련의 체르노빌 원자력발전소 사고, 2011년 3월 일본의 후쿠시마 원자력발전소 사고로 안전문제가 장애요인으로 등장함에 따라 원자력의 발전이 1960년대에 예상하던 바와 같이 급속도로 증가하지 못하고 증가세가 완만하게 진행되었다.[16] 원전사고로 말미암아 안전사고 방지와 핵폐기물의 저장과 처리를 둘러싸고, 원전의 안전도 제고와 핵폐기물 처리를 둘러싼 주민들의 원자력 수용성, 안전도 제고가 원자력발전의 핵심이슈로 떠올랐다. 원

---

14) 에너지경제연구원,「세계원전시장인사이트」격주간, 2021.11.5. IAEA PRIS.
   https://www.iaea.org/pris/
   https://www.iaea.org/publications/14989/nuclear−power−reactors−in−the−world
15) 이광석, "NPT체제 하에서의 원자력의 평화적 이용," 한국원자력통제기술원,『핵비확산조약 50년』(대전: 한국원자력통제기술원, 2020), pp. 120−133.
16) 심기보, 앞의 책, pp. 384−414.

자력에 대한 과학기술적 접근만으로는 원자력이 수용되지 않는 정치학적 사회학적 접근, 원자력에 관련된 모든 이해상관자들이 참여하고 소통함으로써 협치하는 거버넌스를 갖추어야 나가는 문제가 원자력의 장기 지속 가능성에 대한 과제가 되었다.

핵무기를 1968년 이전에 개발하여 1970년 NPT상 공인된 핵보유국이 된 미·소·영·프·중 5개국은 원자력발전소와 핵무기를 병행하여 추진하였다. 그 중에서도 NPT의 기탁국인 미국, 구소련(러시아), 영국은 2020년 말 현재 각각 국내 전기 소요량의 19.7 %, 20.6%, 14.5%를 원자력발전으로 충당하고 있다. 프랑스는 국내 전력 소요량의 70.6%를 원전으로 충당하고 있다.[17] 중국은 총 전력소요의 4.9%를 원자력발전으로 충당하고 있다. 일본은 2011년 후쿠시마 원자력발전소 사고 이전인 2010년에는 총 전력의 29.2%를 원자력발전이 차지했지만, 2020년 말에는 5.1%만 차지하고 있다.

NPT체제 밖에서 핵무기를 개발하여 보유한 것으로 추정되는 이스라엘, 인도, 파키스탄은 원자력발전의 비중이 낮았으며, 군사용 핵개발에 더 치중한 것으로 나타났다. 구체적으로 보면, 이스라엘은 아직도 민간 원자력 발전이 변변치 않고, 인도는 1995년에 총 전력 중에 원자력 발전이 차지하는 비중이 1.9%, 파키스탄은 1995년에 0.9%였다. 북한은 아예 실용 가능한 원자력발전이 없는 실정이다.

제 3 절 한국의 핵비확산에 대한 선행연구 검토와 문제점

한국에서 국제핵비확산 레짐, 한국의 핵개발 시도와 포기 및 비핵정책 결정, 원자력발전과 관련하여 행해진 선행연구에는 세 가지 흐름이 뚜렷하게 발견된다.

첫째, 한국에서 국제핵비확산 레짐 자체에 대한 연구가 희귀하다. 2020년에 전봉근 교수가 발간한 『비핵화의 정치』(서울: 명인문화사, 2020)라는 책이 핵비확산체제를

---

17) https://world−nuclear.org/information−library/current−and−future−generation/nuclear−power−in−the−world−today.aspx

책 한권에 다룬 유일한 작업으로 보인다. 1979년에 경남대 극동문제연구소 박재규 연구소장이 "미국의 핵확산금지 정책과 개발도상국의 핵정책"을 비교연구한 국제학술회의 논문집이 한국에서 핵확산 연구에 대한 효시였다."[18] 1979년 하영선 교수는 핵확산의 문제를 세계적 그리고 역사적 시각에서 이론적으로 조명하고 한국의 핵확산 사례를 다룬 박사학위 논문을 썼고 1991년에 한반도의 핵무기 이슈를 더 추가하여 『한반도의 핵무기와 세계질서』(서울: 나남, 1991)를 출판하기는 했으나, 이것은 핵확산에 대한 내용을 주로 담고 있다. 그 후 백진현은 2010년에 관련 전문가들과 학자들을 모아 『핵비확산체제의 위기와 한국』(서울: 오름, 2010)을 출판하였다. 저자는 1995년에 유엔군축연구소에서 *Nuclear Disarmament and Nonproliferation in Northeast Asia* (New York and Geneva: United Nations, 1995)를 출판하여 핵군축과 핵비확산과 관련된 동북아 5개국의 핵정책과 비확산정책의 비교연구를 통해 동북아에 비확산을 정착시킬 다양한 정책대안을 연구하였다. 이렇듯 한국에서 국제 핵비확산체제 자체에 대한 연구는 매우 희귀한 실정이다.

미국이 핵비확산 레짐을 한국에 부과하고 한국의 비확산 의무이행을 감독하고 주관했기 때문에, 한국에서는 비확산 레짐을 한미관계의 차원에서 연구해 온 경향이 있다. 국제 핵비확산 레짐 속에서 한국이 평화적 원자력 활동을 하고, 그 평화적 핵활동에 대한 IAEA의 안전조치 사찰을 받으면서도 NPT와 IAEA에 대한 관심과 연구는 거의 없는 실정이다. NPT를 위반하고 핵무기를 개발한 북한에게 제재를 가하기 위해 IAEA와 유엔 안보리 간에 상호 연계 활동이 이루어지고 있는데, 이것은 외교일선에서 외교관이 해야 할 책무로만 간주되었다. 그 원인은 한국이 1992년에 유엔회원국이 되었으므로, 그 이전에 미·소 양극체제 속에서 형성되고 진화되어 온 NPT체제에 대해 역사적 기억이 없기 때문이기도 하다. 한국은 미국의 핵비확산정책의 대상으로 취급될 뿐 한국이 독자적인 핵비확산정책을 만들고, 국제사회에서 제 목소리를 내고 활동할 기회가 없었기 때문이기도 하다. 하지만 한국의 비핵국으로서 비핵국가가 누릴 수 있는 권리, 특히 비핵국가에 대한 핵국가들의 적극적 안전보장과 소극적 안전보장, 핵국의 군축의무 이행 촉구, 비핵국가끼리 연대를 통한 평화적 핵기술과 농축과 재처리 확보 등 많은 활동을 할 수 있는 기회가 있음에도 불구하고, 관련 연구가 뒷

---

18) 박재규 편, 『핵확산과 개발도상국』(서울: 경남대학출판국, 1979).

받침 되지 않아 기회를 제대로 활용하지 못하였다. 또한 핵무장 국가들의 동기와 실태, 비핵국가들의 동기와 실태에 대한 유형별 연구도 되어 있지 않아 한국은 항상 북한과 대치하고 있는 특수한 현실을 내세우는 형편이었고, 다른 한편으로는 군사안보 면에서도 미국이 나토국가들에게 비핵을 전제로 1960년대에 핵공유제도를 제공한 것은 소련이 나토국가들의 핵개발을 불원했기 때문인데, 한국은 비핵을 견지하면서도 나토국가들과 같은 대우를 받지 못한 것은 국력과 동맹 형태의 차이도 있지만, 국제비확산체제에 대한 많은 사례연구 부족 탓이기도 하다. 그래서 지금이라도 국제핵비확산체제에 대한 다양한 연구가 필요하게 된 것이다.

둘째, 한국의 국방안보분야에서는 1970년대 박정희 시대에 미국에 대한 안보 의존을 벗어나 자주국방을 추진하는 차원에서 핵무장을 결정하게 된 배경, 한국이 미국의 압력을 받아 핵개발을 포기하게 된 배경, 그리고 박정희의 핵개발 시도가 한미관계에 미친 영향 등을 국제정치학적 관점에서 연구가 많이 이루어졌다.[19] 반면에 미국을 비롯한 국제사회에서는 핵개발의혹국가들(한국을 포함)의 핵무장 동기와 이들의 핵무장을 저지하기 위한 유인책 및 제재방법 등에 관한 연구가 주류를 이루고 있다.[20]

한국의 핵무장 추구와 포기 과정에 대한 기존의 연구들은 한국이 핵을 포기하게 된 배경에 대해서 한미관계를 중심으로 다루는 국제정치학적 접근이 대종을 이루고 있으므로, 한국의 핵무기 추구와 국제 핵비확산체제와의 상호작용, 국제사회에서 한국의 이미지, 핵포기 이후 한국이 받은 미국의 비확산 규제와 감시가 한국의 원자력 과학기술분야에 대해 미친 파급효과 등에 대한 학문적 분석이 부족하다. 1970년대 한국의 핵개발 시도 이후 국제 비확산공동체와 미국의 비확산공동체의 한국의 비확산 문화에 대한 신뢰도가 저하되었다. 핵개발을 포기했음에도 불구하고, 몇몇 연구에서

---

19) 이호재, 『핵의 세계화 한국 핵정책: 국제정치에 있어 핵의 역할』(서울: 법문사, 1981); 하영선, 『한반도의 핵무기와 세계질서』(서울: 나남, 1991); 오원철, 『박정희는 어떻게 경제 강국을 만들었나?』(서울: 동서문화사 2006); 조철호, "박정희 핵외교와 한미관계 변화"(고려대학교 박사학위 논문 2000).

20) Ralph N. Clough, *Deterrence and Defense in Korea: The Role for U.S. Forces*(Washington DC; Brookings Institute, 1976); Daniel W. Drezner, *The Sanctions Paradox; Economic Statecraft and International Relations*(Cambridge, UK; Cambridge University Press, 1799); William H. Overholt ed., *Asia's Nuclear Future*(Boulder, CO: Westview Press, 1977); Mitchell Reiss, *Bridled Ambition: Why Countries Constrain Their Nuclear Capabilities* (Washington DC; Woodrow Wilson Center Press, 1995).

는 "핵개발이 거의 완료되었었다"고 하는 허구에 가까운 주장들도 있어서 한동안 미국을 비롯한 국제사회의 불신이 가중되었다. 또한 북핵이 중대한 이슈로 대두될 때마다 국내에서는 박정희 시대에 핵개발이 될 뻔 했었다는 부풀리기 방송으로 스스로 국제사회의 불신을 초래하기도 했다.

1970년대 핵개발 포기 이후 15년이 경과한 1991-92년에 북핵을 막기 위해 노태우 정부가 비핵정책을 채택할 때에 한국이 자발적으로 농축과 재처리를 포기했는데, 이때의 정책결정과정에 대한 깊은 연구도 결여되어 있다.

셋째, 과학기술적인 측면에서 보면, 한국이 어떻게 그렇게 빨리 세계 5위의 원자력발전 강국이 되었는지에 대해서 원자핵공학 분야의 학자들과 산업계에서 수권의 저서들이 출판되었다.[21] 또한 원자력의 평화적 이용과 관련된 여러 가지 세부주제들에 대한 연구는 많이 있다. 한편 반핵의 입장에서 원자력의 폐해를 강조하고, 원자력에 대해서 반대하는 시민단체들이 펴낸 책들이 다수 있다.

원자력발전에 대한 기존의 연구를 종합 정리하면, 원자력발전과 국산기술자립의 성공만 강조하고 있을 뿐, 한국의 원자력이 갖고 있는 국제적이고 구조적인 한계를 어떻게 하면 정치외교적인 측면과 과학기술적인 측면의 융합접근을 통해 극복해 나갈 수 있는가에 대한 연구는 부족하다. 값싼 전력 공급이라는 정책에만 치중한 나머지, 원자력의 각 세부분야 간의 상호 연계성과 부처 간 협업을 고려한 종합적인 원자력 정책에 대한 연구가 부족하다. 특히 미국이 한국 원자력에 주는 긍정적 요소는 최대한 활용하면서, 부정적 요소를 어떻게 극복할지, 혹은 국제적 연대를 통해서 원자력에 닥친 난제를 어떻게 극복할 수 있는지에 대한 연구도 부족하다.

또한 더 크게는 원자력과 국민들 간의 상호 이해와 지지를 획득하기 위한 융합학문적 연구가 거의 없다는 사실이다. 또한 원자력의 기술발전에 대한 연구개발은 활발하게 이루어지고 있지만, 한국의 원자력의 대미 의존도를 탈피하여 거래선의 다원

---

21) 고경력 원자력전문가 편저, 『원자력 선진국으로 발돋움한 대한민국 원자력 성공사례』(서울: 한국연구재단과 한국기술경영연구원, 2011); 김병구, 『제2의 실크로드를 찾아서』(서울: 지식과 감성 2019); 박익수, 『한국원자력 창업비사』(서울: 도서출판 경림 1999); 박익수, 『한국원자력 창업사(1955-1980)』(서울: 경림 2004); 박익수, 『한국원자력 창업사, 1955-1980 개정 3판』(서울: 도서출판 경림,2004); 이종훈, 『한국은 어떻게 원자력 강국이 되었나? 엔지니어 CEO의 경영수기』(서울: 나남, 2012); 한국원자력연구원, 『원자력 50년, 부흥 50년』(대전: 과학기술부와 한국원자력 연구원, 2008); Byung Koo Kim, *Nuclear Silk Road: The Koreanization of Nuclear Power Technology*(USA: CPSIA, 2011).

화를 통해 미래 원자력을 정책적 차원에서 어떻게 확대발전시킬 수 있는지에 대한 연구가 부족하다.

<table>
<tr><td>제 4 절</td><td>연구내용과 연구방법</td><td></td></tr>
</table>

　　앞에서 언급한 기존 연구의 문제점을 감안하여, 본 연구에서는 한국의 핵정책을 국제정치적·국방안보적·과학기술적 관점을 종합한 융합학문적 관점에서 국제핵비확산 레짐, 박정희 시대의 핵개발 시도와 포기 및 비핵정책의 선택, 한국의 원자력에너지 발전과정 등에 대해서 분석하고자 한다.

　　제1장에서 국제핵비확산 레짐의 기원과 전개과정, 핵무기 개발을 성공한 국가의 동기와 실태, 핵무기 개발을 포기한 국가들의 동기와 실태, NPT의 국제레짐으로서 진화과정, 국제정치이론의 <자율성과 안보의 교환효과>이론을 확장하여 <자주−핵확산> 대 <안보동맹−핵비확산>의 4분면에서의 핵국 및 비핵국들의 전략적 선택의 비교 분포도, NPT의 보조장치로서의 여러 가지 기구들의 역할과 기능, NPT의 국제레짐으로서의 평가와 도전 과제를 살펴본다.

　　제2장에서는 한국의 핵개발 정책의 기원과 전개, 포기에 이르기까지의 이슈와 한미 간의 협상과정, 주한미군의 전술핵무기의 규모의 변화와 미국의 대한반도 핵억제정책의 변화, 그리고 탈냉전과 주한미군의 전술핵무기 철수, 그 후속조치로서 등장한 한반도비핵화 정책의 기원과 진화과정, 북한의 핵무장과 핵위협에 대비한 한미 양국의 확장억제 개념의 등장, 한국의 독자적 핵무장에 관한 국민여론의 변화, 북한 핵 시대에 한국의 비핵정책에 대한 도전과 과제를 살펴본다. 여기서 이루지 못한 박정희의 핵개발의 꿈을 미화함으로써 핵개발이 마치 성공할 수 있었던 것처럼 신화 만들기가 있었고, 이 신화 만들기가 오히려 장기적인 관점에서 미국의 한국에 대한 불신 가중과 우리의 평화적 핵이용 정책 면에서도 국익 손실을 초래한 것을 발견한다.

이 장에 이어서 NPT체제와 북한 간의 상호작용, 북한의 핵개발 정책과 능력, 북한의 핵협상 전략의 변화, 남북한, 북미, 6자회담에서 핵협상의 교훈, 2018년 사상 초유의 북미 정상회담에서 북한 비핵화의 성공을 위해서 반드시 고려해야 할 요소를 도출하여 이 책 속의 한 장으로 출판하려고 시도하였으나 이 책은 한국의 핵정책에만 국한시키기로 하였다. 그러나 북핵에 대한 연구는 2018년 5월 『북한핵의 운명(박영사, 2018년)』이란 책으로 독립하여 출판하였다. 따라서 북핵연구는 이 책에서는 다루지 않는다.

제3장에서는 한국의 평화적 원자력 발전정책의 기원과 진화과정, 자율성과 에너지의 상호관계를 살펴본다. 그리고 대미 원자력 협력에 있어서 성취사항과 한계를 살펴보고, 결론적으로 국가전체적 입장에서 국방안보와 과학기술의 융합적 노력을 촉구하기 위해 사회과학과 자연과학의 협업을 통해 탈원전 운동을 비판적으로 극복하는 길을 발견하고자 노력하였다.

결론에서는 국제핵비확산체제와 한국의 역동적인 상호작용, 한국의 핵개발과 포기, 원자력발전에 있어서 한미 원자력 기술협력에서 나타난 국제정치적·군사전략적·과학기술적 측면의 장단점을 통합하여 우리에게 주는 교훈을 밝힌다. 지금까지 각 세부분야에서는 한미 간의 협력을 잘 해왔지만, 모두 부분최적화에 머물러 있고, 국가전략적 차원에서 각 세부분야를 통합하여 국익을 중장기적으로 확보하는 방법, 평화적 원자력의 모범 국가로서 문명국가의 위상을 떨치고 탄소중립도 동시에 달성할 수 있는 방법을 모색하게 될 것이다.

본 연구를 진행하는 데 있어서 필요한 자료들 중 핵비확산체제에 대한 자료는 문헌자료를 중심으로 하고 세계적인 비확산전문가들과의 각종 학술회의를 통한 자료 획득, 인터뷰 등을 실시하여 수집하였다. 학계와 연구소에서 획득 가능한 자료는 방문조사와 전문가 인터뷰를 실시하여 수집하였다. 외국에서 필요한 자료는 미의회도서관과 미국국립문서기록관리청, 조지워싱턴대학의 국가안보문서기록센터, 캘리포니아의 레이건 대통령 도서관, 우드로 윌슨센터의 냉전사연구센터, 워싱턴의 각종 연구소와 스탠포드대학의 북한핵관련 연구소와 관련 전문가들, 중국의 연구소 및 전문가들, 러시아 및 영국, 노르웨이, 스웨덴 등에서 가용한 자료 및 인터뷰를 통해 수집하였다.

제 1 장

핵비확산체제

제2차 세계대전 후 40여 년 동안 핵무기 군비경쟁을 해왔던 미국과 소련은 1987 년 중거리핵무기폐기조약(INF: Intermediate-Range Nuclear Forces)을 고비로 하여 상호 핵무기 감축과 폐기를 시작하였다. 탈냉전 이후 미국과 러시아는 예상보다 더 빠른 속도로 전략핵무기 감축을 진행하였다. 한편 러시아와 중국은 더 이상 핵무기로 상대 방을 공격목표로 삼지 않는다는 합의에 이르렀다. 미·러 간 핵무기 감축은 2011년까 지는 잘 진행되어 지금 지구상에는 1987년 핵무기 7만여 개에서 1만 4천여 개 정도 로 줄어들었다. 2017년 미·러 간의 관계 냉각과 북한의 사실상의 핵보유국 등장으로 2020년 출범 50주년을 맞은 NPT체제는 또 하나의 심각한 도전에 직면해 있다.

　　냉전 시기 핵비보유국(앞으로는 '비핵국'으로 지칭함)의 핵확산을 방지하는 일에만 의견의 일치를 보여왔던 5개 핵보유국들(미국, 러시아, 중국, 영국, 프랑스: 앞으로는 '핵국' 이라고 지칭함)은 1996년에 핵무기실험을 전면적으로 중지하는 포괄적 핵실험금지조약 (CTBT: Comprehensive Test Ban Treaty)에 합의했다. 그리고 2000년 5월 UN에서 개최된 NPT평가회의에서 핵무기의 전면적인 폐기를 위해 성실히 노력을 한다는 조항에 합 의했다.

　　1970년 3월 발효된 NPT는 인류를 핵전쟁의 위험으로부터 구하고, 비핵국에게 핵무기 보유금지와 핵사찰 수용 의무를 규정하며, 핵국에게 핵실험중지와 성실한 핵 군축노력 의무를 부과하는 조약이다. NPT가 발효된 지 25년이 지난 1995년 5월에 UN에서는 NPT의 무기한 연장을 표결 없이 만장일치로 통과시켰다. 2021년 12월 현 재 NPT 회원국은 191개국으로서 모든 국제기구나 협정부문에서 UN 다음으로 최다 수 회원국을 가지고 있다. NPT 발효 이후 50년 간, 몇몇 국가의 경우를 제외하면 비 핵국의 핵무기 개발노력은 NPT체제하에 성공적으로 저지되어 왔다고 볼 수 있다.

　　NPT가 성공적일 수 있었던 근본 원인은 핵국들이 비핵국들과 양자관계, 또는 다 자관계를 통한 외교 노력으로 핵개발을 막아왔으며, 한편으로는 NPT의 보조장치들이 국제적인 규범과 기구로서 어느 정도 역할을 잘 수행해왔기 때문이다. 인도, 파키스 탄, 이스라엘, 북한 등이 NPT가 규정하고 유지하기를 희구한 핵국과 비핵국의 구분 에 강력한 도전이 되었으나 핵무기 확산은 이 4개국 정도에서 저지되고 있다.

　　구소련의 붕괴로 핵무기 보유국가가 3개국(우크라이나, 카자흐스탄, 벨라루스)이 더 증가했으나 미국이 제안한 넌-루가프로그램과 G-8의 글로벌 파트너십 프로그램에 의해 이들이 가진 핵무기들을 러시아로 인도하거나 폐기하도록 하였다. 한편 남아프리카공화국의 자발적인 핵무기 포기는 핵무기 확산을 저지하려는 국제적 노력과 남아공의 자발적인 비핵화 노력의 성공적인 합작사례라고 볼 수 있다. 이라크, 북한 등은 후발 핵무기 개발 시도 국가로서 21세기에 들어와서 다시 한번 국제사회의 주목을 받았으나, 이라크는 미국이 주도한 군사적 공격을 받고 후세인 정권의 몰락과 함께 핵을 완전히 포기하였는데 반해, 북한은 미국을 비롯한 국제사회로부터 핵포기의 압력을 받아왔음에도 불구하고 6차례에 걸쳐 핵무기 실험을 한 끝에 사실상의 핵보유국으로 등장했다.

여러 가지 내부적 문제점과 외부적 도전에도 불구하고 NPT체제는 성공적으로 존속되어왔고 탈냉전 이후에는 NPT체제는 UN안보리의 역할증대와 더불어 국제사회의 하나의 규범이자 가장 보편적인 기구 중 하나가 되었다. NPT체제를 강화시키는데 핵국들이 앞장 서왔으며 비핵국들도 더 이상 NPT체제에 대한 도전을 삼가고 있는 실정이다. 그리고 NPT체제에 대한 보조장치로서 탄생된 대공산권수출통제체제(COCOM), 핵 선진기술국간의 수출통제체제(쟁거위원회, 핵공급국그룹)와 미사일기술 수출통제체제(MTCR), 호주그룹 등이 갈수록 회원국이 증가하면서 활동을 가속화하고 있으며, 1993년 성안되고 1997년 발효된 화학무기폐기협정(CWC)이 사찰제도 면에서 NPT체제의 약점을 보강하고 있다. 또한, 지역국가 간의 비핵지대조약이 NPT의 외곽에서 NPT체제를 지지하고 있다.

이러한 배경하에서 본서의 제1장에서는 제2차 세계대전 이후 국제질서의 중요한 기둥을 차지한 NPT체제의 기원과 진화과정, 미국과 소련을 비롯한 영국, 프랑스, 중국의 핵개발 동인과 양상을 살펴보면서 NPT에서 인정한 핵보유국 이외에 핵개발을 성공한 국가들의 핵개발 동인과 양상을 살펴본다. 이어서 핵무기를 보유했으나 포기하게 된 국가들의 핵포기 원인과 양상, 핵개발을 생각했으나 중간에 NPT체제와 미소 양국의 외교노력에 영향을 받아 핵개발을 포기하게 된 국가들의 원인과 양상을 비교분석해보기로 한다. 그리고 미·소 양 강대국이 핵군비경쟁을 피하기 위해 핵군축에 이르게 된 과정과 나머지 핵국들의 NPT에 대한 입장을 상호비교해 보기로 한다. 다음으로, NPT체제의 보조장치로서 국제적으로 개발된 기관과 제도 및 장치들을 살펴보고자 한다. 아울러 이들 국제적인 핵비확산체제와 국제적 협력과 갈등 속에서 핵개발을 하거나 포기한 국가들이 자주—동맹 대 핵확산—비확산의 갈림길에서 국제정

치적인 제약요소를 어떻게 처리했는지에 대해서 비대칭동맹 속에서 <자율성 대 안
보의 교환효과>를 주장한 모로우[1]의 이론을 적용하여 비교 설명해 보고자 한다. 또
한 NPT체제가 출범 50주년을 맞으면서 NPT체제의 가능성과 한계, 도전을 살펴보고
자 한다. 이 책의 제2장과 제3장에서 한국이 국내적으로 군사적·평화적 목적의 핵이
용과 관련하여 국제적인 NPT체제의 요구와 제약에 어떻게 적응하고 진화해오고 있
는지와 관련된 상호작용을 자세히 살펴볼 것이기 때문에, 여기에서는 NPT체제에 대
한 국제정치적 분석이 대종을 이룰 것이다.

제 1 절 NPT체제의 기원

　　1945년 8월 일본의 히로시마와 나가사키에 핵폭탄을 투하한 지 1년도 채 되지
않은 1946년 3월에 미국 국무부와 핵폭탄 제조에 참가한 일부 과학자들은 애치슨-
릴리엔탈 보고서(Acheson-Lilienthal Report)[2]를 작성하여 정부에 건의했다. 그 내용은
"핵무기에 대한 국제적 통제를 가능하게 하고 미래의 핵전쟁을 회피하기 위해서, 미
국이 다른 어떤 나라에도 핵무기를 이전하는 것을 금지해야 한다는 것"이었다.[3] 그
배경에는 "일본에 대한 핵무기 사용은 비인도적이고 전대미문의 대량 살육을 초래했
으므로 '핵무기는 이제 더 이상 사용되어서는 안 된다'는 핵터부(nuclear taboo)가 워싱
턴의 정치 및 군사지도자들의 마음속에 자리잡았기 때문이었다.[4]

1) James D. Morrow, "Alliances and Asymmetry: An Alternative to the Capability Aggregation Model of Alliances," *American Journal of Political Science*, Vol. 35, No.4(November 1991), pp. 904-933.
2) https://www.atomicheritage.org/key-documents/acheson-lilienthal-report.
3) George Bunn and John B. Rhinelander, "Looking Back: The NPT, Then and Now," *Arms Control Today*, July/August 2008.
4) Nina Tinnenwald, *The Nuclear Taboo: The United States and the Non-Use of Nuclear Weapons Since 1945* (New York: Cambridge University Press, 2007), p. 139.

1946년에 미국은 애치슨-릴리엔탈 보고서를 수정하여 UN에 공식적으로 Baruch Plan[5]을 제안하였다. 미국은 보유하고 있는 모든 핵무기를 포함한 모든 농축우라늄에 대한 통제권을 새로운 UN기구(미국과 다른 안보리 상임이사국들이 거부권을 갖게 됨)에 이양하고, 세계의 모든 국가들이 핵무기를 폐기하고, 보유하는 것을 금지해야 한다고 제안했다.

소련이 즉각 미국의 제안에 반대하고 나왔다. 왜냐하면, 미국과의 핵무기 경쟁에서 후발주자로 등장한 소련은 핵개발에서 미국을 꼭 이겨야 한다는 압박감에 시달리고 있었고, 핵무기의 이전금지는 소련의 전략 행동반경을 제한할 뿐만 아니라 미국의 우위만 유지시킬 것이라고 생각했기 때문이다.

핵무기 확산을 통제하기 위한 미국의 다음 시도는 1953년 12월 8일 아이젠하워 대통령이 UN 총회에서 "평화를 위한 원자력(Atoms For Peace)"이란 연설을 함으로써 드러났다.[6] 그 요지는 "이제 핵무기 제조에 관련된 모든 지식과 정보는 비밀이 될 수 없다. 핵무기를 통한 전쟁이라는 악한(bad) 목적보다는 원자력에너지 같은 선한(good) 목적을 위해 원자력의 지식과 정보를 세계와 공유하겠다"고 전제하고, (1) 국제원자력기구(IAEA: International Atomic Energy Agency)를 창설하여 핵의 연구와 개발에 종사하는 모든 정부가 그들의 핵분열성물질 재고를 IAEA에 기부하도록 한다. (2) 국제원자력기구는 UN의 관할 하에 창설되어야 하고, 핵물질의 저장과 보호를 책임질 것이다. (3) IAEA의 과학자들은 외부의 탈취행위로부터 핵물질은행을 안전하게 관리할 것이다. (4) IAEA는 핵분열성물질이 평화적 목적, 즉 농업용, 의료용, 전기발전용 등을 위해 사용되도록 일할 것이다. (5) 국가들이 핵물질을 IAEA로 이관하면 이제 핵이 군사사용에서 평화용으로 전환되고, IAEA가 군비통제를 지원하는 역할도 하게 될 것이다. 이러한 내용을 담은 연설을 하면서, 아이젠하워는 "미국은 공포의 핵의 딜레마를 벗어나서 인간의 기적적인 발명품인 원자력이 인간을 죽음으로 이끄는 것이 아니라 생명을 살리기 위해 사용되는 방법을 발견하는데 온갖 힘을 쏟을 것"이라고 다짐하였다.

---

5) The Baruch Plan. https://www.atomicarchive.com/resources/documents/deterrence/baruch-plan.html.

6) 아이젠하워의 "Atoms For Peace" 연설.
   https://www.eisenhowerlibrary.gov/sites/default/files/research/online-documents/atoms-for-peace/atoms-for-peace-draft.pdf

한편 소련은 1954년 수소폭탄 실험이 성공할 때까지 미국의 핵무기 우위를 따라 잡기 위해 핵개발에 전념하였으며, 모든 핵개발계획을 국가의 최고 군사 비밀로 간주하였다. 이때까지 소련은 비확산정책을 생각할 여유가 없었다. 1955년까지 소련은 미국의 바루크계획이나 국제원자력기구의 설립과 그 기구에 의한 핵비확산안전조치와 사찰에 대해 반대했다.[7] 왜냐하면 미국의 이러한 시도는 소련의 핵개발과 능력을 저지하기 위한 의도로 간주되었고 국제기구 특히 미국이 제안한 IAEA에 의한 사찰이나 검증은 소련의 최고 군사비밀에 대한 간첩행위와 같다고 생각했기 때문이다. 당시 소련은 중국과 인도, 아르헨티나와 이집트에 핵기술을 공급했거나 공급할 생각을 하고 있었다.

소련은 1955년 7월에 핵개발 기술자료를 타 국가와 공유할 용의가 있다고 발표하고, 41개국의 핵전문가들을 초청하여 핵의 평화적 이용에 관한 세미나를 모스크바에서 처음으로 개최하기도 했다.[8] 미국의 "평화를 위한 원자력" 구상에 자극을 받은 소련이 1950년대 중반부터 원자력관련 정보 및 기술자, 연구용 원자로의 대외 수출 및 지원에 나서기 시작했다. 동유럽 국가들과 중국이 그 대상이었다. 체코, 헝가리, 동독, 유고, 이집트 등에게 소형 원자로와 중수로, 가스냉각로, 경수로 등을 제공하였다. 이때 핵안전조치에 대한 임무 부과는 하지 않았다.

1955년부터 1958년 사이에 소련은 중국에 6.5MW 연구용 중수원자로를 제공하였다. 그리고 중국 내 39개의 원자력센터를 설립하는 것을 포함한 제1차 5개년 대외원조계획을 발표했다. 그리고 중국의 란조우에 가스확산식 우라늄 농축 시설의 건설을 지원했다. 1958년에 중국이 소련의 지원을 받은 핵기술을 가지고 핵폭탄을 만들 계획임을 발표하자, 소련은 중국의 핵확산의 위험이 임박했다고 인식하기 시작하였고, 직후에 소련은 중국에 대한 핵기술지원을 중단하면서 핵확산금지에 대한 필요성에 대해 현실적인 인식을 가졌다.[9]

소련은 헝가리에 대한 100MW 원자로 제공계획과 체코에 대한 천연우라늄원자로 건설 지원을 중단했으며, 핵안전조치를 부과하기 시작했다. 소련의 지원을 받는

---

7) William C. Potter, *Nuclear Power and Nonproliferation*(Cambridge, MA: Oelgeschager, Gunn & Hain Publishers, Inc., 1982), p. 37.

8) 동 회의에 북한도 김일성이 몇몇 과학자를 데리고 참가하였다.

9) George H. Quester, "Soviet Policy on the Nuclear Non−Proliferation Treaty," *Cornell International Law Journal*, Vol.5, Issue 1, 1972, pp. 17−34.

모든 국가는 소련으로부터 우라늄연료를 구입해야 하며, 사용후핵연료는 모두 소련으로 반환되어야 한다는 정책을 이행하기 시작했다. 그리고 동구 국가들에게 우라늄농축이나 플루토늄재처리 시설 건설을 금지하였다. 이때부터 소련의 핵비확산정책이 핵개발 지원정책보다 우선순위가 높아지기 시작하였다.

아이젠하워 대통령의 "평화를 위한 원자력" 연설 이후, 약 4년만인 1957년 7월 29일 원자력 기술의 평화적 사용을 촉진하고 감시하는 기구로서 국제원자력기구가 창설되었다. 미국을 비롯하여 81개국이 IAEA의 창립 회원국이 되었다.

미국은 아이젠하워 연설 직후 미국 의회에 관련 법안을 제출했고, 세계 30개국에 25톤이 넘는 고농축우라늄과 평화적 원자력 기술과 정보를 수출하였다. 소련은 11여 톤의 고농축우라늄을 관련 국가들에 수출하였다.

IAEA의 창설에도 불구하고, 핵무기의 확산을 막기 위한 국제적인 움직임은 시간이 지체되었다. 1960년에 프랑스가 핵실험을 했다. 미국과 소련이 핵비확산에 대해서 같은 생각을 가지기 시작한 것은 1962년 10월 쿠바 미사일 위기 직후부터라고 해도 과언이 아니다. 쿠바 미사일 위기를 겪으면서 미국과 소련의 지도자들은 핵전쟁의 위험과 그것을 통제하기 위한 필요성에 대해 공감했다. 그로부터 미국 케네디(John F. Kennedy) 대통령과 소련 흐루쇼프(Nikita Khrushchev) 당서기장은 각종 핵군비통제와 핵비확산 조치를 협의하기 시작했으며, 부분적핵실험 금지조약(1963)을 합의했고, 존슨과 브레즈네프 간에는 핵확산금지조약(1968), 닉슨과 브레즈네프 간에는 전략핵무기제한조약-I과 미사일방어제한조약(1972)을 협상하였다. 쿠바 미사일 위기는 중남미 국가들로 하여금 틀라텔로코 비핵지대조약을 합의하는데 기폭제 역할을 했다.

한편, 1963년 3월 21일 케네디는 한 기자회견에서 "1970년대에 미국의 대통령은 세계에서 15개 내지 20개 내지 25개 국가가 핵무기를 보유하는 것을 볼지도 모른다"[10]고 경고하고, 핵무기실험 금지와 핵확산을 금지하기 위한 조약의 필요성에 대해서 언급했다. 케네디의 이러한 경고는 기자회견보다 한 달 앞서 미국 국방부장관이 대통령에게 보고한 비밀문서에서 "향후 10년 이내에 캐나다, 중국, 인도, 이스라엘,

---

10) Richard Reevers, *President Kennedy: Profile of Power*(New York: Simon & Schuster, 1993), p. 477. President Kennedy's News Conference 52, March 21, 1963. President John F. Kennedy, State Department Auditorium, Washington, D.C. March 21, 1963. (https://www.jfklibrary.org/archives/other-resources/john-f-kennedy-press-conferences/news-conference-52)

이탈리아, 일본, 스웨덴, 서독 등 8개국이 핵무기를 생산할 수 있는 능력을 가지게 될 것"이라고 예측한 것에 근거하고 있었다. 이 보고서에서는 "앞으로 10년 후에 핵무기 제조비용이 감소하고, 핵실험이 규제되지 않는다면, 더 많은 국가들이 핵무기를 추구할 수 있을 것"이라고 판단하고 있었다. 이러한 핵확산의 위험 때문에 기존의 핵보유국인 미국, 소련, 영국은 NPT의 필요성을 인식하였다. 1963년 미국과 영국, 소련이 부분핵실험금지조약에 합의한 때부터 소련은 핵확산금지에 대한 우선순위를 높이기 시작했다.

NPT의 원안은 1958년 10월 17일, 아일랜드가 UN총회에 핵무기의 전파를 금지하자는 결의안을 제출하면서 시작되었다.11) 1961년 12월 4일, NPT 협상에 관한 UN총회 결의 1665호가 만장일치로 통과되었다. 이 결의는 아일랜드가 제출한 초안을 기초로 핵무기의 확산을 금지하는 협상에 돌입할 것을 촉구하였다. 기핵보유국은 다른 비핵보유국에게 핵무기를 양도하는 것을 금지하고, 핵무기 제조 정보를 비핵보유국에게 이전하지 못하도록 하는 내용을 담고 있었다. 비핵보유국은 핵무기를 접수하지도 제조하지도 않겠다고 약속하는 것이었다. 이러한 아이디어들이 NPT의 기본이 되었다.

1961년에 NPT의 창설에 중요하고, 영향을 미치는 또 다른 조치가 있었다. 케네디 대통령의 요청에 따라 미국 의회는 군축 및 군비통제 조약의 연구와 계획 및 협상에서 국무부를 대체할 군비통제군축처(ACDA)를 설립하는 법안을 승인했다. 창설된 직후 ACDA의 간부들은 케네디 행정부로부터 핵무기 확산을 막기 위한 협정을 마련하여 소련과 협상할 권한을 부여받았다.

NPT에 관한 협상을 담당할 ACDA를 국무부와 별개로 설립함으로써 케네디는 외교관으로 구성된 국무부에서 오는 NPT에 대한 반대를 회피하고, 행정부와 의회로부터 NPT에 대한 지지를 얻을 수 있는 채널을 만들었다. 국무부는 오랫동안 미국 등 나토의 수 개 국가들이 공동으로 핵무기를 보유하는 다국적군(MLF: Mutilateral Forces)의 설립을 지지해 왔기 때문에, 기본적으로 NPT에 반대하고 있었다.

1961년 UN총회 결의안을 이행하기 위한 협상은 수년 간 교착상태에 빠졌고 핵무기로 무장한 서유럽의 MLF를 창설하기 위한 나토 국가 간 협상도 마찬가지였다. 미국

---

11) Arms Control Today, Fact Sheets and Briefs: Timeline of the Nuclear Nonproliferation Treaty (NPT), February 2018. (http://www.armscontrol.org.)

이 서유럽 동맹국들과 핵무기를 공유하는 MLF 협정을 협의하고 있는 동안에 소련은 서독이 미국과 핵무기를 공유하는 것에 대해 반대하고 있었으므로, 미국이 MLF를 거부하지 않는 한 미국이 제의하는 NPT 협상에 참여하지 않는다는 입장을 견지하였다.

1963년부터 1967년 사이에 미국이 서독에 대한 핵무기 이전을 거부하고 나토국가들과 핵무기를 공유하는 다국적군 창설에 반대한다고 약속한다면, 소련은 헝가리와 체코 등 유럽공산국가들에게 핵무기를 공급할 계획이 없으므로, NPT는 소련에게 무조건 이익이 된다고 생각하기 시작했다. 미국과 소련이 주도하는 냉전시대에 2개 국가에게만 핵보유를 한정시킬 국제적인 제도가 만들어지는 것에 대해서 소련이 반대할 이유가 없었던 것이다.

그 후, ACDA는 5개국(중국, 프랑스, 소련, 영국, 미국)이 핵무기를 보유하고, 다른 국가들의 핵보유는 거부한다는 NPT 초안을 소련과 협상할 수 있도록 허가받았다. 또한 미국을 포함한 5개국이 "비핵국가가 핵무기를 제조 또는 획득하거나 그러한 무기나 폭발 장치를 만드는데 지원, 권장 또는 유인하지 말 것"을 요구했다. 게다가, 이 조약에 가입된 비핵국가들은 "핵무기를 입수하거나 제조하거나 다른 방법으로 획득하지 않고, 어떠한 도움도 받지 않을 것"에 동의할 것을 요구했다. 이 새로운 미국의 공식을 본 소련 대표는 NPT 초안에 대해 미·소 간 협상을 제네바에서 본격적으로 시작하는 것에 동의했다.

1966년 9월, 미-소 실무그룹이 자국 정부에게 제시할 수 있는 핵무기 이전을 금지하는 조약의 초안을 내놓았다. 러스크(Dean Rusk) 미국 국무장관과 그로미코(Andrei Gromyko) 소련 외상은 뉴욕에서 만나 NPT 협상 가능성을 추가로 논의했다.[12] 존슨 미국 대통령은 ACDA 협상팀에게 서독 정부의 핵무기 보유를 금지하고 MLF를 포기하는 초안을 제출할 것을 승인했다. 서독이 NPT에 의거하여 핵무기를 획득하지 않겠다는 약속을 하지 않았다면 소련은 NPT를 받아들이지 않았을 것이다. 하지만 소련은 나토의 핵기획그룹의 설치와 핵무기의 사용에 대한 나토의 집단적 의사결정에는 반대하지 않았다.

소련과 관심 있는 동맹국들의 추가 협상에서 비롯된 변화로, 제네바에 기반을

---

12) B. Goldschmidt, "The Negotiation of the Non—Proliferation Treaty (NPT)," *IAEA Bulletin*, Vol.22, Nos.3/4. (August 1980), pp. 73-80.
(https://www.iaea.org/files/publications/magazines/bulletin/bull22—3/223_403587380.pdf)

둔 18개국 군축위원회와 1968년 UN 총회에 제출할 NPT의 최종 초안이 만들어졌다. 여기에는 인도 등 제네바 군축회의의 8개 비동맹국들이 권고하는 조항이 포함되었는데, 이 조항은 NPT가 "평화적 목적을 위한 핵에너지의 연구, 생산 및 개발을 위한" 모든 NPT 당사자들의 "불가양의 권리"에 영향을 미치지 않도록 규정하고 있다. 핵국들에게도 6조에 따라 핵무기를 감축하고 궁극적으로 제거하기 위한 협상을 의무적으로 실시할 수 있도록 규정했다. 인류가 핵폭탄의 투하를 본 지 23년이 지난 후에야 각국은 핵무기를 보유한 국가가 다른 어떤 비핵국가에게 핵무기를 이전하는 것을 금지하는 국제조약을 체결하기 시작했는데, 1968년 7월 1일 미국, 소련, 영국이 주도하고, 40여 개 국가들이 서명함으로써 시작되었으며, 마침내 93개국이 서명을 완료하여 1970년 3월 5일에 핵비확산조약이 발효되었다.

그 후 미국과 소련은 초강대국의 지위를 유지하면서 핵비확산을 강화하는 조치와 핵수출 규제를 위한 새로운 접근방식에도 견해를 같이 했다. 특히 1974년 인도의 평화적 핵폭발 실험 이후 다자간 핵기술수출통제 레짐을 만들기 위해 핵공급국그룹을 출범시키는 데에 입장을 같이 했다. 1975년 당시 미국보다 소련이 수출분야의 규제정책에서 더 강도 높은 입장을 유지했다.

또한 평화적 핵폭발 분야에서도 미국과 소련은 공통된 입장을 보였다. 사실상 평화적 핵폭발은 운하를 건설하거나, 가스와 석유 발굴, 댐건설 등 비군사적 목적의 핵사용을 의미하는 것이었다. 1960년대와 1970년대에 미국과 소련은 평화적 핵폭발 능력이 구비되어 있었으며, 미국은 27회의 평화적 핵폭발 실험을 했으나 실제적으로 비군사적 목적에 핵폭발을 사용하지 않았다. 소련은 122회의 평화적 핵폭발 실험 중 수차례에 걸쳐 가스발화 및 여타 민간목적에 사용한 적이 있다. 하지만 1963년부터 1976년 평화적 핵폭발 조약을 체결할 때까지 그것을 규제하는 규칙의 제정에 대해서 미국과 소련은 공동작업을 수행했다. 흐루쇼프와 미국의 해리만(Averell Harriman) 대사는 핵군비경쟁을 완화시키기 위해 평화적 핵폭발을 금지시키고자 했다. 하지만 NPT에는 인도와 비동맹국들의 입장을 반영하여 평화적 핵폭발을 금지하지는 않았다.

미국과 소련이 NPT에 공통적인 입장을 갖게 된 이유는 양국의 합의하에 국제사회에서 핵독점의 이익을 누릴 수 있다는 국가이익상의 공통점이 있었기 때문이다. 또한 소련의 안보기관 및 미국의 ACDA에서 핵비확산론자들이 책임을 지고 함께 제도를 만들고자 지속적으로 노력하였으며, 미국과 소련의 협상대표들 간에 개인적 신뢰

와 친분이 오랫동안 존속되었기 때문에 핵비확산체제가 구축될 수 있었다.[13]

미국의 조지 번(George Bunn)과 소련의 롤란드 티머바에프(Roland Timerbaev)는 1960년대 NPT의 협상과정에서 긴밀하게 협조했고, 1970년대 핵수출통제기구의 창설에도 같이 노력했다. 이들은 1985년 NPT평가회의까지 같이 활동했다. 티머바에프는 "그의 오랜 미국협상대상자인 번이 미·소 간 비확산 협력을 유지하는데 얼마나 핵심적인 역할을 하였는가"에 대해 회고하고 있다.[14] 두 사람은 핵무기의 확산을 중지시켜야 할 필요성에 대해 공통된 신념을 갖고 있었고, NPT협상과정에서 나타난 도전요소들을 해결하는데 두 사람 간의 깊은 상호 신뢰가 큰 역할을 하였다고 입을 모으고 있다.[15] 모든 군비통제조약에 있어서 전문가 공동체가 존재하고, 그 전문가들 간의 신뢰 형성이 매우 중요한 역할을 한다는 것은 NPT 이후 모든 군비통제조약의 협상과정과 합의문, 그리고 이행과정에서 증명되고도 남는다.

제 2 절 NPT체제

NPT는 1970년 당시 핵국(미·소·영·중·불)의 기득권을 존중하면서, 새로운 핵보유국의 등장을 저지하고 핵보유국 간의 군비경쟁을 저지함으로써 인류를 핵전쟁의 위험으로부터 보호하고 세계평화에 이바지할 목적으로 발효되었다. NPT의 목적 중 비핵국의 핵보유를 저지하는 것을 수평적 핵확산금지(horizontal nonproliferation)라고 부르고, 핵국이 더 이상의 핵증강을 하지 못하도록 막는 것을 수직적 핵확산금지(vertical nonproliferation)라고 부른다.

---

13) William C. Potter and Sarah Bidgood eds, *Once and Future Partners: The United States, Russia and Nuclear Nonproliferation, Lessons For the Future*, (2016), Adelphi Series 56, 217−244. https://doi.org/10.1080/19445571.2018.1494256
14) 협상자들 간에 개인적 신뢰구축이 중요하다는 점은 아무리 강조해도 지나침이 없다.
15) Potter (1982), *op. cit.*, pp. 224−227.

NPT가 궁극적으로 핵무기 없는 평화적인 세계를 지향하고 있다 하더라도 그 본질적인 성격은 핵국의 핵보유를 기정사실화 하는 한편 비핵국의 핵무기보유를 금지하는 불평등과 차별성으로 특징지어진다. 핵국은 양적으로나 질적으로 핵무기를 증강시키더라도 그 어떤 제재를 받지 않는 것에 비해서 비핵국은 핵개발 의혹을 받으면 반드시 핵국이 주동하여 발의하고 UN안보리에서 결정한 국제적인 압력과 제재를 받았다. 하지만 결과적으로 NPT가 핵확산을 방지하는 데에 중요한 역할을 해왔다는 점은 부인할 수 없는 사실이다.

1. NPT조약의 내용

NPT는 전문과 본문 11개 조항으로 구성되어 있다(부록: 핵비확산조약 전문 참조). 조약의 전문은 핵무기의 확산으로 인한 핵전쟁의 위험성을 방지할 필요성, 핵안전조치에 대한 협력의 필요성, 핵폭발에 대한 평화적 응용, 평화적 핵이용을 위한 협력, 핵실험 영구 중단 노력, 핵무기 제조중단과 제거 노력 강조 등을 담고 있다.

제1조 핵무기보유 조약당사국은 여하한 핵무기 또는 핵폭발장치 또는 그러한 무기 또는 폭발장치에 대한 관리를 직접적으로 또는 간접적으로 어떠한 수령자에 대하여 양도하지 않을 것을 약속하며, 또한 핵무기 비보유국이 핵무기 또는 기타의 핵폭발장치를 제조하거나 획득하며 또는 그러한 무기 또는 핵폭발장치를 관리하는 것을 여하한 방법으로도 원조, 장려 또는 권유하지 않을 것을 약속한다.

제2조 핵무기 비보유 조약당사국은 여하한 핵무기 또는 핵폭발장치 또는 그러한 무기 또는 폭발장치의 관리를 직접적으로 또는 간접적으로 어떠한 양도자로부터도 양도받지 않을 것, 핵무기 또는 기타의 핵폭발장치를 제조하거나 또는 다른 방법으로 획득하지 않을 것과 또한 핵무기 또는 기타의 핵폭발장치를 제조함에 있어서 어떠한 원조를 구하거나 또는 받지 않을 것을 약속한다.

제3조 1. 핵무기 비보유 조약당사국은 원자력을, 평화적 이용으로부터 핵무기 또는 기타의 핵폭발장치로 전용하는 것을 방지하기 위하여 본 조약에 따라 부담

하는 의무이행의 검증을 위한 목적으로 국제원자력기구헌장 및 동 기구의 안전조치제도에 따라 국제원자력기구와 교섭하여 체결할 합의사항에 열거된 안전조치를 수락하기로 약속한다. 본조에 의하여 요구되는 안전조치의 절차는 선원물질 또는 특수분열성물질이 주요원자력시설 내에서 생산처리 또는 사용되고 있는가 또는 그러한 시설 외에서 그렇게 되고 있는가를 불문하고, 동 물질에 관하여 적용되어야 한다.

본조에 의하여 요구되는 안전조치는 동 당사국 영역 내에서나 그 관할권 하에서나 또는 기타의 장소에서 동 국가의 통제하에 행하여지는 모든 평화적 원자력 활동에 있어서의 모든 선원물질 또는 특수분열성물질에 적용되어야 한다.

2. 본 조약 당사국은, 선원물질 또는 특수분열성물질이 본조에 의하여 요구되고 있는 안전조치에 따르지 아니하는 한, (가) 선원물질 또는 특수분열성물질 또는 (나) 특수분열성물질의 처리사용 또는 생산을 위하여 특별히 설계되거나 또는 준비되는 장비 또는 물질을 평화적 목적을 위해서 여하한 핵무기보유국에 제공하지 아니하기로 약속한다.

3. 본조에 의하여 요구되는 안전조치는, 본 조약 제4조에 부합하는 방법으로, 또한 본조의 규정과 본 조약 전문에 규정된 안전조치 적용원칙에 따른 평화적 목적을 위한 핵물질의 처리사용 또는 생산을 위한 핵물질과 장비의 국제적 교류를 포함하여 평화적 원자력 활동분야에 있어서의 조약당사국의 경제적 또는 기술적 개발 또는 국제협력에 저해되지 않는 방법으로 시행되어야 한다.

4. 핵무기 비보유 조약당사국은 국제원자력기구규정에 따라 본조의 요건을 충족하기 위하여 개별적으로 또는 다른 국가와 공동으로 국제원자력기구와 협정을 체결한다. 동 협정의 교섭은 본 조약의 최초 발효일로부터 180일 이내에 개시되어야 한다. 전기의 180일 후에 비준서 또는 가입서를 기탁하는 국가에 대해서는 동 협정의 교섭이 동 기탁일자 이전에 개시되어야 한다. 동 협정은 교섭개시일로부터 18개월 이내에 발효하여야 한다.

제 4 조 1. 본 조약의 어떠한 규정도 차별없이 또한 본 조약 제1조 및 제2조에 의거한 평화적 목적을 위한 원자력의 연구생산 및 사용을 개발시킬 수 있는 모든 조약당사국의 불가양의 권리에 영향을 주는 것으로 해석되어서는 아니 된다.

2. 모든 조약당사국은 원자력의 평화적 이용을 위한 장비 물질 및 과학기술적 정보의 가능한 한 최대한의 교환을 용이하게 하기로 약속하고, 또한 동 교환에 참여할 수 있는 권리를 가진다. 상기의 위치에 처해 있는 조약당사국은, 개발도상지역의 필요성을 적절히 고려하여, 특히 핵무기 비보유 조약당사국의 영역 내에

서, 평화적 목적을 위한 원자력 응용을 더욱 개발하는데 단독으로 또는 다른 국가 및 국제기구와 공동으로 기여하도록 협력한다.

제 5 조 본 조약 당사국은 본 조약에 의거하여 적절한 국제감시 하에 또한 적절한 국제적 절차를 통하여 핵폭발의 평화적 응용으로부터 발생하는 잠재적 이익이 무차별의 기초위에 핵무기 비보유 조약당사국에 제공되어야 하며, 또한 사용된 폭발장치에 대하여 핵무기 비보유 조약당사국이 부담하는 비용은 가능한 한 저렴할 것과 연구 및 개발을 위한 어떠한 비용도 제외할 것을 보장하기 위한 적절한 조치를 취하기로 약속한다. 핵무기 비보유 조약당사국은 핵무기 비보유국을 적절히 대표하는 적당한 국제기관을 통하여 특별한 국제 협정에 따라 그러한 이익을 획득할 수 있어야 한다. 이 문제에 관한 교섭은 본 조약이 발효한 후 가능한 한 조속히 개시되어야 한다. 핵무기 비보유 조약 당사국이 원하는 경우에는 양자협정에 따라 그러한 이익을 획득할 수 있다.

제 6 조 조약당사국은 조속한 일자 내에 핵무기 경쟁중지 및 핵군비 축소를 위한 효과적 조치에 관한 교섭과 엄격하고 효과적인 국제적 통제하의 일반적이고 완전한 군축에 관한 조약 체결을 위한 교섭을 성실히 추구하기로 약속한다.

제 7 조 본 조약의 어떠한 규정도 복수의 국가들이 각자의 영역 내에서 핵무기의 전면적 부재를 보장하기 위하여 지역적 조약을 체결할 수 있는 권리에 영향을 주지 아니한다. (비핵지대 조약에 대한 사항)

제 8 조 1. 조약당사국은 어느 국가나 본 조약에 대한 개정안을 제의할 수 있다. 제의된 개정문안은 기탁국 정부에 제출되며 기탁국 정부는 이를 모든 조약당사국에 배부한다. 동 개정안에 대하여 조약 당사국의 3분의 1 또는 그 이상의 요청이 있을 경우, 기탁국 정부는 동 개정안을 심의하기 위하여 모든 조약당사국을 초청하는 회의를 소집하여야 한다.

   2. 본 조약에 대한 개정안은, 모든 핵무기 보유 조약당사국과 동 개정안이 배부된 당시의 국제원자력기구 이사국인 조약당사국 전체를 포함한 모든 조약당사국의 과반수의 찬성투표로서 승인되어야 한다. 동 개정안은 개정안에 대한 비준서를 기탁하는 당사국에 대하여, 모든 핵무기 보유 조약당사국과 동 개정안이 배부된 당시의 국제원자력기구 이사국인 조약당사국 전체의 비준서를 포함한 모든 조약당사국 과반수의 비준서가 기탁된 일자에 효력을 발생한다. 그 이후에는 동

개정안에 대한 비준서를 기탁하는 일자에 동 당사국에 대하여 효력을 발생한다.

　3. 본 조약의 발효일로부터 5년이 경과 한 후에 조약당사국회의가 본 조약 전문의 목적과 조약규정이 실현되고 있음을 보증할 목적으로 본 조약의 실시를 검토하기 위하여 스위스 제네바에서 개최된다. 그 이후에는 5년마다 조약당사국 과반수가 동일한 취지로 기탁국 정부에 제의함으로써 본 조약의 운용상태를 검토 하기 위해 동일한 목적의 추후 회의를 소집할 수 있다.

제 9 조 1. 본 조약은 서명을 위하여 모든 국가에 개방된다. 본조 3항에 의거하여 본 조약의 발효 전에 본 조약에 서명하지 아니한 국가는 언제든지 본 조약에 가 입할 수 있다.

　2. 본 조약은 서명국에 의하여 비준되어야 한다. 비준서 및 가입서는 기탁국 정부로 지정된 미합중국, 영국 및 소련 정부에 기탁된다.

　3. 본 조약은 본 조약의 기탁국 정부로 지정된 국가 및 본 조약의 다른 40개 서명국에 의한 비준과 동 제국에 의한 비준서 기탁일자에 발효한다. 본 조약 상 핵무기보유국이라 함은 1967년 1월 1일 이전에 핵무기 또는 기타의 핵폭발장치를 제조하고 폭발시킨 국가를 말한다.

　4. 본 조약의 발효 후에 비준서 또는 가입서를 기탁하는 국가에 대해서는 동 국가의 비준서 또는 가입서 기탁일자에 발효한다.

　5. 기탁국 정부는 본 조약에 대한 서명 일자, 비준서 또는 가입서 기탁일자, 본 조약의 발효일자 및 회의소집 요청 또는 기타의 통고접수일자를 모든 서명국 및 가입국에 즉시 통보하여야 한다.

　6. 본 조약은 국제연합헌장 제102조에 따라 기탁국 정부에 의하여 등록된다.

제10조 1. 각 당사국은, 당사국의 주권을 행사함에 있어서, 본 조약상의 문제에 관련하여 비상사태가 자국의 최고이익을 위태롭게 하고 있다고 결정하는 경우에 는 본 조약으로부터 탈퇴할 수 있는 권리를 가진다. 각 당사국은 동 탈퇴 통고를 3개월 전에 모든 조약 당사국과 국제연합 안전보장이사회에 행한다. 동 통고에는 동 국가의 최고이익을 위태롭게 하고있는 것으로 그 국가가 간주하는 비상사태에 관한 설명이 포함되어야 한다.

　2. 본 조약의 발효일로부터 25년이 경과한 후에 본 조약이 무기한으로 효력 을 지속할 것인가 또는 추후의 일정기간동안 연장될 것인가를 결정하기 위하여 회의를 소집한다. 동 결정은 조약 당사국 과반수의 찬성에 의한다.

제11조 동등히 정본인 영어, 러시아어, 불어, 서반아어 및 중국어로 된 본 조약은 기탁국 정부의 문서보관소에 기탁된다. 본 조약의 인증등본은 기탁국 정부에 의하여 서명국과 가입국 정부에 전달된다. 이상의 증거로서 정당히 권한을 위임받은 하기 서명자는 본 조약에 서명하였다.

1968년 7월 1일 워싱턴, 런던 및 모스크바에서 본 협정문 3부를 작성하였다.

2. NPT의 구조

〈표 1-1〉 NPT상 핵보유국과 비핵보유국의 의무 비교

핵보유국	비핵보유국
비핵보유국에 대한 핵무기와 핵폭발장치 이전 금지	핵국으로부터 핵무기와 핵폭발장치 인수 금지 및 핵무기 제조 금지
비핵보유국의 핵개발 조력 금지	원자력의 군사적 목적 활용 금지
핵무기 경쟁 조기 중지 및 핵군축 협상 진행	IAEA와 안전조치협정 체결 및 사찰 수용
평화적 핵이용 권리 및 평화적 핵이용 관련 장비 물질 과학기술 정보교환에 상호협력	

〈표 1-1〉에 나타난 바와 같이, NPT는 핵보유국과 비핵보유국이 각각 지켜야할 의무를 구분하여 설명하고 있다.

먼저 핵보유국이 준수해야 할 의무를 보면, 핵보유국은 핵무기나 핵폭발장치를 비핵보유국에 절대로 제공하지 말아야 한다. 또한 비핵보유국에 대해 핵무기 제조나 개발을 지원하지 말아야 한다. 그와 더불어 가장 중요한 것은 핵보유국들이 비핵보유국들의 핵비확산 의무만 부과할 것이 아니라, 핵보유국들이 핵무기 경쟁을 조기에 중지하고, 전면적이고 완전한 핵무기 군축 협상을 가질 것을 의무로 부과하고 있다는 점이다. 이것은 핵보유국들이 핵무기를 보유하고, 핵군비경쟁을 통해 더 많은 핵무기를 보유할 경우에, 수직적 핵확산은 하면서 수평적 핵확산을 하지 말라고 하는 불평등과 도덕적 해이 현상을 시정하기 위한 것이다. 따라서 NPT에서는 초기부터 핵보유국들간에 핵군축 협상을 성실하게 진행할 것을 의무로 부과하고 있다.

다음으로 비핵보유국이 지켜야 할 의무사항을 보면, 비핵보유국은 핵보유국으로

부터 핵무기나 핵폭발장치를 이전 받지 않으며, 핵무기를 제조하지 말아야 한다는 의무를 부과하고 있다. 비핵보유국들은 원자력을 군사적 목적으로 활용해서는 안 되며, NPT에 가입 후 180일 이내에 국제원자력기구(IAEA)와 핵안전조치협정을 체결하여 그 협정에 따라 IAEA의 사찰을 받을 의무를 부과하고 있다.

그리고 핵보유국과 비핵보유국에게 공통적으로 적용되는 권리는 평화적으로 핵을 이용할 권리를 가지며, 특히 핵보유국은 비핵보유국과 평화적 핵이용 관련 장비, 물질, 과학기술 및 정보교환에 상호협력하는 것으로 규정하고 있다.

제 3 절 국가들은 왜 핵무기를 개발하는가?

핵확산은 언제까지 계속될 것인가?, 국가들이 핵무기를 만드는 이유는 무엇인가?, 현재 5개 공인된 핵보유국을 포함한 4개의 핵무장 국가들이 비핵국가들을 자극함에 따라 다른 국가들도 따라서 핵무장을 선택하게 될 것인가?, 핵확산의 동기를 제대로 이해하면 핵비확산에 좀더 효과적인 대책을 발견할 수 있을 것인가?

이런 문제들에 대해서 적지 않은 국제정치학자들이 연구를 해왔다. 국제사회에서는 핵확산과 핵비확산에 대한 수많은 연구들과 책들이 발간되었으나, 한국에서는 근래에 출판된 책이 몇 권에 불과하다. 국가가 핵이냐 비핵이냐 중 하나를 선택하는 이유를 분석하는 것은 국제비확산 레짐을 튼튼하게 만들기 위한 정책의 구상을 더욱 효과적이게 만들 수 있다.

본 절에서는 우선 국가들은 왜 핵무기를 개발하는가에 대해 국가별 사례분석을 한다.

1. 핵무장 원인에 대한 이론

"국가들이 왜 핵무장을 하는가?"에 대해서 많은 연구가 행해졌으며, 설명 이론들이 제시되었다. 핵보유국으로 되는 원인은 대개 일곱 가지로 요약될 수 있다.[16]

첫째는 동기이론(motivation theory)이다.[17] 재래식 무기로는 국가안보를 보장할 수 없는 큰 외부적 위협이 존재한다고 생각하고 핵무기를 만들어서 자위적 목적으로 국가안보를 반드시 확보해야 하겠다는 정치적 및 군사적 동기가 있기 때문에 핵무기를 개발한다는 것이다. 모든 핵개발국가들에게 공통적으로 적용될 수 있는 이론으로서 미국, 소련, 영국, 프랑스, 중국, 이스라엘, 인도, 파키스탄, 북한에게 공통적으로 적용될 수 있다. 하지만 안보상의 절실한 이유가 있을지라도 핵무기 개발을 선택하지 않은 국가들의 행위에 대해서는 설명력이 부족한 것이 문제점으로 지적된다.

둘째는 기술이론(technology theory)이다. 즉, 핵무기를 연구·개발할 수 있는 기술적 능력이 있으면 핵무기를 만든다는 것이다. 이 이론은 한 국가가 핵개발 기술 능력을 갖추면 반드시 핵개발을 한다는 측면을 강조하는 이론이다.[18] 이것은 지도자가 핵무기를 개발하고자 하는 정치적 결심을 했다고 하더라도 기술적 개발 가능성과 이를 뒷받침하는 돈이 없이는 핵무기제조가 불가능하다는 것을 의미한다. 그러나 실제로 핵무기를 만들 수 있는 기술과 능력을 가졌던 서독, 일본, 스웨덴, 스위스 등이 핵무기를 개발하지 않았는데 기술이론은 이러한 사례들을 설명하지 못하고 있다. 핵기술 선진국들은 핵확산을 막기 위해서 1975년부터 핵공급국그룹을 창설하고, 핵무기로 전용가능한 기술과 핵물질을 비핵국들에게 수출하지 않겠다는 신사협정을 맺고 이를 준수해 오고 있는데, 이 기술이론은 기술공급을 제한함으로써 비확산을 유지할 수 있다는 측면을 강조하고 있다.

---

16) 스탠포드 대학의 스콧 세이건(Scott Sagan) 같은 국제정치학자들은 비핵보유국이 핵무기를 만드는 요인을 국가 외부의 안보 원인, 국가 내부의 정치 혹은 사회조직 차원의 원인, 규범적·국제 위신적 원인으로 설명하기도 한다. Scott D. Sagan, "Why Do States Build Nuclear Weapons? Three Models in Search of a Bomb," *International Security* 21:3 (Winter 1996/1997), pp. 54–86.

17) William C. Potter(1982), *op. cit.*, pp. 131–182.

18) Joseph Cirincione, *Bomb Scare. The History and Future of Nuclear Weapons*(New York: Columbia University Press, 2007), pp. 74–76.

셋째는 연계이론(linkage theory)이다. 1970년 출범 당시의 국제 핵비확산체제를 보면 미·소·영·프·중 5개국은 모두 핵보유국으로 인정을 받고 그들의 핵무기의 수량과 질적 개선은 아무런 제한이 없었는데, 이를 다른 말로 수직적 핵확산이라고 불러왔다.

따라서 비핵국들이 핵국의 수직적 핵확산으로 초래된 핵독점과 핵불평등 현상에 불만을 갖고 이를 타파하거나 이에 대항하기 위해 핵무기를 만들게 된다는 수직적 핵확산과 수평적 핵확산은 연계가 되어 있다고 설명하는 이론이 이것이다. 중국이 1964년에 핵무기를 개발한 것은 위의 첫 번째 안보동기이론 이외에 미국과 소련의 핵독점을 막기 위해 핵무기를 개발했다고 주장한 바 있는데, 이것이 연계이론의 시초라고 말할 수 있다. 또한 5개 핵국의 수직적 핵확산과 5개 이외의 핵개발국의 수평적 핵확산은 직간접적으로 연계되어 있다고도 볼 수 있다. 제3세계의 국가들 중에서 기존의 핵국 중심의 불평등 핵질서를 비판하는데 많이 인용되는 이론이다.

넷째는 기존의 핵보유국과 당당히 맞설 수 있는 핵무기 능력을 보유함으로써 그 국가가 위치한 지역 내에서 기존 핵보유국의 패권적 지배를 벗어나고, 그들과 겨룰 수 있는 강국이 되었다는 국제적인 위신(international prestige)을 획득하고, 핵보유국으로서 알맞은 국제적 혹은 지역적 영향력을 발휘하기 위해서 핵무기를 개발한다는 측면을 설명하는 이론이다.[19] 제2차 세계대전 이후 미국과 소련이 핵강국으로 등장하고 미국이 영국에게 핵개발 관련된 기밀을 공유하지 않자 영국이 미국과 소련에 맞먹는 국제적 영향력을 가지기 위해 핵무기를 개발했고, 미국과 영국의 프랑스 홀대에 자극받은 프랑스의 드골 대통령이 핵무기 개발을 시도한 점, 중국의 핵개발 사례는 모두 강대국으로서의 위신과 국제적 영향력 경쟁에서 핵보유가 필수적이라고 생각한 결과이다. 인도와 파키스탄, 북한도 지역적 영향력과 국제정치에서의 위신을 어느 정도 생각한 것으로 보아도 무방하다.[20]

다섯째, 국가의 독재자의 정권안보용으로 핵무기를 개발하는 것이다. 한 독재국가가 온갖 국제적 압력과 제재를 무릅쓰고 핵무기 개발에 성공하여 국제적으로 사실상의 핵보유국으로 행세할 수 있게 되면, 국내외를 향해 국제사회의 온갖 제재와 압박을 이겨내고 핵보유국의 지위를 달성한 것이 개인의 영도력의 결과라고 홍보할 수

---

19) Potter(1982), *op. cit.*, pp. 176–182.
20) 로동신문, 2013. 4.15.

있으며, 핵확산의 결과로 국제사회의 가중되는 제재와 적대적 압박으로부터 국가의 독립과 안전을 수호하기 위해서는 독재자 중심으로 국내적 단결이 필요하다고 호소함으로써 지도자에 대한 충성을 확보할 수 있게 된다. 즉, 핵무기를 개발하는 행위 자체가 독재자의 정권안보를 위해 도움이 되기 때문에 온갖 폐해를 무릅쓰고 통치수단의 하나로 핵무기를 개발한다는 의미이다.[21]

독재정권이 정권안보용으로 핵무기 개발을 선호한다는 가설은 탈냉전 이후에 미국의 비확산정책의 영향력이 약화되고, NPT레짐의 구속력이 약화되면서 미·소 양극체제를 벗어나 탈냉전시대에 핵무기를 선호하는 국가들이 증가할 불확실성이 커졌다는 지적과 함께,[22] 특히 파키스탄과 북한정권이 핵무기를 개발한 데서 증명이 되고 있다.[23]

여섯째, 비핵국가가 처음에는 방어용 및 억제용으로 핵무기를 개발하지만 어느 정도 이상의 핵능력을 갖게 되면 그 핵무기를 활용하여 적대국을 강제(compellence)함으로써 자국이 원하는 방향으로 적대국이 행동하도록 영향력 행사를 시도할 수 있고, 혹은 강압(coercion)함으로써 적대국이 어떤 행동을 하지 못하도록 압력을 행사하는 경우가 있는데 이런 경우는 자위적 성격의 억제를 훨씬 벗어나서 현상변경과 적대국의 파멸까지도 시도할 수 있는 힘을 핵무기가 부여하게 된다고 하는 것이다.

일곱째, 정치사회체제이론이 있다.[24] 즉, 어느 한 국가의 지도부가 일사불란하게 핵무기 개발을 단선적으로 추진하는 것이 아니라, 그 국가의 특정 정치사회적 그룹이 정치사회적 상황의 변화를 이용하여 핵무기를 개발하는 것을 의미한다. 국제정치학자들이 군부독재정권인 파키스탄의 경우와 민주주의 국가이면서 처음에는 평화적 원자력 개발에만 신경을 써 오다가 늦게 핵무기 개발을 하게 된 인도의 경우를 차별적

---

21) Harald Müller and Andreas Schmidt, "The Little-Known Story of Deproliferation: Why States Give Up Nuclear Weapons Activities," in William C. Potter with Gaukhar Mukhatzhanova, *Forecasting Nuclear Proliferation in the 21st Century*(Stanford, CA: Stanford University Press, 2010), pp. 124-158. 뮐러와 슈미트는 독재정권이 민주정권보다 더 핵개발에 집착함을 보여주고 있다.

22) Kurt M. Campbell, Robert J. Einhorn, and Mitchell B. Reiss eds., *The Nuclear Tipping Point: Why States Reconsider Their Nuclear Choices* (Washington D.C.: Brookings Institution, 2004).

23) David W. Shin, *Kim Jong-un's Strategy for Survival* (London, UK: Lexigngton Books, 2021), pp. 169-196.

24) Scott Sagan, *op. cit.*, pp. 54-86.

으로 설명하기 위해 이 이론을 소개하고 있다. 하지만 본 장에서 설명하겠지만, 인도와 파키스탄은 정치체제에 있어서 차이가 있음에도 불구하고, 핵무기를 개발하는 데 있어서 리더십을 발휘한 정치지도자의 역할을 무시할 수 없기 때문에 특정 정치사회 세력이 지배적인 영향력을 발휘하여 핵무기 개발을 선택하게 되었다는 이론은 보완적인 가설일 뿐, 보편적인 이론은 아니라고 말할 수 있다.

이상의 일곱 가지 원인, 즉 안보동기 이론, 기술 이론, 연계 이론, 위신 이론, 정권안보 이론, 강제 및 강압 이론, 정치사회체제 이론은 핵개발 국가의 사정에 따라 다르게 적용될 수 있다. 아래에서는 5대 핵국과 4대 핵무장국의 핵개발 동기와 사례를 역사적으로 분석해 보기로 한다. 국제정치학자들은 1945년부터 1970년까지 미·소·영·프·중 5대 핵보유국을 중심으로 전개된 핵질서를 제1차 핵시대로 구분하고, NPT 성립 이후에 핵무장국가가 된 이스라엘, 인도, 파키스탄, 북한 등을 중심으로 전개된 핵질서를 제2차 핵시대로 구분하고 있는데,[25] 여기에서는 차례대로 각 국가가 왜, 어떻게 핵무기를 개발하여 보유하게 되었는지 분석해보기로 한다.

2. 제1차 핵시대의 전개(미국, 소련, 영국, 프랑스, 중국)

(1) 미국의 핵무기 개발

미국은 제2차 세계대전을 조기에 종결시키고자 군사적으로 사용할 목적을 가지고 핵무기 개발에 착수했다. 미국의 핵무기 개발 이유는 군사적인 목적일 뿐 아니라 초강대국으로서의 위신과 영향력을 획득하고 유지하기 위해 핵무기 개발을 계속했다고 볼 수 있다.

미국은 핵무기 개발 프로젝트를 일명 "맨하탄 프로젝트"라고 불렀다.[26] 맨하탄 프로젝트는 제2차 세계대전 기간 동안 미국 정부와 산업계 및 과학계 간의 합작품일 뿐 만 아니라 영국 및 캐나다와의 국제적인 협력의 결과였다. 맨하탄 프로젝트의 이야기는 1938년 독일 과학자 오토 한(Otto Hahn)과 프리츠 스트라스만(Fritz Strassmann)

---

25) Andrew Futter, *Ibid*, 고봉준 역, 앞의 책, p. 90.
26) https://www.atomicheritage.org/history/manhattan－project.

이 핵분열을 발견하면서 시작되었다. 몇 달 후, 알버트 아인슈타인(Albert Einstein)은 레오 실라드(Leo Szilard) 등의 부탁을 받고 루즈벨트 대통령에게 "현재의 핵분열 연구 수준을 볼 때에, 독일이 원자폭탄을 만들지도 모르며, 미국이 핵폭탄을 연구할 필요가 있다"고 경고하는 편지27)를 보냈다. 이에 루즈벨트는 핵분열반응의 가능성을 판단하기 위해 군 지도자 및 과학 전문가들로 구성된 우라늄위원회를 구성했다.

당시 미국의 많은 대학에서 원자연구가 진행되고 있었다. 캘리포니아 버클리 대학의 "라드 랩(Rad Lab, 방사능 실험실)"에서는 로렌스(Ernest Rowrence)가 주도하는 원자가속기에 대한 연구가 진행 중이었다. 로렌스의 가장 중요한 발견은 "아톰 스매셔"로 알려진 사이클로트론의 발명과 함께 이루어졌다. 또한 이 기간 동안 플루토늄이 핵반응에도 사용될 수 있다는 것이 증명되어 핵폭탄에 대한 또 다른 경로가 열리게 되었다. 한편 컬럼비아대학에서는 엔리코 페르미(Enrico Fermi), 실라드, 월터 진 (Walter Jean), 허버트 앤더슨(Herbert L. Anderson) 등의 과학자 팀이 연쇄반응 핵 '파일'을 이용해 핵분열에서 나오는 중성자 방출을 측정하는 실험을 했다. 중성자의 생산은 1942년 2월에 시카고 대학의 금속공학연구소로 옮겨졌다. 12월 2일 시카고 파일 -1 이 세계 최초로 연쇄반응을 일으키면서 임계에 도달했다. 이 실험은 핵에너지가 전력을 생산할 수 있다는 것을 증명했을 뿐만 아니라 플루토늄을 생산할 수 있는 방법을 보여주었다.

맨하탄 프로젝트는 공식적으로 전쟁성 주도로 1942년 8월 13일에 출범했다. 맨하탄 프로젝트의 첫 번째 사무실은 실제로 뉴욕의 브로드웨이 270번지에 있는 맨하탄에 있었다. 레슬리 그로브스(Leslie R. Groves) 장군이 프로젝트의 책임자로 임명되었고, 그로브스 장군이 지휘하는 공병부대의 주소가 맨하탄이었기 때문에 미국의 원자탄개발프로젝트를 맨하탄 프로젝트로 명명하기로 결정되었다. 1942년 12월에 루즈벨트 대통령이 초기에 5억 달러의 연구자금을 지원토록 지시했다. 이 사업의 본부는 곧 수도 워싱턴으로 이전하였다.

맨하탄 프로젝트에서 핵무기연구소는 뉴멕시코 주 로스알라모스에 위치했다. 오펜하이머(J. Robert Oppenheimer)의 지휘 아래 로스알라모스 실험실은 핵폭탄의 연구와 제조 작업의 대부분을 수행하였다. 육군이 로스알라모스에서 행해진 모든 작업에

---

27) https://www.atomicheritage.org/key-documents/einstein-szilard-letter(retrieve: July 10, 2019).

대한 지원과 비밀 통제를 담당했다. 또 하나의 맨하탄 프로젝트 관련 연구시설은 테네시주의 오크리지(Oak Ridge)에 위치해 있었다. 오크리지에서는 우라늄 농축 공장인 K-25, Y-12, S-50이 있었고, 플루토늄 시험 생산 원자로인 X-10 흑연 원자로가 있었다. 워싱턴 주의 핸포드에서는 본격적인 플루토늄 생산 공장인 B 원자로가 건설되었다.

맨하탄 프로젝트에는 수십 개의 다른 기관들도 관여했다. 하버드대학과 매사추세츠 공과대학에서 과학자들이 연구에 참가했다. 캐나다에서는 몬트리올 실험실과 세계 최초의 중수 원자로 중 하나인 온타리오에 있는 초크 강 원자력 실험실과 협력했다. 한편 일본에 원자폭탄을 투하할 육군 항공대 소속부대가 유타 주 웬도버 비행장과 쿠바에서 폭탄 투하 훈련을 받았다. 연인원 60만 명 이상이 맨하탄 프로젝트에 참여한 것으로 알려졌다.

맨하탄 프로젝트의 핵폭탄 생산이 가시화되기 시작하자, 미국 정부는 전쟁에서 사용할 방안을 검토하기 시작했다. 1945년 5월에 헨리 L. 스팀슨 전쟁성장관은 트루먼 대통령의 재가를 얻어 임시위원회를 설립했다. 핵에너지의 전쟁시 사용과 전쟁 후 조직에 대한 권고안을 만들었다. 이 위원회의 과학패널은 6월 16일 일본에 대한 핵폭탄 사용을 권고하는 보고서를 작성했다.

1945년 7월 16일, 세계 최초의 원자폭탄이 뉴멕시코 사막에 위치한 트리니티(Trinity) 실험장에서 실험에 성공하면서 공식적으로 원자탄의 시대가 시작되었다. 이 플루토늄 폭탄은 약 20킬로톤의 폭발력을 가졌고, 8마일 높이까지 솟아오른 버섯구름과 깊이가 10피트, 너비가 1,000피트 이상인 분화구를 남겼다.

그리고 미국이 8월 6일 일본의 히로시마에 첫 원자폭탄을 투하했다.

"리틀 보이(Little Boy)"로 알려진 이 우라늄 폭탄은 약 13킬로톤의 폭발력을 가졌다. 폭발 후 4개월 동안 9만에서 16만 6,000명이 폭탄으로 사망한 것으로 추정되었다. 미 에너지부는 5년 후 폭탄테러로 인한 사망자가 20만 명 이상일 것으로 추정했고, 히로시마는 화상, 방사선병, 암 등 폭탄의 영향으로 23만 7,000명이 직간접적으로 사망했다고 추정되었다.

3일 후, "팻 맨(Fat Man)"으로 알려진 21킬로톤의 플루토늄 원자폭탄이 일본의 나가사키에 투하되었다. 원폭 투하 직후 4만에서 7만 5,000명이 사망하고 6만여 명이 중상을 입은 것으로 추정되었다. 1945년 말까지 총 사망자는 8만 명에 달했다. 그 결과 일본은 8월 15일 항복했다.

　　맨하탄 프로젝트는 복잡한 유산을 남겼다. 제2차 세계대전 직후 냉전기간 동안 핵무기 경쟁이 촉발되었다. 1945년 4월 스팀슨 장관이 트루먼 대통령에게 보고한 메모에는, "핵폭탄은 현대전쟁의 치명적인 폭발 무기와 마찬가지로 새로운 엄청난 파괴력을 가진 무기로 여겨질 것이다. 미국이 핵무기를 개발한 유일한 목적은 전쟁에 사용될 군사용 무기의 개발이며, 어떤 다른 이유로도 이 엄청난 돈의 군비지출이 정당화될 수 없었다. 미국이 유일한 핵무기 보유국가이지만, 이 배타적 지위를 무한정 오랫동안 누릴 수는 없을 것이다. 미래에 더 쉽고 더 싸게 핵무기를 제조하는 방법이 발견될 것이고, 강대국이든 약소국이든 핵무기를 보유하게 될 것이다."[28]라고 설명하였다. 이 설명과 같이, 맨하탄 프로젝트는 소련뿐만 아니라 영국과 프랑스, 다른 국가들의 핵 프로그램에 영향을 미쳤다. 그럼에도 불구하고 미국의 원자력 연구는 그 이후 세계의 평화적인 원자력의 이용에 큰 기여를 했다고 볼 수 있다.

　　미국은 원자탄을 제조한 지 7년 뒤에 수소폭탄의 개발에 성공했다.[29] 1950년 1월, "수퍼탄 내지 열핵탄 개발을 유보하자"는 미국 국내의 원자력 학계의 논란에도 불구하고, 1949년 소련이 원자폭탄 실험에 성공하자 트루먼 대통령이 원자탄보다 더 위력이 큰 핵융합폭탄인 수소탄을 연구개발하라는 지시를 내렸다. 1950년 7월 25일 트루먼은 그린월트(Crawford H. Greenewalt) 듀퐁사 회장에게 열핵 폭탄의 필수 성분인 플루토늄과 삼중수소를 생산하기 위한 새로운 공장 부지의 설계, 건설 및 운영을 맡아 줄 것을 요청했다.

　　트루먼이 열핵무기의 개발을 지시한 지 2년 반 후인 1952년 11월 1일, 미국은 남태평양의 에니웨톡 환초(Eniwetok Atoll)에서 사상 최초의 열핵무기를 시험했다. 폭발력은 10메가톤으로서, 7년 전 히로시마에 투하된 폭탄의 약 1,000배에 가까운 무시무시한 폭발력을 보였다. 그로부터 1년도 채 지나지 않아 소련도 첫 열핵무기를 실험했다. 이에 따라 1953년부터 미·소 간에 핵무기 경쟁이 시작되었다. 소련은 미국을 적으로 간주하고 대륙간탄도탄 중심의 핵무기 개발을 지속하였으나, 미국은 중거리탄도미사일(MRBM)과 대륙간탄도미사일(ICBM)에 배치될 수 있는 소형 핵무기를 만드

---

28) Henry C. Stimpson, "The Decision to Use the Atomic Bomb," to the President(http://www.doug-long.com/stim425.htm).

29) https://www.atomicheritage.org/history/hydrogen-bomb-1950.

는 데 총력을 기울였다. 미·소 간의 핵무기 경쟁과 핵무기 군축에 대해서는 본 장의 후반부에서 다룬다.

(2) 소련의 핵무기 개발

소련이 핵무기 개발에 대해 생각을 가지게 된 것은 독일 혹은 미국이 핵무기 개발 계획을 갖고 행동에 옮기기 시작했다는 정보를 입수하고 난 직후였다. 하지만 본격적으로 핵무기를 개발하고 계속 증강시켜 나간 이유는 냉전시기 미국과의 경쟁에서 지지 않기 위해서였고, 양극체제에서 초강대국으로서 위신과 영향력 유지와 행사 때문이었다.

그러나 미국보다 핵연구능력이 부족했으며, 미국이 핵무기를 사용하기 전에 독일이 이미 항복했기 때문에 국가수준에서는 핵무기 개발 결정을 하지 않았다. 1941년 6월에 독일이 소련을 침공하자 소련의 핵물리학 연구는 사실상 중단되었다.

하지만 소수의 핵물리학자들은 우라늄탄의 가능성을 계속 탐구했다. 소련 물리학계의 지도자인 카피차(Peter L. Kapitza)는 1941년 10월 핵에너지의 발견은 독일과의 전쟁에 유용할 수 있으며 우라늄 폭탄의 전망이 밝다고 말했다. 1942년 소련의 젊은 핵물리학자 프리오로프(Flyorov)가 스탈린에게 미국과 독일이 핵무기를 개발하고 있다는 정보를 입수했다고 보고하자, 스탈린은 전후 세계질서 속에서 원자탄을 가진 적대국들과 상대해야만 할 필요성을 인식하고, 소규모이지만 핵무기 연구프로젝트를 개시했다. 1943년 2월, 소련은 핵물리학자인 쿠르차토프(Igor Kurchatov)와 정치국원 베리아(Lavrentiy Beria)가 이끄는 자체적인 핵연구프로그램을 시작했다.[30] 제2차 세계대전 중의 소련 핵프로그램은 대략 20명의 물리학자와 소수의 인원만 참여하는 맨하탄 프로젝트에 비교도 안 되는 규모였다.[31] 그들은 핵무기와 원자로를 생산하는 데 필요한 반응을 연구했다. 그들은 또한 충분한 양의 순수한 우라늄과 흑연을 생성하는 방법을 탐구하기 시작했고, 우라늄 동위원소 분리방법을 연구했다.

미국이 일본에 대해 핵무기를 사용함으로써 극동에서의 제2차 세계대전이 사실상 미국 주도의 승리로 끝나자, 스탈린은 미국과의 군비경쟁에서 주도권을 잡기 위해

---

30) https://www.atomicheritage.org/history/soviet-atomic-program-1946.
31) *Ibid*.

핵무기 개발을 진행하기로 결심하였다. 1945년 7월 포츠담회의에서 트루먼이 스탈린에게 처음으로 미국의 원자폭탄 프로그램에 대해 말했다. 트루먼에 의하면, "나는 무심코 스탈린에게 우리가 특이한 파괴력을 가진 새로운 무기를 가지게 되었다"[32]고 언급했다. 스탈린은 특별한 관심을 보이지 않았고 오히려 트루먼의 말을 듣고 기뻐하며, "미국이 일본인을 상대로 핵무기를 잘 활용하기 바란다"고 응수했다.

스탈린은 트루먼의 말에 외견상으로 큰 관심이 없는 것처럼 행동하였지만, 모스크바로 돌아 온 직후 그의 고위 보좌관들에게 핵개발 프로그램에 대한 작업을 서두르라고 지시했다. 이에 따라 소련정부는 즉시 핵개발계획을 강화했다. 바니코프(Boris L. Vannikov) 장군은 이 프로젝트의 기술위원회를 이끌었다. 기술위원회의 멤버로는 Kurchatov, M.G. Pervukhin, A.I. Alikhanov, I.K. Kikoin, A.P. Vinovgradov, Abram Joffe, A.A. Bochvar, and Avraamy Zavenyagin 등이 참여했다.

쿠르차토프는 1946년에 하리톤을 이 프로그램의 수석과학자로 임명하였다. 그는 원자 연구, 개발, 설계, 무기 조립을 지휘하는 임무를 맡았고, "로스 아르자마스(미국의 로스알라모스와 유사한 명칭)"라는 별명이 붙은 소련 비밀 핵무기 시설의 부지 선정과 건설을 도왔다.

1946년 12월 25일, 소련은 시카고의 파일－1과 유사한 흑연냉각로에서 최초의 연쇄반응을 일으켰다. 이후 2년 동안 플루토늄 생산과 우라늄 동위원소 분리에 약간의 어려움을 겪은 소련 과학자들은 1948년 가을에 그들의 첫 번째 연구용 원자로를 만족스럽게 작동하는 데 성공했다. 소련은 1949년 8월 29일 세미팔라틴스크에서 RDS－1 또는 "First Lightening"(미국의 코드네임 "Joe－1")이라고 불리는 첫 번째 핵무기 시험에 성공했다.

냉전이 격화되자 소련과 미국은 각자의 핵무기고를 신속하게 증강시키기 위한 노력에 착수했다. 1950년대 초 미국이 수소폭탄 프로그램을 시작한 직후, 소련은 그 뒤를 따라 그들만의 수소폭탄 프로그램을 시작했다.

1950년 클라우스 푹스(Klaus Fuchs)가 미국으로부터 소련으로 비밀 탈출했다는 첩보가 발견되었을 때, 많은 사람들은 그가 미국의 핵폭탄 디자인과 기술 사양에 대한 중요한 정보를 소련에게 전달했고, 그의 스파이 활동이 없었더라면 소련은 6개월

---

32) *Ibid.*

에서 2년 더 늦게 핵폭탄을 개발했을 것이라고 말하였다.

  1949년 8월 RDS-1의 성공적인 핵실험으로 말미암아 소련은 더 고위급 핵개발 프로그램에 착수하게 되었다. 1940년대 후반 푹스로부터 미국의 수소폭탄 프로그램에 관한 정보를 받은 소련은 열핵무기가 이론적으로 가능하다는 것을 알았다. 열핵무기를 개발하려는 노력은 "소련의 수소탄의 아버지"로 널리 알려진 소련 물리학자 안드레이 사하로프(Andrei Sakharov)가 주도했다. 사하로프는 열핵 개발과정에 핵심적인 역할을 했다. 1952년 11월 1일, 미국이 수소탄을 시험한 지 1년도 채 안 되어 소련은 수소탄실험을 실시했다. 1953년 8월 8일, 소련 말렌코프(Georgy Malenkov) 수상은 미국이 더 이상 수소폭탄을 독점하지 못한다고 발표했다. 나흘 뒤인 1953년 8월 12일 소련 열핵장치의 첫 시험인 RDS-6s 시험이 실시되었다. 미국이 Joe-4로 명명한 이 실험은 세미팔라틴스크 시험장에서 실시되었고 약 400킬로톤의 폭발력을 나타내었다.

  Joe-4는 미국의 열핵 실험보다 훨씬 적은 폭발력이었지만, 소련은 이 무기를 즉시 사용할 준비가 되어 있고 폭격기로 운반할 수 있다고 주장했다. 1955년 11월 22일, 소련은 그들의 첫 메가톤급 수소폭탄인 RDS-37을 실험했다. 사하로프는 그의 회고록에서 "자신이 핵무기 설계자에서 반체제 인사로 가는 여정의 전환점"으로 이 실험을 꼽았다고 말한다.

  1950년대 초반에 원자폭탄과 수소폭탄을 개발한 소련은 냉전기간 동안 핵보유고를 계속 증강시켰다. 소련은 핵운반시스템의 정확성과 신뢰성에 있어서의 단점을 보충하기 위해 더 크고 더 강력한 핵폭탄을 개발하기를 원했는데, 1961년 50메가톤의 폭발력을 가진 초대형 폭탄인 Tsar Bomb을 개발한 이유 중의 하나가 되었다.

(3) 영국의 핵무기 개발

  영국은 제2차 세계대전에서 독일을 격퇴하기 위해서 핵무기를 개발하고자 했다. 하지만 영국은 혼자 힘으로는 어렵다고 생각하고, 미국의 맨하탄 프로젝트에 공식적으로 참여하였고, 미국 및 캐나다와 공동 연구를 실시했다. 그러므로 영국이 핵무기를 개발하고자 한 것은 소련의 핵위협에 대응하여 자위적 목적의 국가안보 보장과 미·소 냉전 시기에 미국에 버금가는 국제적 영향력과 과거 대영제국의 위신을 회복하고 유지하기 위한 것이었다.

사실상 핵무기에 대한 꿈은 미국보다 영국에서 먼저 시작되었다고 해도 과언이 아니다. 1931년에 윈스턴 처칠이 "50년 이후"라는 연설에서 "우리가 아직 알지 못하는 새로운 힘의 원천이 발견될 것인데 그것이 핵에너지이다"[33]라고 말한 적이 있다. 마침 1938년에 독일에서 오토 한(Otto Hahn)과 프리츠 스트라스만(Fritz Strassmann)이 핵분열을 발견했다고 하는 소식이 유럽과 미국대륙에 들리자, 영국에서는 제2차 세계 대전이 개시됨과 동시에 올리판트(Mark Oliphant)가 버밍햄대학에 핵연구팀을 조직하고, 프리쉬(Otto Frisch)와 파이얼스(Sir Rudolf Peierls)를 초빙하였다.

1940년 3월에 프리쉬와 파이얼스는 처칠 수상에게 우라늄탄을 만드는 기술적인 방법을 건의했다. 1940년 5월 처칠은 프리쉬−파이얼스의 메모에 답하기 위해 우라늄준비위원회를 창설했는데, 이것은 영국의 핵무기 개발을 극비리에 수행할 MAUD 위원회의 모태가 되었다.[34] MAUD위원회는 1941년의 보고서에서 핵무기는 제조가능하며, 미국과의 협력을 통해서 진행하는 것이 좋겠다고 결론지었다. 이 무렵 미국의 루즈벨트 대통령은 처칠에게 핵무기 개발 협력을 제안하는 서한을 보냈다. 이때 영국의 핵개발프로그램은 소련의 스파이인 클라우스 푹스, 도날도 맥린, 가이 버게스 등에 의하여 침투 당했다. 1942년에 미국이 핵연구의 진도에서 영국을 앞지르고 있었다. 미국에 뒤졌다고 판단한 영국의 핵과학자들이 1942년 여름에 핵연구를 위해 캐나다로 이주하였다.

처칠과 루즈벨트는 5가지 협력 사항에 합의했다. 영국과 미국 사이에 "정보의 자유스런 교환, 상대방에 대한 핵무기 불사용, 양자 간의 합의없는 다른 국가에 대한 핵무기 사용의 금지, 양측의 동의없는 제3자와의 핵정보 공유 금지, 미국은 영국의 상업적 산업적 능력을 충분히 사용해도 좋다는 점" 등이었다.

루즈벨트와 처칠이 1943년 8월에 조인한 퀘벡협정은 위의 5가지 사항을 반영하고 있다. 이에 따라 미국, 영국, 캐나다가 공동정책위원회를 조직하였고, 맨하탄 프로젝트에 영국의 우라늄이 공급되고 몬트리올에 연구센터가 창설되었으며, 영국과학자들이 참여하게 되었다. 파이얼스, 푹스, 차드위크(Chadwick), 윌리엄 페니(William Penney)가 미국의 맨하탄 프로젝트에 참여했고, 결국 로스알라모스의 핵무기제조팀에

---

33) Farmelo, Graham. *Churchill's Bomb: How the United States Overtook Britain in the First Nuclear Arms Race*(New York: Basic Books, 2013), p. 5.
34) https://www.atomicheritage.org/history/british−nuclear−program.

가담했다.

영국은 미국의 원자폭탄의 성공적인 제조에 기여해왔으며, 처칠-루즈벨트 간 협정은 잘 지켜졌다. 하지만 루즈벨트가 서거하고 등장한 트루먼 대통령은 처칠-루즈벨트 간의 합의를 지키지 않고, 1946년 미국원자력에너지법을 만들어 일체의 핵연구 현황을 공식적인 국가기밀로 분류하고 미국이 독점해 버렸다. 이에 따라 영미 핵개발 협조관계가 사실상 종말을 고하게 되었다.

그러던 중 1949년에 소련이 핵실험에 성공하자, 미국은 맨하탄 프로젝트에 가담했던 소련 첩자들을 발견하여 처단하고, 영국에 대한 핵협력의 문을 완전히 닫았다. 미국과 영국 간의 밀월관계가 깨어지자, 영국은 소련으로부터의 핵위협을 억제하기 위한 목적과 국제사회에서 미국으로부터 독립된 국제적 위상과 영향력 발휘를 위해 독자적으로 핵무기 개발을 시작하게 되었다.

한편 영국의 국내에서는 1947년 클레멘트 애틀리(Clement Attlee) 수상이 영국의 독자적인 원자폭탄 연구를 추진하기로 결정했다. 내각 특별위원회는 신속하게 "원자무기에 대한 연구개발 작업"을 승인했다. 영국이 핵무기 개발을 서두른 이유는 미국에 못지않은 국제적 위신과 자부심을 갖기 위해서였다. 포탈 경(Charles Portal, 전 영국 공군참모총장)은 이 프로젝트를 감독하는 책임을 맡았고, 미국의 오펜하이머에 해당하는 영국인인 윌리엄 페니(William Penney)는 로스알라모스에서 일한 경험이 있어서 플루토늄탄을 만드는 작업을 맡았다.

영국 핵폭탄은 미국의 플루토늄탄 설계에 기초했다. 플루토늄은 힌튼의 원자로에서 주로 생산되었지만, 일부 플루토늄은 캐나다의 초크 강의 중수로 시설에서 가져오기도 하였다. 최초의 영국 플루토늄시설은 셀라필드(Sellafield)에 건설되었고, 후에 윈드스케일(Windscale)로 개칭되었다. 플루토늄시설은 1950년에 임계에 도달했고 1952년에 플루토늄을 생산하게 되었다.

1951년 수상으로 돌아온 윈스턴 처칠은 호주에 있는 몬테벨로 섬을 핵실험장으로 사용하기 위해 협상을 벌였다. 1952년 10월 3일 영국의 첫 원자폭탄 시험이 성공했다. 이 성공으로 영국은 세 번째로 핵클럽에 가입하였다. 영국의 원자폭탄은 1953년에 군사작전을 위해 배치되었다.

첫 번째 핵무기를 실험한 영국은 미국과의 협력으로 복원하기를 기대했다. 그러나 한 달도 채 되지 않아 미국은 첫 수소폭탄 실험을 했다. 1954년 처칠은 영국의 수

소탄 개발을 지시했고, 영국은 1957년 11월 8일 첫 수소폭탄 실험에 성공했다. 이때
의 국제상황은 소련이 이미 수소폭탄 개발에 성공했었고, 1957년 10월 세계 최초의
인공위성 스푸트니크 1호의 발사로 미국의 기술력까지 뛰어넘었다. 그래서 미국은
1946년의 원자력법을 개정해 1958년에 영국과 핵 정보를 공유하기로 합의했다. 같은
해, 양측은 핵 연구에 대한 협력은 물론 물질과 장비 이전을 허용하는 미·영 상호방
위협정에 서명하기도 했다. 이때부터 영국은 미국의 네바다 사막에서 미국과 함께 핵
실험을 하기 시작했다.

영국의 핵무기는 1958년 영·미 협정 이후 미국의 디자인을 모델로 삼았다. 또한
미국의 잠수함 기반 폴라리스 미사일과 미국의 운반수단 등을 구매하기도 하였다. 오
늘날 영국은 215개의 전략핵탄두를 보유한 세계 5위의 핵무기 보유국이 되고 있다

(4) 프랑스의 핵무기 개발

프랑스가 원자력에 관심을 갖게 된 것은 독일이 제2차 세계대전을 시작한 때로
거슬러 올라간다. 하지만 프랑스는 전쟁에 사용할 핵무기보다는 전쟁노력을 뒷받침
할 에너지에 대한 관심에서부터 원자력에 대한 연구를 시작했다. 아래에 나타난 바와
같이 프랑스는 미국, 소련, 영국이 핵무기를 먼저 개발하고 국제사회에서 외교적·군
사적인 영향력을 발휘하는 것을 간과할 수 없었다. 특히 미국과 영국이 북대서양조약
기구를 만들어 서방세계의 외교와 안보에서 주도적인 영향력을 행사하는 것을 보고,
프랑스도 독자적인 힘을 갖고 국제적인 영향력을 행사할 수 있는 프랑스의 과거 영광
스러운 지위의 회복을 위해 핵무기 개발을 서두르지 않으면 안 된다고 생각했다.[35]

프랑스의 초기 핵연구는 마리 퀴리의 사위인 유명한 프랑스 물리학자 및 화학자
인 프레데릭 졸리오 퀴리(Frédéric Joliot-Curiie)가 주도했다.[36] 졸리오 퀴리는 물리학
자 르우 코와르스키(Lew Kowarski)와 함께 1939년 1월 핵분열 반응을 달성했다. 그 이
후 졸리오 퀴리와 그의 동료들이 중수와 우라늄 연구에 골몰하는 동안, 1940년 5월
독일이 프랑스를 침공함에 따라 이들의 연구는 중단되었다. 그리고 코와르스키와 다

---

35) Gabrielle Hecht, *The Radiance of France: Nuclear Power and National Identity After World War II*(Cambridge, MA: The MIT Press, 2009), pp. 92-96.
36) Gabrielle Hecht, *Ibid.*, pp. 92-96.

른 과학자들은 영국으로 피난을 갔다. 프랑스가 독일로부터 해방이 되자 영국으로 피난갔던 핵과학자들이 귀국하였기 때문에, 프랑스에 남아 있던 졸리오 퀴리는 다시 함께 핵연구를 재개했다. 미국이 일본에 원자탄을 투하했다는 소식을 듣고도, 졸리오 퀴리를 비롯한 프랑스 과학자들은 원자력에너지의 평화적 이용에 더 관심을 기울였다.

1945년 10월 프랑스에서 원자력위원회(CEA: Commissarrial á l'Energie Atomique)가 정식으로 발족되었다. 그것의 임무는 "과학, 산업, 국방의 다양한 영역에서 원자력을 이용하기 위한 과학과 기술 연구를 추진하는 것"이었다. 퀴리는 모든 과학·기술 업무를 담당하는 고등판무관에 임명되었고, CEA는 처음부터 정치적 영향력이 커서 각료회의의 대통령에게 직접 보고할 수 있었고, 자율권이 주어졌다. 1948년 12월 15일 프랑스 최초의 원자로인 Zoé(Zéro énergie의 약자)가 5킬로와트의 에너지를 생산할 수 있었다.

Zoé 원자로의 성공은 프랑스 핵 프로그램의 발전을 가속화시켰다. 1949년 르 부세에 플루토늄 추출 공장이 설립되었다. 1952년에 두 번째 플루토늄 생산 원자로는 사클레이에 문을 열었다.

그러던 중에 1947년 겨울 파리에서 공산당 파업의 실패와 1948년 체코슬로바키아에서 공산주의 쿠데타가 발생한 이후, 프랑스 정부는 졸리오 퀴리가 친공산주의자라는 이유로 CEA에서 해임시켰다. 1952년에 프랑스 남부 마르쿨레에 대규모 플루토늄 생산 공장 3개를 건설하는 5개년 계획이 발표되었다. CEA는 전기생산을 위해 G-1, G-2, G-3 원자로를 건설했다. 200 MW 전기생산용이었다.

한편, 1949년 북대서양조약기구(NATO) 창설 이후 프랑스는 1952년에 파리에 나토사령부 본부를 유치했다. 그러나 미국과 영국 간의 오랜 '특별한' 관계로부터 소외감을 느껴 온 프랑스는 1955년에 프랑스의 반대에도 불구하고 서독이 NATO에 가입함에 따라 더 큰 소외감을 느꼈다. 프랑스는 1956년 수에즈 운하 사태로 영국과 프랑스 군대가 이집트에서 철수하게 되어 국가의 위신에 큰 치욕감을 느꼈다. 이때부터 프랑스는 원자력을 국가 안보문제일 뿐만 아니라 국제적 위신과 지위에 관한 문제로 간주하기 시작했다.

이 무렵부터 피에르 멘데스(Pierre Mendes) 프랑스 대통령은 원자력 프로그램을 재정비하기 위한 조치를 취했다. 멘데스 정부는 폴 엘리(Paul Ely) 장군을 단장으로 하는 "원자력의 군사적 이용 위원회"를 창설하여 CEA와 국방부 간의 연락사무소로 활용했다. CEA와 국방부는 핵실험을 약속하는 비망록에 서명했다. 1957년 미국의 정보 기관이 이것을 눈치채고, "프랑스에서 원자탄 제조에 대한 민족주의적 압력이 증가하 고 있다"고 발표했고, 미국과 영국은 프랑스의 핵개발을 막기 위해 프랑스와의 원자 력 협력을 파기했다.

1958년에 드골이 수상이 되면서, 프랑스 정부는 '핵전략군' 혹은 '타격군'으로 알 려진, 포스 누클레어 스트라테지크(FNS)에 재원을 쏟아 붓기 시작했다. 프랑스가 미 국과 영국 간의 긴밀한 동반자 관계로부터 소외되고 있다고 간주한 드골은 핵무기를 개발함으로써 프랑스를 나토로부터 독립시키기를 원했다. 1959년에 제5공화국의 대 통령이 된 드골은 "다른 국가들이 핵무기를 보유하고 있는데, 프랑스만 핵무기가 없 으면 아무리 위대한 국가라도 자신의 운명을 지배할 수 없다"[37]라고 말했다. 이것은 프랑스가 나토를 포함한 국제관계에서 더 강한 영향력과 국제적 위신을 보유할 뿐 아 니라, 안보에 있어서 자율성과 독립을 유지하기 위해 핵무기를 개발하려고 했다는 것 을 말해준다.

제1차 프랑스 핵실험은 1960년 2월 13일, 프랑스령 사하라 사막에서 실시되었으 며, 그 폭발력은 히로시마 원자탄의 4배인 60−70KT에 도달했다. 드골은 1966년 3월 에 NATO로부터 탈퇴한다고 선언했다. 그 이유는 프랑스의 핵전력을 나토에 통합시 키려는 미국의 의도를 거부하고, 프랑스의 군대를 나토의 지휘통제 아래에 두기를 원 하지 않았으며, 프랑스 영토 내에 외국군대가 주둔하는 것을 원하지 않는다는 것이었 다. 프랑스가 나토로부터 탈퇴를 선언했기 때문에 1952년부터 파리에 주둔하고 있었 던 나토의 연합군최고사령부(Supreme Headquarters of Allied Powers Europe)는 1967년 에 벨기에의 브뤼셀로 옮길 수밖에 없었다. 그러나 탈냉전 이후인 2009년에 프랑스는 나토에서의 미국의 리더십과 프랑스의 안보를 위해 나토동맹의 필요성을 인정하고 나토로 귀환하는 결정을 내렸다.

프랑스는 1960년부터 1966년까지 사하라와 알제리에서 13차례 핵실험을 했으 며, 이어서 프랑스령 폴리네시아에서 179회의 실험을 실시하여 모두 192회의 핵실험 을 실시하였다. 세계의 비판에 직면한 프랑스는 1996년 1월에 핵실험을 공식적으로 중단한다는 발표를 하고, 1998년에 CTBT에 가입하였으며, 그 후 모든 핵시험장을 폐

---

37) William C. Potter, *Nuclear Power and Nonproliferation*(West Germany: Oelgeshlager, Gunn & Hain, Publishers, Inc., 1982), pp. 150−151.

쇄했다. 프랑스는 2021년 현재 약 300개의 핵탄두를 보유한 세계에서 세 번째로 큰 핵무기 보유국이다. 잠수함발사탄도미사일(SLBM)은 물론 핵폭탄을 운반할 수 있는 전투기도 있다.

프랑스는 58기의 원자로를 가동하고 있고, 원자력은 국내 전체 전력의 약 75%를 공급하고 있다. 프랑스는 세계 최대의 전력 수출국으로서 매년 수십억 유로를 벌어들이고 있다.

(5) 중국의 핵무기 개발

중국이 핵무기를 개발한 동기는 미국과 소련의 핵무기 위협으로부터 스스로 국가를 방위하기 위한 안보적 이유였다.[38] 또한 미국과 소련의 영향력으로부터 벗어나 제3세계에서 맹주 노릇을 하기 위한 국제적인 위신과 영향력 제고 목적도 갖고 있다.

1949년 10월 1일 모택동이 중국 대륙에서 중화인민공화국 수립을 선언했다. 모택동은 소련의 스탈린 당서기를 방문하고 중·소 우호 동맹 조약을 체결했다. 중국과 소련의 동맹은 단명했지만, 소련은 초기 중국 핵 프로그램의 성공에 결정적인 역할을 했다.

1950년 6월 25일 북한의 남침 이후, 중국은 "항미원조"를 내세우며, 연인원 100만 대군을 지원하여 북한을 구해내는 데에 일조했다. 6.25전쟁 동안 중국은 미국의 핵공격 위협에 직면했다. 이 책의 제2장에서 설명하는 바와 같이, 미국 트루먼 대통령은 맥아더 장군을 비롯한 미국 군부가 북한지역이나 중국의 만주지역에 핵공격을 해 줄 것을 건의하자, 심각한 논의 끝에 결국은 핵무기를 사용하지 않기로 결정했다. 그러나 모택동은 미국의 핵공격의 위협을 겪고, 1955년 1월 "오늘날 세계에서 우리가 타인으로부터 굴욕을 당하지 않기 위해서는 원자탄이 없어서는 안 된다"고 하면서 핵무기 개발을 공식적으로 결정하였다.[39]

중국의 핵개발 프로그램은 초기에는 서방으로부터 적지 않은 도움을 받았다. 모

---

38) John Wilson Lewis and Xue Litai, *China Builds the Bomb*(Stanford, CA: Stanford University Press, 1988), pp. 1-72.

39) M. Taylor Fravel, *Active Defense: The Evolution of China's Military Strategy Since 1949* (Princeton, NJ: Princeton University Press, 2019), p. 250. 김홍익, "권위주의 지역핵국가의 핵전략결정요인 연구"(북한대학원대학교 박사학위 논문, 2022), p. 36에서 재인용.

택동은 유럽과 미국에서 공부한 많은 중국 과학자들의 귀환을 추진했다. 그러한 물리학자 중 한 명은 프랑스에서 10년 이상 공부한 첸산치앙(钱三强)[40]이 있다. 첸은 1948년 베이징으로 돌아와 중국 원자력 연구소를 설립했다. 6.25전쟁이 끝나자마자, 모택동은 미국에서 원자력을 공부하였던 첸시에싼(钱学森)을 데려오기 위해 6.25전쟁 포로교환의 일환으로 북한에 잡혀있던 미 공군 조종사 십 수 명과 첸시에싼의 맞교환을 제안하여, 1955년 그를 중국으로 데려와 미사일개발실장을 맡겼다. 중국의 핵무기 개발성공은 첸산치앙과 첸시에싼 두 사람의 공이 컸다.

초기에 중국은 소련으로부터 핵개발 계획에 대한 실질적인 지원을 받았다. 흐루쇼프 소련 공산당서기장이 1954년 베이징을 방문했으며, 1955년 중·소 양국은 "핵물리학과 원자력의 평화적 이용에 대한 소련의 지원을 위한 협정"을 체결했다. 소련은 중국 과학자들의 소련 유학을 초청했고 중국에 원자로와 사이클로트론을 제공하기로 합의했다. 그 대가로, 중국인들은 천연 우라늄을 소련에 팔기로 동의했다.

1957년 10월 스푸트니크 1호의 성공적인 발사 직후, 모택동과 흐루쇼프는 추가로 '중·소 국방과학 신기술협정'에 서명했다. 소련은 중국에 R−2 단거리 탄도미사일과 원형 원자폭탄까지 공급하겠다고 약속했다. 1958년 6월, 소련 대표단은 중국 과학자들에게 "핵무기가 어떻게 만들어지는지"를 설명하기 위해 베이징을 방문했다. 그러나 1958년 대약진운동의 실패로 2천만 명에서 3천만 명의 중국인들이 죽자, 중국의 지도자들은 비용이 많이 드는 원자폭탄 프로그램을 계속할지에 대해서 깊은 논쟁을 벌였고, 때마침 흐루쇼프의 스탈린 격하운동으로 중·소 간에 이념논쟁이 벌어졌으며, 소련이 중·소 국방과학 신기술협정을 대가로 중국에 지나친 요구를 하자, 중국은 이를 주권과 내정간섭으로 간주하면서 중·소관계가 악화되었다.

한편 흐루쇼프는 중국의 핵정책을 의심하기 시작했다. 마침내 1959년 6월에 흐루쇼프는 중·소관계의 결렬을 선언하고, "어떤 경우에도 소련이 핵무기의 비밀을 중국인에게 계속 이전해서는 안 된다"고 결정했다. 중·소 분열은 중국이 자국의 핵 시설에 대한 소련의 공격을 두려워하는 극심한 편집증을 촉발시켰다.

중·소관계 분열의 결과, 모택동은 중국이 독자적으로 원자폭탄을 만들기로 선언했다. 이 날짜(1959년 6월)를 기념하여 핵개발프로그램을 "596"프로젝트라는 명칭을

---

40) https://zh.wikipedia.org/wiki/錢三強.

붙였다. 첸산치앙은 1959년 7월 동독으로 건너가서 미국의 맨하탄 프로젝트 물리학자 겸 소련 스파이 클로스 푹스를 만났다. 이 둘은 1959년 여름 "Fat Man" 플루토늄탄의 상세 설계를 검토하며 보냈다. 그러나 중국 최초의 원자탄은 란저우 시설에서 나온 고농축 우라늄을 사용했고, 중국 관리들은 베이징의 소련 과학자들이 탈출한 이후 완성되지 않은 주취안 플루토늄 공장을 폐쇄했다.

1963년에 미국과 소련이 부분핵실험금지조약을 합의한 직후, 중국에게 핵실험금지조약에 가입하라고 압박했다. 이때 모택동은 "두 개 내지 세 개의 핵 국가가 다른 국가들에게 핵무기를 휘두르면서 마치 중국이 핵의 노예가 된 것처럼 명령하고 복종을 기대하는 것은 허용될 수 없다"[41]라고 반박했다. 미국과 소련의 압박에도 불구하고 모택동은 1963년 11월 20일, HEU 코어가 없는 핵실험을 실시했다. 란저우 농축공장에서는 1964년 1월 첫 HEU를 생산했고, 모든 핵물질은 롭 누르(Lop Nur) 핵무기 실험기지로 보내졌다.

1964년 10월 16일, 중국은 첫 원자폭탄 실험에 성공했다. 이 우라늄탄은 22킬로톤의 폭발력을 발휘했다. 핵실험 직후 중국 정부의 공식 성명은 "핵보유국의 핵공갈과 핵위협에 대비하여 방어와 자위적 목적으로 핵무기를 만들었다"[42]고 선언하는 한편, "중국정부는 언제 이떤 상황에서도 절대로 핵무기를 선제 사용하지 않을 것이라고 엄숙하게 선언한다"고 함으로써 "핵선제불사용(No First Use)" 정책을 선언한 최초의 국가가 되었다.[43]

1966년 10월 25일, 중국은 첫 번째 핵 미사일을 시험했다. 1960년부터 중국은 수소탄을 개발하기 시작하여, 1967년 6월 17일 3.3메가톤의 위력을 가진 수소탄 시험에 성공했다. 중국은 첫 원자폭탄 실험 후 불과 32개월만에 수소탄 개발에 성공했는데, 이는 미국과 소련이 각각 수소탄을 제조하기 위해 걸린 시간보다 훨씬 빠른 것이었다.

---

41) "Statement by the Spokesman of the Chinese Government—A Comment on the Soviet Government's Statement of August 3," Cited by Halperin, p. 47. Recited from William C. Potter(1982), *op. cit.*, pp. 153−154.

42) 王仲春(Wang Zhong Chun), 『核武器核国家核战略』(北京, 中国: 时事出版社, 2007), pp. 208−220.

43) 한용섭, 『한반도의 평화와 군비통제』(서울: 박영사, 2015), p. 351. 중국이 핵선제불사용을 미국과 소련을 향해 제안한 진정한 이유는 중국보다 핵무기를 수백 배 많이 보유한 미·소 양국이 중국 핵시설에 대해 예방공격을 할지도 모르기 때문에 이를 막기 위한 목적이었다.

중국은 국가방위라는 안보적 동기 이외에 미국과 소련 중심의 양극체제 속에서 자국의 국제적인 위신을 향상시킬 뿐 아니라, 국제사회에서 중국의 독자적인 영향력을 행사하기 위해서 핵무기를 개발하고자 했다. 역설적으로 중국은 "기존의 핵강대국들의 핵독점을 저지하기 위해 핵무기를 개발했으며, 이 지구상에서 핵무기를 완전히 금지하고 제거하기를 원한다"[44]고 내세움으로써, 5번째로 핵무기를 개발하게 된 이유를 정당화하고자 했다. 즉, 미·소 양극체제 속에서 제3세계에 대한 주도권을 얻기 위해서 다른 핵강대국과는 차별성 있는 명분을 개발한 것이다.

1960년대 말에 미국은 중국과 국교를 정상화함으로써 전략적 제휴관계를 맺고 소련을 봉쇄하고자 했는데, 중국은 미국의 대중국 관계개선의 동기를 전략적으로 활용하여, 대만을 UN에서 축출하고 UN안전보장이사회의 상임이사국이자 핵보유국으로서의 지위를 획득하였다. 1972년 닉슨이 중국을 방문했을 때, 미국에게 대만으로부터 전술핵무기를 철수하고 대만의 핵개발을 막아줄 것을 요청하여 그것을 관철시켰다. 다시 말해서 중국을 이용해서 소련을 봉쇄하려는 미국의 전략을 존중하는 대신에 중국은 미국으로 하여금 중국이 중국의 유일한 대표이며 핵에 있어서도 중국의 핵만 인정하고 대만의 핵개발을 완전히 차단하고자 했는데 이것을 그대로 관철시켰던 것이다.

중국은 1964년 이래 롭 누르에서 모두 45차례 핵실험을 실시했다. 1973년 5월에 주은래는 중국의 핵전력은 그간의 독자적 핵무기 및 미사일 개발, 소련으로부터의 공격에 대비한 지하 터널 구축, 대미관계 개선을 비롯한 외교활동의 덕분에 대소련 억지력을 구축하는데 이미 성공했다고 믿게 되었다.[45]

중국정부는 NPT가 미·소·영 3국 중심으로 운영되어 오는 것에 대해서 무임승차를 하면서, 오히려 원폭 제조기술을 파키스탄에 전달하기도 했고 1990년 5월 26일 롭 누르에서 파키스탄을 위해 핵실험을 한 것으로도 알려졌다. 또한, 중국은 핵탄두 없는 중거리 탄도미사일(IRBM)을 사우디아라비아에 판매하고, 이라크에 미사일 부품을 판매했으며, 리비아 핵 전문가들을 중국으로 초청하여 훈련시키기도 했다. 중국은 북한의 핵실험 이후 UN 제재에 미온적 태도를 보이다가 2017년 트럼프 행정부의 등

---

44) 王仲春, 전게서, p. 217.
45) Jonathan D. Pollack, "China as a Nuclear Power," in William Overholt, *Asia's Nuclear Future*, p. 265. 이호재, 앞의 책, pp. 149−154에서 재인용.

장 이후 나타난 대중국 강경책을 완화하기 위한 목적에서 미국 주도의 대북한 UN 제재에 동참하는 모습을 보이기도 했다.

중국이 1992년에 NPT 가입한 것에서 우리는 중국이 국제핵비확산체제에 얼마나 소극적이었던가를 알 수 있다. 2004년에 핵물질 수출을 통제하는 핵공급국그룹(NSG)에 가입했다. 오늘날 중국은 50~60기의 ICBM과 7척의 전략핵잠수함(SSBN)을 포함해 약 260~280개의 핵탄두를 보유하고 있다고 추정되고 있다.

현재 중국은 평화적 원자력발전 르네상스를 구가 중이다. 국제원자력기구(IAEA)에 따르면, 1991년 원자력발전소 가동을 개시한 중국은 2021년 말 현재 총 53기의 원자력발전소를 가동 중이며, 19기를 건설하고 있다. 중국 국가에너지청(CNEA)은 장기적으로 100기 이상의 발전용 원자로 보유를 목표로 하고 있다. 중국은 2021년 말에 전기의 5%를 원자력으로 사용하고 있고, 2030년에는 10%, 2050년에 15%를 목표로 하고 있다.

3. 제2차 핵시대의 전개(이스라엘, 인도, 파키스탄, 북한)

1968년에 미국, 영국, 소련이 주도하여 국제핵비확산조약을 성안하고 1970년에 UN에서 국제적 레짐으로 출발한 NPT체제는 미국, 소련, 영국, 프랑스, 중국을 5대 핵보유국으로 인정하고, 나머지 국가들은 핵비보유국으로 머물러야 한다는 의무를 부과했다. NPT가 국제적인 불평등조약인 것은 맞지만, 미국과 소련은 인류의 절멸을 가져올 수 있는 핵무기가 무한정 확산되는 것을 방관할 수는 없다는 점에 동의했다. 핵보유국들은 핵비보유국들에게 핵무기 개발을 포기하는 대신에 평화적 목적의 원자력 기술을 제공하여 원자력 발전을 권장하는 한편, IAEA와 핵안전조치협정을 맺고 핵무기 개발을 삼가도록 제도를 만들었다.

전문가들은 미국, 소련, 영국, 프랑스, 중국이 핵무기를 배타적으로 보유하고, 그들 사이에 전략적 안정성과 억제력을 유지하면서 국제정치에서 영향력을 행사해 온 시대를 가리켜서 제1차 핵시대라고 부른다. 그러나 NPT체제가 잘 유지될 것이라는 예상을 뒤엎고, 이스라엘은 1960년대 말에, 인도는 1974년에 평화적 핵폭발을 가장한 핵실험을 감행한데 이어서 1998년 5월에 핵실험을 했으며, 파키스탄은 1998년 5월 인도가 핵실험을 하자 마자 곧 핵실험을 함으로써 사실상의 핵보유국이 되었다. 이를 가리켜 제2차 핵시대라고 부른다. 이 3개 국가들은 NPT체제의 외부에서 핵무기를 개발하는 데 성공했기 때문에 NPT에 엄청난 도전을 야기하였다. 한편 북한은 1985년에 NPT에 가입하고, 1991년에 IAEA와 핵안전조치협정을 맺었으나, 2003년에 NPT와 IAEA를 탈퇴하고, 2006년부터 2017년에 이르는 동안 6회의 핵실험을 통해 사실상 핵을 보유하게 되었다. 그래서 국제정치학계에서는 북한까지 포함하여 제2차 핵시대라고 부른다.

이로써 NPT체제의 외곽에서 사실상 핵무기를 보유하는데 성공한 이스라엘, 인도, 파키스탄, 북한 같은 국가들을 NPT체제에서는 핵보유국으로 인정하지 않고 있기 때문에, 대다수의 국제정치 학자들은 그들을 핵무장국가(nuclear armed state)라고도 부른다. 그리고 NPT에서 공인한 5대 핵보유국들을 제1차 핵시대, 이스라엘, 인도, 파키스탄, 북한 같은 핵무장국가들의 등장을 제2차 핵시대라고 부르고 있다.

이스라엘, 인도, 파키스탄, 그리고 북한은 각각 적대적 위협에 둘러싸인 안보환경에서 국가안보를 보장하기 위해 핵무기를 개발하였고, 비밀리에 핵무기 개발을 하는 동안에 UN안보리가 주도한 외교 및 경제제재를 받을 수밖에 없었다. 그러나 이스라엘, 인도, 파키스탄 같은 국가가 핵무장국가가 된 이후 미국을 비롯한 국제사회에서는 그들을 선별적으로 묵인해 주는 것과 같은 대우를 해왔고, 오늘날 이들은 사실상의 핵보유국 행세를 하고 있다. 2021년 12월 말 현재 북한에 대해서는 강한 국제제재 및 양자 제재가 진행 중이고, 2018년 북·미 정상회담, 남·북 정상회담, 북·중 정상회담을 거치면서, 북한의 비핵화를 위해 국제적인 노력을 전개하기는 했지만 북한은 모든 종류의 미사일을 개발하고 시험하기까지 함으로써 미사일 모라토리움 약속을 깨고 북한 비핵화의 전망은 더 악화되고있는 실정이다.

그런데 미국을 위시한 국제사회에서 4개 핵개발 국가들에 대해서 선별적이고 차별적인 대우를 하고 있다는 사실은 NPT체제의 약화 원인이 될 뿐만 아니라 국제적인 갈등 요인이 되고 있다. 그러므로 아래에서는 4개 핵무장국가들에 대한 사례분석을 통해 공통점과 차이점을 식별하고, 이들 국가들과 NPT체제와의 상호관계를 분석해 보면서, 정책적으로 유의미한 시사점을 도출해 보기로 한다.[46]

---

46) 한국원자력통제기술원, 『핵비확산조약 50년: 정치적 합의에서 기술적 이행까지』(대전: 한국원자력통제기술원, 2020), pp. 100-118.

(1) 이스라엘의 핵무기 개발

이스라엘은 1948년에 독립하였다. 벤구리온(David Bengurion) 초대 이스라엘 총리는 건국과 동시에 핵개발을 지시했다.[47] 이스라엘은 13개 아랍국가들로 둘러싸인 적대적 안보환경으로부터 이스라엘의 생존과 안보를 보장할 목적으로 핵개발을 시작했다. 그리고 모든 핵 프로그램을 모호성에 두고, "시인도 부인도 하지 않는(NCND: Neither Confirm and Nor Deny)" 전략을 선택했다. 이스라엘은 이를 "아미무트(amimut)" 정책이라고 불러왔다. 아미무트는 이스라엘이 핵폭탄과 관련하여 가진 공공외교의 상징인데, 비밀과 모호성, 금기를 결합시킨 이미지를 갖고 있다. 핵 프로그램의 모호성은 중동에서 이스라엘의 핵 독점을 보존하기 위한 전략적 결정이다. 만약 이스라엘이 핵 프로그램을 공개하게 되면 다른 중동국가들이 핵폭탄을 개발하겠다고 자극할 수도 있었기 때문이다.

벤구리온은 이스라엘 핵무기 개발계획을 위해 과학자들을 모집하기 시작했다. 그러한 과학자 중 한 명은 화학자 베르그만(Ernst David Bergmann)이었다. 독일에서 태어난 베르그만은 베를린 대학에서 공부했고 1934년에 팔레스타인에 왔다. 1952년, 그는 이스라엘 국방부 산하에 창설된 이스라엘 원자력위원회(IAEC) 위원장으로 임명되어 활동했다.

후에 이스라엘의 총리가 된 시몬 페레스(Simon Peres)는 1960년대에 사실상 이스라엘 핵 프로그램의 책임자로 활동했다. 그는 "벤구리온은 나를 믿었다. 베르그만 교수는 아무 거리낌 없이 나와 함께 일했다"고 말했다. 벤구리온, 베르그만, 페레스 등 세 사람은 함께 이스라엘 핵 프로그램의 초기 방향을 결정했다.

1955년, 미국은 "평화를 위한 원자력" 계획하에 소형 연구용 원자로를 이스라엘에 판매하기로 합의했다. 1956년 프로젝트 관계자들은 미국 원자로를 업그레이드하여 핵무기 개발용 원자로를 만들 생각이었으나, 이것만으로는 이스라엘이 원하는 충분한 성능을 발휘할 수 없었다. 따라서 이스라엘은 프랑스에 도움을 요청했다.

페레스는 이스라엘의 핵 프로그램에 대한 프랑스의 지원을 얻는 데 중요한 역할

---

[47] History Page Type: International Nuclear Programs. Profiles: Ernst David Bergmann, Shimon Peres. Date: August 15, 2018.
https://www.atomicheritage.org/history/israeli-nuclear-program

을 했다. 1953년부터 1967년까지 이스라엘과 프랑스의 원자력 협력은 계속되었다. 1956년 이집트 나세르 대통령이 수에즈 운하의 국유화 계획을 발표한 직후 프랑스, 영국, 이스라엘의 연합군이 시나이 반도를 침공했다. 미국과 소련이 이 3개국으로 하여금 이집트에서 철수하도록 강요하였다. 수에즈 위기는 프랑스가 이스라엘의 핵개발을 지원하기로 한 결정적인 전환점이 되었다.

1957년, 프랑스는 이스라엘의 디모나(Dimona)에 24MW 천연우라늄원자로를 건설하기 시작했다. 이스라엘정부는 원자로를 위해 노르웨이로부터 20톤의 중수를 구입했다. 1950년대 말까지 디모나에는 프랑스 기술자들이 2,500명이나 거주하고 있었다.

하지만 미국은 이스라엘의 핵무기 개발을 막기 위해 압력을 가하기 시작했다. 미국은 이스라엘의 핵무기로 인해 중동지역에 힘의 균형이 깨지고, 아랍국가들이 소련편에 서게 될 것을 우려했다. 1961년 5월 미국 케네디 대통령과의 정상회담에서 벤구리온은 이스라엘이 "지금은 핵무기를 개발할 의사가 없다" 말하며 미국을 믿게 만들고자 노력했다. 이스라엘정부는 미국의 압력에 굴복하여 사찰에 동의했다. 1961년 5월 미국 원자력위원회(AEC)는 디모나로 첫 사찰단을 파견했다. AEC 관계자들은 "이 원자로가 평화적인 성격"이라고 말했다. 이스라엘이 언제 처음으로 핵무기를 보유했는지 정확하게 알 수 없지만 일반적으로 1967년이라고 알려져 있다.

미국정부가 NPT를 추진하면서 이스라엘에 대해 핵무기를 개발하지 않겠다는 서약을 요구했을 때 이스라엘은 이에 서명하기를 꺼렸다. 1969년 9월 26일, 닉슨 대통령은 백악관에서 골다 메이어(Golda Meir) 이스라엘 총리를 만났다. 회담의 공식 기록은 공개되지 않았지만, 닉슨과 메이어가 이스라엘 핵 프로그램에 대해 상호 이해했다는 것은 널리 알려져 있다. "미국은 더 이상 이스라엘에게 NPT에 서명하라고 압박하지 않을 것"이고, "이스라엘은 핵 프로그램을 공개하지 않을 것이며, 미국은 이스라엘의 핵폭탄이 중동의 지정학적 질서를 어지럽히지 않을 것"이라고 상호 확신을 주고받았다.

1967년 6일 전쟁 중 이스라엘이 핵실험을 고려했다는 추측이 있다. 또한 1973년 욤 키푸르 전쟁 때 이스라엘은 다시 한 번 핵실험을 고려했다. 이스라엘 고위 관리들은 메이어 총리와 회담을 갖고 핵옵션을 논의했다.[48] 당시 모세 다얀(Moshe Dayan)

---

48) Vipin Narang, *Nuclear Strategy in The Modern Era: Regional Powers And International Conflict* (Princeton, NJ: Princeton University Press, 2014), pp. 193−195.

국방장관이 "핵무기 시위"를 제안했다. 그러나 메이어는 그 제안을 거절했다. 이스라엘이 전쟁에 승리함으로써 이 계획은 백지화 되었다.

이스라엘은 다른 핵보유국들과 달리 핵실험을 한 적이 없다. 그러나 미국 인공위성이 인도양 상공에서 이중 섬광을 발견한 1979년의 벨라 사건이 남아프리카공화국－이스라엘 공동 핵실험의 시도라는 추측이 무성했다. 1970년대에 이스라엘과 남아프리카공화국은 핵 협력을 하고 있었다.

현대 이스라엘의 핵정책은 적국의 핵무기 획득을 막기 위해 군사적 행동까지도 불사하는 베긴 독트린(Begin Doctrine)을 포함하고 있다. 이 정책은 1981년 이라크의 오시라크 원자로에 대한 폭격으로 시작되었는데, 이 폭격은 베긴 총리가 "이스라엘의 모든 핵정책에 대한 선례"라고 말했다. 2007년 이스라엘은 베긴 독트린에 따라 시리아가 갖고 있던 핵개발 의혹 시설을 공습했다. 또한 미국－이스라엘 공동 프로젝트인 스턱스넷 컴퓨터 바이러스는 오바마 대통령 집권 초기에 이란 핵 프로그램을 교란시키는 역할을 수행했다고 한다.

오늘날 이스라엘은 최소한 80개의 핵탄두와 100개 이상의 추가 폭탄을 만들기에 충분한 물질을 보유하고 있는 것으로 알려져 있다. 또한, 제리코(Jericho)－3 대륙간탄도미사일(ICBM)을 포함한 핵 탑재가 가능한 다양한 탄도미사일, 잠수함발사순항미사일(SLCM), 핵무기 운반이 가능한 전투기 등 억제력을 확보하기 위한 고전적인 핵3원 체제를 유지하고 있다. 이스라엘 정부는 핵 능력을 인정한 적이 없으며 아미무트 정책을 계속하고 있다.

(2) 인도의 핵무기 개발

인도는 1947년 8월 영국으로부터 독립한 이래, 처음 15년간은 원자력을 평화적으로 이용하기 위한 계획을 발전시켰다. 인도의 원자력 프로그램은 1944년 영국 캠브리지대학 출신 핵물리학자인 호미 바바(Homi Bhabha)가 중심이 된 인도의 과학자 집단이 자와할랄 네루(Jawaharlal Nehru) 수상을 설득하여 인도의 원자력 발전을 위해 1948년에 원자력법을 제정하고, 원자력위원회를 창립한데서 출발했다. 1954년에 원자력부(Department of Atomic Energy)를 설립함으로써 인도의 핵 프로그램이 시작되었다. 초기 단계의 인도 핵 프로그램은 핵무기보다는 원자력에너지 개발에 관심이 많았다. 네루 수상은 비동맹운동의 기수로서 강대국들이 보유한 핵무기를 "악의 상징"이라고 보았기 때문에, 원자력의 평화적인 이용만을 추구하였다.

그리고 1954년에 인도의 트롬베이(Trombay)에 BARC(Bhabha Atomical Research Centre)라는 인도의 핵 프로그램을 위한 주요 연구시설을 세웠다. 1955년에 캐나다로부터 국가연구실험원자로(NRX)를 도입하기로 합의했다. 미국은 "평화를 위한 원자력" 프로그램 하에 인도의 원자로에 중수를 공급하기로 합의했다. 캐나다-인도 원자로 유틸리티 서비스(CIRUS: Canda-India Reactor Utility Services) 회사는 1960년 7월에 임계점에 도달했으며, 이후에 인도의 1차 핵실험에 사용된 무기급 플루토늄의 대부분을 생산했다.

인도가 처음으로 핵폭탄을 제조하기로 마음을 먹은 것은 사실상 중국과의 갈등에서 비롯되었다. 1962년 10월, 히말라야지대에서 인도와 중국 사이에 국경분쟁이 발발했고, 인도는 패배의 굴욕을 맛보았다. 게다가 중국이 1964년 10월 원자폭탄을 실험하자, 인도는 중국의 핵위협을 심각하게 받아들였다. 호미 바바 박사는 한 연설에서 "적당한 양의 핵무기 보유는 강대국의 공격에 대해 억제력을 갖게 한다"고 강조하면서, 인도정부에게 핵폭탄 개발 프로그램에 대해 승인을 해 줄 것을 촉구했다. 샤스트리(Lal Bahadur Shastri) 총리는 핵개발에 반대했으나 바바 박사는 "핵무기를 개발하는 것이 아니라 '평화적인 핵폭발'을 하겠다"고 간청하였다. 샤스트리 정부는 인도 내부의 핵개발 주장을 자제시키는 한편, 미국과 소련에 접근하여 기존 핵무기 보유국으로부터 핵우산 보장을 받으려고 하는 노력이 실패하자, 1965년 2월에 바바는 핵 협력 아이디어를 제안하기 위해 워싱턴 DC를 방문했다. 그러나 미국은 인도와의 핵 협력에 반대하기로 결정했다.

그러다가 1966년에 인도의 핵개발 프로그램에서 중요한 변화가 일어났다. 네루 전 수상의 딸이자 강력한 민족주의자이자 핵무기 옹호자인 인디라 간디(Indira Gandhi)가 총리에 취임한 것이다.[49] 1964년부터 바바 밑에서 일했던 물리학자 라자 라마나(Raja Ramanna)가 BARC의 새 책임자로 임명되었고 인도 최초의 핵무기 장치를

---

49) So Yeon (Ellen) Park, *Why Do Leaders Matter?: Exploring Leaders' Risk Propensities and Nuclear Proliferation*, University of California, Santa Barbara Ph.D. Dissertation, June 2021. 인도의 핵개발 원인에 대해서 주류의 분석은 인도의 정치사회적 조건이라고 말하고 있으나, 박소연은 인디라 간디라는 지도자가 가진 안보와 위신 요인을 인도의 핵개발 주요 원인이라고 설명했다.

설계하게 되었다. 한편 1968년 핵확산금지조약의 성안과 함께 여기에 가입을 권유하는 서방국가들에게 인도가 거부입장을 분명하게 밝혀 국제적인 논란을 야기 하였다. 인도의 주장은 "핵확산금지조약(NPT)은 미국, 소련, 영국만 핵무기 보유국가로 인정하고, 핵비보유국들은 핵무기를 개발하지 못하게 하는 불평등조약"이라고 비판했다. 결국 인도는 외부의 안보위협에 대해 핵개발 옵션을 열어두어야 한다는 현실적 필요에 의해 NPT 서명을 거부하였다.[50]

　　1971년 8월 인도는 소련과 '평화우호협력조약'을 체결하면서 미국 및 서구와 멀어졌다. 1971년 12월 동파키스탄(현재 방글라데시)의 분리주의 운동을 둘러싸고 인도와 파키스탄 사이에 전쟁이 일어났다. 미국과 중국은 파키스탄을 지지했고, 닉슨 대통령은 미 해군 제7함대를 벵골만으로 진입시키라고 명령했다. 그러나 전쟁은 인도의 압도적인 승리로 끝났고 인도와 서구의 관계는 악화되었다. 이후 1972년 9월 간디 총리는 바바 원자력 연구센터를 둘러본 뒤 평화적 핵실험(PNE: peaceful nuclear explosion)을 공식 승인했다. 라마나는 "우리에게 있어서 그것은 인도의 영광스러운 과거를 정당화시킬 수 있는 위신의 문제였다. 핵억제 문제는 훨씬 후에 나왔다. 당시 서구인들이 우리를 무시해 왔는데, 그들에 대해서 인도의 과학자도 핵무기를 개발할 수 있다는 것을 보여주기 위한 것"[51]이 더 크게 작용했다고 할 수 있다.

　　라마나 박사는 BARC 팀을 이끌었고, 플루토늄탄의 내폭장치를 설계하고 제조하였다. 인도 육군은 뉴델리에서 남서쪽으로 약 300마일 떨어진 포크란(Pokhran) 시험장 지하 330피트 지점에 시험 갱도를 팠다. 1974년 5월 18일 3,000파운드짜리 핵폭발 장치가 8킬로톤에 해당하는 폭발력을 발휘했다. 라마나는 "미소짓는 부처(Smiling Buddha)"라고 암호화된 메시지를 간디에게 보내어 핵실험의 성공을 알렸다.

　　이것은 평화적 핵폭발이라고 명명되었지만, 라마나는 나중에 "포크란 실험은 핵폭탄이었다"고 인정했다. 이 핵폭발 실험 후에, 캐나다와 미국은 인도의 핵 프로그램에 대한 지원을 중단하고, 제재로 대응했다. NPT가 출범한 지 4년이 되던 해에 인도가 핵무장국가로 출현함에 따라, 미국과 캐나다, 영국, 소련이 중심이 되어 런던에서 핵공급국그룹(NSG: nuclear suppliers group)을 조직하여 핵기술과 능력을 해외에 이전할 때에 제약조건을 더 강화시키자는 운동을 전개하였다.

---

50) 김태형, 『인도-파키스탄 분쟁의 이해』(서울: 서강대학교 출판부, 2019), p. 105.
51) https://www.atomicheritage.org/history/Indian-nuclear-program

이러한 국제적 제재 속에서 1977년 PNE에 반대입장을 보였던 데자이가 총리에 당선됨에 따라 인도의 핵개발이 다소 주춤하는 듯 보였다. 그러나 1980년 간디가 재집권에 성공하면서 데자이 정부 시절 국방연구개발기구(DRDO: Defence Research and Development Organization)로 자리를 옮겼던 라마나 박사를 다시 BARC의 책임자로 임명함으로써 인도는 조용하지만 지속적인 핵개발을 추진했다. 인디라 간디의 리더십은 인도의 핵개발에 있어 매우 중요한 역할을 차지한다.[52]

이후 강화된 비확산 규범과 국제적 압력이 가중되어감에 따라 인도의 핵개발은 수면 이하로 잠잠해졌다. 그러다가 1991년 12월 소련이 해체되자 인도의 안보우려가 다시 한 번 커지게 되었다. 1971년 맺었던 소련과의 평화우호협력조약이 유명무실해졌고, 미국과 중국, 파키스탄 간의 대아프가니스탄 전쟁 연대가 강화됨에 따라 인도의 안보 우려가 가중되었다. 이때부터 인도는 핵개발을 위해 전력질주하게 된 것으로 전문가들은 파악하고 있다. 1995년 UN총회에서 NPT의 무기한 연장과 함께 포괄적핵실험금지조약이 이루어질 가능성을 보이자, 인도의 라오 총리는 핵실험을 위한 기회의 창이 사라질 것을 우려해 1995년 12월 핵실험 준비를 허락하였다. 그러나 미국의 강력한 압력으로 핵실험을 중지했다.

1998년 3월에 중국과 파키스탄의 위협에 대처하기 위해 핵무기를 포함한 강력한 국방력 건설을 주장해 왔던 야당인 BJP의 바지파이(Atal Bihari Vajpayee) 총리가 집권하면서 핵개발 계획이 전면가동되었다. 이에 인도의 국방연구개발실험실(DRDL: Defence Research and Development Laboratory)이 미사일 개발을 주도하고, 원자력위원회가 주도하여 원자폭탄을 만들어서 1998년 5월 11일과 13일 5회의 핵실험을 포크란 시험장에서 전격적으로 감행했다. 인도정부는 총 45킬로톤의 핵폭발력이 있었다고 선포했고, 외부 전문가들은 16킬로톤의 폭발력 밖에 안 된다고 평가했다. 바지파이 총리는 핵실험 3일 후에 인도가 핵국가가 되었으며, 인도는 핵무기를 침략을 위한 무기로 쓰지 않을 것이라고 선포했다.

전문가들은 인도가 핵무기를 개발한 원인에 대해서 인도 국내의 정치사회적 요인이 더 큰 역할을 하였다고 지적한다.[53] 바지파이 총리는 국민회의당의 총리들이 명시적으로는 핵개발을 유보하거나 반대해왔지만, 야당으로서 개인적 경험과 성향, 국

---

52) So Yeon (Ellen) Park, *op. cit.*, pp. 178−183.
53) Scott Sagan, "The Causes of Nuclear Weapons Proliferation," *op. cit.*, pp. 240−241.

제사회에서 핵보유국이 가지는 위상과 명성을 갈망했고, 민간 과학자와 관료들이 수십 년 동안 긴밀한 핵전략그룹을 만들어 지속적으로 해 온 노력 등이 복합적으로 작용해서 인도의 핵개발을 이끌었다.

결론적으로 인도의 핵개발은 안보적 원인과 정치사회적 요인이 복합적으로 작용했다고 볼 수 있을 것이다. 현재 인도의 핵무기는 130-140개로 추정되고 있다.[54]

(3) 파키스탄의 핵무기 개발

파키스탄은 인도의 핵위협에 대응하기 위해 안보목적상 핵무기를 필요로 하였다.[55] 그리고 핵선제 불사용 정책을 선포하기는 했으나, 핵무기 몇 개를 보유해야 최소한의 핵억지력이 달성되는가에 대해서는 밝히지 않고 있다.

파키스탄의 원자력 프로그램은 1955년에 파키스탄 원자력위원회가 설립되고 평화적 원자력 프로그램에 대한 연구를 하면서 시작되었다. 1962년에 미국이 "평화를 위한 원자력"계획의 일환으로 파키스탄에 민간연구용 농축우라늄 원자로(PARR-1: 5메가와트 연구용 원자로)를 제공하였다. 1965년 인도-파키스탄 간 전쟁에서 패배하자, 줄피카 알리 부토(Zulfikar Ali Bhutto) 외교장관은 "인도가 핵폭탄을 만들면, 파키스탄은 풀을 먹고 살더라도(eat grass) 자체적으로 핵폭탄을 가지고야 말 것이다"고 선언하였는데, 여기서 파키스탄의 핵폭탄에 대한 개발 의지가 시작되었다. 그러나 핵무기 개발 의도가 더 선명하게 드러난 것은 1971년 인도와 파키스탄 간의 전쟁에서 파키스탄이 패배하여 동파키스탄인 방글라데시가 독립함과 함께 10만 명이 넘는 포로가 인도로 잡혀가고 인도에게 항복하면서, 그 치욕을 만회하기 위해 원자탄을 제조하기로 마음을 굳혔다.

1972년 1월에 수상이 된 부토가 뮬토회의에서 미국 일리노이공대를 졸업하고 아르곤국립연구소에서 근무한 뒤에 국제원자력기구의 원자로제조 담당과장으로 일한 바 있는 칸(Munir Ahmad Khan) 박사를 비롯한 파키스탄의 과학자들에게 핵무기를 개발하라고 지시했다.[56]

---

54) *Arms Control Today*, "India-Pakistan Nuclear Weapons at a Glance," Vol.49, No.3, April 2019, p. 37.
55) William C. Potter(1982), *op. cit.*, pp. 157-158.

이보다 앞서 파키스탄은 1960년대에 중국에게 핵개발을 지원해줄 것을 요청한 적이 있으나, 중국은 인도가 미국 및 소련과의 전략적 제휴관계를 수립하는 것을 우려하여 실제로 지원하지 않았다. 하지만 1974년에 인도가 평화적 핵폭발을 빙자한 핵무기 실험을 감행한 후에, 중국은 파키스탄이 인도와 핵무기 및 재래식 억제력의 균형을 이루도록 핵개발을 지원하기로 결심했다.[57] 1974년에 중국을 방문한 파키스탄 외교장관에게 핵능력을 개발하는데 필요한 지원을 제공하겠다고 약속했다. 그 이후 파키스탄에게 핵무기 설계도의 제공을 비롯하여 핵개발을 지원하였다. 하지만 1974년 인도의 핵실험 이후 미국이 서방국가들의 대 파키스탄 원자력 협력을 중단하도록 압력을 행사했다. 예를 들면 프랑스가 파키스탄에 핵재처리시설을 공급하기로 되어 있었으나, 1978년에 미국과 서방국가들의 압력 때문에 포기했다. 이때에 파키스탄은 중국의 핵지원에 전적으로 의존하기로 결심했다.

중국은 1974년부터 핵과학자들을 파키스탄에 파견하였으나 핵무기 기술협력은 지체되었다. 1976년에 캐나다가 파키스탄에 공급하기로 한 카라치 원자력발전 시설(Karachi Nuclear Power Plant)에 대한 부품, 연료, 중수의 공급을 중단시키자 카라치 원자력발전 시설을 중단할 수밖에 없었다. 그래서 파키스탄 정부는 중국에 다시 한 번 구원의 손길을 요청했다. 1976년 5월에 부토 수상이 중국을 방문하여 중국으로부터 비밀 핵개발기술 제공을 약속받았다. 중국은 카라치 원자력발전소의 운전을 지원할 뿐만 아니라 1977년 여름에 11명의 중국 과학기술자들이 파키스탄을 방문하여 중수로의 운전기술을 제공했다.[58] 한편, 1974년 12월, 독일에서 훈련된 금속학자 압둘 카디르 칸(Abdul Qadeer Khan)의 귀환과 함께 파키스탄 핵폭탄의 진로가 크게 바뀌었다. 그는 1972년부터 1975년까지 네덜란드의 핵연료 회사인 URENCO의 우라늄 농축 공장에서 일하며 가스 원심분리기에 대한 지식을 파키스탄으로 가져왔다.[59] 칸은 파키스탄 핵 프로그램의 공식적인 책임자는 아니었지만, 중요한 역할을 수행했다. 1976년 카후타(Kahuta) 공학연구소를 담당하게 되었고, 이후에 이 연구소는 칸 연구소(KRL:

---

56) 김태형, 앞의 책, pp. 142-148.

57) Henrik Stalhane Hiim, *China and International Nuclear Weapons Proliferation: Strategic Assistance* (London and New York: Routledge, 2019), pp. 50-84.

58) Jeffrey Lewis, "China's Nuclear Modernization: Surprise, Restraint, and Uncertainty," Strategic Asia 2013-14: Asia in the Second Nuclear Age, The National Bureau of Asian Research, 2013, pp. 90-91.

59) Andrew Futter, *op. cit.*, 고봉준 역, 앞의 책, pp. 251-253.

Khan Research Laboratory)로 명명되었다. KRL은 파키스탄에 플루토늄이 아닌 고농축우라늄(HEU)을 통해 핵폭탄으로 가는 제2의 경로를 제공했다. 칸의 실험실은 대부분 파키스탄 원자력위원회(PAEC)로부터 독립적이었으며 우라늄 폭탄 프로젝트는 특별한 코드네임 즉 "706호 프로젝트"로 불리어졌다.

프로젝트-706은 부토 수상 밑에서 시작되었지만, 이 프로젝트에 대한 그의 영향력은 단명했다. 1977년 무하마드 지아 울 하크(Muhammad Zia ul-Hark) 장군이 쿠데타로 정권을 잡고 1979년 부토 전 수상을 교수형에 처했다. 따라서 군이 핵 프로그램을 장악하게 되었고 파키스탄이 나중에 민간 정부로 복귀했음에도 불구하고 오늘날에도 여전히 핵 프로그램은 군사적 통제 하에 있다.

1979년 소련의 아프가니스탄 침공은 파키스탄의 핵 프로그램에 상당한 영향을 미쳤다. 미국의 레이건 대통령은 소련과 싸우기 위해 아프간의 무자헤딘에게 군사적 지원을 했다. 아프간에 있는 소련군을 물리치는 데에 있어서 파키스탄과 미국은 동맹국이 되었다. 그 결과 미국은 파키스탄의 핵 프로그램에 대해 대부분 묵인해 주는 것과 같은 태도를 취했다.[60]

한편 1978년에 파키스탄 원자력의 아버지인 칸(A. Q. Khan) 박사가 중국에 접근하여, 15톤의 UF6와 원심분리기기술을 얻어 왔다. 1980년대에 이르러, 파키스탄의 핵개발 능력은 큰 진전이 있었다. 1981년 하크 대통령은 중국에게 직접 핵개발 지원을 요청했다. 1980년대 초반에 파키스탄은 핵분열성 물질을 넣지 않고 핵무기 실험을 감행했다. 1982년에는 중국이 직접 무기급 우라늄 50kg을 공수하여 파키스탄을 지원했다.[61] 연이어서 카후타 농축시설의 건설과 기술을 지원했고, 파키스탄의 우라늄 원심분리기 시설의 건설과 운전, 핵무기의 설계지원까지 하였다. 이 지원은 1991년까지 계속되었다.

전문가들은 1992년 중국이 NPT에 가입하고 난 후에도 파키스탄의 핵개발을 계속 지원했다고 본다. 플로토늄탄과 관련하여 중국은 1986년 파키스탄의 40~50MW 쿠샵(Khushab) 플루토늄 생산 원자로의 건설을 지원하였고, 이 지원은 1990년대까지 계속되었다. 1990년 5월 26일에 중국은 롭누르 시험장에서 파키스탄 대신에 파키스탄의 핵무기(Pak-1)를 시험했다고 전해진다.[62] 1994년 무렵에 파키스탄은 그들의 우

---

60) Atomicheritage Foundation, http://www.atomicheritage.org/history/pakistani-nuclear-program.
61) Henrik Hiim, *op. cit.*, p. 53.

라늄농축 기술을 북한에 제공하는 대신에 북한의 노동미사일 기술을 제공받기로 합의한 것으로 알려졌다.

중국은 파키스탄의 민수용 원자력 프로그램도 지원했다. 1986년에 중－파 원자력협력협정을 체결하고, 1989년에 27~30MW 소규모 중수원자로를 제공했으며, 1991년에는 2기의 300MW 경수로를 제공했다.

마침내 1994년 8월에 파키스탄 수상 나와츠 샤리프(Mohammad Nawaz Sharif)는 파키스탄이 핵무기를 보유했다고 선언했다. 파키스탄이 핵무기 개발을 서두른 이유는 인도의 핵보유 사실과 그로부터 오는 안보위협 때문이다. 따라서 인도가 NPT에 가입하거나 또는 핵비확산 조치를 받아들인다면 파키스탄도 그렇게 하겠다고 제의하였다. 인도가 이를 거부하였음은 물론이다. 파키스탄은 1998년 5월 인도의 핵실험과 거의 동시에, 핵무기 실험을 6차례 강행했다. 파키스탄은 2021년 12월 현재 140~150개의 핵무기를 보유한 것으로 추정되고 있다.

(4) 북한의 핵무기 개발

북한은 이스라엘, 인도, 파키스탄보다 늦게 핵무기 개발에 뛰어 들었다. 북한이 핵무기를 개발한 이유는 탈냉전 이후 러시아와 중국이 북한과의 동맹을 각각 해체 내지 이완시키려고 하자 국가안보 목적상 핵무기 개발을 서두른 것으로 해석되고 있다.[63] 북한이 핵개발에 성공하고 난 후 미국의 대조선 적대시 정책 때문에 핵무기를 개발했다고 정당화시킨 것을 보면 안보상의 이유가 큰 것으로 볼 수 있다. 그러나 북한 핵개발을 안보상의 이유만으로 다 설명할 수 없다. 왜냐하면 탈냉전 이후 구소련 혹은 미국과의 동맹관계에서 떨어져 나온 국가들이 많았는데 유독 북한만이 예외적으로 핵무기를 개발했고 성공했기 때문이다.

그것은 북한이 김일성－김정일－김정은으로 이어지는 김씨 왕조 독재체제의 정권안보와 가문의 영광을 위해서 탈냉전 이후의 국제비확산 추세와 핵개발에 대한 국제사회의 제재에도 불구하고 국가적 차원에서 핵개발에 총력을 경주해 왔기 때문으로 설명할 수 있다.[64]

---

62) http://www.atomicheritage.org/history/pakistani－nuclear－program
63) 최명해, 『중국－북한 동맹관계: 불편한 동거의 역사』(서울: 오름, 2009), pp. 375－394.

먼저 김일성은 6.25전쟁 중에 미국의 핵공격 위협 속에서 "북한이 반드시 핵능력을 가져야 한다"는 생각을 하고, 1952년에 조선과학원 산하에 원자력연구소를 설립하고, 젊은 과학 인재들을 소련에 유학 보냈다. 1956년부터 구소련의 두브나 원자력연구소에 고급인력을 보내 핵기술인력을 양성했다. 1959년 9월에 "조·소 간 원자력의 평화적 이용에 관한 협정"을 맺었다. 1960년에 영변에 원자력연구소를 설치하고, 1962년에 소련에서 IRT-2000 원자로를 지원받아 1965년에 최초 임계에 성공했다. 1964년 10월 중국이 핵실험에 성공하자, 김일성이 중국을 방문, 모택동에게 핵무기 개발 기술을 지원해 달라고 부탁했으나 거절당했다. 그 후 1972년에 김일성은 부하들에게 비밀리에 핵개발을 하라고 지시했다. 1979년부터 영변의 핵연구소를 확대하여 김정일 주관으로 "주체과학단지"를 만들고 1986년에 영변핵개발단지를 완공하였다. 1980년에 영변에 5MW 흑연감속원자로를 착공, 1986년에 가동에 들어갔다. 5MW원자로는 영국형 콜더홀 원자로를 모델로 하여 무기급 플루토늄을 추출하기에 적합하게 만들었다. 아울러, 1985년에 재처리공장(북한은 "방사화학실험실"이라고 부름) 건설에 착수하였다. IAEA는 북한이 그 재처리시설에서 1989년, 1990년, 1991년 3회에 걸쳐 무기급 플루토늄을 10~12kg 추출한 것으로 추정하기도 했다.[65] 한편 북한은 영변지역에서 1983년부터 1991년까지 플루토늄탄 제조를 위해 모의 고폭실험을 70여 회나 실시하였다.

김정일 시대에는 2회의 핵실험과 수차례 중거리 미사일을 시험 발사하였다. 김정일은 "일면 핵협상, 일면 핵억제력 가시화 정책"을 추진하였다. 김정일 정권이 핵무기 개발을 계속한 것은 고난의 행군, 남북 체제경쟁에서의 패배, 북한 비핵화를 위한 국제적 압박 등 삼중고 속에서도 김정일 정권을 수호하고자 선군정치노선을 내걸고 선군을 뒷받침할 수 있는 강력한 군사력의 핵심인 "당대의 보검", 즉 핵무기를 보유하고자 모든 노력을 경주하였다. 1994년 북미 간에 타결되었던 제네바핵합의를 위반하고 1990년대 중반부터 파키스탄과 핵과 미사일 협력을 도모하여, 파키스탄으로부터 우라늄탄 설계도와 원심분리기 및 고농축우라늄을 지원받아 왔던 것으로 후일에 드러났다. 2006년 10월과 2009년 5월에 핵무기 실험을 함으로써 그동안 비밀 핵개발

64) 한용섭, 『북한핵의 운명』(서울: 박영사, 2018), pp. 37-46. David W. Shin, *op. cit.*, pp. 169-196.
65) 이용준, 『북핵 30년의 허상과 진실: 한반도 핵게임의 종말』(파주: 한울아카데미, 2018), p. 67.

정책에서 공개적인 핵개발정책으로 전환하였다. 또한 핵무기를 탑재할 수 있는 단·중거리 미사일까지 완성했다.

김정은 시대에는 젊은 지도자인 김정은이 "북한인민과 지배엘리트로부터 지속적으로 충성과 복종을 획득함으로써 정권을 유지할 수 있는 방법은 오로지 핵과 미사일 개발에 성공하여 북한의 위신과 명예를 세계에 떨치는 것 밖에 없다"[66]고 생각하고 핵개발에 총력을 경주하여 핵무기의 소형화, 경량화, 다종화 작업에 매진했다. 2013년 2월, 2016년 1월, 2017년 3월과 9월, 4회에 걸쳐서 우라늄탄, 증폭핵분열탄, 수소탄의 시험에 성공하였다. 이들 핵무기를 미사일에 탑재하여 한국, 일본, 괌, 하와이, 미국 본토를 공격할 수 있는 능력을 개발하기 위해 장거리 미사일 개발에 총력을 경주하였다.

김정은은 "핵보유국 지위 영구화 및 북미 핵대결 시대"를 선포하고, 2012년 12월에 사정거리 10,000km급 ICBM용 로켓인 은하 3−2호(광명성−3호) 위성체를 인공위성의 궤도에 진입시켰다. 2015년 10월 노동당 창건 70주년 열병식에서 KN−08이 공개되었다. 북한은 KN−08에 소형화, 다종화된 핵탄두를 탑재할 수 있다고 선전하였다. 2017년 5월과 9월에 시험발사한 화성−12호는 사정거리 4,500km로서 알래스카와 하와이를 핵탄두를 탑재하고 공격할 수 있는 중거리 미사일이다. 2017년 7월 4일과 28일 두 차례에 걸쳐서 북한은 화성−14호를 시험 발사했는데 그 사거리는 7,000~8,000km로 미국의 서부 워싱턴 주의 시애틀이나 샌프란시스코에 도달할 수 있는 미사일이다. 2017년 11월 말에 북한이 화성−15호를 시험발사하고, 김정은이 "미국의 어느 곳이라도 핵공격이 가능할 정도로 핵무력을 완성시켰다"[67]고 호언장담 하였다.

북한이 미사일 개발을 계속하고 있다는 것은 2020년 10월 10일 로동당 창건 75주년 기념 퍼레이드에서 화성−15호 미사일보다도 더 길이와 지름이 확대된 대륙간탄도탄 모형을 보여주었고, 신형 잠수함발사미사일 북극성 4−ㅅ(SLBM)을 보여준 데서 알 수 있다.

2021년 12월 말 북한은 40~60개의 핵무기를 보유하고 연간 무기급 우라늄 120~150kg을 생산하고 있는 것으로 추정된다. 또한 북한식 핵무기 3원체제(대륙간탄도탄−잠수함발사미사일−핵폭격기)를 갖추어가고 있다고 추정되고 있다.[68]

---

66) David W. Shin, *op. cit.*, p. 338.
67) 로동신문, 2017.11.30.

4. 핵무장 국가들의 핵개발 동인

앞에서 논의한 바와 같이 제1세대의 5대 핵보유국인 미국, 소련, 영국, 프랑스, 중국과 제2세대의 4대 핵무장국인 이스라엘, 인도, 파키스탄, 북한의 핵개발 동인을 도표로 나타내어 설명하면 다음과 같다. 빌 포터의 설명이 가장 보편적이고 설득력 있는 핵개발 동인이라고 생각되므로 이것을 이용하고, 저자가 발견한 원인을 혼합하여 설명하면 다음과 같은 표로 나타낼 수 있다.

<표 1−2>에서 볼 때 미국은 제2차 세계대전의 조기 종전을 위해 전쟁에 사용할 국방목적상 핵무기를 개발했고, 국제위기에 대응하여 핵무기를 개발했다. 미국 바로 다음에 핵무기를 개발한 소련은 상대국인 미국의 핵무장에 대한 반작용으로, 미국의 핵위협을 억제하기 위한 목적에서 그리고 국방과 방위 목적상 핵무기를 개발했다. 영국은 제2차 세계대전에서 이기기 위해 미국의 맨하탄 프로젝트에 참여했고, 미국에 버금가는 지위와 위신을 획득하기 위해 그리고 민간 원자력 발전에 미치는 영향을 고려하여 핵무기를 개발했다. 프랑스는 미국과 영국과 같은 지위와 위신, 미국과 영국으로부터의 자주와 자율성 확보, 국제적 영향력 행사를 위해 핵무기를 개발했다. 중국은 후발 핵국으로서 미국과 소련의 핵위협을 억제하고 국제적 지위와 위신, 자국의 방위와 국제적 영향력 행사를 위해 핵무기를 개발했다. 이스라엘은 주변 중동국가들의 위협으로부터 자국의 방위와 전쟁 억제, 국제적 지위와 위신, 국제적 영향력 행사를 위해 핵무기를 개발했다. 인도는 국제적 지위와 위신 제고, 국제적 영향력 행사와 중국의 위협을 억제하기 위해 핵무기를 개발했다. 파키스탄은 인도가 핵무기를 개발했기 때문에 이에 대한 반작용으로 핵무기 개발을 시도했고, 인도와의 분쟁에 사용할 국방과 방위, 인도의 전쟁행위를 억제할 목적을 가지고 핵무기를 개발했다. 북한은 정권안보를 위해 핵무기를 개발했고, 핵보유국이 가지는 국제적 지위와 위신, 국제적 영향력 행사 및 지역의 안보질서를 바꾸기 위해 강압 및 강제 목적을 가지고 핵무기를 개발했다고 볼 수 있다.

---

68) 로동신문, "조선로동당 제 8 차대회 김정은 사업총화 보고," 2021. 1.10.

〈표 1-2〉 국가들의 핵무장 결정 요인

	미국	소련	영국	프랑스	중국	이스라엘	인도	파키스탄	북한
전쟁/방위	V	V	V			V		V	
억제		V			V	V	V	V	
지위/위신			V	V	V	V	V		V
자주/영향력				V	V	V	V		V
국내 정치							V	V	
다른 국가의 핵무장		V						V	
강압/강제									V
정권안보									V
국제위기	V								
경제적 파급효과			V	V					

출처: William Potter, 전게서, pp. 176-182. 여기에 저자의 분석을 첨가하였음.

이상의 논의에서 볼 때, 국가들은 핵무기라는 절대무기를 보유함으로써 전쟁을 억제할 수 있는 가능성을 높이고, 국제적 지위와 위신, 영향력이 높아진다고 생각하고 있으며, 전쟁이 발생하면 방위 목적으로 사용할 수도 있다고 생각함을 알 수 있다.

제 4 절 국가들은 왜 핵무기 개발을 포기하는가?

앞 장에서 국가들이 왜 핵무기를 개발하는가에 대해서 살펴보고, 9개의 핵무기 개발국들의 핵개발 역사와 과정, 동기에 대해 분석해 보았다. 핵무장을 하는 이유는 안보동기, 기술동기, 연계이론, 위신과 영향력 이론, 정권안보론, 강제와 강압이론, 정치사회체제이론 등을 설명하였다. 그런데 1945년 핵무기가 대두된 이후에 핵기술 능력이 있는 국가들 중에서 한 때 핵무기 개발을 생각하다가 포기한 국가들도 있고, 핵무기를 보유했다가 폐기한 국가들도 있으며, 처음부터 핵무기 개발을 하지 않겠다고 결정한 국가들도 있었다. 본 장에서는 왜 국가들이 핵무기 개발을 포기하는가에 대한 분석을 해보기로 한다.

사실 핵무기 개발을 하는 요인과 핵무기 개발을 포기하는 요인은 상호 대응하는 요소도 있지만, 전혀 다른 원인도 있다. 핵무기를 보유했다가 포기를 결정한 국가들은 주변의 안보위협이 사라졌거나, 핵무기를 만들던 정권이 근본적으로 교체되었거나, 핵무기를 포기할 때에 받을 외교안보적 및 경제적 이점이 핵무기를 계속 개발하거나 보유할 때에 받을 외교안보적 및 경제적 제재보다 크다고 생각했기 때문으로 볼 수 있다. 여기에 대한 사례로는 남아공, 벨라루스, 카자흐스탄, 우크라이나 사례를 예로 들 수 있다.

핵기술을 어느 정도 갖고 있고 핵무기 개발을 시도했으나 핵무기 개발을 완성하지 않고, 핵무기 개발을 중도에 포기한 국가들은 안보상의 수요가 충족되었기 때문에 그런 결정을 내렸을 수도 있다. 이것은 다른 핵보유국이 비핵국의 안보 보장을 위한 제도적 장치를 마련해 주었기에 가능하였다고 볼 수 있다. NPT체제를 공고하게 만들기 위해 핵국(미국, 소련(지금은 러시아), 영국, 프랑스, 중국)은 비핵국가와 안보동맹을 맺고, 비핵국가가 NPT를 잘 준수하면 핵우산 등을 통해 핵억제력을 제공하겠다고 약속함으로써 비핵국이 핵무장을 통해 안보를 확보하려는 동기를 해결하려고 노력해 왔다.[69]

즉, 핵국들은 비핵국들과 안보동맹을 맺기도 하고, 비핵국이 핵무기로 공격을 받을 경우에 핵무기를 사용해서라도 국가안보를 보장해 주겠다는 적극적 안전보장 (Positive Security Assurance)을 약속하기도 하고, 비핵국에 대해서는 핵무기를 사용하거

---

69) Jacques E. C. Hymans, "Theories of Nuclear Proliferation: The State of the Field," *Nonproliferation Review*, 13:3, 2006. pp. 455–465. 한국의 경우는 위의 3가지 요인이 복합적으로 작용한 것이다. 상세한 내용은 이 책의 제2장에서 다룬다. 간략하게 요약하면 한국이 한미동맹체제 하에 있었지만, 1970년대에 닉슨행정부의 미군철수론으로 초래된 안보불안을 극복하기 위해 비밀 핵개발을 시도했으나 미국이 한미동맹의 중단 경고 및 경제압박 카드를 행사함으로써, 한국은 핵개발을 포기하였다.

나 사용을 위협하지도 않겠다는 소극적 안전보장(Negative Security Assurance)을 해줌으로써 비핵국이 핵무기를 만드는 것을 포기하도록 설득해 오기도 했다. 따라서 외부의 안보위협이 있다고 하더라도 핵국이 안보를 보장해 줄 터이니 NPT체제에 잘 순응하라고 동맹국을 설득함으로써 NPT를 유지해 왔던 것이다. 핵국들은 비핵국들과의 안보동맹을 맺기도 하고, 관계 개선을 시도하기도 하고, 안보와 경제협력을 통해 상호의존관계를 만듦으로써 핵무장 동기를 해소해 주려고 노력하였다.

또한 핵의 군사용 개발을 포기하고 NPT를 준수하겠다고 약속을 하면, 원자력의 평화적 이용기술과 차관을 제공함으로써 원자력의 평화적 이용이라는 혜택을 제공하기도 하였다.

마지막으로 만약 비핵국가가 핵무기를 개발하려고 시도하면, 핵무기 프로그램을 포기할 때까지 핵국이 주도하여 국제적으로 외교적·경제적 제재를 시행함으로써 핵개발을 포기하도록 만들기도 했다. 이것이 제재론이며, 제재에 대한 연구는 무수히 많다.[70]

1. 핵비확산을 위한 NPT의 역할

핵개발을 추진하고자 마음을 먹었던 국가들로 하여금 핵개발 프로그램을 포기하게 만드는 데에 가장 효과적인 요인은 NPT레짐의 시작과 작동이었다는 데에 이론의 여지가 없다.

<표 1-3>에서 보는 바와 같이, 뮐러와 쉬미트는 핵을 개발할 수 있는 경제력과 기술력이 있는 국가들이 NPT체제 성립 이전에는 58개국이었는데, 이 중에서 24개국이 핵무기 관련 능력을 건설하는 행위를 하고 있었고, 24개국 중 3개국만이 자발적으로 핵무기 관련 능력을 건설하는 것을 중지하였다고 보여주고 있다.[71] 여기서 핵무

---

70) Sico van der Meer, "Forgoing the nuclear option: states that could build nuclear weapons but chose not to do so," Conference Proceedings: Nuclear Exits, Helsinki, 18-19 October 2013, Medicine, Conflict and Survival, 2014. Vol. 30, No. S1, s27-s34, http://dx.doi.org/10.1080/13623699.2014.930238 Sico van der Meer, "States' Motivations to Acquire or Forgo Nuclear Weapons: Four Factors of Influence," *Journal of Military and Strategic Studies*, 17:1, 2016. pp. 209-236.

기 관련 능력을 건설하는 행위란 원자로의 건설 혹은 구입, 우라늄 제련 및 농축 시설 건설, 플루토늄 재처리 시설 건설을 의미하며, 단순한 소규모 연구용 원자로 건설은 제외된다.

〈표 1-3〉 경제기술력이 있는 국가들 중에서 NPT 전후의 핵무기 개발 활동의 시작과 중단 대조표

	NPT 이전	NPT 이후
핵무기관련 활동 시작	41.38% (24 of 58)	15.66% (13 of 83)
핵무기관련 중단	12.50% (3 of 24)	67.65% (23 of 34)

그런데 NPT조약이 발효된 이후에는 핵을 개발할 수 있는 경제력과 기술력이 있는 국가들 83개 중에서 13개국만이 핵무기 관련 능력의 건설을 지속했고, 34개국 중 23개국이 핵무기 관련 능력이 건설을 중단했다고 보여주고 있다. 이것은 NPT규범이 국가들의 핵무기 관련 활동의 정책 결정에 중대한 영향을 미쳤음을 보여주고 있다.[72]

NPT체제 출범 이후에는 핵무기관련 경제기술력이 있는 83개 국가들 중 13개국만이 핵무기관련 활동을 했으며, 핵무기관련 활동을 하고 있었던 34개국 중 23개국이 핵무기관련 활동을 중지했다.[73] 이것은 NPT레짐이 국가들의 핵무기관련 정책에 심대한 영향을 주었음을 의미한다.[74]

국제정치 역사상 강대국들의 핵무기관련 활동이 대폭 줄어드는 시기가 있었는데, 1980년대 후반부터 시작된 미국과 소련 간의 핵무기 군축과 소련의 해체에 따른

---

71) Harald Müller and Andreas Schmidt, *op. cit.*, in William C. Potter with Gaukhar Mukhatzhanova, *op. cit.*, pp. 124−158.

72) Harald Müller and Andreas Schmidt, *Ibid.*, pp. 146−148.

73) 상기한 전문가들의 주장에 의하면 2005년까지 핵무기 개발을 하고 있는 국가들은 미국, 러시아, 영국, 프랑스, 중국, 이스라엘, 인도, 파키스탄, 북한, 이란, 시리아 모두 11개국이라고 한다. 그러나 2007년에 시리아가 이스라엘의 폭격을 받아 핵관련 시설이 파괴되었으므로 2007년 이후에는 10개국(이란포함)이 핵무기 개발 능력을 유지하고 있다고 주장한다. 그래서 NPT의 효력이 아주 크다고 주장하고 있다.

74) Maria Rost Rublee, *Nonproliferation Norms: Why States Choose Nuclear Restraint* (Athens, GA: University of Georgia Press, 2009). pp. 1−33.

안보환경의 개선으로 핵무기의 필요성이 감소하면서, 많은 국가들이 핵무기를 추구하지 않게 되었다. 아울러 세계적으로 독재국가들이 자유민주주의 국가로 변화되는 추세에 맞추어서 자유민주주의 국가들은 국제적인 규범을 존중하고 준수하는 경향을 보이게 되었다. 또한 이때를 계기로 국가의 정치지도자들은 핵무기보다는 경제를 우선시하면서 핵무기관련 활동을 중단하거나 감소하려는 움직임이 일어났다.

이는 국제적인 규범과 체제가 국가의 행동에 영향을 미친다는 것을 말해준다. 국가의 효용곡선에서 국가가 NPT를 준수함으로써 얻을 수 있는 이익과 NPT를 위반함으로써 받을 외교 및 경제제재로부터 오는 손실을 비교함으로써 기대효용이 예상비용보다 큰 쪽으로 국가들이 행동을 선택하게 된다는 것이다. 국제규범을 준수하는 것은 민주주의 국가가 독재국가보다 더 잘하고, 그리고 민주주의 국가의 국내 여론도 NPT를 잘 준수해야 한다고 생각하기 때문에 국가의 행동에 영향을 미치게 된다. 그래서 민주주의 국가일수록 국제법과 규범을 더 잘 준수하게 된다.[75] 탈냉전 후의 자유민주주의의 확산과 자유주의적 경제질서의 확산으로 상호의존도가 높아지면서 NPT레짐은 더 활성화되고 있다. 이런 국제적인 흐름에 반기를 들고 있는 국가는 인도, 파키스탄, 이란, 북한 등이 있다.

<표 1-4>에서 보는 바와 같이, 핵개발 시도 후 포기한 국가들, 핵무기 보유 후 폐기한 국가들, 핵개발로 의심받고 있는 국가들 세 가지로 분류할 수 있다.

앞에서 비핵국가가 핵무기를 개발하려는 가장 큰 이유는 외부의 안보위협으로부터 자국의 안보를 확보하기 위해서라고 설명되었다. 따라서 이들 국가가 핵무기 개발 계획을 포기한 이유는 핵무기를 통하지 않고서도 안보가 확보되었다고 생각했기 때문이라고 볼 수 있다.

이들 비핵국들은 핵무기를 통하지 않고서도 어떻게 국가의 안보를 확보할 수 있다고 생각했을까? 핵국이 비핵국과 안보동맹을 맺어서 핵국이 확장 핵억제력을 제공해주는 것을 조건으로 비핵국이 핵포기를 하도록 설득했기 때문이다. 여기에는 미국의 동맹국들이 한때 핵무기 개발을 고려해 보았으나 미국의 설득과 안보보장 약속을 받고 포기한 사례가 해당된다.

---

75) 독재국가 대 민주주의 국가의 비확산 수용도와 국제규범 준수도는 다르다는 것이 일반적인 이론이다.

<표 1-4> 핵을 포기한 국가들

핵개발 시도 후 포기한 국가들	핵무기 보유 후 폐기한 국가들	핵개발로 의심받는 국가들
알제리, 이집트, 나이지리아	벨라루스	이란
아르헨티나, 브라질	카자흐스탄	시리아
캐나다, 칠레	우크라이나	미얀마
이라크, 리비아	남아프리카공화국	
루마니아, 유고슬라비아/세르비아		
일본, 한국, 대만		
오스트레일리아		
서독, 스페인, 노르웨이, 이탈리아, 네덜란드		
스위스, 스웨덴		

출처: Harald Muller and Andreas Schmidt, *op. cit.*, pp. 124-158.

<표 1-4>에서 유럽의 나토 동맹국들인 서독, 스페인, 노르웨이, 이탈리아, 네덜란드, 벨기에, 북미의 캐나다가 이에 해당되며, 앤저스 동맹국인 오스트레일리아, 미일동맹의 일본, 한미동맹의 한국 등이 핵무기를 포기한 사례가 미국과의 동맹을 통해 안보목적이 달성되었기 때문에 핵무기 개발을 포기한 것이다.

첫째, 냉전시기 소련은 동 유럽의 국가들(동독, 폴란드, 체코, 헝가리, 불가리아 등)에 대한 소련의 지배권을 확립하면서 이들과 바르샤바조약기구인 동맹을 결성하고, 이들 국가에 핵무기를 배치함으로써 핵억지력을 보장하고 이 국가들의 핵개발을 막았던 것은 동맹결성으로 핵개발 이유를 막은 사례에 해당된다.

둘째, 비핵국을 둘러싼 안보환경이 변해서 주위의 안보위협이 사라졌기 때문에 핵을 개발하여 보유하고 있던 국가가 비핵정책으로 정책을 180도 변경시켰기 때문이다. 남아공의 사례는 여기에 해당된다.

셋째, 서로 적대하는 국가끼리 협상을 통해서 혹은 제3국의 중재에 의해서 핵무기를 만들지 않기로 합의했기 때문이다. 브라질과 아르헨티나는 1967년 체결된 중남미비핵지대화조약(틀라텔로코 조약)에 가입하지 않고, 핵무기 개발을 시도하다가 미국의 중재와 브－아 협상을 통해 핵물질계량과 통제를 위한 양자 간의 안보협력기구인 소위 아르헨티나－브라질 핵물질계량 및 통제위원회(ABACC: Brazilian－Argentine Agency for Accounting and Control of Nuclear Materials)를 결성하고, 핵을 포기하기로 결정한 후 중남미비핵지대화조약에 가입함으로써 비핵국가가 되는 결정을 내렸다.

넷째, 핵무기 개발 프로그램을 추진하다가 중도에 기술의 부족과 비용을 부담할 수 있는 경제능력의 부족과 국제적인 압력이 상승작용을 하여 핵개발 계획을 포기한 사례가 있다. 여기에는 이란이 해당된다.

다섯째, 주변국가가 핵개발 시설을 폭격했기 때문이다. 이라크와 시리아는 이스라엘 공군의 폭격에 의해 핵시설이 파괴되어 핵무기 개발을 포기하게 된 경우이다.

여섯째, 비핵국이 국제핵비확산체제의 규범과 질서를 준수함으로부터 얻는 이득이 그것을 위반함으로써 입을 압력 및 손실보다 크다고 판단하고, 국제비확산체제를 준수하기로 결정했기 때문이다. 한국과 대만이 핵을 포기한 이유 중 일부를 설명할 수 있다.

일곱째, 국내에서 치열한 민주적인 토론을 통해 핵무기를 개발하지 않기로 결정한 국가들이 있다. 이에는 스웨덴과 스위스가 해당된다. 스웨덴과 스위스는 핵개발 가능한 기술과 능력을 보유하고 있었지만 치열한 국내 논쟁을 거쳐서 핵무기를 개발하지 않기로 결정한 사례에 해당된다.

스위스 같은 경우는 1950년대와 1960년대에 국내적으로 열띤 토론회를 거쳤으며, 2회에 걸쳐 국민투표를 실시하여, 핵무기 개발을 하지 않을 것이라고 결정하였다.

스웨덴 같은 경우는 국제사회에 형성된 핵무기에 대한 문턱(threshold)이 높고, 핵무기 보유에 대한 정치적·제도적 금기를 위반했을 때에 발생하는 매우 높은 비용 때문에 핵무기를 보유하지 않기로 결정했다. 또한 핵무기가 반인도적·비인륜적 무기이기 때문에 보유해봤자 사용할 수 없다는 일종의 금기를 받아들이게 되었다.

2. 자발적으로 핵무기를 포기한 국가들

위의 사례 중에서 핵무기를 보유했다가 핵을 포기한 4개 국가들(남아공, 구소련의 공화국이었던 벨라루스, 카자흐스탄, 우크라이나)의 핵포기 과정을 살펴보고자 한다.

(1) 남아프리카공화국

남아프리카의 핵무기 개발의 배경은 1948년부터 여당인 국민당이 채택한 인종차별(apartheid) 정책이었다. 아파르트헤이트 정권의 결과로 남아공이 국제사회에서 점점 더 고립되어감에 따라, 그 지도자들은 그 핵무기를 보유하는 것이 국가 안보에 중요하다고 결정했다. 그러나 이것은 1990년대 초에 아파르트헤이트 정권이 붕괴되면서 핵무기를 자발적으로 폐기하게 되는 이유가 되는데, 이로써 남아프리카는 핵무기를 성공적으로 개발하고 스스로 해체한 최초의 유일한 국가가 되었다. 즉 곧 등장할 흑인정권의 정체성을 우려하여 백인정권이 권력을 가지고 있을 때 핵폐기를 결정한 것이다.[76]

남아프리카공화국은 세계 최대의 우라늄 광석 매장지 중 하나이다. 남아공은 제2차 세계대전 말기에 미국과 영국에 옐로케이크를 공급하기 시작했고, 이후 수십 년간 4만 톤 이상을 공급했다. 제2차 세계대전이 끝난 후 남아공정부는 미국과 과학적 협력을 계속하면서 핵연구를 실시할 원자력위원회(AEB)를 설립했다. 1957년 아이젠하워 미국 대통령은 '평화를 위한 원자력' 프로그램을 통해 핵 연구용 원자로인 SAFARI-1을 남아공과 공유하고 핵연료도 제공하기로 합의했다. AEB는 AEC(원자력공사)의 이름을 따서 남아프리카의 행정 수도 프리토리아 근처 펠린다바에 원자력 연구소를 건설했다. 펠린다바는 미국의 도움으로 원자력을 평화적으로 이용하기 위해 건설되었다.

1960년대 후반, AEC는 미국의 Project Plowshare와 유사한 평화적인 핵폭발 연구를 시행할 가능성을 탐색하며, 이스라엘과의 협력을 처음으로 모색하기 시작했다. 에른스트 데이비드 버그만 이스라엘 원자력위원회 위원장은 1967년 남아프리카공화국을 방문했다.

---

76) Siphalmandla Zondi, *Apartheid South Africa and the Dismantled Nuclear Weapon Capability*, International Conference on New Security Threats and International Peace Cooperation hosted by the Association for International Security and Cooperation in Seoul. 2021.10.14.

그러나 1973년 UN총회는 아파르트헤이트 정권을 '인류범죄'로 규정한 결의안 3068호를 통과시켰다. 미국은 1976년 남아프리카공화국이 NPT체결을 거부하자 원자력 지원을 철회하고, 미국이 건설한 SAFARI-1 원자로에 대한 연료 공급을 중단했다. 1978년 미국의 카터 행정부는 핵확산금지법(NNPA)을 통과시켜 NPT를 비준하지 않은 국가들에 대한 핵물질과 기술의 거래를 금지했다.

게다가 쿠바가 앙골라 전쟁에서 싸우기 위해 1975년에 남아공과 이웃한 앙골라에 군대를 보내기 시작했다. 쿠바 군대의 앙골라 개입은 당시 나미비아를 지배하고 있던 남아공과의 게릴라전을 촉발시켰다. 구소련의 지원을 받는 쿠바 군대는 1980년대에 5만 명에 달했으며, 남아공정부는 국가안보를 보장하기 위해 원자탄을 만들기 위한 옵션을 개발하기 시작했다.

1974년 보스터(John Vorster) 남아공 총리는 제네바에서 시몬 페레스 이스라엘 국방장관을 만났다. 정확한 면담 내용은 알려지지 않았지만, 이스라엘이 남아공으로부터 우라늄 광석을 수입하고 핵실험장을 사용하는 것에 대한 대가로 남아공의 핵 프로그램에 대한 기술적 지원을 제공하는 비밀 협정을 체결했다고 알려졌다. 1976년, 보스터와 페레스는 상호 방문을 실시했다. 남아공은 우라늄 광석 50톤과 이스라엘 삼중수소 30그램과 교환하기로 합의했다. 양국은 이스라엘 제리코 2호 개량형 미사일 교류도 실시했다. 한편 UN 결의 3379호는 "남아프리카 인종주의와 시오니즘의 불경스러운 동맹"이라고 비난했다.

보스터는 1974년 남아공의 핵무기 개발 계획을 승인했다. 남아공의 AEC는 히로시마에 투하된 '리틀보이' 폭탄과 유사한 우라늄탄 형태의 폭탄을 만들 계획이었다. AEC는 "우리는 이것에 대해 전혀 말하지 않는다"는 뜻의 줄루어인 발린다바(Valindaba) 사이트라고도 알려진 우라늄 농축 Y-플랜트를 펠린다바 연구소에 건설했다. AEC는 또 기술자들이 지하 실험에 대비해 칼라하리 사막의 바스트랩 군사기지의 지하에 700피트 깊이에 두 개의 시험 갱도를 뚫어 핵실험장을 마련했다.

1977년 AEC는 고농축우라늄이 빠진 초보적인 핵장치를 개발했다. 이 때문에 1977년 계획된 핵실험은 실제 핵폭발보다는 건타입의 우라늄폭탄 설계를 실험하기 위한 것이었다. 그러나 실험이 일어나기도 전에 소련과 미국은 인공위성이 포착한 실험장소의 사진 증거를 들이댔다. 국제사회의 압박으로 남아공 정부는 시험을 취소하고 칼라하리 시험장 해체를 지시했다. 그럼에도 불구하고 UN안전보장이사회는 1977

년 11월에 남아공에 대한 무기 금수 조치를 발표했다.

핵실험을 하지 못하자, AEC를 대체한 남아공의 무기공사(ARMSCOR)가 핵무기 프로그램을 담당했다. Y-플랜트는 1979년에 우라늄탄 1개 분량의 HEU를 생산하고, 우라늄탄을 제조했다. 그 후 남아공정부는 3단계 핵전략을 구상하고 있었다.[77] 1) 핵무기의 존재를 시인도 부인도 하지 않는다, 2) 외부로부터 군사적 위협을 받는 경우, 남아공은 미국과 국제사회에 은밀히 핵보유를 밝히면서 미국을 비롯한 국제사회가 남아공의 위기사태에 개입하도록 유도한다(이것은 핵무기의 촉매효과를 노린 것이다),[78] 3) 2단계의 행동에도 불구하고 미국이나 국제사회가 남아공을 위해 개입하지 않으면, 남아공은 공개적으로 핵실험을 하거나 핵보유를 공표하면서 남아공이 직접 핵무기를 사용할 수 있다는 것을 보인다.

1979년 9월 22일, 미국의 벨라 위성이 남아프리카 해안 도시 케이프타운에서 약 1,500마일 떨어진 인도양에서 이중 섬광을 기록했다. 확인된 적은 없지만 이른바 이 '벨라 사건'은 남아공의 핵실험이라고 의심받고 있다. 당시 남아공이 폭탄 제조에 충분한 HEU를 보유하고 있지 않았던 점을 감안하면 이 실험은 남아공-이스라엘 간의 합동 실험이었을 가능성이 크다고 외부에서는 의심하고 있다. 당시 남아공은 이 사건에 대한 개입을 부인했다.

남아공이 마침내 "멜바"라는 코드로 명명된 최초의 U-235 원자탄을 제조한 것은 1980년대 초가 되어서였다. 이스라엘 기술의 도움으로 중거리 탄도미사일에 폭탄을 탑재하는 작업을 했다. 남아프리카 핵 프로그램은 연간 한두 개의 폭탄을 만들기에 충분한 HEU를 생산하고 있었다. 즉, 남아프리카공화국은 실전 배치용 6기, 건설 중 1기, 훈련 목적용 1기 등 8기의 핵폭탄을 만들었거나 만들고 있었던 것이다.

남아공은 1988년, 앙골라-나미비아 국경의 긴장이 특히 고조되던 시기에 핵실험을 잠시 고려했다. 당시 남아공은 핵무기 개발을 인정하지 않았지만 피크 두타 외무장관은 "남아공은 우리가 원하면 핵무기를 만들 수 있는 능력을 갖고 있다"고 발표했다. 1988년 12월의 휴전은 시험의 가능성을 모두 종식시켰다.

남아공은 1989년 드클러크(F. W. de Klerk) 대통령 당선 이후 모든 핵 프로그램을 끝내기로 결정했다. 그 이전의 보타 정권은 핵폭탄의 유지와 인종차별정책을 지속하

---

77) 전봉근, 『비핵화의 정치』(서울: 명인문화사, 2020), pp. 170-177.
78) Vipin Narang, *op. cit.*, p. 25.

기를 원했지만, 드클러크 정권은 안보환경의 극적인 변화에 따른 남아공의 국제사회와 친화적인 정책 채택, 그리고 향후 등장할 흑인정권의 향배 등을 선제적으로 대응하기 위해 매우 드라마틱하고 기습적인 비핵화 결정을 했다.

앙골라를 지원하던 소련이 붕괴되고, 쿠바군이 지원했던 나미비아가 독립하고 쿠바군이 철수함에 따라 남아공은 주변국으로부터 오는 안보 위협이 소멸되었다. 또한 백인정권이 흑인정권으로 교체될 예정임에 따라 남아공은 핵억지력을 가질 필요성이 사라졌으며[79] 탈냉전 후 서방세계 및 주변국가들과의 우호관계를 맺기 위해 핵무기 폐기를 먼저 결단하고 NPT에 가입하기를 원했다.[80] 이러한 판단에 따라 남아공 정부는 자발적으로 핵무기를 폐기하기로 결정했던 것이다.[81]

드클러크 대통령은 1989년 가을 취임하자마자, 핵무기 폐기 전문가위원회를 설치하고, 핵폐기와 NPT에 가입에 대한 절차를 연구하여 보고하라고 지시했다.[82] 이 위원회는 6개의 핵폭탄의 폐기와 1개의 제조 중인 핵폭탄의 폐기, 고농축우라늄의 보관, 모든 핵시설의 평화적 목적으로의 전환, Y-플랜트의 완전한 폐쇄, 핵제조 시설의 제염 및 제독 활동 등에 대한 절차를 담은 보고서를 제출했다. 이 보고서의 건의에 따라, 남아공은 완전히 핵을 폐기했다.[83]

1991년 7월 10일 남아프리카공화국은 NPT에 서명했다. 1991년 9월 정부는 국제원자력기구(IAEA)와 포괄적 안전조치 협정에 합의하고 남아공의 핵시설에 대한 전면적인 IAEA의 핵사찰을 허용했다. 1993년 3월 24일, 드클러크는 남아프리카공화국이 핵무기를 개발하고 해체했음을 시인하는 연설을 했다. 그는 남아공이 가졌던 "한 때 남아공은 제한된 핵 억지력인 7기의 핵무기를 개발했었다. 그러나 1990년 초에 모든 핵무기를 해체하고 파기하는 결정을 내렸다"고 말했다. 그러나 남아공이 핵 프로그램을 개발할 때 이스라엘과 협력했는지 여부에 대해서는 전면 부인했다.

---

79) J.W. de Villers, Roger Jardine, and Mitchell Reiss, "Why South Africa Gave Up the Bomb," *Foreign Affairs*, November/December 1993. pp. 98-109.

80) Evelin Adnrespok, "Why South Africa Dismantled Its Nuclear Weapons," *Towson University of International Affairs*, Vol.L, No.1, Fall 2016, pp. 70-79.

81) David Albright with Andrea Stricker, *Revisiting South Africa's Nuclear Weapons: Its History, Dismantlement and Lessons for Today* (Washington DC: Institute for Science and International Security, 2016), pp. 183-217.

82) Mitchell Reiss, *Bridled Ambition: Why Countries Constrain Their Nuclear Capabilities* (Washington DC: The Woodrow Wilson Center Press, 1995), pp. 7-43.

83) David Albright with Andrea Stricker, *op. cit.*, pp. 183-217.

만델라가 대통령이 되고 난 다음 해에 남아프리카공화국은 핵비확산 운동의 지도자가 되었다. 이러한 노력의 결과, 1996년에 아프리카 비핵지대화 조약인 펠린다바조약(Pelindaba Treaty)이 체결되었다. 펠린다바조약은 아프리카 전 지역을 비핵지대로 만들자는 목적이었는데, 당시 아프리카의 53개국 중 47개국이 가입하였다. 2020년 말 현재 펠린다바 조약은 53개국의 회원국 중 51개 서명국과 41개 비준국을 가지고 있다.

(2) 벨라루스, 카자흐스탄, 우크라이나의 핵폐기 사례

독일이 통일되고, 동구에 속했던 폴란드, 체코, 헝가리, 루마니아, 불가리아 등이 독립하면서 소련의 해체가 임박함에 따라, 미국과 소련은 1990년 11월 19일 나토와 바르샤바조약기구 간에 유럽에서 5대 재래식 공격용 무기(탱크, 장갑차, 야포, 공격용 헬기, 전투기)의 감축 및 폐기를 규정한 유럽재래식무기감축조약(Treaty on Conventional Forces in Europe)에 합의하였다. 미국 의회에서는 유럽의 재래식 무기군축을 제대로 이행하고, 소련 붕괴에 따라 구소련이 보유하고 있던 핵무기의 감축과 폐기, 핵물질의 안전한 관리, 핵과학기술자의 대외 유출 방지를 위해 입법을 제정하였다.[84] 미국 의회는 과거의 무기수출통제법과 유럽재래식무기감축조약실행법을 수정하여 제102 회기에서 H.R.3807법을 통과시켰다. 이 법에는 유럽재래식무기감축조약실행법, 소련 무기감축법(구소련의 핵무기 및 핵물질 감축, 군사 현대화 금지, 대량살상무기 폐기 및 폐기과정 검증, 미 국무부와 국방부의 소련무기감축을 위한 행정기구 설치 및 예산 지원 등을 규정), 비상시 공중수송과 지원, 군비통제 및 군축법 등 4가지 세부 조항이 포함되어 있었다. 이것을 다른 말로 넌－루가 법안(일명 협력적 위협감소 법안)이라고 부르기도 한다.

소련이 1991년 12월 26일 해체되고 15개의 독립공화국(러시아를 포함)들이 탄생함에 따라 소련이 보유하고 있던 핵무기가 러시아, 벨라루스, 카자흐스탄, 우크라이나에 산재하게 되었다. 만약에 이 4개국이 자국 내에 산재한 핵무기를 자국의 소유라고 선언한다면, 핵무기보유국이 3개 더 증가하여 국제핵비확산질서는 붕괴하게 될 가능성이 있었다. 또한 경제파탄에 직면한 소련이 러시아는 물론 이 3개국에 대해서 효과적인 경찰 및 군대체제를 관리하고 통제력을 행사할 수 없게 되어 이들 국가에 산재

---

84) The U.S. Congress, Office of Technology Assessment, *Proliferation and the Former Soviet Union*, OTA－ISS－605(Washington, DC: U.S. Government Printing Office, September 1994).

하고 있는 핵무기와 핵물질, 핵과학기술자들이 다른 국가로 유출되거나, 도난당하거나 사고가 발생할 가능성도 있었다. 게다가 벌써 중국과 이란, 북한 등지로 구소련의 핵 및 미사일 전문가들이 소련에서 받는 월급보다 훨씬 비싼 값에 팔려 나가고 있다는 소문이 돌고 있었다.

소련 해체 이후의 국제핵질서의 혼란을 방지하기 위해, 1991년 7월 31일 미국의 조지 부시 대통령과 소련의 고르바초프 당서기장은 정상회담에서 양측의 전략무기를 감축하기 위한 전략무기감축조약 — I(START — I)에 서명했다. 1991년 12월 26일 소련이 해체됨과 동시에, 러시아, 우크라이나, 카자흐스탄, 벨라루스 4개국이 전략핵무기 보유국이 되었다. 구소련을 외교적으로 승계한 러시아가 UN에서 구소련을 대표하는 유일한 합법적인 핵보유국이자 안보리상임이사국으로 인정받음에 따라, 러시아와 미국이 당면한 가장 큰 과제는 우크라이나, 카자흐스탄, 벨라루스가 보유한 핵무기와 핵물질, 대량살상무기, 핵과학기술 인력을 러시아로 복귀시키거나, 이들 4개국과 국제원자력기구(IAEA) 간의 안전조치협정을 체결하여 모든 핵시설에 대한 미국과 IAEA의 검증을 받게 해야만 하는 것이었다. 따라서 미국, 러시아, 우크라이나, 카자흐스탄, 벨라루스, 5개국이 1992년 5월 23일 스페인의 리스본에서 회의를 개최하고 START — I을 모두 비준하겠다고 약속하는 리스본 의정서에 서명하였다. 러시아의 핵무기 군축은 우크라이나, 카자흐스탄, 벨라루스 3개국으로 하여금 START — I을 비준하게 하고, 이 3개국이 비핵국가로서 NPT에 가입해야만 완성될 수 있었기에, 러시아와 미국은 이들 3개국이 START — I과 NPT를 조속하게 비준시키기를 희망했다.

우크라이나, 카자흐스탄, 벨라루스가 핵무기 보유국이 된다면 우선 러시아에게 가장 큰 안보 위협이 될 수 있었다. 세계 핵질서를 지배하고 있던 양극체제가 무너지는 것은 소련뿐만 아니라 미국에게도 엄청난 도전이었다. 핵무기와 다른 대량살상무기가 이 4개의 공화국으로 분산될 뿐만 아니라, 핵물질, 핵물질 생산에 사용되는 시설, 핵무기 제조나 다른 무기 제조에 사용될 수 있는 전문 지식, 정보, 기술 등이 위 4개의 공화국 밖으로도 유출될 가능성이 높아졌다. 만약 이렇게 된다면 냉전시대에 5개의 공인된 핵보유국(미·소·영·프·중)을 중심으로 유지되어 왔던 NPT질서가 완전히 무너짐을 의미하였다. 한편 소련이 동독을 비롯한 동구 공산권 6개국에 배치하고 있던 전술핵무기가 그들의 손에 넘어간다면, 핵무기 보유국이 십수 개로 증가함을 의미했다.

〈표 1-5〉 소련 해체 이후 벨라루스, 카자흐스탄, 우크라이나,
러시아의 핵무기 보유현황(1992-1994)

	대륙간탄도탄	순항미사일과 중력탄
벨라루스	81기(SS-25)	-
카자흐스탄	104기(SS-18) 1,040개 탄두	370 공중순항미사일(폭격기는 러시아로 복귀, 미사일과 탄두는 여전히 카자흐스탄에 체류)
우크라이나	133기(SS-19), 46기(SS-24): 총 1,240 탄두	324(MOU 상)
러시아	1064 ICBMs(4,278 탄두: MOU 상), 940 SLBMs(2,804탄두: MOU 상)	176+(MOU상)

출처: Carnegie Endowment for International Peace and Monterey Institute for Nonproliferation Studies, 1994.

따라서 이러한 국제 NPT질서의 혼란을 막기 위해 미국과 러시아는 기존의 국제 핵비확산질서를 유지하자는데 이해관계가 맞아 떨어졌다. 따라서 러시아와 서방은 벨라루스, 카자흐스탄, 우크라이나가 핵무기를 포기하고, 핵무기와 핵물질을 러시아로 안전하게 양도하여, NPT에 조속히 가입하도록 설득하는 데 공통의 관심을 갖고 있었다. 그런데 벨라루스, 카자흐스탄, 우크라이나는 각각 국내사정과 국제적 안보환경이 달랐기 때문에 START−I의 비준과 NPT에의 가입에 시간 차이를 보였다. 아래에서는 벨라루스, 카자흐스탄, 우크라이나 3국이 가지고 있었던 핵문제와 이들이 START−I과 NPT에 가입한 과정을 살펴보기로 한다.

〈표 1-6〉 소련으로부터 독립한 공화국들의 핵비확산조약과
전략무기감축조약Ⅰ에 대한 비준 상태

일시	벨라루스	카자흐스탄	우크라이나
1993. 2	비준안함	START-I	비준안함
1994. 2	NPT, START-I	NPT, START-I	START-I

A. 벨라루스

벨라루스는 소련이 해체되었을 때 81개의 핵탄두(SS-25)를 가지고 있었다. 카자흐스탄, 우크라이나에 비교해서 비교적 작은 핵무기 규모였으므로 벨라루스는 두 국가보다 빨리, 1993년 2월 4일에 NPT와 START-I 비준하기로 결정했다. 1992년 10월에 벨라루스는 수스케비치(Shushkevich) 최고회의 의장의 지시에 따라 1994년 말까지 모든 전략핵무기를 제거하는 계획을 승인했다. 실제로 1996년까지 모든 핵무기를 러시아에 양도하였다.

벨라루스는 국내 경제가 피폐했기 때문에 구소련의 중앙권력과 경찰체제의 엄격한 통제 아래에 있었던 벨라루스의 핵과학기술인력과 핵물질을 안전하게 관리할 수 없었다. 핵과학기술자들이 연봉을 많이 주는 외국으로 갈 수도 있고, 핵물질을 외국으로 밀매할 수도 있는 상황이었다. 또한 구소련에서는 민간 핵시설에 대한 국제원자력기구와의 안전조치 협정체결이나 핵물질 계량체계 등이 없었으므로 이러한 국제적 절차와 제도를 수립하는 것이 급선무였다.

벨라루스 정부는 미국정부에게 구소련이 남긴 미사일을 해체하고 핵탄두를 러시아로 운송하는 문제, 핵연구용 원자로의 핵물질과 핵인력을 관리하는 문제, 국경의 핵밀수 감시와 인력 통제, 방사능 오염 환경개선을 처리하기 위해서 2억 1천만 달러를 지원해 줄 것을 요구했다. 1993년 4월에 미국의 제임스 굿비(James Goodby) 대사가 민스크를 비롯한 구소련의 여러 지역을 방문하면서 벨라루스의 핵군축에 소요되는 금융지원을 약속했다. 1994년 1월 15일 클린턴 미국 대통령이 벨라루스를 방문하여 5천만 달러의 추가지원을 약속했다. 그리고 미국은 민스크에 비확산수출통제센터의 건설을 지원했고, 협력적 위협감소프로그램의 일환으로 민스크 근처의 소스니에 있는 구소련의 IRT핵연구용원자로에서 고농축우라늄을 저농축우라늄으로 변환시키는 작업을 주도하였다. 벨라루스는 230kg의 고농축우라늄을 보유하고 있었는데, 2010년까지 러시아로 반환하기로 합의했다. 미국은 벨라루스가 러시아로 고농축우라늄을 반환하는 조건으로 금융적 기술적 지원을 제공하기로 약속했고 벨라루스 영토 내에 있는 구소련의 핵무기 통제 인력인 러시아 군대에 대해 임금 및 주택을 지원했다. 또한 구소련의 미사일 이동 발사대용 대형 트럭 제조공장을 민수용으로 전환하는 것을 포함하여 군수용 공장을 민수용 공장으로 전환시켜 벨라루스의 경제발전을 지원하였다.

벨라루스는 2009년에 러시아와 원자력에너지의 평화적 이용에 대한 협정에 서명했다. 원래 벨라루스는 원자력발전소 건설을 국제입찰에 부칠 예정이었으나, 러시아가 발전소 건설에 필요한 재원패키지를 제공하는 조건으로 러시아의 Atomstoyeksport 회사에게 2012년에 건설을 맡겼다. 첫 원자력발전소는 2018년에 건설되었고, 제2기 발전소는 2020년에 건설되었다. 이로써 벨라루스는 완전한 비핵국가가 되었고, 평화적 원자력 발전을 하고 있다.

B. 카자흐스탄

1991년 12월 소련이 해체됐을 때 카자흐스탄은 러시아, 미국, 우크라이나에 이어 세계에서 네 번째로 큰 핵무기고를 물려받았다. 카자흐스탄에는 각각 10개의 핵탄두를 장착한 108기의 핵무장 SS−18 ICBM을 포함해서 모두 1,410개의 전략핵탄두가 존재했다. 1994년 초 핵순항미사일을 탑재할 수 있는 미사일 12기와 TU−95(NATO코드명: Bear) 폭격기 40여 대를 러시아로 돌려보냈으나, 나머지 핵탄두가 카자흐스탄에 남아 있었다. 게다가 카자흐스탄은 구소련에서 가장 큰 세미팔라틴스크(Sempalatinsk) 핵 실험장을 소유하고 있었는데, 1991년 말에 공식 폐쇄되었다. 이 핵실험장에서는 1950년대와 60년대에 100여 회의 대기권 핵실험과 수백여 회의 지하핵실험이 있었다. 1991년 12월 독립을 선언한 카자흐스탄정부는 핵무기를 포기했고, 1995년 4월까지 핵탄두를 모두 러시아에 이양했다. 카자흐스탄은 2000년 7월까지 핵실험 인프라 해체를 완료했다.

카자흐스탄 정부는 벨라루스의 예를 따라 1993년 앨 고어(Al Gore) 미국 부통령이 카자흐스탄을 방문했을 때 NPT 비준서를 의회에 제출하고 1993년 12월 13일 거의 만장일치로 NPT를 비준하고 가입했다. 카자흐스탄은 벨라루스보다 약 1년 늦게 NPT에 가입했는데 그 이유는 간단하지 않다. 카자흐스탄에는 구소련의 핵무기가 많았고, 가장 큰 핵실험장이 있었기 때문에 구소련에 대한 불만이 많았다. 따라서 카자흐스탄은 러시아에 핵무기와 핵물질을 순순히 반환하기보다 소련으로부터 당했던 역사적·인종적·경제적·방사능 피해 문제에 있어서 당한 차별에 대한 물질적 보상을 원했다. 이에 대해 미국은 대규모 원조를 했으며, 1994년 2월 나자르바예프 카자흐스탄 대통령이 미국 워싱턴을 방문했을 때 클린턴 미국 대통령이 핵무기 해체와 핵물질

보안 및 밀수 방지를 위해 3억 1,100만 달러를 지원한다고 발표했다. 그 외에도 고농축우라늄의 저농축우라늄으로의 전환을 위해 미국은 넌-루가 자금을 지원했다.

카자흐스탄은 2016년 세계 천연 우라늄 공급량의 39%를 차지하는 세계 최대 우라늄 생산국이 되었다. 카자흐스탄은 자국의 영토에 원자력 발전소를 건설하는 것에 대한 관심을 표명해 왔으나, 정부는 이 계획을 보류했다. IAEA 보고서에 따르면 카자흐스탄은 민간 원자력 프로그램을 계속 개발할 준비가 되어 있다고 보고 있다.

C. 우크라이나

우크라이나는 프랑스와 비슷한 규모와 인구를 가진 유럽의 비교적 큰 나라다. 소련 해체 당시 영토 안에는 46기의 SS-24 ICBM(각각 10개, 사일로에 10개), 구형 SS-19 130기(탄두 6개, 사일로 기반), 공중발사 핵 순항미사일을 탑재한 TU-95와 TU-160(NATO코드명: Blackjack) 폭격기 30여 대를 보유하고 있었다. 이 1,700~1,800개의 탄두가 우크라이나의 지배하에 들어간다면 우크라이나는 세계 3위의 핵 강국이 될 것이었다. 또 민간 부문에서는 우크라이나에 14기의 활성 원전(체르노빌 단지에 남아 있는 3기를 포함)이 있었고, 플루토늄을 함유한 다량의 사용후핵연료 재고가 있었다.

우크라이나는 러시아와 국경을 맞대고 있었으므로 구소련 해체 이후 러시아로부터 주권과 영토의 완전성, 그리고 안보를 어떻게 보장받을 것인가가 가장 큰 문제로 다가왔다. 그리고 러시아로부터 독립하여 어떻게 경제를 재건할 것인가도 큰 문제였다. 1992년 5월 우크라이나는 구소련의 다른 핵 계승국들과 함께 START-I을 비준하고 NPT에 비핵보유국으로 가입할 것을 약속하면서 START-I에 대한 리스본 의정서에 서명했다. 실제로 1991년 크라브추크 대통령은 우크라이나가 결국 NPT에 가입할 것이라고 말하기도 했다. 그러나 우크라이나 의회(Rada)의 많은 정치가들이 우크라이나의 비핵화를 반대하고 있었다. 그래서 벨라루스나 카자흐스탄보다 늦게 START-I과 NPT를 비준하게 되었고, 핵무기의 러시아로의 반환도 늦어졌다.

우크라이나 의회에서는 1993년 6월에 START-I에 대한 토론을 개시했고, 1993년 11월 18일 수많은 조건을 붙여서 START-I을 비준시킨다고 발표했다. 그 조건 중에는 우크라이나의 주권과 영토의 완전성을 보장하는 국제적 안보확신(security assurances) 요구, 핵무기 폐기비용을 충당하기 위한 최소 28억 달러의 해외 원조, 그리고 SS-19와 SS-24 미사일 중 일부는 파괴하지만 나머지는 보유하게 해 달라는 요구를 했다.[85] 그러면서 의회에서는 비핵무기 국가로서 NPT에 가입하겠다는 약속이 담긴 리스본 의정서의 V조에 대한 비준을 보류했다.

이 문제를 해결하고자, 1994년 1월 14일 미국의 클린턴, 러시아의 옐친, 우크라이나의 크라브추크 대통령이 우크라이나에서 만나 핵무기 관련 3국 선언에 서명했다. 이 선언에는 리스본 의정서에 따라 합의된 대로 2000년까지 우크라이나 영토에 있는 모든 핵무기를 러시아에 이전하기로 합의한 내용이 포함되어 있다. 그 대가로 러시아는 약 10억 달러(무기 해체 대금, 우크라이나 원자로용 핵연료 공급, 러시아가 우크라이나에 공급했던 에너지 비용의 상환금)를 지원하기로 했다. 미국은 핵무기 해체비용 3억 5,000만 달러와 경제개발 지원금 1억 5,500만 달러를 지원하기로 약속했다. 1994년 3월 크라브추크 대통령의 워싱턴 방문 시까지 미국의 대우크라이나 원조 총액은 7억 달러로 늘어났다.

이 합의가 이루어진 후, 우크라이나 의회는 리스본 의정서 제 V조에 관한 유보 조치를 철회하고 1994년 2월 3일 START−I조약을 비준했다. 그럼에도 불구하고 우크라이나 의회는 NPT 비준을 반대했으나, 1994년 12월 우크라이나가 NPT 비준서를 부다페스트에서 개최되고 있던 유럽안보협력기구의 정상회담에서 미국과 영국, 러시아(NPT 수탁국)에게 제공하고, 이 3개국이 우크라이나에게 안보확신을 약속한다는 각서(부다페스트각서)[86]를 교환함으로써 우크라이나의 NPT가입이 이루어졌다.[87] 우크라이나의 비핵화가 완전하게 이루어진 것은 2010년 4월에 야누크비치 대통령이 농축우라늄 전량을 폐기하였다고 선언한 때이다. 이때 우크라이나가 러시아에 대해 가졌던 안보 우려가 2014년 러시아의 크리미아반도 무력 합병, 2022년 2월 우크라이나에 대한

---

85) Robert Einhorn, "Ukraine, Security Assurances, and Nonproliferation," *The Washington Quarterly*, 38:1, Spring 2015, pp. 47−72.

86) Memorandum on Security Assurances in Connection with Ukraine's Accession to the Treaty on the Nonproliferation of Nuclear Weapons(https://www.securitycouncilreport.org/atf/cf/%7B65BFCF9B−6D27−4E9C−8CD3−CF6E4FF96FF9%7D/s_1994_1399.pdf).

87) 부다페스트각서에 의하면, 미국과 러시아 영국은 우크라이나의 현존 국경과 독립, 주권을 존중하고, 우크라이나에 대해 위협하거나 힘의 사용을 삼간다고 약속했다. Steven Pifer, *Why Care About Ukraine and the Budapest Memorandum*, Brookings, December 5, 2019. 우크라이나는 3가지 보장을 요구했다고 한다. 첫째, 핵무기 해체시 고농축우라늄에 대한 경제적 보상, 둘째, ICBM과 그 기지, 폭격기의 폐기에 따르는 비용 청구, 셋째, 핵무기 제거 시 안보확신(security assurances)이다. 그런데 파이프는 안보확신이 정치적인 것이며, 물리적 군사력 제공 및 전쟁 참전을 위한 파병 등의 안보보장(security guarantees)과 다르다고 설명하고 있다.

무력침공으로 현실로 나타난 것이다.

벨라루스, 카자흐스탄, 우크라이나가 핵무기 폐기를 결정한 이유는 소련제국의 해체 이후에 핵무기보유국의 숫자가 증가하게 되면 NPT 국제질서가 무너지게 된다는 사상 초유의 국제 위기 속에서 미국과 러시아가 똑같은 위기의식을 느꼈으며, 이를 막아야 한다는 데에 이해관계가 일치하였기 때문이다. 그러나 당시 러시아는 구소련 공화국들을 설득할 정치적 지도력이나 경제적 여력이 없었다. 탈냉전 이후 유일 초강대국으로 등장한 미국이 글로벌 리더십과 경제적 지원책을 가지고, 미국 국내의 초당적인 컨센서스에 입각하여 넌ー루가 협력적 위협감소법을 만들고, 러시아를 비롯한 벨라루스, 카자흐스탄, 우크라이나에 외교적 및 경제적 유인책과 외교적 압박을 병행함으로써 벨라루스, 카자흐스탄, 우크라이나의 핵포기를 유도하고, 이들을 NPT에 가입시켰으며 러시아의 핵무기 감축과 주요 핵시설과 전문가들의 안전한 관리 및 민수전환을 가능하게 만들었다.

위에서 본 바와 같이 핵보유국을 핵비보유국으로 만드는 데에는 엄청난 어려움이 수반되었으나, 기본적으로 벨라루스, 카자흐스탄, 우크라이나에 배치되어 있는 핵무기는 구소련의 중앙통제시스템에 의해 독점적으로 운영되고 있었기 때문에, 시간이 걸리기는 했지만 모두 성공적으로 러시아로 이관되거나 폐기되었다.

그러나 탈냉전 후에 벨라루스, 카자흐스탄, 우크라이나의 안보확신 문제는 그대로 남게 되었다. 러시아가 미국의 원조에 의존하여 국가와 경제를 재건하는 데에 신경을 쓰는 동안에는 벨라루스, 카자흐스탄, 우크라이나와 러시아 간의 군사안보문제는 전무했다. 그 후 벨라루스와 카자흐스탄은 친러시아 정책을 견지하였고, 러시아와의 국력 격차가 너무나 커서 안보상의 문제가 일어나지 않았다. 다만 두 나라가 국내 사정상 외부(특히 미국)로부터의 경제원조를 얻어 내기 위해서 비핵화 이행 시기를 협상카드로 사용했기 때문에 비핵화에 이르는 시간 차이가 발생하였다.

하지만 우크라이나의 경우는 벨라루스나 카자흐스탄과 많은 차이가 났다. 앞에서 설명한 바와 같이 우크라이나는 러시아와 경쟁적 관계에 있었기 때문에 우크라이나 정부는 러시아와 일정한 거리를 두고 서방세계에 조기에 편입함으로써 러시아로부터 정치외교적 자율성을 확보하고, 해체된 소련의 피폐한 경제체제의 영향에서 벗어나 빨리 경제발전을 이룩하기 위해서 미국 등 서방세계와 협상을 필요로 했다. 우크라이나 국내에서는 미국의 경제원조가 절실하기 때문에 미국이 원하는 비핵화조치

와 NPT 가입을 빨리 하자고 하는 행정부와 시간이 좀 걸리더라도 우크라이나의 자주
독립을 유지하고 미래 러시아의 군사적 위협으로부터 국가안보를 확실하게 보장하기
위해서 억제력을 확실히 확보할 수 있는 방안 즉, 핵무기와 미사일 능력을 러시아에
게 이관하지 말고 우크라이나가 보유하고 있어야 하며, 만약 비핵화를 한다고 하더라
도 안보확신 장치를 확고히 한 다음에 해야 한다고 주장하는 의회(라다)중심의 입장
이 서로 대립하고 갈등하고 있었다.[88] 이토록 비핵화 결정에 이르기까지 논란이 많았
기 때문에, 우크라이나는 벨라루스나 카자흐스탄보다 늦게 비핵화정책을 선택했고
핵무기를 늦게 포기했으며, NPT에 가장 늦게 가입하게 되었다.

　　그러나 러시아가 정치경제적으로 재건을 하고 국력이 회복되어 감에 따라 푸틴
이 권위주의 정권을 강화할 뿐만 아니라 과거 소련제국에 속했던 연방국가들에 대한
영향력을 복원시키려고 시도함에 따라, 우크라이나가 우려했던 대러시아 안보문제가
심각한 현실로 나타나게 되었다. 러시아는 친서방으로 기우는듯한 우크라이나에 대
해 무력공격을 감행하여 2014년에는 크리미아반도를 침략하고 점령하였다. 이때 미
국을 비롯한 서방국가들이 러시아에 대해 경제제재 조치를 취하기는 하였으나, 러시
아에 대해 서방세계의 단합된 모습을 보이지 못하였다. 그후 2022년 2월에 러시아가
우크라이나에 대해 전면 무력 침략을 감행했다. 따라서 우크라이나가 만약에 핵무기
를 러시아에게 양도하지 않고, 핵무기를 계속 보유하고 있었더라면 러시아가 무력침
공을 할 수 있었을까 하는 비핵화에 대한 회의론이 세계 도처에서 생겨났다. NPT체
제 밖에서 핵무장을 한 국가들이나 향후 핵무장을 하려고 하는 국가들은 이웃 강대국
의 침략위협으로부터 자국의 안보를 확보하기 위해서 핵무기를 절대 포기해서는 안
되겠다고 하는 생각을 하고 있을지도 모른다고 지적되고 있다.

　　그러나 이것은 비현실적인 생각이다. 소련 해체 직후 1991년부터 1995년까지 우
크라이나가 핵무기 포기 및 NPT 가입을 하지 않을 수 없었던 국제정치적 현실이 있
었다. 그때 러시아는 소련 해체 후유증 속에서 자체 안보와 경제에만 신경을 쓰고 있
었기 때문에, 러시아가 우크라이나나 다른 구소련 연방국들에게 전혀 위협이 되지 않
았다. 미국이 유일 초강대국 겸 비확산체제의 수호자로서 당근과 채찍을 무소불위로
행사하던 탈냉전 직후의 시대에 아무도 핵무기를 보유하겠다고 저항을 할 수도 없는

---

88) 전봉근, 앞의 책, pp. 202－219.

시대였고, 또한 비핵화를 선택하는 국가들에게 미국이 안전보장 약속과 경제적 혜택을 제공했기 때문에 그 지원을 시급하게 확보하는 게 제일이던 시대였다.

그리고 소련 해체 후 동구의 구공산권 국가들과 발틱 3국은 신속하게 NATO에 가입하여 미국을 비롯한 NATO 국가들의 공동방위시스템에 속함으로써 러시아의 미래 위협에 충분히 대비하고 평화를 향유할 수 있었다. 벨라루스와 카자흐스탄은 친러시아 정권이 수립되어 러시아에 편승함으로써 안보를 확보하는 정책을 택했다. 하지만 우크라이나는 정권에 따라 친러시아, 친서방을 오고가는 변덕스런 입장을 보이기도 했으며, 우크라이나는 러시아의 침략에 대비하여 확실한 자주국방력을 양성하지도 못했다. 그래서 옛날 소련제국의 부활을 꿈꾸는 푸틴에게 침략의 제물이 되고 말았다. 이와 같은 러시아의 무자비한 힘의 사용은 NPT체제 밖에서 핵무기를 보유한 국가들에게 반면교사인 교훈을 주고 있으며, 아무런 자주국방의 의지와 힘도 가지지 못한 약소국들에게도 자위적 국방력을 확실하게 육성하고, 신뢰할 수 있는 동맹을 신속하게 결성해야 한다는 또 다른 교훈을 주고 있는 것이다. 또한 러시아가 NPT를 택한 국가에 대해서 무력으로 침공하지 않겠다고 약속을 하고도 그 약속을 위반함으로써 NPT체제를 유지해 온 P-5 핵국들의 의무와 책임에 대해 국제적인 회의를 받게 되는 NPT체제의 위기에 이르게 되었다.

3. 미국의 압력으로 핵무기를 포기한 사례(대만)

대만이 핵무기 개발에 착수하고 미국의 엄격한 간섭으로 인해 포기하게 된 사례는 한국의 경우와 너무나 유사하기 때문에 심층적인 연구를 필요로 한다. 미국이 한국, 일본, 대만의 핵무기 개발을 막기 위해 벌인 외교, 경제, 군사적 활동은 같은 동맹국이기 때문에 공통점이 있으면서도 차이점이 많다.[89] 즉, 미국이 엄격하게 통제하지 않았으면 대만은 한국보다 먼저 핵무기 개발 능력을 보유할 수 있었다. 여기서는 대만의 핵개발 착수와 포기과정을 살펴보기로 한다.

1949년 10월 중국 공산당이 대륙을 석권하자, 장개석 정권은 대만으로 피난했

---

89) Mark Fitzpatrik, *Asia's Latent Nuclear Powers: Japan, South Korea, and Taiwan*(London, UK: IISS, 2016), pp. 127-153.

다. 이때부터 대만은 중국의 군사위협 속에 살아왔기 때문에 자구책으로서 특별한 안보대책을 강구해야 할 필요성을 느꼈다. 미국과의 동맹관계는 계속되고 있었고, 1957년에 미국이 대만에 전술핵무기를 배치함으로써 대만의 안보를 보장하고자 했다. 하지만 1964년에 중국이 핵실험에 성공하자, 장개석 정권은 국가안보차원에서 핵무기 개발 필요성을 강렬하게 느꼈다.

대만은 1958년부터 미국의 평화적 원자력 기술 제공 덕분에 원자력 연구를 시작했다. 그러나 1964년 중국의 핵실험 이후 바로 비밀 핵개발 프로그램을 시작했다고 전해진다.[90] 인도가 핵개발에 사용한 캐나다의 중수용 원자로를 수입했고, 재처리 시설을 짓기 시작했다. 그러던 중 1969년 닉슨의 핑퐁외교로 중국과 국교 정상화를 시작하자, 대만은 더욱 더 핵개발 속도를 가속화시켰다. 하지만 미·중 간 국교 정상화 회담이 시작되자, 중국은 미국에게 대만의 핵개발을 중단시켜 달라고 요구했으며, 미국은 대만을 압박하였다. 1977년 4월에 미국은 대만으로부터 비밀리에 핵재처리, 농축, 중수로, 핵무기 개발프로그램을 갖지 않겠다고 하는 비확산규범 준수 약속을 받아 내었다. 이때 대만정부는 미국이 대만에 대한 안보공약을 확실하게 하지 않은 가운데 중국이 요구해 온 "하나의 중국"을 인정하려고 하려는 것에 대해 반감을 가지고 이전보다 더 극비리에 핵개발을 시도하였다.

1978년 3월에 미국은 대만이 핵폭탄 개발과 관련된 비밀 활동 즉, 고폭실험, 레이저농축(동위원소분리 실험), 중수 생산, 혹은 핵무기 제조활동을 하고 있다고 의심을 하였다. 그래서 1978년 7월에 핵전문가 팀을 대만에 파견하여, 의심 지역에 대한 현장방문을 통해 감시사찰을 하였다. 특히 마잉춘 박사가 담당하고 있다고 생각되었던 우라늄 농축 연구개발 활동을 감시사찰했다. 당시 대만의 CSIST(중산과학기술연구소, Chungshan Institute of Science and Technology) 소장은 새로 취임한 장경국 총통의 "핵무기를 개발하지 않는다"는 약속을 재확인하면서, "그의 연구소는 장총통의 비핵정책을 정직하고도 주의깊게 준수하고 있다"고 강조했다. 미국의 핵전문가팀은 대만의 모든 핵시설을 방문했고, 마 박사가 사용했던 레이저 농축시설을 방문했다. 1978년 7월 30일, 미국전문가팀이 떠나기 전에 미국 에너지부의 Helfrich가 빅터 청과 만났다. 그는 CSIST와 INER (the Institute of Nuclear Energy Research)의 긴밀한 관계와 마

---

90) Mark Fitzpatrik, *Ibid.*, pp. 127-160.

박사의 레이저 농축에 대해 질문했다. 청 박사는 헬프리치에게 마 박사의 작업은 중단되었고, 그는 대만을 떠났다고 대답했다. 헬프리치는 "미국팀이 대만이 어떤 비밀작업을 하고 있는지 다 알 수는 없고, 만약 그런 작업이 진행되고 있다면 당장에 중단되어야 한다"고 재강조했다. 그해 8월에 미국정부는 대만에 대해 의심을 품고 있었고, 대만이 레이저 농축 혹은 중수생산을 비밀리에 하고 있다고 하는 첩보를 가지고 있었다.

이런 의심을 해소하기 위해, 1978년 9월에 미국은 웅어(Leonard S. Unger) 대사를 장경국 총통에게 보내어 새로운 메시지를 전달했는데, 그 메시지는 대만이 미국과 1977년에 체결한 새로운 원자력협력협정대로 모든 원자력 연구와 발전을 평화적으로 해야 하며, 재처리, 농축, 중수생산 등 민감한 분야의 연구개발을 해서는 안 된다는 것이었다. 장경국 총통은 화를 내며 말했다. "나는 수차례에 걸쳐 공식적으로 대만이 핵무기를 생산할 의도를 갖고있지 않다고 표명했으며, 지금도 그 정책이 변함없다. 미국 핵전문가팀이 너무 많은 의문을 표시했기 때문에 그 의문들을 해소시켜 주기 위해서 모든 곳을 공개하고 감시사찰을 받게 했다. 미국 대사를 보내어 또 나에게 다시 이런 질문을 하다니, 미국이 해도 너무한다. 이것은 대만의 과학기술자들에게 매우 중대한 심리적 타격을 주고 있다."

장총통은 "대만의 국민들이 이러한 미국의 태도와 행동에 대해 분노할까봐 공개적으로 알리지 못하고 있다"라고 하면서 서운함을 표출했다. 장총통은 "그의 아버지 장개석 총통이 미국의 과학자들로 하여금 대만의 원자력 프로그램을 매일 감시할 수 있도록 상주를 허용하는 제안을 했음을 재강조했다. 웅어 대사는 지미 카터 미국 대통령의 새로운 핵정책인 "어떤 국가가 재처리와 농축에 관여하게 되면, 그 국가에 대해서 핵기술의 수출, 경제 및 군사 제재를 강화시킨 미국의 법률을 적용할 것임"을 장총통에게 재강조했다. 장총통은 "미국은 대통령의 지시를 따라야 하겠죠"라고 응수했다. 이후에 웅어 대사는 워싱턴의 상부에 "당시 장총통이 매우 불쾌하게 생각했다"고 말하기도 했다.

한편 대만은 미·중관계의 개선과 미국의 대 대만 단교로 인해 절체절명의 안보 위기를 겪는 중에, 예전보다 더 극비리에 핵무기 옵션을 추진하였다.[91] 미국은 대만

---

91) David Albright and Andrea Stricker, *Taiwan's Former Nuclear Weapons Program: Nuclear Weapons On-Demand*(Washington D.C.: Institute for Science and International Security,

의 비밀 핵개발 의혹을 추적하기 위해 핵 및 재래식 무기와 관련된 대외무역을 감시하는 한편 스파이 위성을 띄워서 대만의 의혹시설을 실시간 감시하였다. 대만의 원자력 정책 관련 인사들과 긴밀한 협의채널을 유지하였다. 그 중에서 대만원자력연구소의 부소장이었던 창셴이(Chang Hsien-yi: 張憲義) 대령(박사)은 미국의 CIA에 의해 대만 핵프로그램에 관한 첩자로 포섭되었다. IAEA도 대만의 의심스런 핵활동을 안전조치를 위한 사찰을 하면서 경보를 울리기도 했다.

미국의 지속적인 대만 감시와 대만 핵종사 인력의 포섭으로 드디어 장경국 총통이 서거하고 이등휘 총통이 취임하자마자, 레이건 대통령이 이등휘 총통에게 "대만의 원자력 프로그램이 진실로 평화적이라는 것을 확인하는데 협조를 요청한다"는 서한을 보내고, 미국 CIA팀을 타이페이에 보내어 대만의 핵무기 개발관련 의심 장소를 방문, 실질적인 폐쇄조치를 강요하여 관철시켰다. 1988년 1월에 대만은 연구로를 가동중단하고, 1988년 3월부터 중수를 인출하기 시작했다. 그동안 축적된 20톤의 중수를 드럼통 100개에 담아서 미국의 핵시설로 운반하였고, 조사후핵연료의 제거노력을 가속화했다. 1988년 초기에 80kg의 플루토늄과 중수를 미국으로 이송완료하였다.[92]

그리고 핵연구소(INER)산하에서 핵무기를 개발하던 비밀 군사조직인 CSIST를 분리시켜 해체시켰다. CSIST가 가지고 있던 예산은 국방부의 것이었으나, 이것을 민간인인 교육부로 주었고, CSIST에서 근무하던 군 인력은 모두 이직시켰다. 간부 및 핵연구 종사원은 모두 해고시켰고 순수 재래식 연구소로 전환했다. 이후 대만은 미국의 핵개발 의혹으로부터 완전히 벗어나게 되었다.

4. 이웃 국가들 간의 협상으로 핵을 포기한 사례(아르헨티나와 브라질)

아르헨티나와 브라질은 국경을 맞대고 서로 위협을 느끼는 국가들이다. 두 국가

2018).

92) Rebecca K. C. Hersman and Robert Peters, "Nuclear U-Turns: Learning from South Korean and Taiwanese Rollback," *Nonproliferation Review*, Vol. 13, No 3, November 2006 ISSN 1073-6700 print/ISSN 1746-1766 online/06/030539-15, pp. 539-553.

모두 핵무기 개발을 꿈꾸었다. 그러나 미국이 중남미 비핵지대화 조약을 발의하여, 아르헨티나와 브라질이 핵무기 개발 계획을 포기하고 이 조약에 가입하고, NPT에 비핵국가로 가입하기를 원했다.

실제로 아르헨티나와 브라질의 핵기술능력은 무기급 우라늄과 플루토늄을 생산할 수 있는데 이르지 못했고, 국내 경제의 불황으로 인한 투자의 부족과 국제핵기술수출통제체제가 작동하여 이 두 국가에게 핵기술의 공급이 제한되었다는 점도 핵을 포기한 요인으로 지적될 수 있다. 그러나 아르헨티나와 브라질의 양자관계와 국내 요인을 더 자세히 들여다보면 왜 이 두 국가가 비핵화에 용이하게 합의했는가를 알 수 있다.

1980년대 초반에는 이 두 국가가 NPT의 불평등성을 문제 삼으면서 NPT에 반대하기로 공동전선을 폈다. 그러나 1980년대 후반부에 두 국가가 군사정권에서 민간 정권으로 정권이 교체되면서 군사정권이 통제하여 왔던 핵 프로그램에 대해 문민통제가 가능해짐으로써 민간 정권이 무기용 핵 프로그램을 외교안보용 핵 프로그램으로 시각을 넓혀 보기 시작했고, 양국 간의 관계 개선과 경제협력이 가능해져서 상호 정치적·경제적 신뢰구축이 가능해졌으며, 그리고 세계안보환경이 탈냉전이라는 코페르니쿠스적 전환을 겪은 결과 거의 모든 세계가 핵비확산이 대세라고 간주하였기 때문에 이들 국가가 핵비확산을 선호하게 된 덕분이라고 보는 해석이 있다.[93]

이 두 국가는 아-브 원자력협력위원회(ABACC)를 만들고 상호 협력 속에서 비핵정책을 채택하기로 합의하였다. 그리고 1967년에 발효된 틀라텔로코조약에 가입했으나 비준을 보류하고 있다가 1994년에 비준하였다. 그리고 1995년 NPT에 가입함으로써 양국은 비핵국가가 되었다.

5. 미국의 중재에 의한 핵개발 포기 사례(이집트)

이집트는 소련의 원자력 기술 지원을 받아 1967년 나세르 민족주의 정권이 핵무기 개발을 원했다. 하지만 사다트 대통령은 1973년 중동전쟁 결과 이스라엘에게서 시나이 반도를 찾았고, 카터 미국 대통령의 중재에 의해 이스라엘과 중동평화협정을 체

---

93) Mitchell Reiss, *op. cit.*

결했다. 미국은 이집트가 NPT에 가입하고 비핵국가가 되기를 희망했다. 중동평화협정의 결과 미국이 이집트에 군사원조까지 제공하게 되자, 사다트 대통령은 이집트의 비핵정책을 분명하게 밝힘으로써 핵능력을 포기하였다.

제 5 절 '자주-핵확산' 대 '동맹-핵비확산'의 국제정치학적 분석

국제정치학에서 강대국과 약소국간의 비대칭동맹관계를 설명하는 이론 중에 <자율성(autonomy) 대 안보(security)의 교환효과(tradeoff)>가 있다. 즉, 강대국은 약소국에게 안보를 제공하고, 약소국은 강대국으로부터 안보를 제공받는 것을 조건부로 자율성을 양보한다는 것이다.[94] 그래서 자율성과 안보는 교환효과가 있으며 반비례 관계에 있다고 하는 이론이다. 그런데 이 이론은 강대국과 약소국 간의 비대칭동맹관계에서 재래식 군사문제의 자율성과 안보의 상호관계를 설명하는 데에는 적실성 있는 이론이라고 볼 수 있다.

하지만 한 약소국이 핵확산이냐 핵비확산이냐를 결정할 때에, 그 약소국의 동맹국인 핵국 겸 강대국은 약소 동맹국에게 핵무기로 핵억제력을 제공해 줄 테니 핵무기를 만들지 말고 핵비확산조약을 준수하라고 요구하게 된다. 그러므로 약소국은 핵강대국과 동맹을 유지함으로써 확장억제력을 제공받고 안보를 보장받게 된다. 따라서 핵비확산이 바로 동맹과 연결되는 것이다.

그런데 핵강대국이 제공해주겠다는 안보로는 안 되겠다고 생각하고, 스스로 핵무기 개발로 얻을 수 있는 자위적 능력 구축을 위해 즉, 자주성(자율성)을 위해 동맹관계를 파기함을 무릅쓰고 핵무기 개발을 시도하는 국가들이 있을 수 있다. 이 경우에는 핵확산 결정 자체가 자주를 선택하는 것을 의미한다.

---

94) James D. Morrow, *op. cit.*, pp. 904-933.

〈그림 1-1〉 〈자주-핵확산〉 대 〈동맹-핵비확산〉의 선택 모델

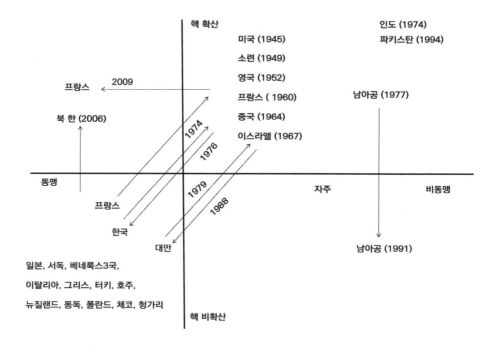

　　〈그림 1-1〉에서 보는 바와 같이 프랑스는 1959년에 핵무기 개발을 시도하여 1960년에 핵보유국가가 되었다. 1966년에 프랑스는 미국과 영국, 서유럽 국가들과 체결하였던 나토라는 집단방위기구를 탈퇴하고 자주성을 추구한 핵보유국가가 되었다. 프랑스는 미국과 영국의 영향력을 벗어나 독자적인 안보정책과 프랑스의 국제적 영향력과 위신을 추구하면서 핵보유국가가 된 것이다. 따라서 1952년부터 1966년까지 나토의 본부가 파리에 있었으나, 프랑스의 나토 탈퇴 이후 1967년에 벨기에의 브뤼셀로 나토의 본부가 이전하게 되었다. 〈그림 1-1〉에서 프랑스가 나토의 회원국으로 있을 때는 핵비확산과 동맹이라는 제3사분면에 위치하였으나, 1960년 핵무기 개발에 성공하면서 자주와 핵확산이라는 제1사분면으로 이동하고 있음을 보여준다. 그러나 탈냉전 후 소련의 위협의 소멸로 프랑스가 독자적인 핵능력 보유에 대한 이유가 약화되고, 세계의 안보문제에 대해서 나토뿐만 아니라 우방국들과 글로벌 협력을 추구할 필요성이 증대됨에 따라 미국 및 나토국가들과 협력 필요성을 깊이 인식하고, 2009년에 나토회원국으로 다시 들어가면서 핵국의 지위와 동맹을 동시에 추구하는 위 그래

프의 제2사분면으로 위치 이동을 하게 되었다. 따라서 프랑스의 위치는 첫째 나토동
맹국이면서 핵비확산 입장을 취하고 있다가, 1960년에 핵무기를 완성하고 1966년 나
토를 탈퇴하였고, 2009년에는 나토동맹의 회원국으로 복귀하였다. 결국 프랑스는
<그림 1-1>의 제2사분면에 위치하게 된 것을 보여준다.

　한국의 경우는 1974년도에 미국의 안보제공에 의존하지 않는 자주국방을 목적
으로 <그림 1-1>의 핵비확산-동맹의 제3사분면에서 핵개발에 따른 핵확산-자
주라는 제1사분면으로의 이동을 시도했으나, 1975년에 미국이 한국의 핵개발 의도를
탐지하고 외교, 경제, 안보에 걸친 전방위적 압박을 가함에 따라 1976년에 공식적으
로 핵개발을 중지하고 핵확산-자주라는 제1사분면에서 다시 핵비확산-동맹이라는
제3사분면으로 돌아오게 되었다. 그런데 이번에는 미국의 압력 하에 핵개발을 포기했
기 때문에 한국의 핵비확산에 대한 미국의 감시의 정도가 더 심해져 핵비확산의 정도
가 더 강력하게 되어서 1974년 출발점보다 더 낮은 지점으로 돌아오게 되는 것을 나
타내고 있다.

　북한의 경우는 냉전기에 구소련 및 중국과 동맹을 맺고 동맹-핵비확산을 나타
내는 제3사분면에 위치하고 있었으나, 탈냉전 후 러시아와의 동맹관계가 파기되고 북
중관계가 변화의 조짐을 보임에 따라 북한은 자주를 추구하기 위해 핵확산을 선택하
고 움직이게 된다. 그러나 북한이 핵개발을 하는 것과 무관하게 북중 동맹은 그대로
유지되고 있기 때문에, 북한은 핵확산-동맹을 나타내는 제2사분면으로 이동하는 것
을 보여주고 있다. 북한의 핵개발 이후에도 북-중 동맹은 그대로 유지되고 있다.

　남아공은 인종차별정책으로 인해 세계로부터 고립되어 있었고, 소련의 공산주의
혁명의 전위대 역할을 한 쿠바 군대가 나미비아를 부추겨서 남아공의 안보를 위협하
고 있었기 때문에 자위 목적으로 핵무기를 개발하여 1977년에는 핵확산-자주를 나
타내는 제1사분면에 있었으나 1991년에 탈냉전과 더불어 주변의 안보위협이 사라지
고, 조만간에 흑인정권이 들어서서 핵무기를 소유하게 되면 남아공의 장래의 불확실
성이 증대될 것을 우려하여 모든 핵무기와 핵 프로그램을 폐기하기로 결정하고 행동
에 옮기게 되는데 <그림 1-1>에서 자주-핵비확산을 나타내는 제4사분면으로 이
동을 결행하게 되었다.

　인도와 파키스탄은 미국과 소련 어느 편에도 가담하지 않은 비동맹 국가로서 핵
확산을 시도하였기 때문에 비동맹-핵확산을 나타내는 <그림 1-1>의 제1사분면

에 위치하고 있다. 이스라엘의 경우 미국과 특수한 관계에 있지만 동맹은 아니기 때문에 핵을 보유함으로써 자주-핵확산을 나타내는 <그림 1-1>의 제1사분면에 위치하고 있다.

대만의 경우는 1979년 미국과 대만간의 국교 단절과 미국의 대만 동맹국 포기에 안보우려를 해소하기 위해 비밀리에 핵무기 개발 프로그램을 가동하였기 때문에 동맹-핵비확산을 나타내는 제3사분면에서 자주-핵확산을 나타내는 제1사분면으로 이동을 결행하였다. 하지만 미국이 감시와 통제를 철저히 하여 장경국 총통 때에 거의 핵개발 직전까지 이르렀지만, 1988년 미국의 레이건 행정부가 대만에 대한 철저한 감시와 핵물질 압수 등을 통해 결국 핵개발을 포기하고 핵비확산-사실상의 동맹관계로 돌아가는 것을 볼 수 있다. 이번에는 1979년 이전보다 미국의 통제와 감시가 더 강해졌기 때문에 핵비확산의 정도는 더 강화되었다.

두말할 필요도 없이 미국과 소련은 독자적으로 결정한 핵개발 정책에 따라 핵을 보유하였기 때문에 자주-핵확산을 나타내는 <그림 1-1>의 제1사분면에 위치하고 있다. 영국은 엄격하게 말하자면 동맹-핵비확산을 나타내는 제3사분면에 위치하고 있었으나, 미국이 핵을 독점하면 국제무대에서 영국을 경시할 뿐만 아니라 영국의 영향력과 위신이 감소될 것을 우려하여 1952년 핵실험에 성공하였다. 영국의 핵개발을 본 미국은 1958년부터 핵에 대한 정보공유, 전문성 공유, 공동 핵실험과 공동 핵기획 등을 하게 되었으므로 사실상 핵확산-동맹의 영역으로 옮겨가게 되었다.

중국은 소련과 동맹조약을 맺고 핵비확산-동맹을 나타내는 <그림 1-1>의 제3사분면에 있었으나, 1958년에 중소 동맹조약을 파기하고 자위적 목적으로 1959년부터 핵개발을 시작, 1964년에 핵실험에 성공함으로써 자주-핵확산을 나타내는 본 그림의 제1사분면으로 이동했다.

서독, 베네룩스 3국, 이탈리아, 그리스, 터키 등 나토 국가들과 호주, 뉴질랜드, 일본 등은 미국과 동맹관계를 맺고 핵비확산의 영역에 머물렀기 때문에 동맹-핵비확산을 나타내는 <그림 1-1>의 제3사분면에 위치하고 있다. 동독, 폴란드, 체코, 헝가리 등은 소련과 동맹관계를 맺고 핵비확산의 영역에 머물렀으므로 동맹-핵비확산을 나타내는 <그림 1-1>의 제3사분면에 위치하고 있다.

제 6 절 **핵비확산과 핵군축을 위한 미국과 소련 (러시아)을 비롯한 5대 핵국의 역할**[95]

1. 미국과 소련(러시아) 간의 핵군축

미국과 소련은 1949년부터 1987년까지 40여년 동안 핵군비경쟁을 해왔다. 미·소 간의 핵군비경쟁은 1970년 핵비확산조약의 발효에도 불구하고 치열하게 전개되었다. 양적 경쟁에 이어 질적 경쟁도 심화하였다.

미·소 간의 핵군축을 촉진한 가장 큰 요인 중의 하나는 핵비확산조약의 6조에서 "조약당사국은 조속한 시일 내에 핵무기 경쟁중지 및 핵군비축소를 위한 효과적 조치에 관한 교섭과 엄격하고 효과적인 국제적 통제하의 일반적이고 완전한 군축에 관한 조약 체결을 위한 교섭을 성실히 추구하기로 약속한다"는 군축 의무조항을 미국과 소련이 이행하고자 했기 때문이다. 특히 미국과 소련이 전 세계 핵보유고의 97%를 보유하고 있었기 때문에, 핵군축을 이행한다는 성의를 보여줄 필요가 있었다. 비동맹 국가들이 중심이 되어, 모든 핵비확산 관련 국제회의에서 미·소 간의 핵군축을 집요하게 요구하였다. 이런 요구가 누적되어 미국과 소련에 대한 압박요인이 되었음은 부인할 수가 없다.

1995년 핵비확산조약의 무기한 연장 여부 결정을 앞두고, 기존의 핵국들이 핵실험을 완전히 중단해야 한다는 요구가 압도적으로 많이 제출되었다. 그래서 미국과 러시아를 비롯한 기존의 5대 핵국들이 현존하는 핵비확산조약을 무기한 연기시키고, 비확산질서를 그대로 유지하려고 하면 인도를 비롯한 비동맹국들이 제안하고 요구했던 CTBT에 대한 지지를 표명해야 했다. 그래서 1995년에 UN에서 핵비확산조약이 투표 없이 만장일치로 무기한 연장되게 되었던 것이다.

---

95) 박일, 『핵군축과 비확산: 핵보유국과 핵비보유국간 차별적 의무 이행』(대전: 한국원자력통제기술원, 2020), pp. 90-99.

〈표 1-7〉 미국과 소련(러시아) 간 핵무기 감축의 역사

조약	체결연도	내용
전략무기제한조약 I SALT-I	1972.5 (닉슨-브레즈네프) 1972.10 발효	ICBM과 SLBM 발사대 수 동결 미: ICBM 발사대 1054, SLBM 발사체 656 소련: ICBM 발사대 1608, SLBM 발사체 740
탄도탄요격미사일조약 ABM Treaty	1972.5 (닉슨-브레즈네프) 1972.10 발효	ABM 레이더 기지 수 2곳, 미사일 200으로 제한 (수도방어와 ICBM 기지 방어). 이후 1곳, 100으로 축소 조정 2002.6. 미국은 ABM조약 탈퇴 선언
전략무기제한조약 II SALT-II	1979.6 (카터-브레즈네프) 발효되지 않음	ICBM 발사대, SLBM 발사 잠수함, 전략폭격기 수 제한: 미·소 모두 2250
중거리핵무기폐기조약 (INF)	1987.12 (레이건-고르바초프) 1988.6 발효	중거리핵미사일(사거리 500-5500km) 모두 폐기(미국: 846 ; 소련: 1846)
전략무기감축조약 I START-I	1991.7 (H. 부시-고르바초프) 1994.12 발효	ICBM 발사대, SLBM 발사대, 전략폭격기 수 제 한(미·소 모두 1600); 실전배치 핵탄두 수 제한(미·소 모두 6000)
전략무기감축조약 II START-II	1993.1 (H. 부시-옐친) 발효되지 않음	MIRV 금지(단일탄두미사일만 배치); 2007년까지 핵탄두 수 제한 (3000-3500)
전략공격무기감축조약 SORT (Treaty of Moscow)	2002.5 (W. 부시-푸틴) 2003.6 발효	2012년까지 전략 핵탄두 수 감축 (1700-2200)
신전략무기감축조약 (New START)	2010.4 (오바마-메드베데프) 2011.2 발효-2021년 종료 될 예정이었으나 바이든이 연장 조치	실전배치 전략핵탄두 수 제한(1550). 모든 ICBM 발사대, SLBM 발사대, 전략폭격기 수 제한(800); 실전배치된 ICBM 발사대, SLBM 발사대, 전략폭 격기 수 제한(700)

출처: U.S.-Russian Nuclear Arms Control Agreements at a Glance, *Arms Control Today*, Fact
Sheet & Briefs by Daryl Kimball, August 2019.

그러면 미국과 소련(러시아) 간의 핵무기 감축의 역사를 살펴보기로 하자. <표
1−7>에서 보는 바와 같이 미국과 소련은 1969년 11월부터 1972년 5월까지 진행된

전략무기제한협상(SALT: Strategic Arms Limitation Talks)에서 양측이 배치한 전략탄도미사일 즉 ICBM과 SLBM 발사대의 숫자를 동결하고 제한하기로 합의했다. 또한 1972년 5월 상호확증파괴의 논리에 근거하여 상대방의 1격 미사일의 침투를 탐지할 수 있는 레이더의 수를 2개로 제한함과 동시에 레이더의 배치 장소도 제한하였고, 요격 미사일의 숫자도 200기(이후 100기로 수정)로 제한함으로써 상대방의 공격에 대한 자신의 취약성을 남겨 미사일의 무한 군비경쟁을 막고자 하였다.

그러나 SALT−I에서 규정한 양적 상한선은 질적인 핵군비경쟁을 막지 못하였다. 미·소 양국은 양적 상한선을 하나의 핵탄두 속에 작은 크기의 다탄두를 집어넣을 수 있는 기술적 군비경쟁을 전개하였다. 이에 1979년에 SALT−I의 문제점을 개선하기 위해 SALT−II를 합의하였는데, 이것은 다탄두의 수를 제한하는 협정이었다. 그러나 SALT−II는 소련의 아프가니스탄 침공에 따른 미·소 간의 관계 악화로 카터 미국 대통령이 미국 상원에서 이것을 비준하지 말도록 조언해 비준이 되지 못하고 사라져버렸다.

1980년대 초반에 미국과 소련 간에 핵군비경쟁이 첨예하게 전개되는 중에도, 1984년 초 레이건 미국 대통령이 상하양원 합동연설에서 "핵전쟁은 결코 발생해서는 안 되며, 핵전쟁에서 상호공멸 이외에 일방적인 승리는 있을 수 없기 때문에, 핵무기는 사용되지 말아야 하고, 핵무기를 없애는 것이 더 낫다"[96]라고 한 것에서부터 협상을 통한 핵군비통제에 대한 비전이 시작되었다.

미·소 간의 핵군축 움직임은 1985년 페레스트로이카를 외친 고르바초프의 등장과 함께 본격화되었다. 고르바초프는 미·소 간의 군비경쟁에서 소련이 이기기 위해 군사비를 과도하게 투자한 결과 소련의 경제체제가 거의 망하게 되었다는 자각을 하게 되었으며, 군사력은 방어하기에 충분한 군사력만 유지하면 된다는 "합리적 방어충분성"이라는 신사고에 근거하여 과잉군사력은 필요없다고 생각하게 되었다. 또한 널리 알려지지는 않았지만, 1986년 4월 발생한 소련의 우크라이나 지역 체르노빌 원자력발전소 사고도 고르바초프의 핵군축에 대한 생각에 큰 영향을 미쳤다.[97] 만약 소련

---

96) George P. Shultz and James E. Goodby eds., *The War That Must Never Be Fought: Dilemmas of Nuclear Deterrence* (Stanford, CA: Hoover Institution Press, 2014), p. xii.

97) Richard Rhodes, *Arsenals of Folly: The Making of the Nuclear Arms Race*(New York, NY: Simon and Schuster, 2007), pp. 3−26.

의 핵무기고에서 유사 사고가 발생한다면 체르노빌 사고보다 수천 내지 수만 배의 피해가 발생할 수 있기에 고르바초프는 과잉 핵무기고는 가능한 한 통제 가능한 범위로 축소하는 것이 좋다는 생각을 가지게 되었다고 한다.

한편 레이건 행정부는 그 이전의 미·소 간의 핵군비경쟁은 양적 군비경쟁이었으며, 미국이 소련과의 양적 군비경쟁을 하다가는 군사제일주의에 근거해 경제성 분석도 없이 무한 투자하는 소련을 영원히 이길 수 없으므로, 대 소련 군사과학기술 우위에 근거하여 소위 '스타워즈'라는 소련미사일을 무력화시킬 수 있는 미사일방어체계 개발을 위주로 하는 질적 군비경쟁을 내세우며 양적 군비경쟁을 대체하고자 했다. 가뜩이나 경제난에 직면한 고르바초프로 하여금 "미국과의 질적 군비경쟁으로 인한 경제파탄의 연속이냐?" 아니면 "협상을 통한 핵군축이냐?" 둘 중 하나를 선택하게끔 만듦으로써 핵군축을 가능하게 했다.

이때 소련이 유럽에 SS-19, SS-21 같은 중거리핵무기를 배치하기 시작하자 미국도 Pershing-II 미사일을 배치하기 시작하면서 유럽에서 중거리미사일 배치 경쟁이 일어났는데, 미국은 이를 계기로 고르바초프와 중거리핵무기 군비통제 협상을 시작하게 되었다. 그 결과 1987년 미·소 외교안보 관계 사상 최초로 군과 민간 전문가가 입회하여 상대방의 핵미사일을 사찰하는 가운데 중거리핵무기를 폐기하기 위한 중거리핵무기폐기조약(INF Treaty)이 체결되었다. 상호 600여 회의 현장사찰을 통해 미국은 848기 소련은 1848기 총 2,692기에 해당하는 중거리 핵무기가 모두 폐기되는 역사가 일어났다. 이때부터 미국과 소련의 핵무기고는 실질적으로 감소하기 시작했다.

이어서 레이건과 고르바초프 간에 전략핵무기감축회담이 개최되었고, 비로소 1991년 구소련의 해체와 더불어 부시(George H. W. Bush)와 고르바초프 간에 핵무기감축협정이 합의된 바, 이를 START-I이라고 부른다. START-I에서는 미·소 양측이 투발수단을 1,600개, 핵무기는 6,000개로 각각 제한하기로 하였다. 조약에는 이 숫자를 검증하기 위한 광범위한 현장사찰을 포함하고 있다. 그러나 소련의 해체와 우크라이나, 카자흐스탄, 벨라루스 등을 비핵화시키려는 노력과 겹쳐져서 이 조약에 대한 비준이 지체되었다. 1994년 12월 우크라이나가 NPT에 공식 가입하고 난 직후 START-I이 1995년 12월에 발효되었다. 하지만 START-I에 의한 핵군축 결과는 신통치 않았다. 사실상 START-I은 2001년 12월에 그 이행이 완료되었고 2009년 12월

5일에 조약이 종료되었다.

그러던 중 1993년 1월에 부시와 옐친(Boris Yeltsin)은 START-II를 합의하였다. 이에 의하면 미·러 양국은 전략 핵무기를 당시 보유량에서 2/3 감축하여 2003년을 목표로 총 3,500기 이하로 보유하기로 하였다. 그리고 대형 및 다탄두 대륙간탄도탄은 2003년까지 모두 폐기하도록 하였다. 하지만 양측은 국내 비준 일정이 늦어져서 1997년에 목표시한을 2007년으로 연기시켰다. 그러던 중에 2002년 미국의 ABM조약 탈퇴 선언으로 말미암아 START-II의 이행은 사실상 보류되었다.

2002년 5월 미국 부시(George W. Bush) 대통령과 러시아 푸틴(Vladimir Putin) 대통령은 양국의 전략핵무기를 1,700~2,200기까지 추가 감축하기로 합의했다. 이것은 전략공격무기감축조약(SORT: Strategic Offensive Reduction Treaty) 혹은 '모스크바조약'이라고도 불린다. 이 조약은 미국과 러시아의 의회의 비준을 얻어서 2003년 6월에 발효되었으며, 2011년 2월 New START에 의해 대체될 때까지 이행되었다.

그리고 2010년 4월 미국 오바마 대통령과 러시아 메드베데프 대통령 간에 신전략무기감축조약(New START)이 합의되었다. 이 조약은 실전 배치된 양국의 핵탄두 수를 각각 1,550기로 제한하고 있다. 배치된 투발수단은 700기 이하로 감축할 것을 요구하고 있다. 이 조약은 2011년 2월에 발효되어 본 조약을 더 연장한다는 합의가 없으면 2021년에 종료되도록 되어 있었다. 트럼프 미국 대통령이 New START를 연장하지 않아서 미·러 핵군축이 위기에 처했으나, 바이든 대통령이 취임과 동시에 New START의 연장을 선포함으로써 미·러 핵군축은 다시 지속되게 되었다.

<그림 1-2>에서 나타난 바와 같이 이를 숫자로 표시해 보면 냉전기에 미·소가 보유하였던 핵무기의 총량인 60,000개에서 현재 12,000여 개로 감축시켰으니까 약 80%를 감축하여 폐기한 것으로 나타난다. 2009년 START의 목표는 미국과 구소련(러시아)이 각각 6,000기를 넘지 않도록 감축하는 것이었으나, 신START는 미국과 러시아가 각각 1,550기 이하의 수준으로 감축하기로 합의하였으니, 이것만 고려하더라도 74.2%의 감축을 달성한 것이 된다.[98]

결국, 미·소(러) 간의 전략핵무기 감축을 포함한 핵군축이 이 정도로 성공할 수 있었던 이유는 무엇일까?

---

98) Liang Tuang Nah, *Security, Economics and Nuclear Nonproliferation Morality: Keeping or Surrendering the Bomb* (Switzerland: Palgrave MacMillian, 2017), p. 157.

〈그림 1-2〉 미·러 핵군축 경과

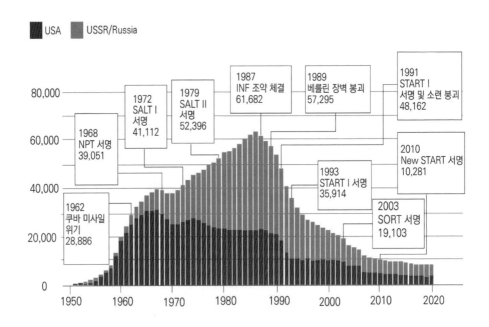

출처: https://www.statista.com/chart/16305/stockpied-nuclear-warhrad-count/

첫째, 양국이 핵무기 균형과 공포의 균형을 이룸으로써 더 이상의 군비경쟁은 무의미하게 되었다는 공통된 인식을 가졌기 때문이다.[99] 그리고 NPT에서 규정한 바와 같이, 비핵국들이 미국과 소련에게 핵국으로서의 군축의무를 시행해야 한다고 줄기차게 요구한 것이 일조했다고도 보아야 한다.

둘째, 양국 사이에 무한 군비경쟁을 하게 되면, 국력이 소진되어 결국 미·소는 다른 국가와의 경쟁에서 낙오할 뿐만 아니라 강대국의 지위를 잃고 패망할 수도 있다는 우려[100]가 상존했기에 미·소 양국은 협상을 통한 군비통제를 택하게 되었다는 것이다.

셋째, 미·소 간의 정치적·외교적 관계개선과 고르바초프 이후 탈냉전의 조짐이

---

99) Albert Carnesale and Richard N. Haass, *Superpower Arms Control: Setting the Record Straight*(Cambridge, MA: Ballinger Publishing Company, 1987).

100) Paul Kennedy, *The Rise and Fall of The Great Powers*(New York, US: Random House, 1987). 그는 강대국의 쇠퇴의 원인 중 하나가 과도한 군비지출에 있음을 밝히고 있으며, 이것은 미소 군비경쟁에 경고가 되었다.

나타나고 급격한 세계정세의 변화로 소련이 몰락했기 때문에 더 이상 핵무기 경쟁을 할 필요가 없어졌다.

그러나 미국과 러시아 간의 세력균형이 변화하고, 미국이 미사일방어시스템 개발에 총력을 쏟는 동안, 푸틴의 러시아는 과거 소련제국의 부활을 꿈꾸며 다탄두 및 중거리 미사일, 초음속 미사일 개발에 집중하였다. 이에 따라 미국과 러시아는 새로운 군비경쟁에 돌입하고 있다. 2021년 등장한 바이든 행정부가 러시아와의 핵군축을 어떻게 전개해 나갈지에 대한 세계의 관심이 높다. 특히 중국의 부상과 미−중 패권 경쟁시대에 미국과 중국 간의 군비경쟁은 어떤 양상을 띠게 될지도 NPT의 장래와 핵국 간의 핵군축에 또 하나의 불안정 요인이 되고 있다.

2. 영·프·중의 핵군축에 대한 입장의 변화

한편 미·소, 미·러 간의 핵군축회담에도 불구하고 영·프·중 3국 간에는 영국이 1963년 미·소와 함께 부분적 핵실험금지 조약에 서명한 경우를 제외하고는 공식적인 핵군축모임은 없었다. 각자 미·소 같은 핵 초강대국과 경쟁상대가 안 된다고 생각하여 5개국 간 회의에 불참하거나 군축노력을 회피해왔다.[101] 그러나 이들 3개국 중 영국과 프랑스는 탈냉전 후 안보정세의 변화와 국제적 여론을 의식한 결과 국제적인 핵군축과 비확산 추세에 자발적으로 적극 참여하기 시작했으나, 중국은 여전히 선택적이고 자국 중심적 태도를 취하고 있다는 것이 문제점으로 지적되고 있다.

(1) 영국

탈냉전 직후 영국은 1990년대 초 모든 전략핵무기의 공격목표를 제거했으며 전술 공대지 핵무기 개발계획을 취소했다. 그리고 지상 기지에 배치한 핵 야포와 랜스미사일 기지를 폐쇄했다. 4개 트라이던트급 잠수함에서 핵탄두 수를 128개에서 96개 이하로 감소시켰다.

---

101) Jack Mendelsohn and Dunbar Lockwood, "The Nuclear Weapon States and Article VI of the NPT," *Arms Control Today*, March 1995, pp. 11−16.

(2) 프랑스

냉전기에 프랑스는 미국과 소련 간의 핵군축 속도가 느린 것에 불만을 품고 핵군축에 매우 소극적이었으며, 나토에서 미국과 영국의 공동 리더십에 소외감을 느끼고 독자적 핵개발을 했다. 따라서 나토의 집단방위정책에도 순응하지 않았으며, 프랑스 핵전력의 나토로의 통합운용에 대해서도 반대하여 나토로부터 탈퇴했고, 유럽의 재래식 군축에도 소극적이었다. 프랑스는 5대 핵국 중 가장 나중인 탈냉전 이후 1992년 9월에 NPT에 가입했고, 그때부터 핵군축에 적극적인 태도로 변모했다.

프랑스는 1990년대 후반에 플루톤 단거리 미사일을 퇴역시켰으며 사거리 480km의 미사일 하디스를 배치하지 않기로 했다. 핵잠수함도 세 척에서 두 척으로 줄였다. 트리옴팡급 전략핵잠수함도 6척에서 4척으로 건설키로 변경했다. S45 중거리 지상발사미사일 배치도 취소했다.

따라서 냉전시대 540여 기의 핵무기를 가졌던 프랑스는 탈냉전 이후 290기로 축소했다. 이것은 46.3% 자발적 핵감축을 의미한다.

1996년에는 안보리상임이사국 중에서 제일 먼저 포괄적 핵실험금지조약에 가입하고 이를 비준하였다. 1996년에 지상발사미사일 Plateau d'Albion을 폐기시켰고, 격납고를 파괴함으로써 핵 3원 체제에 대한 종식을 가져왔다. 오직 제 2격 능력을 확보하기 위해 핵추진잠수함에 탑재한 해상발사핵미사일을 보유하고 있다. 현재 공중과 해상 기반 핵능력과 발사수단을 현대화시키는 과정에 있다.

(3) 중국

중국은 핵개발 초기부터 모든 핵정책과 핵무기 보유고에 대해서 모호성의 전략을 택했기 때문에 5대 핵국 중에서 핵에 대한 투명성이 제일 낮은 국가이다. 이 모호성이라는 개념은 투명성과 공개성을 기본으로 하는 군비통제와 정반대되는 개념이므로 중국 핵군비통제정책의 본질적 문제점을 나타낸다.

1970년대와 1980년대에 미국과 구소련 간의 전략핵무기제한협정이 가짜 군비통제라고 비난하기도 했으며,[102] 1987년 미·소 간 중거리핵무기폐기조약, 1991년 소련 해체 이후 핵군축의 성과가 가시화되자, 중국은 글로벌 핵군축 추세를 무시할 수 없

게 되었다. 또한 탈냉전 이후 세계적인 추세가 비확산체제의 강화로 변함에 따라 중
국은 1992년 3월에 핵비확산조약에 회원국으로 가입하게 된다. 이때에 중국정부는
핵국 간의 핵군축협상에 참여하는 조건으로 미국과 러시아가 일단 중국과 대등한 핵
보유 수준으로 핵능력을 감축할 것을 요구했다.103) 1994년 9월 러시아 옐친 대통령
과 서로 상대방에 대하여 핵폭탄으로 공격하지 않으며 무력을 사용하지 않기로 합의
하였다. 중국은 선제불사용이라는 선언적 정책에다가 1996년에 전면핵실험금지조약
에 서명하면서, 결국 핵무기의 완전한 제거라는 목표를 향해 노력할 것이라고 거듭
천명하였다. 그러나 1996년 포괄적 핵실험금지조약이 체결되기 전까지 프랑스와 중
국은 핵실험을 더욱 열심히 하였기 때문에 세계로부터 비난을 받기도 했다.

중국이 핵비확산조약에 회원국으로 가입하기로 결정한 것은 1992년 3월이다. 이
것은 중국이 1970년에 NPT 상의 핵보유국으로 인정되고 난 후부터 1992년까지 핵비
확산조약의 핵보유국으로서의 의무를 제대로 준수하지 않았음을 의미하기도 한다.
중국이 NPT를 국제규범으로 인식하고 적극적으로 이행하기 시작한 것이 언제부터인
가에 대해서는 많은 논란이 존재하고 있다. 중국은 NPT를 국제적 규범으로 수용하고
비핵국들에게 비확산조약을 이행하라고 적극적 비확산 외교를 전개하기 보다는 중국
의 핵심이익이 걸린 국가들의 핵확산을 직접 혹은 간접적으로 지원하는 역할을 하기
도 했다. 중국은 미국의 비확산정책이 이중잣대104)를 가지고 있다고 비판해 왔지만,
중국은 자국의 핵심이익이 걸린 파키스탄의 핵개발을 앞장서서 도왔고,105) 북한의 비
핵화문제에 있어서 북한의 핵개발에 대한 국제적 경제제재 조치에 적극 동참하기 보
다는 북한 체제의 안정을 위해 오히려 경제적 지원을 해 왔다는데, 이것이야말로 "중
국판 이중잣대"라고 국제적인 지적을 받고 있다.

이것은 미국과 소련과 영국이 중심이 되어 NPT체제를 수호하기 위해 비핵들에
게 비확산의무를 부과하고 때로는 압력으로 때로는 설득으로 비확산의무를 준수하도

102) Banning N. Garrett and Bonnie S. Glaser, "Chinese Perspectives on Nuclear Arms Controls,"*International Security*, 20:3, Winter 1995/96, p. 47.
103) Program for Promoting Nuclear Nonproliferation, *News Brief*, No. 17. (Spring, 1992), p. 4.
104) 예를 들면, 중국은 "인도가 1998년에 핵보유를 선언하고 난지 7년 후인 2005년에 미국이 미국-인도 원자력협력협정을 맺은 것을 강하게 규탄하면서, 인도의 핵에 대해서는 눈을 감아주고, 파키스탄의 핵에 대해서는 압력을 행사한 것이라든지, 북한의 핵에 대해서 제재 일변도로 나간다는 것은 이중잣대"라고 하면서 국제사회에서 미국을 비난하고 있다.
105) Henrik Stalhane Hiim, *op. cit.*, pp. 50-84.

록 노력한 반면에, 중국은 핵보유국가로서의 누릴 수 있는 특권과 이익은 누리면서도 핵확산 시도 국가들, 예를 들면 파키스탄이나 북한에 대해 미국이나 러시아, 영국이 해왔던 것과 같은 정도의 노력을 기울이지 않았다는 것을 보여준다.

특히 중국의 북한 핵에 대한 태도는 특이한데, 북·중관계의 전략적·정치적·경제적 가치를 고려하여, 북한의 김일성－김정일－김정은 세습체제가 국제제재로 인해 붕괴되지 않도록, 북한에 대해서 정치적이고 경제적인 지원을 해왔다.[106] 중국의 대북한 지원은 국제비확산체제의 대북한 제재효과를 방해 내지 반감시켰음을 부정할 수 없다. 북한이 사실상의 핵보유국이 되었다고 선언하고 난 이후에야 중국이 UN안보리에서 미국주도의 대북 경제제재안에 찬성하고 나온 것은 미국의 대중국 압박이 큰 역할을 하였다.

2000년대에 와서 중국은 한반도비핵화의 방법으로서 "쌍중단(雙中斷) 및 쌍궤병행(雙軌竝行)"정책을 주장해 왔다. 쌍중단이란 "북한의 핵미사일 실험 동결과 한미 양측의 한·미 연합훈련 중단"을 의미하고, 쌍궤병행이란 "북·미 양측의 비핵화 회담 지속과 북·미 평화협정 체결 노력의 병행"을 의미했다. 그런데 문제는 북한이 핵보유를 선언하고 난 이후에도 쌍중단과 쌍궤병행을 국가정책으로 유지하고 있으며, 2017년에 시진핑과 푸틴의 중－러 정상회담을 통해 쌍중단과 쌍궤병행이란 노선을 문서로 합의하고, 2019년부터 지속된 북한의 미사일 시험에 대해서 UN안보리의 추가적인 제재에 대해 거부권을 행사하고 있는 것은 사실상 북한의 핵보유를 묵인해주는 셈이 되고 있다.

이것은 남한, 일본, 대만의 핵개발을 막아 온 미국의 적극적인 역할과는 큰 대조가 된다. 1991년부터 2003년 6자회담 개시 전까지 중국은 북한이 핵무기를 개발하고 있다는 사실을 믿으려고 하지 않았다. 미국이 북한에 대해 압력을 행사하려고 할 때마다, 중국 정부는 "북한을 코너에 몰게 되면 북한이 핵개발하게 된다"고 말하면서 북한과 오로지 대화를 통해 문제를 해결할 것을 권고했다. 북핵문제가 악화되고 난 후, 미·중관계가 좋을 때에는 미국이 중국에게 대북한 제재에 동참해 줄 것을 요청하면 어느 정도 수용했지만, 미·중관계가 악화된 이후부터 중국은 대북한 제재에 제대로 호응하고 있지 않다. 중국의 대북한 정책의 우선순위는 김정은 체제의 안전을 보

---

106) Hiim은 이것을 보호제공전략(strategy of shelter)이라고 부르고 있다.

장하는 것이 최우선이고, 그다음으로 한반도에서의 전쟁 발생을 방지하는 것이며, 북한의 비핵화는 제일 우선순위가 낮다고 보여진다. 2010년 이후 중국은 G2로의 부상과 함께 아태지역에서 미·중 패권경쟁을 벌이면서 중거리 핵미사일을 증강하고, 미국의 미사일방어체계를 무력화시킬 수 있는 중국판 미사일방어체계와 공격용 미사일을 증강하고 있다. 따라서 동아태 지역에서 미·중 간 핵미사일 군비경쟁이 심화할 전망이다.

제 7 절 NPT 평가회의와 TPNW (핵무기금지조약)의 출현

1. 역대 NPT 평가회의

NPT는 제8조에서 조약 전문과 각 조항의 목적이 실현되고 있는가를 확인하기 위한 목적으로 모든 회원국의 참여하에 5년마다 한 번씩 평가회의(Review Conference)를 개최하도록 규정하고 있다. 1975년 1차 평가회의를 시작으로 1980년, 1985년, 1990년, 1995년, 2000년, 2005년, 2010년, 2015년 등 9차례에 걸쳐 평가회의가 개최되었으며, 2020년 제10차 평가회의는 2020년 5월에 개최될 예정이었으나, 세계적인 코로나—19 전염병으로 인해 2022년 8월로 연기되었다. 모든 회원국이 5년마다 모여서 NPT의 이행 정도에 대해 평가회의를 개최하고 과제를 도출하여 집단으로 해결책을 모색하는 과정 자체가 NPT레짐을 견실하게 만드는 역할을 하고 있다고 할 수 있다.

1975년 5월 제네바에서 개최되었던 1차 평가회의에는 조약 당사국 98개국 중에서 58개국과 아르헨티나, 브라질, 이스라엘 등 옵저버국이 참석하였다. 동 회의에서는 핵무기 확산방지와 핵무기 경쟁중지 및 핵군축을 위해 NPT가 중요한 역할을 해왔음을 평가하고 핵국에 대하여서는 핵군축 의무를 이행할 것과 지상, 지하 핵실험을 중단하고 궁극적으로 핵실험을 전면적으로 금지하자는 CTBT(Comprehensive Test Ban

Treaty)의 체결을 요구하였을 뿐 아니라, 비핵국에 대해서는 핵의 평화적 이용과 평화적 핵폭발을 보장하며 핵사찰 의무를 받아들일 것을 권고하는 최종선언문을 채택했다. 그러나 핵무기 감축과 핵실험 금지에 대해서 핵국과 비핵국간에 갈등이 표출되었고 비핵국들은 핵국들이 원자력의 평화적 이용에 대해서 적극적인 기술협력을 요구하였다.

1980년 8월 제네바에서 개최되었던 제2차 평가회의에는 114개 조약 당사국 중 75개국과 11개 옵저버국이 참가하였다. 이 회의는 1979년 소련의 아프간 침공과 그로 인한 미·소관계의 냉각상황 등 비관적인 분위기에서 개최되었다. 주요 안건으로는 핵국에 대해서 핵군축 의무 이행, CTBT 체결 등이 요구되었으며 비핵국에 대한 핵안전보장 문제와 비핵국에 대한 수출통제제도 강화 문제가 논의되었다. 동 회의에서는 원자력 수출규제 문제에 대한 차별성 문제가 77그룹에 의해 제기되었다. 이들은 특정 국가에 대한 핵공급국의 무분별한 핵기술 및 연료 수출로 IAEA의 철저한 사찰이 이루어지지 않음으로써 일부 NPT 비회원국가의 핵무장을 부추기고 있다고 비난하였다. 이에 대해 미국, 캐나다, 호주가 자국 내 모든 핵시설을 사찰대상에 신고하지 않은 나라에 대해서 상업용 핵수출을 금지하자는 결의문을 채택하도록 제의했으나 영국, 서독, 이탈리아, 일본 등이 반대하여 뜻을 이루지 못했다. 그리고 핵군축 문제에 대한 77그룹의 강경한 태도로 인해 최종선언문이 합의되지 못했다.

1985년 8월 제네바에서 제3차 평가회의가 131개 조약 당사국 중 86개국이 참가하여 개최되었다. 동 회의는 미·소 양국 간의 핵군축 문제가 본격적으로 논의되는 시기에 개최됨에 따라 최종선언문에 합의할 수 있는 분위기가 조성되었다. 핵국들은 IAEA의 전면안전조치 및 수출통제의 강화 필요성과 핵비확산이 국제원자력 교역의 전제조건임을 강조하면서 기술과 정보의 교환은 원자력 공급국이 스스로 결정할 문제라고 주장하였다. 비핵국들은 원자력 수출통제는 NPT의 범위를 벗어난 원자력 공급국들의 월권행위라고 비난하면서 장기적으로는 예측 가능한 원자력공급 보장대책을 마련하라고 촉구했다. 또한, IAEA의 안전조치가 핵국에게도 적용되어야 함을 주장하였다. 그리고 비핵국은 평화적 핵폭발의 권리를 보장할 것을 요구하였다.

1990년 8월 제4차 평가회의가 141개 조약 당사국 중 84개국이 참석하여 제네바에서 개최되었다. 특히 1985년 2월에 NPT에 가입한 북한이 처음으로 이 회의에 참가하였다. 이때까지 유엔안보리상임이사국이면서 핵보유국인 프랑스와 중국이 NPT조약 당사국은 아니지만 옵저버로 참석하였다. 제4차 평가회의는 구소련의 붕괴, 동구권의 개방, 그리고 CFE(Conventional Forces in Europe) 타결 등 호의적인 분위기에서 개최되었다. 그러나 동 회의는 비핵국들의 핵국에 대한 요구가 거세어 최종합의문을 합의하지 못하고 폐회되었다. 비핵국들은 핵국에 대해서 NPT연장에 앞서 CTBT를 체결할 것과 비핵국에 대한 핵안전보장을 취해줄 것을 요구하였다. 반면 핵국들은 NPT연장과 CTBT의 체결을 연계하는 것에 반대하면서 비핵국에 대한 IAEA안전조치만 강조하였다. 동 회의에서 한국 대표는 회원국 중에서도 핵개발 우려가 있는 국가에 대해 적절한 조치가 있어야 함을 역설하면서 북한 핵문제에 대해 주의를 환기하였다. 그러나 북한 대표는 한국에 미국의 핵무기가 1,000여 기나 있으므로 한국의 주장은 적절치 못하다고 반박하기도 하였다.

　　1995년 4월 17일부터 5월 12일까지 뉴욕에 있는 유엔 본부에서 제5차 평가회의가 179개 조약 당사국 중 175개국, 10개 옵저버, 195개 NGO가 참석하여 개최되었다. 이 회의는 NPT조약 제10조 2항에서 "NPT의 발효일로부터 25년이 경과 후에 조약의 연장 여부 등을 검토하는 회의를 개최"하도록 규정함에 따라 정례적 검토회의 겸 NPT 연장 검토회의로 개최되었다. 동 회의에서는 선진국과 개도국 간에 NPT의 활동 평가에 대한 의견 대립으로 최종선언문 채택에는 실패하고 3개 문건에만 합의했다. 즉 NPT의 무기한 연장, NPT 평가회의 절차의 강화 및 핵비확산과 군축의 원칙과 목표의 설정 등이다. NPT의 무기한 연장은 투표없이 채택됐다. NPT 평가회의는 매년 5년 단위로 개최하면서 평가회의 3년 전에 준비위원회를 10일간 3회 개최하기로 하였다. 핵국의 핵군축에 대해서는 1996년까지 CTBT를 완료하고 핵물질 생산중단을 목표로 하는 cut-off 협약을 합의하기 위해 협상을 즉각 개시하며 최대한 조기에 이를 종결한다고 하였다. 비핵국의 핵안전보장에 대해서는 안보리 결의안을 1995년 5월 11일 채택하고 각 핵국 들의 소극적 안전보장과 적극적 안전보장 선언 이외에 국제적으로 구속력 있는 문서형태를 추진한다고 합의했다. 비핵지대에 관해서는 각 지역의 특수성을 고려하여 우선 추진을 권장하고 핵국들이 협조할 것을 요구했다. NPT 연장회의를 전반적으로 평가해보면 미국 핵외교의 승리라고 말할 수 있다. 캐나다, 호주의 대표를 앞세워서 무기한 연장안을 제출했을 뿐 아니라 이집트 등 반대국가 들을 일대일로 접촉, 각개격파 함으로써 무기한 연장을 달성했다. 또한, NPT의 무기한 연장은 북·미 제네바 핵합의의 효용성을 간접적으로 증명하는 계기가 되었다. 이와 함께 비동맹권의 자체 분열 즉 인도네시아, 나이지리아 등과 남아프리카공화국의 노선갈등은 비동맹이 같은 목소리를 내지 못하는 결과를 초래했다. 결국, 세계 178개국의 회원국이 NPT의 무기한 연장을 결의한 것과 마찬가지가 되었다.

2000년 4월 24일부터 5월 19일까지 제6차 NPT 평가회의가 뉴욕에 있는 유엔 본부에서 187개 조약 당사국 중 157개 당사국이 참석하여 개최되었다. 북한, 인도, 파키스탄, 이스라엘 등이 참석하지 않았다. 표면상 핵국들 간에 국가미사일방어체제(NMD)를 둘러싼 논쟁, 미국과 핵국들의 국내정치 사정, 제네바 군축회의의 답보상태, 인도·파키스탄의 핵실험 등의 이유로 별 진전이 없을 것이라 예상되었지만, 모든 국가가 새로운 밀레니엄을 맞기 위한 역사적인 노력에 동참해야 한다는 의지를 반영하여 핵국들은 상호 간에 핵공격 목표를 해제하였으며, 이 지구상에서 핵무기를 완전히 폐기하겠다는 결의안에 동의하는 성과를 이루어 내었다. 참가국들은 모두 NPT체제가 세계평화와 안보에 필수적임을 재확인하고, 1997년에 IAEA에서 통과된 93+2, 즉 핵안전조치를 강화한 추가 의정서인 INFCIRC 540호를 이행하도록 촉구하며 플루토늄 관리에 관한 투명성 조치를 환영한다고 결의했다. 또한, 기존의 187개 회원국 외에 이스라엘, 쿠바, 인도, 파키스탄의 NPT 가입을 촉구했다. 그 결과 2002년에 쿠바가 가입했다. 중동 및 남아시아 비핵지대화를 지지하고, 몽골의 1국 비핵지대화를 지지했으며, 인도와 파키스탄의 핵보유국의 지위를 인정하지 않는다고 결의하면서 핵실험을 강하게 비판하고, 이 두 나라의 NPT와 CTBT에의 가입을 촉구했다. 그리고 이 두 나라의 핵실험금지 선언을 환영했다. CTBT의 조기 발효를 촉구했으며, 북한과 이라크에 대한 IAEA의 사찰을 촉구하였다. 또한, 핵무기용 분열성 물질의 생산금지 회의를 조기에 개최할 것을 촉구했다.[107]

2005년 5월 2일부터 27일까지 뉴욕의 유엔 본부에서 열린 제7차 NPT 평가회의는 189개 조약 당사국 중에서 150개국이 참가하여 개최되었다. 이 회의는 핵국과 비핵국 사이의 의견 대립이 그 어느 때보다 증폭되었던 회의로, NPT 역사상 "최대의 실패였고 NPT체제의 위기를 초래한 회의[108])로 평가받고 있다. 비핵국들은 핵국들의 보다 성실하고 실질적인 핵군축 의무 이행을 촉구했다. 특히 핵군축 문제에 강경한

---

107) 한용섭, 『한반도 평화와 군비통제』(서울: 박영사, 2015), p. 306.
108) 백진현, "핵확산금지조약(NPT)의 성과와 한계," 백진현 편, 『핵비확산체계의 위기와 한국』 (서울: 오름, 2010), p. 56.

태도를 보인 "New Agenda Coalition" 7개국은 2005년 현재 핵탄두 수가 냉전 시대와 크게 다르지 않음을 지적하였다. 또 핵국들이 보관 중인 핵물질로만 수천 개 핵탄두의 추가생산이 가능하다는 점과, 핵국들이 계속해서 신형 핵무기를 연구 개발하고 있음을 비판했다. 이에 반해 미국 등 핵국들은 9·11 테러 이후 급격히 변화한 국제환경에서 핵군축 보다는 불량국가나 테러집단에 의한 핵확산 방지를 위한 대책 마련이 중요하다고 맞섰다. 북한 핵문제에 있어서도 국가들 사이 의견은 크게 엇갈렸다. 서방국가들은 북한이 모든 핵 프로그램을 국제 검증을 통해 전면 폐기해야 하며, NPT 및 6자회담으로의 복귀, IAEA 안전조치협정의 이행을 촉구했다. 반면 비동맹 국가들은 북한에 대한 안전보장 문제가 우선 다루어져야 북한이 6자회담에 복귀할 수 있을 것이라 주장하였다. 이렇듯 첨예한 의견 대립으로 최종합의문 도출에 성공하지 못했다.

제8차 NPT 평가회의는 2010년 5월 3일에서 28일까지 뉴욕의 유엔본부에서 189개 조약 당사국 중 155개국이 참가한 가운데 개최되었다. 이 회의를 준비하는 과정에서 핵국과 비핵국 사이 갈등은 줄어들지 않았고 최종합의서 작성이 어려울 것이라는 예측이 우세했다. 하지만 2009년 4월 오바마 미국 대통령이 '프라하 선언'을 통해 이른바 "핵 없는 세상"에 대한 비전을 제시하였고, 1년 후인 2010년 4월 미국과 러시아가 New START에 서명하였으며, 프랑스와 영국의 핵무기 숫자를 감축하고, 핵군축을 지지하는 P5의 선언 등으로 분위기가 반전되었다. 이례적으로 이란은 아흐마디네자드 대통령이 직접 대표단을 이끌고 참석하였고, 미국은 힐러리 클린턴 국무장관이 대표하여 참석하였다. 그리하여 2010년 NPT 평가회의에서는 최종합의문이 작성되었다.

그 내용은 크게 세 가지로, 핵군축, 중동비핵지대(NWFZ: Nuclear Weapon Free Zone) 구상, 북핵 문제 등이었다. 우선 핵군축과 관련한 합의는 NPT 5개 핵보유국들은 핵군축 의무를 충실히 이행하며 그 진전상황을 2014년에 열리는 제9차 평가회의 준비 회의에 보고하도록 하였다. 두 번째 중동비핵지대 창설은 2012년 '중동대량살상무기 자유지대 창립에 관한 회의'를 유엔 사무총장 주관으로 개최하기로 했다. 세 번째 합의사항은 북한의 6자회담 복귀 및 핵 프로그램의 검증과 NPT 복귀를 촉구하는 것이었다.[109]

---

109) 정은숙, "제8차 NPT 평가회의와 비확산 레짐의 미래,"『정세와 정책』, 2010.6, pp. 14–15.

2015년 4월 27일에서 5월 22일까지 유엔본부에서 제9차 NPT 평가회의가 189개 조약 당사국 중 161개국이 참석한 가운데 개최되었다. 최종합의문을 채택하지 못했다. 9차 회의에서 최종합의문 채택 실패의 가장 큰 원인은 중동비핵지대 설립과 관련한 이해 당사국들 사이의 의견 대립이었다. 의장이 제시한 최종합의문 초안에 명기된 "2016년 3월 1일까지 중동지역 비핵지대 회의를 개최한다"라는 문구에 대해 이해 당사국 간의 입장 차를 줄이지 못한 것이다. 중동지역 비핵지대 창설 계획은 이미 1995년 제5차 NPT 평가회의에서 중동지역 국가들이 제안하여 최종합의문에 포함되었다. 당시 합의에 의하면 중동지역 비핵지대 창설을 위한 회의를 2012년 개최하기로 되어 있었다. 이 합의는 2010년 제8차 NPT 평가회의에서 재확인되었다. 중동국가들이 중동지역 비핵지대 창설에 적극적인 이유는 핵무기를 보유한 것으로 알려진 이스라엘 문제를 해결하기 위해서였지만, 미국은 중동지역 핵문제에서 더 큰 이슈는 이란이며 이란 핵문제가 해결되지 않은 가운데 이스라엘만을 문제 삼는 것에 반대하였다. 상호 간 반대로 중동지역 비핵지대 창설에 진전이 없자, 중동국가들은 2015년 NPT 평가회의에서 중동 지역비핵지대 창설의 시한을 2016년 3월 1일이라고 정하려 시도했다. 하지만 이러한 제의는 다시 미국 등 일부 국가들이 이스라엘의 사전 동의의 필요성을 내세우며 받아들이지 않아 최종합의문 작성에 실패했다.

제10차 NPT 평가회의는 2020년 5월에 개최예정이었으나, 코로나-19의 세계적인 확산 때문에 2021년으로 한차례 연기되었다가 또다시 2022년으로 연기되어, 8월에 개최되었다.

NPT 평가회의가 1975년, 1985년, 1995년, 2000년, 2010년에는 최종합의문 작성에 성공하였고, 다른 회의에서는 합의문 작성에 실패하였다. NPT 평가회의의 성공을 최종합의문 작성 여부와 연결하는 것에 대해 많은 사람이 동의하고 있으나, 이견도 많이 존재하고 있다. 왜냐하면, 최종합의문 작성에 실패했다고 해서 평가회의가 실패했는가, 더 나아가 NPT체제가 실패했는가에 대해서는 이견이 존재한다는 말이다. 최종합의문 작성 여부보다는 평가회의라는 제도 자체가 존재함으로써 조약 당사국들에게 토론의 장을 제공하고 규범을 상기하고 이견을 통합하려는 노력을 기울임으로써 NPT레짐 자체를 장기적으로 공고하게 만드는데 NPT 평가회의가 기여하고 있다는 사실을 인정해야 한다는 것이 일반적인 견해이다.

2. 핵무기금지조약(TPNW: Treaty on the Prohibition of Nuclear Weapons)

　2010년 제6차 NPT 평가회의 이후에 나타난 국제핵비확산체제에 대한 가장 큰 도전 중의 하나는 핵무기 자체를 반인륜적인 무기로 규정하면서 이 지구상에서 핵무기를 완전히 폐기하자는 국제적인 운동이다.[110] 핵무기금지조약(TPNW: Treaty on the Prohibition of Nuclear Weapons)에 대한 첫 아이디어는 2010년 NPT 검토회의에서 핵보유국들의 완전한 핵군축을 촉구하면서 등장했다. 그 후 핵국들이 성의를 보이지 않자, 2013년과 2014년에 노르웨이, 멕시코, 오스트리아에서 순차적으로 "핵무기의 인도주의적 영향"에 관해 국제회의를 개최하고 핵무기 사용 시에 발생할 수 있는 참혹하고 재앙적인 결과를 상기하면서 아예 지구상에서 핵무기를 완전하게 제거하자는 주장이 설득력을 얻게 되었다. 2013년 가을 유엔 제1위원회외 회의에서 뉴질랜드가 125개국을 대표하여 "인류의 존망의 이익을 위해서 핵무기가 어떤 조건에서도 결코 다시 사용해서는 안된다"라고 연설했을 때 많은 공감을 불러일으켜 그 운동이 출발하게 되었다.

　2015년 NPT 평가회의에서 이 운동에 대한 흐름이 분명하게 나타났다. 이 평가회의에서 오스트리아와 신아젠다연합(New Agenda Coalition)은 스웨덴, 스위스와 함께 핵무기의 반인륜성에 대해 가장 강한 문구를 사용하였다. 그 후 2016년 10월 유엔 제1위원회에서 법적 구속력이 있는 핵무기의 금지에 관한 조약을 제정하자는 결의안이 123개국의 동의, 38개국의 반대, 16개국의 기권으로 의결되었다. 그 후 2017년 7월 7일 핵무기금지에 관한 조약이 유엔에서 122개국의 동의, 1개국(네덜란드)의 반대, 1개국의 기권으로 채택되었다. 핵무기금지조약을 추진한 스위스의 NGO인 국제핵무기폐기운동(International Campaign to Abolish Nuclear Weapons)이 2017년 노벨평화상을 수상했다. 핵무기 없는 세상을 지향하는 국제비정부기구 연합체인 ICAN은 2007년 호주에서 처음 활동을 시작했다. 핵무기금지조약은 핵무기의 제조, 보유, 사용을 금지하는

---

110) Jenny Nielsen, "The Humanitarian Initiative and the Nuclear Weapons Ban Treaty," in James E. Doyle ed., *Nuclear Safeguards, Security, And Nonproliferation*(Cambridge, MA: Butterworth-Heinemann, 2019), pp. 37-58.

것뿐만 아니라 동맹국에 핵우산을 제공하는 것조차 불법으로 단정했다. 2017년 9월 20일부터 서명에 들어가서, 2021년 말 현재 86개국이 서명을 했고 66개국이 비준을 마쳤으며 2021년 1월에 국제조약으로서 발효되었다.

핵무기금지조약은 히로시마와 나가사키에서 목격한 핵무기의 반인륜적 파괴효과 때문에 "핵무기의 개발, 시험, 생산, 획득, 보유, 저장, 배치, 개발지원, 사용 및 사용 협박의 금지"를 규정하고 궁극적으로는 모든 핵국들의 핵무기를 영구히 폐기하는 것을 목표로 한다. 핵무기금지조약의 주도세력은 NPT상 핵국들의 핵무기를 불법적 혹은 반인륜적이라고 치부하며 핵무기를 사용하거나 사용 가능성을 과시함으로써 안보를 보장하려는 억지이론이나 확장억지이론을 불법화하려고 시도한다. 따라서 핵국이나 핵국과의 안보동맹을 맺고 외부의 위협으로부터 국가안보를 보장받으면서 핵비확산을 준수하려고 하는 비핵국의 안보동기를 무시하는 태도를 견지한다. 그래서 NPT상의 핵국과 핵국과 동맹을 맺은 비핵국가들은 핵무기금지조약이 자신들의 핵위협과 핵억제를 다루지 않기 때문에 너무 비현실적이라고 비판하고 있으며, 핵무기금지조약을 다루는 국제회의조차도 참석을 거부하는 실정이다. 따라서 앞으로 국제사회에서는 핵비확산조약이 우세한 가운데 핵무기금지조약이 부자연스럽게 공존하는 형태를 보일 것이다.

제 8 절　IAEA와 NPT체제의 보조장치들

NPT의 이행장치로서 가장 중요한 것이 IAEA이다. 그리고 NPT체제의 이행을 보완해주는 장치들이 있는데 그것은 NPT의 규범과 제도에 찬성하는 국가들이 모여서 NPT의 이행을 도와주기 위해 신사협정 같은 제도를 만들어 운영함으로써 NPT체제의 보조적 역할을 수행하고 있다.

1. 국제원자력기구(IAEA)

　IAEA는 1953년 12월, 제8차 유엔 총회에서 미국의 아이젠하워 대통령이 원자력의 평화적 이용을 제창하고, 이를 전담할 기구의 필요성을 제기하면서 시작되었다. 그 후 1955년 4월, 12개국으로 구성된 위원회에서 기구 규정안을 채택하고 1957년 7월, 유엔 산하 기관으로 창설되었다. 한국도 1957년에 가입하였다. 2021년 12월 현재 회원국은 164개국이다.

　IAEA의 기본적인 목적은 원자력의 평화적 이용을 촉진하고 원자력의 군사적 전용, 즉 핵무기 개발을 방지하는 데 있다. IAEA의 존재의의는 NPT체제를 확고하게 보장하는 데에 있다. IAEA의 중요한 임무는 다음과 같다. 첫째, 회원국으로 하여금 원자력 기술을 자립하도록 지원하는데 목표를 두고 평화적 이용을 위한 원자력 기술을 지원하고 협력한다. 둘째, 안전기준과 지침을 개발하고 보급함으로써 사고를 사전에 방지하고 사고 발생 시에 비상대응체제를 운영하는 등 원자력의 안전기준을 제정하고 안전을 제고한다. 셋째, 원자력의 군사적 전용 금지를 위한 안전조치제도(safeguard)의 수립 및 이행을 책임진다. 이를 위해 IAEA는 사찰관의 파견을 통해 회원 국가의 비확산 의무사항의 준수 여부를 확인하고 시정조치를 명령한다. 만약 회원국이 IAEA가 권고한 시정조치를 이행하지 않을 경우, IAEA는 이를 UN안보리에 신고한다.

　IAEA는 모두 3가지 종류의 회의를 개최한다. 총회, 이사회, 특별이사회 등이 있는데, 총회(General Conference)는 회원국 대표로 구성되며 매년 9월 하순 오스트리아의 비엔나에서 1회 개최된다. 총회에서는 이사국을 선출하고, 사무총장을 임명하며, 예산을 승인하고, 회원국의 가입을 승인한다. 이사회(Board of Governors)는 35개 이사국으로 구성되어 있으며 원자력기술 선진국 10개국(미·러·프·독·영·중·캐·호의 9개국은 당연직, 이탈리아, 스페인, 스웨덴, 스위스, 핀란드, 벨기에 중 1개국이 매년 교대 선출되어 임기 1년의 이사국 역할을 함)과, 임기 1년의 지역대표 3개국(중남미 1, 아프리카 1, 중동 및 남아시아 1), 그리고 임기 2년의 지역별 선출국 22개국으로 구성되어 있다.

　이사회는 매년 5회 개최(3월, 6월, 12월 각 1회, 9월 2회)되며 IAEA의 제반 임무수행에 필요한 의사결정을 한다. 그리고 특별이사회는 사무총장이나 이사국의 제안에

의해 특별한 경우에 소집한다. IAEA은 사무총장 산하에 사무국과 6개 부(department)
로 조직되어 있다. 6개 부는 관리부(Department of Management), 원자력에너지부
(Department of Nuclear Energy), 원자력안전·안보부(Department of Nuclear Safety &
Security), 원자력과학·응용부(Department of Nuclear Sciences & Applications), 안전조치
부(Department of Safeguards), 기술협력부(Department of Technical Cooperation) 등이다.
기타 조직으로서는 총회 및 이사회 부속기관으로서 기술위원회와 행정예산위원회가
있다. 기술위원회는 매년 11월 회의를 개최하여 기술협력사업실적 및 계획을 심의하
고 이사회에 보고하며, 행정예산위원회는 매년 5월에 회의를 개최하여 행정, 재정문
제를 심의하고 그 결과를 이사회에 보고한다. 한편 회원국 전문가들로 구성되는 국제
위원회, 자문단 및 작업반이 8개 있는데 국제 핵융합 연구협의회(IFRC), 국제 원자력
데이터위원회(INDC), 국제 방사성폐기물관리자문위원회(INWAC), 안전조치 적용에 관
한 상설자문단(SAGSI: Standing Advisory Group on Safeguards Implementation), 식품조사
에 관한 국제 자문단(ICGFI), 국제원자력 안전자문단(INSAG: International Nuclear Safety
Advisory Group), 원자력안전기구 자문단(NUSAAG), 방사성물질의 안전수송에 관한 상
설자문단(SAGSTRAM)이 있다. IAEA의 관련 회의 및 협약으로는 IAEA활동의 모법이
되는 NPT, 원자력손해배상 책임에 관한 협약, 물리적 방호에 관한 협약, 원자력 사고
시 비상대응에 관한 협약, 핵연료주기 평가회의, 원자력 평화적 이용을 위한 국제협
력 추진에 관한 유엔회의, 원자력 안전협약 등이 있다. IAEA의 지금까지의 활동과 미
래에 영향을 미치는 사항을 외부적 요인과 IAEA 기구 내부적 요인으로 구분하여 설
명하고자 한다.

첫째, IAEA의 활동에 영향을 미치는 외부적 요인은 세 가지이다.[111] 즉 원자력
수요의 변화, 안전조치와 관련된 문제, 핵확산의 위험 등으로 나누어 볼 수 있다.

원자력 수요의 변화와 관련하여 미래의 수요전망은 1964년에 예측하였던 수준
에 훨씬 못 미친다. 1964년에 2000년이 되면 전 세계의 총 원자력 발전능력이
2,000GW가 될 것으로 예상하였으나, 실제로 21세기의 총 원자력 발전규모는 1960년
대에 예상했던 것보다 1/4정도 수준에 도달하고 있을 뿐이다. 한편, 1960년대에는 20
세기 말까지 40여 개 이상의 개발도상국이 원자력 발전능력을 보유할 것으로 예상했

111) Programme for Promoting Nuclear Non−Proliferation, *IAEA and Its Future*, April 1994, Special Issue.

지만 2021년 말 현재 세계의 원자력 발전 국가는 31개국, 원자로 수는 443개, 발전규모는 375GW에 달하고 있다.

개별 국가의 원자력에 대한 수요와 선호의 변화는 핵의 안전에 관한 국민 여론의 추이, 정부의 대응능력, 전력회사들의 장기적인 안목, 국가들의 재정부담능력 등 복합적 요인에 의해 영향을 받아왔다. 미국의 쓰리마일섬 원전 사고 전까지만 해도 선진 핵국의 원자력 당국은 IAEA의 핵안전 관련 활동에 대해 찬사를 보냈지만, 구체적으로 안전문제에 관한 IAEA의 주도에 대해 적극적으로는 참여하지 않았다. 체르노빌 사고 이후 원자력발전소의 안전문제에 대한 세계의 관심이 증대하였으며 안전문제가 심각하다고 여길수록 핵발전소에 대한 수요에는 변화가 발생했다. 2011년 후쿠시마 원전 사고 이후에도 세계의 원자력 발전에 충격 효과가 있었다.

또한, IAEA의 활동에 가장 큰 영향을 미치는 요인은 안전조치 분야이다. NPT 조약은 전 세계와 관련되어 IAEA의 안전조치에 근거를 제공하고 있다.

아울러, IAEA의 성공에 치명적인 영향을 미치는 외부적 요인은 핵무기 확산의 위험이다. 일반적으로 잠재적 핵확산 위협은 냉전 이후 사라진 것으로 인식되었다. 그러나 인도와 파키스탄과 북한의 핵개발은 IAEA의 핵안전조치의 가장 큰 도전요인으로 등장했다.

둘째, IAEA의 내부적 요인은 세 가지로 요약해 볼 수 있다. 즉, IAEA의 안전조치 제도의 문제, UN안보리와 협조문제, 그리고 IAEA의 내부 재정문제와 조직문제이다.

IAEA 안전조치제도의 취약성은 이라크가 신고한 핵시설에 대한 핵사찰을 과거 20년 동안 실시해 왔으나 핵개발 징후를 발견하지 못했던 사실에서 분명하게 드러난 바 있듯이 그 국가가 IAEA에 신고하지 않은 시설에 대해서는 사찰할 수 없다는 점이다.

이라크 핵사찰의 근본적인 문제는 IAEA의 문서 INFCIRC/153의 문제점에서 비롯되었다. 이에 의하면 안전조치의 목적은 "평화적인 목적에서 군사적인 목적으로 전용한 핵물질의 의미 있는 양을 적기에 적발하는 데 있다"라고 되어있다. 바꾸어 말하면, IAEA는 8kg 혹은 그 이상의 플루토늄, 25kg 또는 그 이상의 고농축 우라늄을 찾는 데 있다고 하는 것이다. 그리고 근본적인 문제는 핵국이나 핵무장국의 군사용 핵시설에는 접근할 수가 없다는 점이다. IAEA 회원국의 평화적 목적의 원자력 시설 중에서 IAEA에 신고된 시설만 사찰이 가능하다는 점이 문제점으로 지적되고 있다.

또한, UN안보리와의 협조문제이다. UN안보리는 결의안 제687호(1991. 4.3)를 통해 이라크에 대해 NPT위반을 지적하면서 특별위원회(UNSCOM)를 만들어 강제 사찰할 것을 결의했다. 이는 1992년 1월 UN안보리 상임이사국간 정상회담의 공동성명에서 현실화 하였다. 즉, IAEA가 회원국의 안전조치의무 위반행위를 안보리에 보고하면 안보리의 상임이사국들이 핵확산 의혹 문제에 대해 공동으로 제재를 결의하고, 그 벌칙으로서 적절한 조치를 비토권 행사 없이 공동으로 결의한 때에 IAEA에게 권한을 부여한다. 미국을 비롯한 UN안보리 상임이사국들은 1999년에 이라크에 대해 1991년 말부터 이라크에 부과했었던 강제사찰의 문제점을 지적하고, 유엔감시검증사찰위원회(UNMOVIC: UN Monitoring, Verification and Inspection Commission)을 출범시켜서 이라크 당국에 대해서 보다 높은 강도의 사찰을 실시했으나, UNMOVIC의 활동은 미국과 영국의 신뢰를 받지 못하고 결국은 2003년 3월 미국을 중심으로 한 연합군의 이라크 공격을 초래하게 되었다.

한편 북한과 같은 핵개발 의혹 국가에 대해서 1993년 2월, IAEA이사국들은 북한 핵문제에 대해 특별사찰 결의를 하였으나, 3월에 북한의 NPT탈퇴라는 강력한 반발을 초래했고,[112] 안보리는 중국의 거부권을 두려워하여 북한에 대해 느슨한 결의안을 채택하고 말았다. 여기서 IAEA의 사찰과 안보리의 후속 조치의 문제점이 드러났다.

IAEA의 사찰의 문제점을 개선하기 위해 93+2라는 추가의정서를 1997년에 통과시켰으나, 결국은 IAEA는 피사찰국이 사찰을 받지 않으려고 하는 시설에 대해서는

---

112) 이때에 저자는 스위스 제네바 소재 유엔군축연구소에서 객원연구원으로 가 있다가, 1993년 3월 1일 IAEA의 사무국장이었던 모하메드 엘바라디(Mohamed ElBaradei)를 인터뷰하였다. 당시 엘바라디는 1993년 2월 북한에 대한 임시사찰의 결과 의혹 핵시설을 발견하고 북한에 대한 특별사찰을 결의하고, 북한을 방문하여 김정일을 면담하고 왔다. 엘바라디는 김정일을 면담하고 와서, "북한이 특별사찰을 받아들일 것이 확실하다"고 저자에게 말했다. 저자는 "왜 당신이 그런 결론을 내렸는가?"하고 물었다. 그는 "김정일은 김일성과 달리 매우 개혁 개방적인 지도자로 보였고, 북한이 개혁개방을 하려면 IAEA와 대립하는 행동은 하지 않을 것이다"라고 얘기했다. 저자는 그에게 "북한은 과거에 정전협정에서 무기증강에 대한 사실을 신고하고 중립국의 사찰을 받게 되어 있었는데, 한번도 제대로 사찰을 받은 적이 없고, 북한이 굶주리면서도 비밀리에 핵을 개발했기 때문에, 절대로 IAEA의 특별사찰을 받지 않을 것이다"라고 말하면서 엘바라디가 현실적인 생각을 갖도록 충고했다. 그리고 저자는 "IAEA의 문제는 기술자들만 있고, 지역 국가들에 대해서 정치적 판단을 할 수 있는 지역전문가들이 없기 때문에 이것이 큰 문제다"라고 지적했다. 저자가 엘바라디를 만난 지 10일 후에 북한은 IAEA의 특별사찰을 받아들이기는커녕, IAEA의 편파성을 지적하면서 NPT를 탈퇴한다고 선언했다. 저자는 IAEA에 지역전문가와 정치전문가가 없다는 문제점을 기회가 있을 때마다 지적해 왔다.

접근하기가 어렵다. 그리고 IAEA는 사찰 기술자들이 근무하는 기관이지, 그 피사찰국을 어떻게 하면 사찰을 수용하게 만들 것인가와 관련하여 사찰규정을 만드는 협상과정에 참여하지 않으며, IAEA는 지역전문가나 정치자문역이 전혀 없는 국제기관이다. 예를 들면, 이란의 의혹 핵시설에 대해 미국, 러시아, 영국, 프랑스, 중국, 독일의 대표가 이란과의 정치적 협상과정을 거쳐 JCPOA를 합의해 놓으면, IAEA는 JCPOA에서 정한 사찰을 이행하는 단계에서 개입하게 되므로, 원래 합의문의 문제점이 사찰과정에서 발견되는 경우에 이를 시정할 수 있는 권한이 없다는 것이 근본적인 문제점으로 지적되었다. 사찰을 수행하는 과정에서 원 규정에 문제점이 있다고 발견될 경우, 유엔안보리에 그 이행규정의 문제점과 피사찰국의 문제점을 보고할 수는 있다. 그러나 유엔안보리의 권위를 빌어 피사찰국에게 새로운 의무 부과를 해도, 그것이 원 사찰규정의 문제점이라고 지적될 때에는 다시 정치적 협상에 참여한 국가들이 모여서 사찰규정의 수정문제를 재협상해야 하므로, IAEA의 권한이 매우 제한적이란 점을 처음부터 감안하지 않으면 안된다.

아울러, IAEA의 내부 기능의 개선이다. IAEA는 회원국과 기술협력을 통해 회원국의 원자력 활동을 촉진하는 기능과 핵의 평화적 사용을 위한 안전조치와 핵시설 안전을 도모하기 위한 규제적 기능을 가지고 있다.

결론적으로 IAEA의 활동의 결과, 많은 국가의 핵활동이 투명하게 되었으며 회원국들의 핵확산 시도가 성공적으로 저지되기도 했다. 그러나 위에서 말한 바대로 IAEA와 NPT회원국이 아닌 인도, 파키스탄, 이스라엘 등이 핵개발에 성공했고, 북한의 경우도 2003년 1월 NPT와 IAEA를 탈퇴한 이후 핵개발에 성공했다는 사실은 많은 교훈을 가르쳐 준다고 하겠다. IAEA의 사찰기능을 강화하기 위해 1998년 INFCRC 540호의 사찰 범위 확대와 강화 조치를 통과시켰지만, 앞에서 지적한 바와 같이 아무리 강한 사찰제도가 있다고 하더라도 피사찰국이 수용을 거부하면, 시정할 수 있는 방법이 매우 한정되어 있다는 데에 취약점이 존재한다.

2. NPT의 보조장치들

NPT체제를 보완하는 장치는 누가 그 장치를 주창하고 왜 그것을 제도화했는지에 따라 네 가지로 나눌 수 있다.

첫째, 냉전 시대 공산주의와 자본주의의 대치 하에서 미국과 서방세계가 주도하여 공산권에 첨단과학기술(원자력 기술 포함)의 제공을 금지하고 공산권에 흘러 들어가 무기로 전환될 수 있는 전략 물품의 무역을 금지하기 위하여 탄생한 대공산권 수출통제체제가 있다. 이것은 탈냉전 이후 바시나르 체제(Wassenaar Arrangement)로 바뀌었다.

둘째, NPT체제하에서 NPT를 강화할 목적으로 서방 원자력 기술 선진국들이 주동하여 NPT 비핵국들에게 핵물질 및 장비를 제공하지 않기 위한 단체행동을 고취하기 위해 1971년 결성된 쟁거위원회(Zangger Committee), 1974년 인도가 캐나다에서 평화적인 목적으로 수입한 원자로를 사용하여 핵을 개발하자 미국과 캐나다가 주동이 되어 NPT 3조에 규정된 비핵국의 '핵물질 군사적 전용금지 및 IAEA 안전조치의무' 조항만으로는 핵확산 방지에 불충분하다고 인식하고, 프랑스, 서독, 영국, 일본, 구소련까지 가세하여 설립한 핵공급국그룹(NSG)이 있다. 2021년 말 현재 가입국 수는 48개국이며 한국이 1995년 10월 가입하게 되어 한국도 원자력 수입국에서 공급국(수출국)의 자리에 올라서는 계기가 되었다. 이것은 영국 런던에서 출범하였다고 하여 일명 '런던 핵공급국그룹'이라고도 불린다. NSG활동은 1992년 4월부터 사실상 본격화되었다고 볼 수 있는데, 원자력 시설, 장비, 부품, 핵물질 및 기술을 수출할 때 수입국이 IAEA와 전면안전조치협정을 체결하지 않으면 수출을 금지하기로 합의하였다. 그리고 쟁거위원회나 COCOM보다 훨씬 넓은 범위의 품목을 수출 금지하기 때문에 관련국의 원자력 기술향상에 큰 장애를 줄 수 있다는 점을 유의할 필요가 있다. NSG에 대한 최근 소식은 인도가 가입을 신청하였으나 중국의 반대와 견제로 가입을 하지 못하고 있다.

셋째, NPT체제에서 금지하고 있지 않은 핵무기 운반수단의 개발과 대량살상무기의 개발 및 확산을 금지하기 위하여 미국이 중심이 되어 1987년 발족시킨 미사일 수출통제체제가 있으며, 1984년 화학무기의 개발과 관련되는 물질, 장비, 기술의 이전을 통제하고자 호주가 중심이 되어 탄생한 호주그룹(Australia Group), 그리고 1993년 1월 프랑스 파리에서 조인한 화학무기폐기협정(CWC)도 여기에 해당한다.

넷째, NPT 7조에 의거, 핵비보유국들이 중심이 되어 지역 내 핵무기의 완전한 부재를 보장하는 비핵지대화 조약을 만들어 간 운동이다. 비핵지대화 조약은 조약의 서명국들이 핵무기의 실험, 개발, 배치를 하지 않겠다고 약속하는 것이며, 핵보유국이 핵무기를 배치하거나 통항하는 것을 금지함으로써 핵무기 없는 지역을 만들고자 맺는 조약이다. 이 조약을 체결함으로써 역내에서 핵무기의 부재뿐만 아니라 핵무기로부터 초래되는 안보 위협을 제거하자는 취지에서 만들어지고 있다. 비핵지대 지역 내 국가들은 핵보유국인 강대국들로부터 법적으로 보장되는 안보보장을 받는다.

국제법적인 근거로서는 NPT의 제7조에 "본 조약의 어떠한 규정도 수 개의 국가가 각자 지역 내에 있어서 핵무기의 완전한 부재를 보장하기 위한 지역적 조약을 체결하는 권리에 영향을 미치지 아니한다"라고 규정되어 있듯이, NPT는 지역국가들 간에 비핵지대화조약을 체결하도록 권장하고 있다.

비핵지대화 조약은 1959년 남극 비핵지대화(Antarctic)조약, 1967년 우주(Outer Space)조약, 1969년 중남미국가들이 주동이 되어 출범시킨 중남미 비핵지대화 조약(Tlatelolco Treaty)을 대표적인 예로 들 수 있다. 1972년 심해저(Seabed)조약, 1985년 남태평양 비핵지대화 조약(Rarotonga Treaty), 1995년 5월 통과한 아프리카 비핵지대화 조약(Pelindaba Treaty)과 1997년 발효된 동남아시아 비핵지대화 조약 등이 있다. 지역 내 다자간 안보협력이 증대됨에 따라 1999년 몽골이 개별 국가로서 처음으로 비핵지대를 선포했으며, 21세기에 들어와서 중앙아시아 국가들(카자흐스탄, 키르키즈스탄, 우즈베키스탄, 타지키스탄, 투르크메니스탄)이 2006년 9월 비핵지대조약에 서명, 2009년 3월에 중앙아시아비핵지대화 조약(Semipalatinsk Treaty)을 발효시킨 바 있다. 2021년 말 현재 중동 비핵지대와 동북아 비핵지대에 대한 과제가 남아 있다.

다섯째, 대기권, 외기권, 수중, 지하 등 모든 곳에서 모든 종류의 핵실험을 금지한 포괄적핵실험금지조약(CTBT: Comprehensive Nuclear Test−Ban Treaty)을 채택하여 모든 국가들의 핵실험을 금지하고자 노력하고 있다. 이 조약은 1996년 유엔에서 채택되었고, 2021년 12월 현재 185개국이 서명했고 170개국이 비준을 마쳤으나, 조약 발효요건 중에서 핵기술능력(발전용 및 연구용 원자로)을 보유한 44개국이 반드시 발효시켜야 국제조약으로 유효하다고 정한 요건 때문에, 현재 미국, 중국, 이스라엘, 이란, 이집트가 비준을 하지 않고 있고, 인도, 파키스탄, 북한이 서명조차 하지 않고 있어, CTBT는 국제조약으로서 아직 발효되지 못하는 실정이다.

핵무기의 폐해는 이미 알려져 있고, 1945년 이래 1996년까지 5대 핵국을 중심으로 2,000여 회의 핵실험을 실시했으며, 1996년 CTBT의 발의 이후에도 인도, 파키스탄, 북한이 핵실험을 했기 때문에, 이 조약의 시급성에도 불구하고 조약은 아직 발효

되지 않고 있다. 하지만 CTBT의 조기 발효와 핵실험의 전면 금지를 위해 포괄적 핵
실험금지조약기구(CTBTO)가 1996년 11월에 조약 서명국 간의 합의에 따라 창설되어
비엔나에 있는 IAEA와 같은 건물에 입주해 있다. 조약이 아직 발효되지 않았기 때문
에 공식 명칭은 조약준비위원회 체제로 운영되고 있다.

　　CTBTO의 본부에는 지구상의 핵실험 관측 및 검증을 위해 국제감시체제와 국제
데이터센터를 설치하고 현장사찰을 시행하고 있다. 국제감시체제는 전 세계 89개국
에 소재한 337개의 지진관측소를 통해 핵실험 여부에 대한 자료(지진파, 수중음파, 초저
음파, 방사능 핵종)를 탐지하여 국제데이터센터로 이송하고, 여기서 분석을 거쳐
CTBTO의 이름으로 해당 국가의 핵실험 여부에 대해 실시간으로 발표하게 되는데,
그 공신력을 인정받고 있다.

제 9 절 소 결 론

　　2020년 NPT은 출범 50주년을 맞았다. 유엔에서는 NPT 50주년 기념식과 함께,
NPT 평가회의를 개최할 예정이었으나 코로나-19의 확산으로 회의를 2021년 7월 이
후로 연기했고 최종적으로 2022년 8월에 개최되었다.

　　앞에서 설명한 바와 같이 1970년 3월 5일에 출범한 NPT체제는 미국, 소련, 영
국, 프랑스, 중국 등 5개국에 핵보유국의 지위를 부여하면서 핵군축에 대한 의무를
부과하고 비핵국들에게 평화적 원자력 기술을 제공하되 비핵국에 대한 핵무기 개발
조력 또는 기술 이전을 금지하였다. 비핵보유국은 핵무기를 개발하지 않는다는 약속
을 조건으로 핵보유국들로부터 오로지 평화적인 원자력 이용을 위한 장비, 물질, 과
학기술정보를 제공받아 평화적으로만 이용하며, 비핵국의 핵기술의 군사적 전용을
방지하기 위해 IAEA로 하여금 비핵국의 원자력 시설에 대한 안전조치 감독 권한을
행사하고 있다.

2021년 말 현재 NPT체제는 UN 다음으로 가장 많은 191개국의 회원국을 가지고 있는 국제기구이며, 비회원국으로는 이스라엘, 인도, 파키스탄, 북한[113], 남수단이 있다. 1960년대 중반에 21세기에는 핵무기 보유국이 20여 개 이상이 될 것이란 어두운 전망이 있었는데; 그동안 NPT체제를 통해 핵무기 확산을 막아 온 결과, 2021년 말 핵무장국은 5개의 공인된 핵보유국과 4개의 핵무장국에 국한되고 있으므로, NPT체제는 핵무기의 확산을 효과적으로 막아 온 것으로 인정받고 있다. 또한, NPT조약 출범 이후 25년 후인 1995년에 동 조약의 무기한 연장, 수정, 혹은 폐기를 놓고 협의한 결과, 만장일치로 동 조약의 무기한 연장을 결정했기 때문에 NPT는 국제레짐으로서 지금까지 존속해 올 수 있었다.

미·소·영·프·중 5개 핵국과 이스라엘, 인도, 파키스탄이 핵을 만든 원인을 분석한 국제정치학자들은 국가들의 핵무장 원인을 안보 동기론, 기술론, 국제적 지위와 위신론, 억제론, 정치사회체제론 등으로 설명하고 있는데, 그중에서 안보 동기론과 국제적 지위와 위신론을 가장 대표적인 원인으로 꼽고 있음을 알 수 있다. 그러나 2010년대에 와서 북한이 핵무장국으로 진입함에 따라, 북한은 NPT에 가입했다가 탈퇴하고 핵 개발을 한 독특한 사례로서, 북한의 핵개발 원인은 기존의 안보 동기론과 국제적 지위와 위신론에 북한 세습 정권의 정권안보, 강압과 강제를 통한 지역 질서의 변경 시도 등을 그 이유로 추가할 수 있다. 그리고 4개 핵무장국의 핵개발 경로를 보면, 이들의 핵 포기를 위해 5개 핵국을 비롯한 국제사회가 아무리 제재를 가해도 핵을 포기시키기 어렵고, 일단 핵을 보유하고 나면 핵보유국을 기정사실화하기 때문에 비핵화는 더욱 어려워진다는 것을 알 수 있다.

또한, 핵개발을 포기한 국가들의 사례와 원인을 분석한 결과 종래에는 동맹을 통한 안보 위협 해소, 경제제재를 비롯한 국제적 제재 회피 등을 대표적인 원인으로 꼽을 수 있으나, 본 연구를 통해서 핵비확산 조약 체제의 존재가 가장 대표적인 원인임을 발견하였다. NPT체제의 성립 이전에는 핵무기 개발을 시도하거나 계획하는 국가들의 숫자가 24개 정도였으나, NPT체제 성립 후에는 핵무기 개발을 시도하거나 계

---

113) 국제법학자들은 북한의 NPT탈퇴 선언 이후 북한의 NPT회원국 지위에 대해 아직도 NPT회원국이라는 학자들과 NPT회원국이 아니라는 학자들 사이에 견해가 일치하지 않고 있다. 2021년 12월 시점에서 유엔의 NPT 홈페이지에 보면 북한을 아직도 NPT회원국으로 취급하고 있다. 그러나 저자는 국제법학자들의 다수 견해를 따라 비회원국으로 취급한다.

획하는 국가들의 숫자가 11개로 줄어들었음을 볼 때에, NPT체제와 규범이 국가들의 핵무기 관련 정책 결정에 중대한 영향을 미쳤음을 발견할 수 있었다.

특히 남아공, 벨라루스, 카자흐스탄, 우크라이나는 핵보유국이었다가 자발적으로 핵무기를 폐기한 국가들인데, 이 4개 국가는 정권교체 혹은 국가의 해체라는 정치적 격변을 겪었기 때문에 핵을 포기하게 되었다. 남아공은 미래에 흑인 정권의 등장을 예상하여, 백인 정권이 있을 때에 주변 지역 질서의 안정을 도모하고자 핵폐기 결단을 내렸고, 핵을 폐기한 후에 NPT에 가입하였다. 벨라루스, 카자흐스탄, 우크라이나도 소련의 해체 이후 구소련의 핵무기를 보유하게 되었으나, 급변하는 국제안보 질서의 안정적인 관리를 위해 미국과 협조하여 핵무기를 러시아로 이관하여 폐기하고, NPT에 가입하였다. 따라서 핵을 이미 보유한 국가들은 정권교체나 정권 전복 등과 같은 대격변이 없으면, 핵을 포기하기가 힘들다는 것을 알 수 있다. 그리고 핵을 보유했다가 포기한 국가들이 반드시 NPT에 가입하는 것을 볼 때에 NPT는 그 존재가치가 인정받고 있고, NPT회원국들은 의무도 있지만 국제적으로 얻을 수 있는 이익이 상당하다는 것을 보여준다고 하겠다.

또한, 핵국 특히 미국과 소련(러시아)간의 핵군축 선례가 국제사회의 핵비확산에 긍정적인 영향을 주고 있다. 미·소(러시아) 양국은 1987년에 세계의 핵무기고가 약 70,000여 기에서 2021년 말 현재 약 14,000여 기로 핵군축을 통해 80%의 핵군축을 이루었고, 탈냉전 후에 양국은 핵무기를 원자력으로 전환하는 <메가톤에서 메가와트>라는 경이로운 기록을 달성하기도 했다. 상호 대치하고 있는 국가들 사이에 신뢰구축, 관계개선 등을 통한 비핵화 합의도 비확산에 긍정적인 영향을 주고, 비핵지대화의 확산 추세, 미국과 소련(러시아)의 동맹국에 대한 철저한 감시와 통제도 비확산에 큰 효과가 있음을 발견할 수 있었다.

아울러 본 장에서 기존의 국제정치 이론과 다른 현상을 발견하였다. 보통 강대국과 약소국 간의 비대칭 안보동맹에 있어서 약소국은 자율성(autonomy)을 강대국에 양보하는 대신에 강대국으로부터 동맹을 통해 안보를 보장받는다고 하는 모로우의 <자율성 대 안보의 교환효과>가 나타난다는 것이 통설로 되어 있다. 하지만 핵무기 개발에 있어서는 자율성 대 안보동맹의 교환효과가 발생하지 않는다. 왜냐하면, 한 국가가 기존 핵국의 압력에도 불구하고 핵무기를 만들고자 핵개발 행위를 하게 되면 기존의 핵국이 안보동맹을 파기하겠다고 압력을 행사하기 때문에 결국 핵무기를 만들면 안보동맹이 성립되지 않는다는 것이다. 핵무기 만들기를 포기하면 핵국과의 안보동맹을 통해 핵국으로부터 안보를 제공 받을 수 있으므로, 핵무기 분야에서는 자율성 대 안보의 교환효과를 적용할 수가 없다는 것을 발견하게 되었다. 예를 들면, 프랑스는 핵무기를 개발하기 위해 미국과 영국, 나토로부터 자주를 선언하고 핵을 개발했으며, 그 후 나토를 탈퇴하였다. 즉, 자주를 찾아 핵을 개발했고, 개발한 다음에는 나토를 탈퇴하였기 때문에 핵확산=자주, 핵비확산=안보동맹이라는 등식이 성립한다. 중국의 경우 소련과의 동맹을 탈퇴하고 핵을 만들고 자주를 선언하였다. 그런데 북한의 경우는 중국과 사실상의 동맹 관계이면서 핵무기를 만들었는데, 핵을 만든 후에도 중국과 사실상의 동맹 관계는 계속되고 있다. 이것은 특수한 경우에 해당한다. 반면에 미국은 나토 동맹을 통해서 나토 동맹국들의 핵확산을 방지하고자 소련의 핵위협에 대해 미국이 확장억제를 제공하고, 나토 특유의 핵공유 시스템을 만들었다. 그러나 미국은 아시아의 동맹국인 일본, 한국, 오스트레일리아 등에게는 확장억제를 제공하면서도 나토와 같은 핵공유 시스템을 만들지 않았다. 그렇지만 일본, 한국, 오스트레일리아에게 핵비확산규범을 준수할 것을 일관되게 요구해 왔으며, 일본, 한국, 오스트레일리아는 핵비확산 규범을 잘 준수하고 각종 NPT의 보조장치와 기관에서 리더십 역할을 수행하고 있다.

NPT에 대한 도전요소에도 불구하고, NPT체제는 191개국의 회원국을 가지고, 유엔 다음으로 회원국이 많은 보편적인 국제체제가 되었다. 핵무장국 숫자로 보면, 공인된 5대 핵국(미·러·영·프·중) 이외에 4개의 핵무장국(이스라엘, 인도, 파키스탄, 북한) 정도로 핵확산이 그런대로 효과적으로 방지되어 왔다는 데에 이의를 제기할 수 없을 것이다.

이미 NPT회원국이 되어 비확산과 비핵정책을 수용하고 이를 이행하고 있는 국가들은 국제법에 준하는 핵비확산 규범을 준수하고 이에 부응한 외교와 안보정책을 추진하고 있기 때문에, 기존의 국제안보 질서가 대변환을 겪지 않는 한, 비확산체제 속에서 국가의 외교안보정책을 추진해 가야 할 것이다.

하지만 2010년대 이후부터 미·러관계의 악화로 인해 핵군축은 대부분 중단되고 오히려 미사일 개발 및 미사일 방어체계 개발 경쟁이 전개되고 있으며, 마침내 2022년 2월 러시아의 우크라이나 침공으로 유럽에서 신냉전 시대로 진입함에 따라 미국과 러시아 간의 핵군축은 상당 기간 모멘텀을 살리기가 힘들 것으로 전망된다.

21세기에 들어와 중국이 세계 제2의 경제대국으로 부상하면서, 미국과 소련(러시아) 간의 핵군축에 호응하지 않고 오히려 그동안 미·소 간 중거리 핵무기 폐기 협정으로 인한 미국과 러시아의 중거리 미사일의 폐기에 무임승차해 왔던 중국이 미·중 패권경쟁에 돌입함에 따라 인도－태평양 지역에서는 핵군비통제는 커녕 핵과 미사일 군비경쟁에 돌입한 상황이기 때문에 특히 강대국 간의 핵군축의 전망은 밝지가 않다.

또한, 21세기 미국과 러시아의 국제비확산 레짐에 대한 지도력이 쇠퇴하고, 다극 체제가 등장함에 따라 이 틈을 타서 인도와 파키스탄이 핵실험을 감행했고 북한이 핵개발에 성공하였다. 앞으로 미국과 러시아의 비확산 지도력이 약화함에 따라, 종래에 반미노선 혹은 반러노선을 취해 온 국가들 중에서 북한의 핵보유국 행세를 보고 핵무장을 시도할 가능성이 있다. 특히, 이란, 시리아 등이 그 후보로 등장할 가능성이 있다.

최근에 발생한 러시아－우크라이나전쟁에서 핵국 러시아가 비핵국 우크라이나를 침공하고, 만약 서방이 우크라이나를 지원할 경우에 핵무기를 사용하겠다고 위협하는 러시아의 행태는 NPT체제의 장래에 적지 않은 부정적 영향을 미칠 것으로 보인다. 러시아의 우크라이나에 대한 무자비하고 야만적인 침략행위는 UN헌장의 명백한 위반이며, "핵국이 NPT회원국인 비핵국에게 핵사용과 핵사용위협을 하지 않겠다"는 소극적 안전보장(negative security assurance) 약속을 명백하게 파괴한 행위이기 때문에, 러시아의 행위와 유사한 사태의 재발방지를 위해서 소극적 안전보장의 강화조치가 필요하다. 이와 더불어 핵국 겸 유엔안전보장이사회의 상임이사국들의 책임을 강화하기 위한 조치가 취해지지 않는다면, NPT체제는 핵국 대 비핵국 간에 갈등이 증폭될 수밖에 없다. 그리고 이 전쟁은 NPT체제 밖에서 핵무기를 보유한 국가들에게도 반면교사인 교훈을 주고 있으며, 아무런 자주국방의 의지와 힘도 가지지 못한 NPT 회원국들에게도 핵무기를 포함한 자위적 국방력을 확실하게 육성하고, 그렇지 못할 경우 핵국과 신뢰할 수 있는 동맹을 신속하게 결성해야 한다는 또 다른 교훈을 던지고 있다.

러·우 전쟁이 끝난 후에 NPT체제 강화방안에 대해서 유엔 제1위원회나 여러 가지 군축채널을 통해 논의가 일어날 것이다. 그러나 미국－영국－프랑스 대 러시아－중국 간의 대립이 심화된다면 국제사회는 신냉전 시대로 진입하고, 군비경쟁이 치열해지면서 국제비확산체제의 전망은 어두울 수밖에 없을 것이다.

다른 한편에서는 비동맹국가들을 중심으로 지구상에서 핵무기를 전면 금지하자는 핵무기금지조약이 발효되어, 핵국들과 핵국들의 동맹국들이 중심축이 되어 유지되어 온 핵비확산체제에 도전하고 있다. 따라서 상당 기간 동안 핵비확산체제와 핵무기금지조약체제는 불편한 동거가 계속될 전망이다.

제 2 장

한국의 핵무기 개발 포기와
비핵정책의 선택

이 책의 제2장은 한국이 일제 식민지로부터의 해방 이후 최근까지 핵무기와 관련하여 가진 인식과 이해에 대해 설명하고, 특히 1970년대 초에 박정희 정부가 비밀리에 추진하였던 핵무기 개발 계획과 미국이 남한의 핵 개발을 포기시키는 과정에서 한미 정부 간의 상호작용에 대해서 분석하기로 한다. 박정희의 핵 개발 포기 이후 전두환 정부의 핵 개발 흔적 지우기 및 우리의 핵연구와 미사일 능력 해체과정에서 사라져가는 한국의 핵관련 국가전략 사고의 소멸과정을 살펴보고자 한다.

그리고 탈냉전과 더불어 시작된 주한미군의 전술핵무기 철수와 한국정부의 비핵화 정책 채택과정, 북한의 핵위협 증가에 따라 미국의 확장억제의 신뢰성 제고 차원에서 나토와 같은 핵공유체계의 수립, 주한미군의 전술핵 재반입, 한국의 독자적 핵무장론 등 대안들의 상호비교를 통해 한국이 핵비확산 레짐을 준수하면서 국민들의 안보불안을 해소할 수 있는 안보보장책에 대해서도 검토해 보려고 한다. 또한 한국의 핵정책에서 대미 자율성 추구 대 한미동맹을 통한 안보 확보 노력의 교환효과가 어떻게 나타나는지에 대해 설명해 보고자 한다.

제1절에서는 1945년 8월 15일 한국을 일제 식민지로부터 해방을 가능하게 만든 미국의 일본 히로시마·나가사키에 대한 원자폭탄 투하와 관련한 논쟁을 들여다 본다.

제2절에서는 1950년 6.25전쟁에서 미국이 고민했던 핵무기 사용 문제를 살펴본다. 여기서 김일성의 남침과 중공의 한국전쟁 개입을 차단하기 위해 핵무기 사용을 일시적으로 고려했던 미국정부와 맥아더 장군을 비롯한 군부 사이의 논쟁과 그를 둘러싼 국내외의 논쟁을 미국의 비밀해제된 자료들을 중심으로 미국이 6.25전쟁 기간 중 핵무기 사용을 어디까지 실제로 고려했는지에 대해 분석한다.

제3절에서는 1958년 1월에 시작된 미국의 남한 내 전술핵무기 배치과정을 살펴본다. 당시 아이젠하워 행정부는 왜 남한에 핵무기를 배치하였으며, 이후 미국의 전술핵무기 배치 정책은 어떠한 변화를 겪게 되는지 살펴본다. 그리고 이를 통해 미국의 대 한반도 핵정책의 변화와 한미관계의 상호작용을 분석한다.

제4절에서는 1972년에 시작된 박정희 정부의 핵무기 개발 정책결정과정과 미국의 압력으로 인한 박정희 정부의 핵개발 포기과정을 살펴본다. 1969년 미국이 닉슨독트린을 발표하며 주한미군을 철수하려고 하자 박정희 정부는 자주국방의 기치를 내걸고 비밀리에 핵무기 개발을 시도한다. 당시 미국은 한국정부에게 국제 핵비확산

규범을 강요하였으며, 국제적·외교적·군사적·경제적인 압력을 통해 박정희 정부의 핵 개발 계획을 좌절시킨다. 1976년 1월 한국이 미국의 압력 속에 프랑스의 재처리 시설 도입을 공식적으로 포기하고 미국으로부터 주한미군의 철수 동결을 약속받았지만, 1977년 등장한 카터 행정부는 이를 번복하고 주한미군의 철수를 다시 시도한다. 이에 박정희 정부는 다시 핵 개발 카드를 생각해 보았으나 워낙 비확산의 벽이 높아 포기하고, 대신에 한국군 현대화에 대한 미국의 지원과 민간 원자력발전에 대한 한미 협력을 조건부로 핵 개발을 완전히 포기하게 된다.

제5절에서는 1979년 12월 12일의 군사 쿠데타로 정권을 잡은 전두환 신군부가 행한 한국의 핵무기 개발에 관련된 모든 기록 지우기 과정을 살펴본다. 전두환 정권은 미국의 정치적 지지를 얻기 위해 박정희 정부 때부터 핵 개발 의심을 받아온 원자력 및 미사일 연구개발 조직에 대한 말살을 시도한다. 결국 전두환 정부는 평화적 원자력 건설에 전념하게 된다.

제6절에서는 1991년 한반도비핵화 선언과정에 대해 살펴본다. 1990년 탈냉전의 시작과 더불어 1991년 9월에 부시 미국 대통령은 남한에서 전술핵무기의 철수를 발표한다. 동시에 미국정부는 노태우 정부로 하여금 비핵평화정책을 채택하도록 종용하였으며, 이를 토대로 당시 핵개발을 시도하고 있던 북한을 비핵화 협상으로 유도하게 되는데, 한반도비핵화 과정을 분석한다.

제7절에서는 2000년 이후 북한이 핵무장국으로 등장하는 과정과 한미 동맹의 대응에 대해 살펴본다. 북한의 핵 개발이 급속히 진전됨에 따라 한국 사회 일각에서는 북한 핵에 대응하여 자체 핵무장에 대한 요구가 증가한다. 하지만 미국은 대화를 통한 북한 비핵화를 추진하면서, 남북한이 동시에 국제 NPT 체제의 규범을 준수하도록 영향력을 행사한다. 한편 북한은 NPT를 탈퇴하고 핵무기 개발을 계속하여 핵무장국으로 등장한다. 앞으로 북한의 비핵화가 어떻게 될지 불확실한 가운데, NPT체제는 50년을 넘고 있다. 여기에서는 한미동맹을 통해 대북 핵억제력을 제고함과 동시에 국제 핵비확산 규범을 준수해야 하는 한국의 딜레마와 그 해결방안에 대해 시사점을 제시하려고 한다.

제8절에서는 한국의 핵정책에 대하여 모로우의 <자율성–안보의 교환효과 모델>의 적용 가능성을 검토해 보고, 제9절에서는 소결론을 내린다.

제 1 절 미국은 왜 일본에 원자탄을 투하했나?

전 세계와 마찬가지로, 한국인들이 핵무기를 처음 알게 된 것은 1945년 8월 미국이 제2차 세계대전을 종결시키기 위해 일본의 히로시마와 나가사키에 원폭을 투하했던 때다. 원폭 투하 후, 일본은 무조건 항복을 선언했고, 그 결과로 한국은 예상보다 일찍 일제 식민지로부터 해방을 얻게 되었다.

일본에 대한 원폭 투하로 히로시마와 나가사키에서는 총 25만 명이 피폭을 당하여 사망하거나 희생자가 되었다. 그중에는 일본으로 징용을 당했던 10만여 명의 조선인들도 있었다. 당시 히로시마와 나가사키에 살고 있던 조선인 중 사망자는 약 5만 명이었으며, 피폭 생존자 역시 약 5만 명으로 추산되고 있다. 이 중 4만 3천 명 정도의 피폭 생존자들이 해방 후 한국으로 돌아와서 그 후유증에 시달리면서 고통의 생을 살아왔다고 알려지고 있다.[1]

그러면 왜 미국이 일본에 원자탄을 투하하게 되었는가? 이에 대해서는 세 가지 상반되는 주장이 있다.

첫번째 이유는, 일본에 대한 재래식 폭격의 효과가 일본이 항복을 고려할 만큼 크지 않았기 때문에 미국이 원자탄으로 종전을 앞당기기 위해서 원자탄 투하를 결정했다는 것이다. 미국이 일본에 대해 재래식 폭격을 아무리 많이 해도 일본이 항복할 가능성이 적었고, 전쟁이 장기화될수록 미군의 희생이 급증할 것으로 예상되었기 때문에, 미군의 희생을 줄이고 전쟁을 빨리 종결 짓고자 원자탄을 투하했다는 것이다. 따라서 미국의 트루먼(Harry S. Truman) 대통령은 원자탄을 일본의 주요 군사기지 및 군수공장 지대에 투하하여 일본의 전의를 상실하게 만듦으로써 항복을 빨리 받을 수

---

1) (사)한국원폭피해자협회, 『한국 피폭자의 현황』, 1985에서 재인용. (사)원폭피해자협회 홈페이지(http://wonpok.or.kr/doc/abomb1.html). 이치바 준코, 『한국의 히로시마: 20세기 백년의 분노, 한국인 원폭피해자들은 누구인가』(서울: 역사비평사, 2003), p. 20.

있을 것이라 생각하게 되었다.[2]

당시 미국의 군부는 재래식 전쟁을 수행할 경우 1946년 8월이 되어서야 전쟁이 종결될 것이라고 예상하고 있었다. 또한 그때까지 전쟁이 지속될 경우 미군의 사상자는 6만 명이 넘을 것으로 추산되었다. 따라서 트루먼 대통령은 일본의 항복을 하루라도 빨리 받기 위해서 엄청난 파괴력을 지닌 원폭을 사용하기로 결정한 것으로 알려졌다.[3]

트루먼 행정부는 1945년 7월에 원폭을 사용할 표적으로 교토, 히로시마, 코쿠라, 나가사키 등을 놓고 고심하고 있었다.[4] 이때에 미국 내에 있는 지(知)일본 인사들이 미국의 원폭 투하 지점에 대한 정책결정과정에 참여하여 "교토는 일본 역사·문화의 중심지로서 민간인과 역사·문화 유적에 대한 엄청난 파괴가 우려 된다"고 원폭을 사용하지 말 것을 설득하여, 교토는 표적에서 제외되었다고 알려져 있다.

두 번째 이유는 첫 번째 이유와 매우 다른데, 미국이 원폭을 사용한 이유가 1945년 8월초 극동전선에 참전한 소련이 미국보다 먼저 일본을 점령할 것이라는 우려 때문에 미국이 원자탄을 서둘러 사용했다는 주장이다. 이에 따라 미국은 일본이 항복 의사를 가지고 있었음에도 불구하고, 소련보다 먼저 일본을 점령하기 위해 원폭을 사용했다고 주장한다.

세 번째 이유는 백인 국가인 미국이 유색인종인 일본을 차별하여, 독일에 대해서는 원폭을 사용하지 않았으나, 일본에 대해 반인륜적이고 가공할 만한 원폭을 사용하였다고 주장하는 사람이 증가하고 있다.[5]

---

2) 히로시마 원폭 투하 직후 트루먼 대통령은 다음과 같이 연설하였다. "We are now prepared to obliterate more rapidly and completely every productive enterprise the Japanese have above ground in any city … Let there be no mistake; we shall completely destroy Japan's power to make war," Harry S. Truman, August 6, 1945: Statement by the President Announcing the Use of the A-Bomb at Hiroshima(https://millercenter.org/the-presidency/presidential-speeches/august-6-1945-statement-president-announcing-use-bomb).
3) Matthew *Jones, After Hiroshima: The United States, Race and Nuclear Weapons in Asia 1945-1965* (Cambridge, UK: Cambridge University Press, 2010), pp. 7-56.
4) 당시 히로시마에는 군사 대본영이, 코쿠라에는 군수공장인 야하타(八幡) 제철소가, 나가사키에는 미쓰비시(三菱) 중공업의 조선소와 일본 해군의 군항이 있었다. 8월 9일 FATMAN(플루토늄탄)을 실은 B-29가 코쿠라에 원폭을 투하하기로 되어 있었으나, 코쿠라에는 당일 구름이 너무 짙게 깔려 있어서 투하를 하지 못하였다. B-29조종사는 상공에서 코쿠라의 기상정보를 미국 국방부와 교신하고, 지시를 받아 다음 투하 목표인 나가사키에 원폭을 투하하게 되었다.

위의 세 가지 주장 중 어느 것이 더 설득력이 있을까? 제2차 세계대전 종전 후 오랜 세월이 지나면서, 과거의 역사는 잊혀져 가는 가운데 두 번째가 더 설명력이 있다고 주장하는 사람들이 생겨나고 있다. 그러나 이 두 번째와 세 번째 주장이 설명력이 있으려면, 다음 세 가지 질문에 대해 보강 증거를 제시해야 하는데, 그 증거가 빈약하기 때문에 이 주장이 설득력이 없다는 것이 증명된다.

첫째, 일본이 1945년 8월 6일 히로시마에 우라늄탄 폭격을 당하기 전에 미국을 비롯한 연합국에 항복의사를 분명하게 표명하려는 의도와 행동을 보인 적이 있는가? 미국이 소련의 극동지역 선점을 우려하여 원폭을 사용함으로써 미국의 패권적 지배를 확립할 의도가 있었는가? 미국이 재래식 폭탄을 일본 전역에 투하함으로써 엄청난 피해를 이미 내고 있었고 재래식 전쟁만으로도 일본의 항복을 조만간에 받을 수 있었음에도 불구하고, 핵무기가 가진 큰 파괴력을 유럽인(백인)이 아닌 일본인(유색인종)에 대해 시험해 보기 위해서 핵무기를 사용했는가?

이상의 질문에 대해서 모두 그렇다고 할 만한 증거는 희박하다. 근래에 와서 이 세 번째 질문 즉, 미국이 백인인 독일에 대해서는 핵무기를 사용하지 않고 아시아인인 일본에 대해 핵무기를 사용한 것은 인종차별적인 것이라고 주장하는 연구가 증가하고 있는데, 이것은 역사적 맥락을 모르고 사후에 그럴듯한 이유를 갖다 붙이는 것이라고 지적하지 않을 수 없다.[6] 왜냐하면 독일이 항복한 1945년 5월에는 원자탄의 실험도 거치지 않아 아직 그 유효성이 입증되지도 않았고, 따라서 사용할 수도 없었던 때였기 때문이다.

결국, 트루먼 미국 대통령이 일본에 대해 핵무기를 사용한 것은 미군의 피해를 줄이면서 제2차 세계대전을 신속하게 끝내기 위해서라는 것이 정설이다.[7] 미국이 원폭을 히로시마와 나가사키에 투하했다는 점은 민간인 살상보다는 군사시설에 대한 파괴가 목적이었다는 것을 짐작하게 한다. 그럼에도 불구하고 이 두 곳의 민간인을

---

5) Matthew Jones, *op. cit.*, pp. 7-56.

6) Matthew Jones, *Ibid.*, pp. 7-56.

7) 일본의 에도 박물관에는 도쿄와 교토가 소재한 혼슈섬에 대한 미국 공군의 공습 피해가 항복일 기준 90일 전부터 60일 전, 30일 전 순서로 버튼 장치가 되어 있는 것을 볼 수 있다. 이 버튼을 눌러보면 일자별로 미군 공습으로 인한 피해를 알 수 있게 되어 있는데, 항복일자(1945. 8.15.의 버튼이 없음)와 항복선언을 누르는 버튼이 없다. 이것을 보면 일본이 항복할 의사가 없었다는 것을 보여주는 것이 아닐까 하는 생각이 든다.

포함한 부수적 피해가 엄청나게 많이 발생한 것은 원폭의 폭발력이 그만큼 크리라고 전혀 예상하지 못했다는 것을 말해 주고 있다고 할 것이다.

제 2 절 북한의 6.25 남침과 미국의 핵무기 사용 논쟁

　미국 내에서 한반도에서 원자탄을 사용할 것인가에 대한 논쟁이 처음 일어난 것은 북한의 남침으로 6.25전쟁이 발발한 지 한 달이 지나서였다. 혹자는 원자탄을 먼저 보유한 미국이 1949년 8월에 핵무기를 보유하게 된 소련을 의식하여 6.25전쟁에서 핵무기를 사용하려는 의도가 처음부터 있었다고 주장하기도 한다.[8] 그리고 6.25전쟁을 일으킨 김일성을 비판하기보다 미국이 핵무기 사용을 고려했었다는 사실만으로 미국을 더 비판하는 목소리가 있다. 그러나 이것은 본말을 전도한 주장에 불과하다. 6.25전쟁이 없었으면 미국이 한반도에서 핵무기 사용을 고려도 하지 않았을 것이고, 한미동맹도 태어나지도 않았을 것이기 때문이다.

　6.25전쟁의 기원은 1949년으로 거슬러 올라간다. 북한의 김일성이 1949년부터 소련의 스탈린에게 "남한을 침략하고자 하니 소련이 도와 달라"고 지속적으로 요청했던 적이 있다.[9] 그러나 당시 스탈린의 관심은 유럽에서 소련이 위성국을 확보하여 공산주의 세력권을 신속하게 수립하는데 있었다. 또한 1949년 4월 미국이 서유럽에 집단안보체제인 북대서양조약기구(NATO)를 창설하자 이에 대응하기 위해 전력을 경주할 필요가 있었다. 따라서 스탈린은 김일성에게 한반도의 38선이 미·소 양국의 합의에 의해 결정되었다는 것과 김일성의 전쟁 준비 부족 등을 이유로 들면서, 김일성의 남침 지원 요청을 수락하지 않았다.[10]

---

8) 정욱식, 『핵의 세계사』(서울: 아카이브, 2012), pp. 153−154.
9) 김학준, 『한국전쟁:원인, 과정, 휴전, 영향 제4수정 증보판』(서울: 박영사, 2010), pp. 53−104.
10) 김영호, 『한국전쟁의 기원과 전개과정』(서울: 두레, 1998), p. 328. 김학준, 위의 책 재인용.

그러나 1950년 1월이 되면서 사정이 달라진다. 그해 1월 말 스탈린은 김일성에게 전보를 보내 3월 말에 모스크바를 방문해 줄 것을 요청함으로써 김일성의 전쟁 계획에 대해 지원 가능성을 시사했다.[11] 평양주재 소련대사인 스티코프로부터 스탈린의 초청서한을 접수한 김일성은 3월 30일부터 4월 25일까지 모스크바를 방문하여 스탈린과 3차례 회합을 가졌다. 이 회합에서 스탈린은 북한이 남침할 경우, 소련이 지원하겠다는 약속을 하게 된다. 스탈린은 "국제정세의 변화로 소련이 한반도 통일을 위해 보다 적극적인 행동을 취할 수 있게 되었다"고 말하면서, 김일성에게 "한반도에서 긴급사태가 발생할 경우를 대비해 중국 공산당 군대가 확실하게 지원해준다는 약속을 받아라"고 지시한 것으로 알려졌다.[12] 스탈린의 약속 이후 김일성과 박헌영은 5월 13일 북경에서 모택동을 만나서, "남한을 침략할 경우 스탈린의 북한 지원 약속"을 전하고 중국의 도움을 요청하였다. 이때 모택동은 "한반도 정세와 평양과 서울의 힘의 상관관계에 대한 북한 지도부의 평가에 동의를 표시하고 군사적 수단에 의한 한반도 문제의 조속한 해결을 지지하는 동시에 이의 성공을 확신한다"고 말한 것으로 알려졌다.[13]

김일성, 스탈린, 모택동의 남한 침략에 대한 공모사실은 1994년 러시아정부가 한국정부에게 6.25전쟁 관련 비밀해제문건들을 제공함으로써 백일하에 드러났다. 동 문건들에는 김일성이 소련의 승인 아래 남침을 계획하고 이를 실행에 옮긴 내용들이 적나라하게 드러나 있다.

그럼에도 불구하고 북한과 중국은 6.25전쟁을 미국 제국주의자와의 전쟁으로 아직도 묘사하고 있다. 김일성은 6.25남침 직후 남한의 모든 신문사를 점거하고, "6.25전쟁은 남조선 괴뢰가 먼저 38선 북쪽으로 침략해 왔기 때문에 이를 저지하고 남조선을 해방시키기 위해 방어적 목적으로 전쟁을 수행했다"[14]고 계속 왜곡된 주장을

---

11) 1950년 1월 30일 자 전보에서 스탈린은 평양 주재 소련 대사 슈티코프에게 훈령을 보냈다. 스탈린이 김일성을 접견하여 그가 오랫동안 바랐던 '남조선에 대한 큰 과업'에 관하여 대화를 나눌 것이며, 이 문제에 관하여 본인(스탈린)이 그를 도와줄 준비가 되어있다는 점을 강조하라는 내용이었다. 라종일, "6·25 불지른 '스탈린의 전보'," 『조선일보』 2020. 2. 1. 인용 (http://news.chosun.com/site/data/html_dir/2020/01/31/2020013101996.html).
12) 장성규, "한국전쟁시 미공군의 전략에 관한 연구" 「국방대 박사학위 논문」, 2011, p. 123.
A. V. 토르쿠노프, 구종서 옮김, 『한국전쟁의 진실과 수수께끼』(서울: 에디터, 2003), p. 112.
13) 황병무, 『한국 외군의 외교군사사』(서울: 박영사, 2021), p. 215.
14) 조선인민보, 1950. 7. 2. 人民日報, "朝鮮人民爲擊退進犯者而奮鬪," 1950. 6.27. 당시 북한과 중공은 북한의 대외 성명을 똑같이 반복하고 있다. 즉, "북한 김일성은 이승만의 대규모 군사적

해 왔다. 중국은 "6.25전쟁에서 침략군인 북한을 응징하기 위해 참전한 유엔군"에 맞서다는 인상을 주지 않기 위해 "미제국주의자들이 만주를 공격했기 때문에 방어적 차원에서 의용군을 만들 수밖에 없었으며, 미군을 몰아내기 위해 반격하지 않을 수 없었다"는 허위주장을 계속해서 늘어놓기도 했다.[15]

북한은 전쟁 개시 후 한 달이 채 지나지 않은 시점에 파죽지세로 남한을 점령하며 낙동강 전선까지 진출하였다. 당시 사안의 긴급성을 고려하여 일본에 주둔하던 미군의 일부가 한국 방위를 위해 신속히 파견되었으며, 이후 유엔 안전보장이사회의 결의를 통해 미군을 비롯한 유엔군이 본격적으로 한국에 파견되었다. 당시 유엔은 1945년 12월 창설 이후 "국제사회의 어느 한 국가가 다른 국가를 침략하면 평화의 파괴자를 응징하기 위해 침략국가를 제외한 모든 국제사회가 유엔의 이름으로 무력을 사용할 수 있다"는 집단안보 이론에 근거하여, 유엔군의 이름으로 남한을 구하러 온 것이다. 왜냐하면 당시에 한반도에서는 남한이 유엔의 감시 하에 단독선거를 통해 합법적인 정부로 출범되었다고 인정하였고, 남한을 한반도를 대표하는 유일한 합법정부로 인정하고 있었기 때문에 북한의 침략을 받은 한국을 유엔이 집단안보의 이름으로 국제평화를 지키기 위해 출전하게 된 것이었다.

불법 남침한 북한군이 소련의 지원을 받으며 남한을 집어삼키고 있던 시기에 맥아더(Douglas MacArthur) 유엔군 사령관을 중심으로 미국 군부에서는 핵무기를 사용해서라도 북한을 격퇴해야 되지 않을까라는 생각을 하기 시작했다. 6.25전쟁 초기인 1950년 7월 9일 미국의 브래들리(Omar N. Bradley) 합참의장은 핵무기 사용 가능성을 맨 처음 제기한 것으로 알려지고 있다. 또한 맥아더 장군은 당시에 "북한군을 고립시키기 위한 목적으로 다리나 터널을 파괴할 때 원폭을 사용할 수는 있겠지만, 그럼에

침공에 반격을 가하기 위해서 부득이 전쟁에 개입했으며, 미국이 이승만 괴뢰군에게 북한을 침략하도록 지시하였다"고 주장하였다. "미제국주의가 대만, 한국, 베트남을 침공하기 위한 책동의 일환으로 먼저 북한을 침략했다"라고 적고 있다. 김경일 저, 홍명기 역, 『중국의 한국전쟁 참전 기원』(서울: 논형, 2005), pp. 383-396에서 재인용.

15) 경희대학교 한국현대사연구원(편저), 『한국전쟁관련 유엔문서 자료집 제1권: 제5차 유엔총회 문서』(서울: 경인문화사, 2011), pp. 128-312. 유엔총회는 중화인민공화국의 한국전 개입문제를 1950년 12월부터 3개월간 계속 논의하고 규탄한 바 있다. 중공군의 한국전 참전 사실은 1971년까지 중공의 유엔 가입과 안보리 상임이사국 진출을 가로막는 하나의 이유가 되었다. 오늘날에도 중국 지도부는 6.25전쟁을 미제국주의자와의 전쟁으로 치부하면서 6.25전쟁에서 유엔군의 존재를 고의로 무시하고 있으며, 중국의 젊은 세대에게 유엔군의 존재를 교육하고 있지 않다.

도 불구하고 민간인을 살상하는 것은 안 된다"고 언급한 것으로 전해진다. 1950년 7월 7일 개최된 국가안보회의에서 스미스(Walter B. Smith) CIA 국장은 "원폭을 사용할 경우 유엔을 통해서 승인을 받고 해야 한다"고 건의했다. CIA 국장의 건의에 대해서 트루먼 대통령은 핵무기 사용하는 것을 거절했다.

미국 군부의 핵무기 사용 필요성 제기에 대해서 1950년 7월 15일, 국무부의 정책기획실(Policy Planning Staff)에서는 미국이 한국전쟁에서 핵무기를 사용할 수 있는 조건을 제시하였다.16) 당시 미 국무부는 핵무기를 사용하기 전에 "핵무기의 비윤리적인 측면"을 우선 고려해야 하며, 이를 충족한 이후에도 핵무기의 사용이 "민간인을 지나치게 많이 살상하지 않아야 하며, 유엔의 사전 동의(concurrence)를 얻어야 하고, 또한 사전 동의를 얻었다고 하더라도 장점이 단점보다 많을 경우에로 한정되어야 한다"고 주장하였다.

당시 트루먼 대통령을 비롯한 민간 지도자들은 북한에 대한 원폭 사용을 고려하면서도 히로시마와 나가사키에서 겪은 참담한 현실 때문에 원폭이 다시는 사용되어서는 안 된다는 생각을 가지고 있었다.17) 이는 당시 트루먼 대통령의 행동에서도 그대로 나타난다. 그는 미국 군부의 핵무기 사용 건의를 받고는 원폭 투하가 가능한 B-29기 10대를 괌(Guam)에 보내도록 지시하면서도 원폭의 핵심부분인 플루토늄 코어를 제거하고 몸체만 보내도록 조치하였다.18)

트루먼 대통령이 한국전쟁에서 핵무기를 사용할 것인가에 대해 두 번째로 심각하게 고민한 것은 중공군이 참전을 시작한 1950년 10월부터 중공과 소련에 대한 전면전의 위협이 최고조에 달하던 1951년 5월 사이였다. 당시 유엔군 사령관이었던 맥

---

16) "The Question of U.S. Use of Atomic Bombs in Korea," July 15, 1950, Policy Planning Staff Papers, RG 59, NA, 『남북한관계사료집』, pp. 144-146. "Carleton Savage to Paul Nitze," July 15, 1950, Atomic Energy-Armaments folder, 1950, Box 7, Policy Planning Staff Papers, RG 59, NA.
17) 이는 핵무기에 대한 터부(Nuclear Taboo) 현상으로 불린다. Nina Tannenwald, "The Nuclear Taboo: The United States and the Normative Basis of Nuclear Non-Use," *International Organization*, Vol. 53, No. 3(Summer, 1999), pp. 433-468. Thomas M. Nicholas, *No Use: Nuclear Weapons and U.S. National Security* (Philadelphia, Pennsylvania: University of Pennsylvania Press, 2014), p. 9.
18) 이와 관련하여 딩먼은 트루먼이 한국전쟁의 시작부터 끝날 때까지 핵무기를 사용함으로써 얻을 수 있는 군사적 이익보다도 정치외교적, 인도적 손실이 더 크다는 것을 고려해서 핵무기를 사용하지 않았다고 주장하고 있다. Roger Dingman, "Atomic Diplomacy During the Korean War," *International Security*, Vol. 13(Winter 1988/1989), pp. 50-91.

아더는 후퇴를 고려하면서 트루먼 대통령에게 중공에 대한 원폭의 사용을 건의하였다. 맥아더는 중공군의 한반도 개입을 중단시키기 위해서는 원폭을 사용해야 한다고 주장하였다.

1950년 11월부터 이듬해 5월까지 미국군과 유엔군은 6.25전쟁 이래 가장 위험한 상황에 놓였다. 1951년 2월 중공군 포로의 증언에 따르면 중공군은 새로운 공격을 위해서 30개 사단과 새로이 훈련받은 북한군, 그리고 수 천대의 비행기를 증강하고 있었다.[19] 미 합참도 북한과 만주에 대한 정찰을 통해 중공이 800대의 전투기를 중공 북부 90여 개의 비행장에 분산시켜 놓은 것으로 평가하였다.[20] 이러한 첩보에 따라 만약 미국이 중공군에 대해 핵무기를 사용한다면 중공의 동북지역과 한반도 북부에서 공격을 준비 중인 공산군을 손쉽게 격멸할 수 있을 것으로 판단했던 것이다.[21]

1950년 11월 29일 맥아더는 한반도에서 유엔군의 지상작전을 지원하기 위해 전술핵무기의 사용과 관련된 보고서를 준비하라고 참모들에게 지시했다. 이 보고서는 한반도에서 핵무기를 사용하는 데 아무런 장애가 없으며, 적에게 결정적인 타격을 입힐 수 있다고 결론지었다.[22] 이 보고서는 11월 25일 평북 태천지역에 집결해 있는 중공군 2만 명을 상대로 원폭을 투하할 경우 약 1만 5천 명의 중공군을 괴멸할 수 있다고 판단하였다. 또한 중공군의 대규모 개입으로 발생할 수 있는 위기상황에 즉시 핵무기를 사용하여 전술적으로 효과를 내기 위해서는 120개의 핵폭탄을 일본에 비축시킬 것을 권고하기도 하였다.

이러한 상황 속에서 11월 30일 있었던 트루먼 대통령의 기자회견은 세계를 깜짝 놀라게 하였다. 이 기자회견 자리는 트루먼이 한국전쟁에서 핵무기를 사용할 것인가 물어보기 위한 자리는 아니었다. 당시 백악관 출입 기자들은 원래 맥아더가 10월 중

---

19) "Memo, *From Hooker to Nitze: U.S. Policy toward Bombing Chinese Communist Base in China and Manchuria if Next Chinese Offensive in Korea is Supported by Considerable Air Power*," 『남북한관계사료집』, p. 468.

20) "Memorandum of Conversation, by the Director of the Policy Planning Staff (Nitze)," Top Secret, (April 6, 1951), *FRUS*, 1951, Vol. 7, p. 308.

21) Robert F. Futrell, *The United States Air Force in Korea 1950−1953* (Washington D.C., Office of the Air Force History), pp. 655−656.

22) "Tactical Employment of The Atomic Bomb in Korea," December 22, 1950, box 33, Case 11, Ops 091 Korea (1950−1951), RG 319. 김영호, 『한국전쟁의 기원과 전개과정』(서울: 두레, 1998), pp. 290−292에서 재인용.

순에 트루먼 대통령을 웨이크섬(Wake Island)에서 만났을 때, "한국전쟁을 빨리 승리로 끝내고, 12월의 크리스마스 때에는 미군들이 철수하여 고향에 돌아갈 수 있을 것"이란 말로 한국전쟁의 승리를 자신했던 때와 달리 중공군과 교전이후 미군을 비롯한 유엔군의 패색이 짙어지자, 트루먼 대통령에게 6.25전쟁의 전황이 어떻게 되고 있는지에 대해 물어보는 자리였다.

트루먼은 이날 기자회견에서 모두 발언을 했다.23) "최근 한반도 상황은 세계에 중대한 위기를 던져주고 있다. 중공 지도자들이 만주에서 군대를 보내어 북한지역에 있는 유엔군에게 강한 공격을 퍼부었다. 유엔이나 미국이 중공을 공격할 의사가 없다고 수차에 걸쳐 명백하게 밝혔음에도 불구하고, 중공이 한반도를 공격해 왔기 때문에 유엔군은 후퇴할 수밖에 없었다. 지금 전쟁상황이 불확실하다. 그러나 유엔군은 한국에서 한국을 방어할 임무를 포기할 의사가 없다. 만약 유엔이 침략군에게 한국을 양보한다면, 이 세계의 어느 국가도 안전할 수 없을 것이다. 아시아와 유럽에 공산주의가 확산되는 것은 명백하다. … 따라서 미국 행정부는 유엔에서 외교적 노력을 배가하거나 미국과 미국의 동맹국들의 군비를 증강시킴으로써 이 새로운 상황에 적극 대응할 것이다." "한국에서의 침략행위는 세계 모든 자유국가들에 대한 위협이다. 그래서 우리는 신속하게 자유세계의 연합된 군사력을 증강시키기 위해 노력할 것이다. 그리고 수일 내에 미국 의회에 군비증강을 요구할 것이며 이에 대해 의회가 신속하게 처리해 줄 것"이라고 말했다.

기자가 물었다. "한국전쟁의 근황에 대해서 맥아더 장군으로부터 보고를 받고 있는가요?" 트루먼이 대답했다. "매일 전쟁상황을 보고 받고 있고, 군부와 토의하고 있다. 그리고 언론에서는 맥아더가 월권하여 행동하고 있다고 말하고 있지만, 맥아더는 그런 행위를 한 적이 없다"고 단호하게 말했다. 트루먼은 "유엔이 맥아더 장군으로 하여금 만주를 폭격하도록 결의한다면 그 공격을 위해 군사적으로 요구되는 무슨 수단이라도 강구할 것"이라고 첨언하였다.

이에 대해서 인터내셔널 뉴스 서비스(International News Service)의 닉슨(Robert G. Nixon) 기자가 트루먼 대통령에게 물었다.

---

23) H. W. Brands, *The General vs. The President* (New York: Doubleday, 2016), pp. 220−313.

닉 슨: 무슨 수단이라도 강구하겠다는 것은 핵무기 사용을 포함하는 것입니까?

트루먼: 미국은 항상 그래 왔고, 핵무기는 우리가 보유하고 있는 무기 중의 하나입니다.

닉 슨: 대통령님, 유엔의 허가가 없으면 미국이 핵무기를 사용할 수 없습니까?

트루먼: 아닙니다. 중공에 대해서 핵무기를 사용할 경우에는 유엔의 결의에 의존해야 한
다고 생각합니다. 이 경우 일선 사령관이 핵무기 사용을 결정하거나 책임지는
것이 아니고 핵무기 사용결정 권한은 대통령의 고유권한이라고 생각합니다. 하
지만 원자탄은 어린이, 여성 등 무고한 사람들에게 사용되어서는 안 된다고 생
각합니다.

트루먼이 언론의 유도 질문에 말려들어 미국이 핵을 포함한 모든 무기의 사용을
고려하고 있다고 장황하게 설명하자, 그 충격은 일파만파로 퍼져나갔다. 트루먼이 핵
무기 사용을 고려하고 있다는 발언은 뉴스를 타고 세계에 전해졌으며, 세계 도처에서
정치적·외교적인 위기를 촉발했다.

몇 시간 후 백악관 대변인실은 "우리 군대가 참전할 때 모든 무기의 사용을 고
려하는 것처럼, 한국전쟁 발발 이후 핵무기의 사용은 고려된 적이 있으나 법률상 대
통령만이 핵무기의 사용을 승인할 수 있으며, 그러한 승인은 내려진 적이 없다는 점
이 강조되어야 한다"고 하면서 대통령의 발언에 대한 오해를 막기 위해 추가적인 설
명을 했다.[24]

트루먼 대통령의 발언에 대해 영국과 프랑스는 공개적으로 반대를 표명하였
다.[25] 영국의 애틀리(Clement Attlee) 수상은 중공의 한국전쟁 개입과 트루먼 대통령의
발언으로 인해서 한국전쟁이 전면전으로 확전될 것을 우려하여 서둘러 워싱턴으로
향했다. 미국으로 간 애틀리는 1950년 12월 4일부터 8일까지 6차례에 걸친 미·영 정
상회담[26]을 통해 미국은 한국전쟁에서 핵무기를 사용하기 이전에 영국과 상의하고

---

24) "The Ambassador in Korea (Muccio) to the Secretary of State," Secret, *FRUS*, 1950, Vol. VII,
pp. 1261–1262. The President's News Conference, Harry S. Truman Library and Museum.
30 November 1950. Retrieved 19 June 2011.

25) "Reactions of the United Kingdom and France to an Assumed Proposed Use of Atomic
Weapons by the US," CIA, Office of Intelligence Research, OIR Report No. 5619. Sept. 17,
1951, DDRS.

26) "United States Delegation Minutes of the First Meeting of President Truman and Prime
Minister Attlee, December 4, 1950," Top Secret, *FRUS*, 1950, Vol. VII, Korea, pp.
1361–1374.

영국이 동의해야만 그것이 가능하다는 것을 확인받고자 하였다.[27]

반발은 아시아 국가들에서도 터져 나왔다. 11월 30일 인도의 네루(Jawaharlal Nehru) 수상은 "핵무기는 아시아인에게만 사용되는 무기냐?"라고 발언함으로써 핵무기에 대한 아시아인의 거부감을 대변하였다.[28] 사우디아라비아 유엔대표부 바루디(Jamil M. Baroody) 대사도 "만약 미국이 북한이나 중공에 대하여 핵무기를 사용한다면 모든 아시아 대륙의 사람들은 그것을 유색인종에 대한 백인종의 행동으로 간주할 것"이라고 경고했다.[29]

핵무기의 사용에 대한 트루먼 대통령의 발언에 대한 파장이 일파만파 커져가던 12월 1일, 미국 합참은 맥아더 장군에게 압록강 이북지역에 대한 공군의 공격 허용과 핵무기의 사용에 대한 의견을 물었다.[30] 맥아더는 이를 면밀히 검토한 후 12월 9일 핵무기 사용 권한을 야전 지휘관에게 허용해 줄 것을 요청하였다. 그는 만약 유엔군과 미군이 한반도로부터 철수해야 한다면, 만주와 중공의 일부분에 대해 핵무기가 사용되어야 한다고 주장하였다. 이어서 12월 24일, 맥아더는 34개의 핵무기 사용을 허가해 줄 것을 요청하였다.[31]

맥아더의 요청은 미국 정계에서 광범위한 지지를 받았다. 당시 평안도 및 장진호에서 미군의 비참한 후퇴를 목격한 공화당 의원들을 중심으로 어떤 수단을 써서라도 유엔군과 미군의 궤멸을 막아야 한다는 주장이 점차적으로 힘을 얻기 시작하였다. 상하원 군사위원회(the Senate and House Armed Services Committees)의 브루스터(Owen Brewster) 상원의원과 리버스(Mendel Rivers) 하원의원도 일본에 대한 핵무기 사용의

---

27) "London, Telegram No. 3241. Dec. 3, 1950." SECRET. Truman Library, Papers of Harry S. Truman, PSF, DDRS.

28) "Memorandum of a Telephone Conversation, by the Assistant Secretary of State for United Nations Affairs (Hickerson): Subject, Nehru's Message to Rau," December 3, 1950, *FRUS*, 1950, Vol. 7, p. 1334.

29) "Memorandum of Conversation, by Mrs. Franklin D. Roosevelt, Member of the United States Delegation to the Assembly: Subject, Possible Use of the Atomic bomb in Korea," December 1, 1950, *FRUS*, 1950, Vol. I, p. 116.

30) "Memorandum. Draft Message for JCS Representative, Dec. 1, 1950." Department of Defense, DDRS.

31) 하지만 맥아더는 자신이 해임된 이후 개최된 청문회에서 자신은 "한국전쟁에서 핵무기 사용을 추천한 적이 없다"고 발언하며 이전의 사실을 부인하였다. Senate Committee on Armed Services and Foreign Relations, May 15, 1951, Military Situation in the Far East, Hearings, 82nd Congress, 1st Session, part 1, p. 77.

효과를 예로 들면서 한국전쟁에서 미국의 핵무기 사용에 대한 지지를 표명하였으며,[32] 로버트 테프트(Robert Taft) 상원의원을 대표로 하는 공화당 의원들은 트루먼의 유럽 우선정책과 한국전쟁에서 유화적인 정책을 비판하면서 미국이 중국에 대해 보다 적극적인 조치를 취해야 한다고 압박하기도 하였다.[33] 미국 재향군인회에서는 필요한 경우 핵무기를 사용할 수 있는 권한을 맥아더에게 주라고 트루먼 대통령에게 청원하였다.

당시의 이러한 분위기에 비추어 본다면, 미국 조야(朝野)에서 핵무기 사용에 광범위한 지지가 있었다고 보기 쉽다. 하지만 실제로 미국 군부를 제외하고는 전쟁에서 핵무기를 사용해서는 안 된다는 의견이 지배적이었다. 트루먼 대통령이 전세를 뒤집기 위해 핵무기 사용을 잠깐 생각해 보기는 했으나, 핵무기의 비윤리성, 민간인들의 대량 피해 가능성, 영국을 비롯한 국제사회의 '히로시마 이후 아시아인에게만 핵무기를 사용하려 하는가'로 표시되는 인종차별관점에서의 비판, 1949년 8월 핵보유국이 된 소련이 핵무기로 동북아와 유럽에서 양동 작전을 전개해 올지도 모를 가능성과 그로 인한 동북아에서 제3차 세계대전의 발발 가능성, 핵무기를 사용하더라도 파괴할 만한 군사표적이 확실하지 않아 그 효과가 의심되고 있던 점 등을 종합적으로 고려하여 핵무기 사용을 하지 않기로 최종 결정을 내렸다. 당시 미 국무부의 보고서에서도 미국의 이러한 결정을 내리게 된 배경을 자세히 설명하고 있다.[34]

이에 대해서 이재학은 "트루먼 대통령이 한국전쟁에서 핵무기를 사용함으로써 한국전쟁을 승리로 이끌 수 있는 데서 생기는 국가이익과 핵무기를 일본에 이어서 또

---

32) Rosemary Foot, *The Wrong War : American Policy and the Dimensions of the Korean Conflict, 1950-53* (Ithaca, N. Y.: Cornell Univ. Press, 1985), pp. 114-115.

33) John Edward Wiltz, "The Korean War and American Society," Franis H. Heller (ed.), *The Korean War: A 25-year Perspective* (Lawrence: The Regents Press of Kansas, 1977), pp. 112-196.

34) 미 국무부의 보고서는 한반도에서 미국이 핵무기를 사용하였을 경우 초래될 수 있는 결과를 다음과 같이 판단하였다. 첫째, 도덕적·정치적·심리적으로 소련과는 다른 위치에 있는 중국에 핵무기를 사용하는 것은 미국의 윤리성에 심각한 타격을 줄 것이다. 둘째, 미국이 UN의 동의 없이 단독으로 핵무기를 사용하는 것은 미국에 대한 유엔회원국들의 지지를 상실하게 할 것이다. 셋째, 핵무기는 아시아인에게만 사용한다는 미국에 대한 감정적인 반발을 야기할 것이며, 아시아의 비공산권 국가들에게도 부정적인 영향을 미칠 것이다. "Memorandum by the Planning Advisor, Bureau of Far Eastern Affairs (Emerson) to the Assistant Secretary of State for Far Eastern Affairs (Rusk), Top Secret, November 8, 1950, *FRUS*, 1950, Vol. VII, pp. 1098-1100.

다시 사용할 경우에 미국의 비윤리성에 대한 세계적 비판으로부터 받을 손해를 비교한 끝에 후자가 더 크므로 핵무기를 사용하지 않기로 결정했다"고 말하고 있다.35) 아울러 핵무기를 사용했을 경우에 얻을 수 있는 미국의 국가이익이 제2차 세계대전과 비교해 볼 때 너무 적다고 판단했다. 미국이 핵무기를 사용할 경우에 소련이 핵보복 공격을 가해 올 수 있는 가능성도 고려되었다.

　이어서 이재학은 한국전쟁시 트루먼 행정부의 핵무기 사용을 검토한 정책결정과정을 분석하면서 "트루먼 행정부의 국방부, 국무부, CIA, JCS, 군 조직(SAC 공군, UN군 사령관) 등의 정책행위자들이 핵무기사용을 진지하게 검토하기는 했으며, 핵무기를 사용할 경우와 핵무기를 사용하지 않을 경우를 비교하여 결국 핵무기의 불사용 결정을 했다고 자세하게 밝히고 있다.36) 사실 군사적 측면에서도 핵무기를 사용할 경우에 군사적 표적과 효과가 분명하게 드러나지 않을 것이라는 것도 핵무기 불사용 원인 중의 하나가 되었다. 결국 트루먼 대통령이 히로시마와 나가사키에 핵무기를 사용했던 경험으로부터 "핵무기는 인류의 대량 파괴를 가져올 수 있는 비윤리적인 후과" 때문에 한국전쟁에서 핵무기를 사용하지 않았다고 결론 짓는다.

　여기서 우리가 주목해야 할 부분이 있다. 당시 미국은 한반도에서 핵무기 사용에 대한 논쟁을 벌이면서, 이를 한국정부에 통보하지 않았다는 점이다. 전쟁의 당사자이면서도 한국 국민의 생존이 걸린 문제에 대해서 한국은 아무런 역할도 할 수 없었던 것이다. 이와 관련하여 정욱식은 맥아더 장군이 이승만 대통령에게 미국이 핵무기를 사용할 것임을 알려주자 이승만 대통령이 "왜 미국이 핵무기를 사용하지 않는가?"라고 반문하면서 미국의 핵무기 사용을 환영했다고 주장하고 있다.37) 반면에 정욱식은 김일성이 미국의 핵사용에 반대하였고, 1.4후퇴 때에 북한에서 남한으로 가는 피난민을 향해 "미국의 원자폭탄 투하를 피하여 남조선으로 도망가는 피난민"이라고 불렀다고 하면서, 북한의 김일성은 반핵, 남한의 이승만을 친핵으로 대비시키고 있는

---

35) 이재학, "제2차 세계대전과 한국전쟁에서 미국 트루먼 행정부의 핵무기 사용정책 결정요인 연구,"「국방대학교 박사학위 논문」, 2012, pp. 165−168.

36) 이재학, 위의 책, pp. 131−150.

37) 이에 대해 정욱식은 정일권 회고록을 인용하면서 맥아더가 당시 육군참모총장이었던 정일권을 통해 핵무기를 사용하려 했다는 소식을 이승만에게 전달했다고 언급하고 있다. 정욱식, 『핵의 세계사』(서울: 아카이브), p. 154. 김일성은 1.4후퇴 때에 남한으로 피난가는 피난민들을 미제국주의의 핵폭격이 무서워서 도망간다고 비난하는 데에 미국의 핵무기 사용 가능성을 선전도구로 삼았다.

데, 이것은 지나친 억지주장이라고 하지 않을 수 없다. 김일성이 피난민을 "미국의 원폭을 피해 도망간다"고 하면서 대미국 선전전을 감행한 것에 다름아니다.

미국은 핵무기의 사용에 대한 정책결정 과정을 국가의 최고기밀로 간주하여 이를 한국정부에 통보하거나 한국정부와 협의할 필요성을 느끼지 않았다. 미국은 제2차 세계대전을 종결시키기 위해 일본에 핵무기를 투하하기로 결정하고 나서도 이를 다른 동맹국들에게 알려주지 않았다. 마찬가지로 미국이 한국전쟁에서 핵무기를 사용하기로 결정하였을지라도 한국정부에게 알려주지 않았을 것이다. 미국은 핵무기를 최고의 비밀로 간주하였기 때문에 6.25전쟁 동안 괌에 핵폭격기를 배치할 때에도 한국정부에게 알려주지 않았다. 하물며 핵무기 사용을 결정하지도 않았는데, 그 사용여부에 대한 심사숙고 과정을 한국정부에 일일이 알려줄 필요를 느끼지 않았을 것이다.

결국 한반도에서 핵무기는 사용되지 않았다. 1951년 5월 17일, 트루먼은 "나는 극동지역에서의 갈등이 확대되는 것을 거부한다." "중국 본토로의 전쟁에 개입하는 것은 유럽에서의 치명적인 군사적 결과를 가져올 것이다." "만약 미국이 전쟁을 확대한다면, 미국은 혼자 그 전쟁을 수행해야 할 것이다. 우리는 제3차 세계대전을 시작한 책임을 미국에게 지울 어떠한 행동도 하지 않을 것이다. 기억하라, 만약 우리가 또다른 세계대전을 치른다면, 그것은 핵전쟁이 될 것이다. 나는 그것이 가져올 결과에 대해 책임지기를 원하지 않는다"[38]라고 적고 있다. 이러한 점에서 볼 때, 트루먼 대통령은 한국전쟁이 제3차 세계대전으로 확대되는 것을 막자고 하는 생각을 분명히 갖고 있었으며, 미국의 핵무기 사용이 소련의 핵무기 사용을 초래할지도 모르는 상황을 초래하지 않아야 한다고 생각하였다.[39] 이러한 점에서 볼 때 트루먼 대통령은 한반도에서 핵무기를 사용했을 경우 뒤따를 수 있는 위험과 손해가 핵무기 사용시 얻을 수 있는 군사적 이익을 크게 능가한다고 판단하였다. 이러한 판단에 따라 트루먼 대통령은 한반도에서 핵무기를 사용하지 않기로 결정한 것이었다.

---

38) "Address at the National Conference on Citizenship, May 17, 1951"(http://www.truman library.org/publicpapers/index.php?pid=319&st=&st1=).

39) "Memo from Joseph Short : the Address of the President, April 11, 1951,"『남북한관계사료집』, p. 496.

제 3 절   미국은 왜 남한에 전술핵무기를 배치했나?

1958년 1월 말, 미국은 남한에 전술핵무기를 처음으로 배치하였다. 미국의 전술핵무기 배치는 북한의 정전협정 위반에 대응하여 남한의 안전을 보장하고 미국의 대한국 군사원조 축소로 야기될 동아시아의 군사력 불균형을 시정하기 위한 목적으로 볼 수 있다. 따라서 이 시기 미국이 왜 남한에 전술핵무기를 배치하였는지를 이해하기 위해서는 먼저 1953년 7월 27일에 체결된 정전협정을 살펴보아야 한다.

정전협정은 1953년 7월 27일 유엔군사령부를 대표하여 미국의 클라크(Mark Wayne Clark) 대장과 공산진영을 대표하여 북한의 남일 대장 및 중국인민지원군 측의 펑두화이(彭德懷) 대장 사이에 조인되었다. 정전협정의 13항 ㄷ목에서는 "한국 국경 외부로부터 증원하는 군사 인원을 들여오는 것을 정지한다. 현재 주둔하고 있는 인원의 교체는 일대일의 기초 위에서 허가한다. 다만 들여올 때에는 정전협정에 남과 북에 각각 허가한 5곳을 통하여 해야 하며, 이때에 군사정전위원회와 중립국감독위원회에 보고해야 하고 중립국감독감시소조가 감독하며 시찰한다"고 되어 있다.

정전협정의 13항 ㄹ목에서는 "한국 국경 외로부터 증원하는 전투기, 장갑차, 무기 및 탄약을 들여오는 것을 정지한다. 현재 보유하고 있는 물건을 교체할 경우에는 일대일의 기초 위에서 허가한다. 다만 들여올 때에는 정전협정에 남과 북에 각각 허가된 5곳을 통하여 해야 하며, 이때에 군사정전위원회와 중립국감독위원회에 보고해야 하고 중립국감독감시소조가 감독하며 시찰한다"는 조항이 있었다.

남북한이 정전협정 13항 ㄷ목과 ㄹ목을 위반하는지 여부를 조사하기 위해서 정전협정에 따라 중립국감독위원회가 구성되어 있었다. 유엔군측은 중립국감독위원회에 스위스와 스웨덴을 지명했고, 공산측은 폴란드와 체코슬로바키아를 지명했다. 중립국감독위원회 산하에 정전협정 13항 ㄷ목과 ㄹ목의 위반 여부를 조사할 수 있는 20개의 감시소조(사찰팀)을 조직하고, 1개의 사찰팀은 스위스, 스웨덴, 폴란드, 체코의 각 1명의 위원으로 구성되었다. 그 20개의 팀 중에서 10개 팀은 군사정전위원회의 직속으로 판문점 인근에 근무하고 있었고, 나머지 10개 팀은 남한과 북한의 각각 5개 지역에 상주하면서 정전협정을 위반하고 외부로부터 신예무기를 들여오거나, 병력을 증강하는지 여부에 대해서 감시할 책임을 맡고 있었다.[40]

하지만 중립국감독위원회는 제대로 활동할 수 없었다. 이것은 스웨덴과 스위스와 같은 중립국감독국들이 사전에 예상했었고 지적했던 문제였다. 스웨덴과 스위스는 중립국으로서 어느 편도 들지 않고 공평성과 중립성을 담보할 수 있는 명실상부한 중립국이었던 데 반해, 공산측의 중립국감독국으로 지명된 폴란드와 체코는 사실상 공산국가로서 친북한 국가였던 것이다. 실제로 공산측은 폴란드와 체코의 감시소조를 남한의 군사활동에 대한 간첩목적으로 활용하기도 했다. 1954년 2월 12일, 군사정전위의 중공과 북한은 "유엔사측에서 북한이 소련제 MiG-15기를 들여왔다고 허위사실을 신고했기 때문에 중립국감독위원회의 사찰을 더 이상 허용할 수 없다"고 선언했다. 이후로 공산측이 중립국감시소조의 사찰활동을 완전히 중단시킨 것은 아니었지만, 사찰은 상당히 위축되었다. 1954년 4월 14일 스위스와 스웨덴 중립국감독위원들은 북한의 잦은 위반사례를 이유로 들면서, 북한과 유엔사에 대해서 중립국감독위원회의 활동을 종결시키자고 건의했다. 중국과 폴란드, 체코의 위원들은 이에 반대했다.

남한 지역에서 중립국감독위원회의 감시소조가 더 많은 사찰활동을 하고, 북한지역에서 사찰활동이 잘 이루어지지 않자, 1954년 7월 31일에는 남한에서 공산측 중립국감독위원회에 대한 반대 데모까지 발생했다. 1954년에 유엔총회에서는 남한 내의 군산과 강릉에서는 한 번의 무기 수송도 없었고, 북한의 3곳 항구에도 무기 수송이 없었음을 감안하여 남북 각각 2개 장소를 폐쇄시키고, 중립국감시소조도 4명에서 2명으로 감축하기로 결정했다.

<표 2-1>을 보면 북한은 전투기의 도입 시 아예 신고하지 않았고, 전투차량이나 총기 도입 시 몇몇 경우만 신고했으며, 이와는 반대로 남한은 모든 경우를 충실

---

[40] 남한의 5개 지역은 부산, 인천, 군산, 강릉, 대구로 북한의 5개 지역은 신의주, 청진, 흥남, 만포, 신안주로 지정되었다. 감시지역의 대부분이 항구였던 것은 항구를 통해서 외국으로부터 신예무기가 도입되는 것을 차단하기 위함이었다. 그 중 비행장은 남한의 대구와 북한의 만포로 지정되었다.

하게 신고한 것으로 나타나고 있다.

〈표 2-1〉 정전협정에 근거한 무기 반입 신고 기록(1953. 7.27.-1954년 말까지)

구 분	남한	북한
전투기(기)	631	0
전투차량(대)	631	7
총(정)	82,860	6,411
탄약(발)	226,000,000	56,650

자료: Wainshouse et.al., *International Peace Observation*, 1966. p. 349.

　　1955년 2월 21일, 유엔군사령부는 북한이 소련 MiG기를 대량 도입했다는 증거를 갖고 군사정전위에서 북한의 6개 비행장에 대해서 이동사찰을 하자고 제의했다. 군사정전위에서 중립국감시소조를 북한의 6개 비행장에 보내기로 결정하였으나, 북한은 7일 동안 폴란드와 체코를 동원하여 감시소조의 부대방문을 저지하는 한편, 그 기간 동안 MiG기를 다른 곳으로 이동시켜 버렸다. 그러고 난 후 북한은 중립국감시소조의 방문을 허용하고, "남한과 유엔군 사령부가 북한이 MiG기를 반입했다고 허위주장을 하였다"고 하면서 오히려 남한과 유엔사 쪽에 비난을 퍼부었다.

　　1955년 8월 16일 덜레스(John Foster Dulles) 미국 국무장관은 언론대담에서 "중립국감독위원회가 유명무실하게 되었다. … 스웨덴이 5개월 전에 중립국감독위원회를 폐지하자고 건의해 왔는데, 이를 토대로 미국의 입장을 정립하겠다"고 언급하였다. 이후 덜레스는 1956년 5월 31일 군사정전위의 공산측과 중립국감독위원회에 대해서 공산측이 정전협정을 위반했으므로 나머지 3개의 남한 항구에서의 중립국감시소조의 활동을 중단시키겠다고 통보했다. 1956년 6월 4일에 개최된 군사정전위 회담에서 공산측 대표는 "오히려 유엔사가 정전협정을 위반했다"라고 비난하고, 위의 유엔사 발표를 철회할 것을 주장했다. 1956년 6월 5일, 중립국감독위원회는 만장일치로 남북한 내의 모든 상주 중립국감시소조를 철폐할 것을 건의하였다. 이에 대해 군사정전위의 공산측은 중립국감독위원회의 건의를 거부했으나, 중립국감독위원회가 6월 9일까지 중립국감시소조를 남한 내에서 모두 철수하기로 결정했기 때문에 돌이킬 수는 없었다.

이와 더불어 북한이 MiG기를 더 들여오고 있다는 첩보가 유엔군사령부에 접수되기 시작하였으며,[41] 1957년에 이르면 북한의 위반사례가 엄청난 규모로 증가하기 시작한다. 이에 대해 워싱턴의 미국 당국자들은 1957년 무렵에 북한이 정전협정을 위반하고 신무기를 소련으로부터 도입한 결과, 남북한의 군사력 균형이 북한에게 훨씬 유리한 방향으로 변경되었다고 판단하기 시작했다.

이에 따라, 유엔군사령부는 1953년 휴전 이후부터 1957년 중반까지 북한의 정전협정 위반 실태를 조사하였다. 이를 토대로 1957년 6월 21일 유엔군사령부는 "1957년 6월 북한이 소련으로부터 대량의 무기를 도입하였으며, 이로 인해 정전협정 13항 ㄷ목과 ㄹ목이 유명무실해졌다"고 발표하였다. 이에 따라 남·북한 간의 군사력 균형이 회복될 때까지 양측의 무기와 병력의 증강을 제한한 정전협정의 관련조항을 중단시킨다고 발표하였다. 이후로 정전협정에서 병력과 무기의 증강 금지사항의 이행 여부를 감시하는 중립국감시소조의 기능은 중지되었으며, 미국은 남한의 방어를 위해 무기와 병력을 융통성 있게 반출입할 수 있게 되었다.[42]

한편, 한국전쟁이 휴전될 당시에 미국의 아이젠하워(Dwight D. Eisenhower) 행정부는 세계 도처에서 소련의 위협이 훨씬 증가했다고 판단했다. 따라서 아이젠하워 행정부는 1953년 10월 30일 '새로운 관점(New Look)'이라는 제목으로 새로운 국가안보정책을 제시하였다.

미국 국가안보회의보고서(NSC 162/2)는 이를 반영한 문서로서 주요 내용은 다음과 같다. 첫째, 미국은 소련을 비롯한 공산권의 위협에 대해 막강한 대비태세를 유지한다. 둘째, 국방이 경제발전을 저해하지 않도록 전 세계에 배치되어 있는 미국의 재래식 군사력을 축소한다. 셋째, 재래식 군사력의 축소로 인해 발생하는 불균형을 상쇄하기 위해 소련에게 대량보복을 가할 수 있을 정도로 핵전력을 증강한다. 넷째, 미국은 서유럽 국가들과 집단안보를 추구하고 동맹국들이 지역방위에 더 많은 책임을 질 수 있도록 독려해 나간다.[43]

---

41) 북한은 6.25전쟁에서 패배한 원인이 유엔군보다 공군력이 부족했기 때문으로 판단하고 소련으로부터 다량의 공군기를 비밀리에 들여왔다.

42) 1957년 8월 13일의 유엔 보고서는 공산측의 정전협정 위반으로 중립국감독위원회의 기능이 불가능하게 되었으며, 북한은 이미 700기 이상의 전투기를 보유하고 있다고 설명하고 있다. United Nations General Assembly, A/3631, August 13, 1957. p. 1. (mimeo.).

43) NSC 162/2 (A Report to the National Security Council by the Executive Secretary on Basic

덜레스 국무장관은 이를 '대량보복 독트린'으로 구체화하였다. 그는 1954년 1월 12일 외교협회에서 "미국은 '적의 개념'으로 전쟁을 하지 않을 것이며, 만약 자유세계에 대한 공격이 있을 경우 미국은 자신이 선택한 방법과 장소에서 즉각적이며 대량적인 보복을 가하겠다"는 뜻을 밝혔다.[44] 이 전략의 핵심은 유사시 핵무기를 통한 대량보복을 위협함으로써 전쟁을 억제하고, 재래식 군사력과 비교하여 상대적으로 적은 비용으로 동맹국에 대한 안보공약을 이행하려는 것이었다.

당시 미국의 대량보복전략은 유럽에 우선순위를 두고 있었다. 미국은 이를 실행하기 위해 전술핵무기를 서유럽에 가장 먼저 배치하였으며, 북대서양조약기구(NATO: North Atlantic Treaty Organization) 국가들과 공동으로 핵전략을 수립하였다.[45] 이와 더불어 미국은 서유럽에 전술핵무기를 배치함으로써 NATO 회원국의 핵무장을 방지하고자 하였다.[46] 1954년 12월 NATO 이사회는 유럽연합군 최고사령부(SHAPE: Supreme Headquarters Allied Powers Europe)에 유사시 핵무기 사용을 전제로 한 군사전략을 수립할 수 있도록 권한을 위임하였다.[47]

미국은 1954년부터 서유럽에 전술핵무기를 배치하기 시작하였다.[48] 1954년 4월 영국을 시작으로 12월 서독, 1957년 4월 이탈리아, 1958년 8월 프랑스, 1959년 2월 터키, 1960년 4월 네덜란드, 1960년 10월 그리스, 1963년 11월 벨기에에 전술핵무기를 배치하였다.[49]

National Security Policy, October 30, 1953(http://en.wikipedia.org/wiki/NSC_162/2.pdf).

44) John Foster Dulles, "The Evolution of Foreign Policy," Address to the Council on Foreign Relations(January 12, 1954). Reprinted in the Department of State Bulletin(January 25, 1954).

45) 권정욱, "미국의 대동맹국 핵안전보장의 신뢰성 결정요인: 냉전기 서독과 한국의 사례비교," 「국방대학교 석사학위논문」, 2017, pp. 31–33.

46) 당시 NATO 회원국인 영국은 핵무기를 보유하고 있었으며, 프랑스와 서독은 핵무기를 개발하려는 의지를 갖고 있었다.

47) Walles J. Thies, "Learning in US Policy Toward Europe," in George W. Bresluaer and Philip E. Tetlock eds., *Learning in U.S. and Soviet Foreign Policy*(Boulder, CO: Westview Press, 1991), p. 166.

48) Tony Judt, *Postwar: A History of Europe Since 1945*(New York: Penguin, 2005), p. 248.

49) Office of the Assistant to the Secretary of Defense, History of the Custody and Deployment of Nuclear Weapons(U): July 1945 through September 1977(unclassified), February 1978. pp. 21–59. 미국이 핵무기를 개발한 이후 1952년 8월까지는 모든 핵무기의 관리와 통제 책임이 원자력위원회에 있었고, 그 이후 대통령이 국방부에 관리권을 점차 이양하였으며, 1954년 4월에 국방부와 합참이 핵무기의 해외배치에 대한 대통령의 승인을 받았다. 언제 미국이 영국과 서독에 핵무기를 배치했는가에 대해서 이론이 있다. Robert S. Norris, William M. Arkin,

이 시기 미국이 서유럽에 배치한 전술핵무기의 종류는 다양하다. 1954년 서독 비트부르크 공군기지에 마타도어(Matador) 순항 미사일이 최초로 배치된 이후 1955년 에는 코포럴(Corporal) 단거리 탄도미사일을 장비한 6개 대대가 서유럽에 전개되었 다.50) 또한 미국은 1955년부터 재래식 전투와 핵전쟁을 동시에 수행할 수 있도록 육 군의 편제를 기존의 3원(triangular) 체제에서 전술핵무기를 운용하는 5원(pentomic) 체 제로 개편하였다. 이 편제는 독자적인 작전 수행이 가능한 5개의 전투단으로 구성되 었으며, 전술핵무기를 발사할 수 있는 280mm 포 및 8인치 곡사포(Horwitzer)와 어네 스트 존(Honest John) 로켓을 보유하고, 소련군의 핵공격에도 생존할 수 있도록 분산 배치 시켰다.51)

아이젠하워 행정부는 서유럽에 전술핵무기를 배치하면서 동아시아 국가들에도 전술핵무기를 배치하였다. 1949년 중국 대륙이 공산화되고 장개석의 국민당 정부가 대만으로 철수하면서 양안에 긴장이 높아졌다. 이러한 상황 속에서 1954년 9월 진먼 따오(金門島)를 둘러싸고 양국 간에 포격전이 발생하여 제1차 대만해협 위기가 발생 하였다.

이후에도 양국 간에 대치가 계속되자 미국은 중국의 대만 침공을 억제하기 위해 그해 12월 오키나와에 전술핵무기를 배치하였다. 연이어 1957년에 미국은 대만에 전 술핵무기를 배치하였다. 동아시아에서 공산주의의 확장이 심상치 않다고 느낀 미국 은 남한에도 전술핵무기를 배치하는 방안을 진지하게 고려하기 시작하였다.

중국 공산화 이후 미국은 공산주의의 확장을 저지하기 위한 보루로서 한반도가 가지는 지정학적 중요성을 인식하고 있었다. 이에 따라 6.25전쟁 이후에 한국군에 대 한 군사원조를 지속함과 동시에 한반도에 대규모의 미군을 계속 배치하였다. 하지만 1956년부터 미국 경제가 악화되기 시작하자 72만 명 규모의 한국군을 원조하는 일은 미국 경제에 부담으로 작용하기 시작하였다.

William Burr, "Where They Were," *The Bulletin of the Atomic Scientists*, November/ December 1999, pp. 26–35에 의하면 이들은 영국에는 1954년 9월에 서독에는 1955년 3월 에 배치되었다고 주장하고 있다.

50) James W. Bragg, "Development of the Corporal: the Embryo of the Army Missile Program, Vol 1. Narrative,"(Redstone Arsenal, Alabma: Army Ballistic Missile Agency, 1961), p. 261.

51) James Medgley, *Deadly Illusions: Army Policy for the Nuclear Battlefield*(Boulder, CO: Westview Press, 1986), pp. 68–70.

아이젠하워 행정부는 한국군에 대한 군사원조를 축소함으로써 예산을 절감함과 동시에 주한미군에 전술핵무기를 배치하여 공산주의의 확장을 효과적으로 억제하고자 하였다.[52] 당시 주한미국대사였던 다울링(Walter C. Dowling) 역시 "주한미군이 전술핵무기를 보유하게 되면 한국군의 신속한 감축이 가능할 것"이라고 언급함으로써[53] 아이젠하워 행정부의 정세판단을 지지하였다.

이와 더불어 북한의 정전협정 위반은 미국의 전술핵무기 배치에 대한 정당성을 강화시켜 주었다. 1956년 6월에 열린 제326차 NSC 회의에서 래드포드(Arthur W. Radford) 미 합참의장은 "핵무기가 공산주의 진영의 남한 침투를 막고, 주한미군의 안전을 보장하여, 궁극적으로 동아시아 전체에서 공산주의의 침략을 억제할 수 있을 것"이라 주장하면서 남한에 전술핵무기를 배치할 필요가 있음을 적극 피력하였다.[54]

이러한 과정을 통해 1958년 1월 미국은 남한에 전술핵무기를 반입하였다. 미국의 이러한 결정은 전 세계에 걸쳐 미 육군을 5원체제(펜토믹 사단)로 재조직하려는 미국 군사정책의 변화와 결부되어 있었다.[55] 1957년 12월 24일 미 국방부는 어네스트 존으로 무장한 제100야전포병대대와 280미리 핵포탄을 장비한 제663포병대대를 주한미군 제7사단과 제24보병사단에 배치하기로 승인하고, 1958년 1월 28일 이를 실전 배치하였다.[56] 또한 1959년에는 핵탄두가 장착된 마타도어 순항미사일로 무장한 1개

---

52) 1957년 1월 14일 미국 국가안보위원회는 NSC 5702를 통해 다음의 4가지 방안을 제시하였다. ① 현재와 같이 한국군 20개 사단을 유지, ② 주한미군에 핵과 재래식 모두 사용 가능한 이중목적(dual purpose weapons) 무기 배치 및 한국군 4개 사단의 예비 사단화, ③ 향후 3년간 한국군 10개 사단 감축 및 주한미군에 이중 목적 무기 배치, ④ 북한 공군력을 상쇄할 수 있는 수준의 공군력을 한국군에게 제공.

53) "Telegram from the Embassy in Korea to the Department of State," October 20, 1956, Record of the US Department of State Relating to Internal Affairs of Korea, 1955－1959. File 795.B5/10－1256, RG 59, National Archive and Records Administration.

54) "Memorandum of Discussion at the 326th Meeting of the National Security Council," Washington, June 13, 1957, FRUS, 1955-1957 Volume XIX, National Security Policy, Document 121. Memorandum of Discussion at the 326th Meeting of the National Security Council, Washington, June 13, 1957.

55) A. Bacevich, *The Pentomic Era: The U.S. Army Between Korea and Vietnam*(Washington DC: U.S, National Defense University, 1986), pp. 111－113.

56) Telegram from the Department of State to the Embassy in Korea, September 16, 1957. Memorandum From the Deputy Secretary of Defense(Quarles) to the Secretary of Army (Brucker), "Introduction into Korea of the Honest and 280mm Gun, Washington, December

비행중대를 남한에 배치하였다.[57]

당시 아이젠하워 행정부는 남한에 전술핵무기 배치를 결정하면서 이를 주한미군에 알리지 않았고,[58] 이승만 대통령과도 사전에 상의하지 않았다.[59] 이러한 점에서 볼 때, 미국은 일방적으로 핵무기 배치와 운용을 결정하고 있었다고 볼 수 있다. 한미동맹의 이러한 비대칭성은 양국 간의 관계를 설명하는 주요 특징 중의 하나이다. 한국이 미국에 안보를 의존하게 되면서 한국의 영토 내에서 진행되는 핵무기와 관련된 사안에서는 미국의 일방적 결정에 순응할 수밖에 없는 조건이 형성되었다.

미국은 남한에 전술핵무기를 배치한 이후 1967년까지 이를 꾸준히 증가시켰다. 이들 전술핵무기는 오산과 군산, 그리고 춘천에 배치되었으며, 1967년에 이르면 주한미군은 총 949기의 전술핵무기를 보유하게 된다. <그림 2-1>은 1958년 이후 남한에서 핵무기를 완전히 철수하는 1991년까지 한반도 내 배치된 전술핵무기의 수량 변화를 보여준다.

1960년대 한반도 내 전술핵무기의 숫자가 급격히 증가하게 된 배경은 베트남전의 장기화와 동아시아에서 공산주의의 위협 때문이었다. 미국은 1960년대 내내 베트남전의 수렁에서 헤어 나오지 못하고 있었으며, 1964년 중국이 핵실험에 성공하여 핵보유국의 대열에 들어서게 되었다. 이에 따라 동아시아에서 공산주의 세력이 점차 힘을 얻고 있다는 인식이 확산되었으며, 만약 제2의 6.25전쟁이 발발할 경우 또 다시 중국이 개입할지도 모른다는 우려가 제기되기도 했다.[60]

24, 1957. 서울신문사, 『주한미군 30년』(서울: 행림출판사, 1979), pp. 319-320.

57) 당시 마타도어 순항미사일은 사거리가 1,000km나 되어 북한을 포함하여 중국과 소련까지 사정권에 둘 수 있었다. 마타도어 순항미사일은 1961년까지 운용되다가 사정거리가 1,800km까지 증가한 메이스(Mace) 순항미사일로 교체되었다.

58) Record of Meeting held on January 18, 1957 with Representatives of the Department of State and Representatives of the Department of Defense on the subject of Introduction of Atomic Weapons into Korea, 711.5611/1-1857.

59) 김명섭, 이희영, 양준석, 유지윤 편주. 『대한민국 국무회의록 1958』(서울: 국학자료원, 2018), 1958. 2. 4.일자 회의록. 이 국무회의록에서 이승만 대통령은 "결국 동양에서 가장 먼저 원자무기를 가지게 되었으니 기쁘게 생각한다"라고 하였다. 사실 대만에 그보다 일찍 미군의 전술핵무기가 배치되었으나, 모든 것이 일급군사비밀이었기에 이승만 대통령은 몰랐을 수 있다. 하지만 이대통령의 이러한 언급은 주한미군이 전술핵무기를 배치하고 난 직후에 미국정부가 이대통령에게 남한 땅에 핵무기 배치 사실을 귀뜸해 주었을 가능성을 시사한다.

60) Peter J. Hayes, 고대승, 고경은 역, 『핵 딜레마: 미국의 한반도 핵정책의 뿌리와 전개과정』(서울: 한울, 1993), p. 102.

<그림 2-1> 한반도에 배치된 전술핵무기의 수량 변화

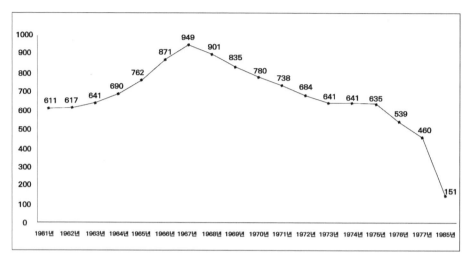

출처: William M. Arkin, Robert S. Norris, *Taking Stock: U.S. Nuclear Deployments at the End Of The Cold War*(Washington, DC: Greenpeace and Natural Resources Defense Council, 1992), pp. 4-6. Office of the Assistant to the Secretary of Defense, *History of the Custody and Deployment of Nuclear Weapons*(U): July 1945 through September 1977 (unclassified), February 1978.

동아시아에서 공산주의 진영이 점차 힘을 얻기 시작하자 미국은 한반도에서 북한과 중국이 연합할 가능성을 가장 큰 위협 중의 하나로 간주하였다. 미국은 워싱턴의 관심이 유럽에 집중된 동안에 북·중 연합군이 남한을 공격할 가능성이 높을 것으로 예상하였으며, 이에 따라 주한미군은 제2차 한국전쟁이 발발할 경우 전술핵무기로 북한과 중국 및 소련의 목표물을 타격하는 계획을 수립하기도 하였다.[61] 이러한 점에서 볼 때 동아시아에서 미국의 핵전략은 전술핵무기의 사용 위협을 통해 핵억제의 신뢰성을 높이는 것에 중점을 두고 있었던 것이다.

---

61) T. Allen, *Wargames*(New York: McGraw-Hill, 1987), p. 55.

제 4 절 박정희의 핵개발 시도와 미국의 핵포기 압력 간의 긴장관계

1. 박정희 대통령의 핵무기 개발 시도와 포기

1969년 1월 닉슨(Richard Nixon) 행정부의 등장으로 미국의 동아시아 안보정책은 근본적인 변화를 겪는다. 공화당 출신의 닉슨 대통령은 전임 민주당 존슨(Lyndon B. Johnson) 대통령과 완전히 다른 정책을 추구하였다. 그는 닉슨 독트린을 통해 베트남에서 미군을 점진적으로 철수하고 "아시아의 안보는 아시아인의 손으로" 해결하도록 할 것임을 천명하였다.

닉슨독트린은 1969년 7월 25일 괌을 방문하여 발표한 연설문을 가리키는 것이다. 그 연설문의 주요 내용은,

> "미국은 앞으로 베트남전쟁과 같은 군사적 개입을 피한다. 미국은 아시아 국가들과의 조약상 약속을 지킬 것이지만 강대국의 핵무기에 의한 위협의 경우를 제외하고 내란이나 침략에 대해서는 아시아 각국이 서로 협력하여 대처해야 할 것이다. 미국은 태평양 국가로서 동지역내에서 중요한 역할을 계속할 것이지만 직접적·군사적 또는 정치적인 과잉 개입은 하지 않을 것이며 자조의 의사를 가진 아시아 국가들의 자주적 행동을 측면 지원할 것이다. 아시아 국가들에 대한 원조는 경제중심으로 바꾸며, 다자간 방식을 강화하여 미국의 과중한 부담을 회피할 것이다. 아시아 국가들이 향후 5~10년 이내에 상호 안전보장을 위한 다자간 군사기구를 만들기를 기대한다."[62]

---

62) Richard Nixon, "Informal Remarks in Guam with Newsmen on July 25, 1969," *Public Papers of the Presidents of the United States: Richard Nixon*(Washington D.C.: United States Government Printing Office, 1975), pp. 544－556. "*Remarks of Welcome in San Francisco to President Chung Hee Park of South Korea*, August 21, 1969," *Ibid*., pp. 676－677.

당시 미국의 이러한 정책 변화는 베트남전의 장기화에 따른 미국의 군사비 지출 부담을 줄이고, 동아시아 세력균형의 미묘한 변화에 대처하려는 것이었다. 1968-1969년 당시 동아시아에는 세계 공산주의 종주국인 소련과 아시아 공산주의 리더로 자처하는 중국 사이에 긴장 관계가 조성되고 있었다. 한국전쟁 당시부터 중국은 소련의 소극적인 지원에 불만을 품고 있었으며, 흐루쇼프가 스탈린 격하 운동을 시작한 1955년부터 양국 관계는 급격하게 악화되기 시작하였다. 특히 이 시기 중국은 핵무기 개발에 전력을 기울이면서 소련과 신국방기술협정을 체결하였는데 소련은 중국에 핵무기 관련 기술을 전수하는데 소극적이었다. 또한 1959년 9월 흐루쇼프가 미국의 캠프 데이비드에서 아이젠하워 대통령과 회담을 갖자, 중국은 소련이 연미반중(聯美反中) 노선을 취하고 있다고 의심하였다.

1959년 10월 흐루쇼프의 중국 방문은 양국 관계의 파국을 알리는 신호탄이었다. 양국 지도자들은 이 방문이 서로 간의 이견을 해소하는 자리가 될 것으로 기대하였지만 결과적으로 서로의 입장 차이만 확인한 셈이 되었다. 흐루쇼프의 중국 방문을 계기로 양국은 신국방기술협정을 비롯한 모든 상호 협력을 취소하였으며 이후 대결 상태에 돌입한다. 특히 1962년 발생한 중국-인도 국경분쟁에서 소련이 인도를 지지하자 양국 관계는 걷잡을 수 없이 악화되었으며, 1966년에는 양국 지도부 사이에 '제국주의 대 수정주의' 논쟁이 발생함으로써 중국과 소련은 이념적으로도 적대관계에 들어서게 되었다.

1969년 3월부터 9월까지 발생한 중·소 국경분쟁은 양국 관계의 파탄을 극명하게 보여준 사건이었다. 양국은 우수리 강의 작은 섬 하나를 두고 대결하면서 핵전쟁의 문턱까지 갔었다. 이후 중국은 소련을 적국으로 설정하며 미국의 대소련 포위망에 동참하는 노선을 적극 고려하기 시작하였다.

중국의 이러한 움직임은 동아시아에서 새로운 정책을 추구하던 닉슨 행정부의 이해관계와 맞아 떨어졌다. 당시 미국은 베트남전의 수렁에서 벗어나 냉전에서 승리하기 위한 새로운 전략을 물색하고 있었으며, 전 세계적인 대소련 포위망 구축을 추진하고 있었다. 이에 따라 미국은 중국과의 관계 개선을 모색하고 있었으며 중국이 이에 호응해 나옴으로써 미·중관계 정상화로 가는 발판이 마련되었다.

1971년 4월 미·중 간의 핑퐁외교 후 7월에 헨리 키신저 미국 국가안보담당보좌관이 중국을 극비리에 방문하였다. 이어서 1972년 2월 닉슨 대통령이 중국을 방문하여 상하이 코뮤니케를 발표함으로써 미·중관계는 정상화의 길로 들어선다.

미국이 베트남전쟁으로부터 철수하고 미·중관계를 정상화하는 것은 동아시아에서의 세력균형을 근본부터 뒤흔든 사건이었다. 그동안 동아시아에서 미국과 그 동맹국들의 안보정책은 중국을 필두로 하는 공산주의 세력의 팽창을 저지하는데 중점을 두고 있었다. 미국은 이러한 목표 아래 한국과 일본에 대규모의 군대를 주둔시켜 왔으며, 동아시아 지역에서 적극적인 군사개입을 통해 공산주의 세력의 팽창을 저지해오고 있었다. 미국이 동아시아 지역의 안보에 대해 소극적인 태도를 보이고 동맹국들과 협의 없이 중국과의 관계 정상화를 모색함에 따라 미국의 동맹국들은 갑자기 자국의 안보를 스스로 책임져야 하는 상황에 직면하게 되었다.

이러한 배경 속에서 박정희 대통령이 핵무기 개발을 시도하게 되었다. 1960년대 후반 미국이 베트남전에서 승리할 가능성이 점차 희박해지는 한편, 박대통령이 베트남에 파병하고 한국군의 전력에 빈틈이 발생하는 듯이 보이자, 북한의 대남도발은 더욱 가속화되었다.[63] 그 가운데 1968년 발생한 1.21 사태와 이틀 뒤 발생한 푸에블로호 피랍 사건에서 보여준 닉슨 행정부의 이중적인 태도는 박대통령으로 하여금 미국의 대한반도 방위공약에 대한 의구심을 갖게 만들었다.[64]

미국에 대한 박대통령의 의구심은 닉슨 행정부의 등장으로 더욱 확고해졌다. 닉슨 행정부는 동아시아 안보정책을 근본적으로 변화시켰으며 이는 1970년 7월 갑작스

---

63) 6.25전쟁 이후 2018년까지 북한에 의한 침투 및 국지도발은 총 3,119회가 식별되었다. 그 중 1960년대에만 전체의 약 43%인 1,336회의 침투 및 국지도발이 식별되어 가장 격렬한 양상을 보였다. 국방부, 『2018 국방백서』(서울: 국방부, 2018), p. 268.

64) 당시 존슨 행정부는 한국정부에 북한에 대한 보복조치를 취하지 말고 자제할 것을 압박하면서도 푸에블로호 문제를 해결하고자 북한과 비밀 협상을 진행하고 있었다. 박대통령이 이러한 미국의 이중성에 분개하여 '우리 국방은 우리의 손으로 지킨다'는 자주국방을 강조하면서 350만여 명에 달하는 향토 예비군을 창설함과 동시에 북한에 보복 의지를 천명하자 미국은 밴스(Cyrus Vance) 특사를 파견하여 북한에 대한 보복을 자제할 것을 압박하였다. 1.21사태와 푸에블로호 피랍 사건으로 촉발된 양국 간의 이견은 그해 4월 17일부터 18일까지 하와이에서 열린 한미 정상회담과 5월 27일의 한미 국방장관 회담을 통해 해소되었다. 이 회담에서 양국은 "북한이 자행하고 있는 불법적 침략행위가 한반도의 평화와 안전에 심각한 위협이 되고 있으며, 추후 이러한 침략행위가 반복될 경우 전쟁으로 이어질 수 있음을 경고"하고 한미 양국의 방위력을 증가시키기 위해 미국의 한국군 현대화 계획 지원, 한국의 대간첩작전 강화 및 침투·간첩행위에 대처하기 위한 기구의 편성, 한국의 향토 예비군에 대한 지원 및 양국의 베트남전 원조 계속 등에 합의하였다. 또한 매년 북한의 위협에 대비하고 한미 양국의 공동 방위 태세 확립과 국방에 대한 노력을 검토하기 위해 매년 국방장관 회담을 개최하기로 합의하였다.

러운 주한미군 철수 결정으로 나타났다. 당시 닉슨 대통령은 동두천에 주둔하던 주한미군 7사단에 대한 철수 결정을 내리면서 한국정부와 어떠한 상의도 하지 않았으며, 주한미군 철수에 따라 발생할 안보 공백을 어떻게 메울 것인지에 대한 어떠한 보장약속도 하지 않았다.[65] 또한 당시 주한미군은 900여 기에 달하는 전술핵무기를 보유하고 있었음에도 불구하고 이의 운용에 대해서 한국정부에 어떠한 통보도 하지 않고 있었다.[66] 미국의 이러한 이중적 태도에 대해 박대통령은 자주국방과 핵무기 개발을 통해 한국의 안보를 독자적으로 확보하려고 하였다.

박대통령은 1968년 2월 7일 경전선 개통식에서 자주국방에 대한 기본개념을 밝힌다. 그는 이 연설에서 "1.21과 같은 사태가 다시 일어나면, UN군이 와서 도와준다느니, 무슨 전쟁이 일어나면 미국이나 UN군이 원조 무기를 가져와서 적으로부터 방어해 줄 것이다"라는 생각을 버리고, "우선 1차적으로 우리 힘으로 우리를 방어해야 되겠다는 그런 결심이 없는 국방을 가져서는 안 된다"고 언급하였다.[67] 이어서 1970년 2월 26일 서울대학교 졸업식을 통해 자주국방을 공식적으로 천명한다.

박대통령은 1971년 11월 청와대 경제 제2수석실 수석비서관에 오원철을 임명하고 방위산업 육성을 전담하도록 하였다. 당시 청와대에서는 한미 국방장관 회담을 통해 탄생한 한국군 현대화 5개년 계획과는 별도로 국군 전력증강 5개년 계획을 수

---

65) 1969년 8월 박대통령은 미국 샌프란시스코에서 닉슨 대통령과 한미 정상회담을 가졌다. 이 회담에서 닉슨은 "베트남에 한국군이 주둔하고 있는 동안 주한미군은 철수하지 않으며, 만약 주한미군이 철수하려고 하면 한국정부와 사전에 충분히 협의한 후 결정하겠다"고 약속하였다. 하지만 닉슨 대통령의 이 같은 발언에도 불구하고 1970년 3월 포터(William J. Potter) 주한 미국대사는 박대통령을 예방하여 "미국은 주한미군 2만 명을 감축할 것"이라고 통보하였다. 연이어 8월에 방한한 미국의 애그뉴(Spiro T. Agnew) 부통령은 박대통령에게 "앞으로 더 이상의 주한미군 철군을 없을 것"이라고 발언하였음에도 불구하고 대만으로 가는 비행기 안에서 미국 기자들에게 "주한미군은 앞으로 5년 이내에 모두 철수할 것"이라 언급함으로써 미국의 대한반도 방위공약에 대한 의구심을 증폭시켰다.

66) 핵억제의 신뢰성은 그것의 사용 대상이 되는 국가가 실제 공격하는 국가가 핵무기를 사용할 것이라고 인식할 때 비로소 발생한다. 만약 핵억제가 신뢰성이 있다면 그 대상이 되는 국가는 쉽게 도발하지 못할 것이고, 이를 통해 안전을 보장받는 국가 역시 상대국이 보복을 받을 위험 때문에 쉽게 도발하지 못할 것이라 믿을 수 있다. 만약 핵무기를 보유한 국가가 억제의 대상국가나 그것을 통해 안전을 보장받는 국가에게 그것이 실제로 사용될 것이라는 믿음을 주지 못한다면 핵억제의 신뢰성은 감소하게 된다. Jeffrey W. Knopf ed., *Security Assurances and Nuclear Nonproliferation*(Stanford, CA: Stanford University Press, 2012), p. 32.

67) "1968년 2월 7일, 경전선 개통식 치사," 『박정희대통령연설문집: 제3권, 제6대편: 1967년 7월~1971년 6월』(서울: 대통령비서실, 1973), p. 165.

〈그림 2-2〉 핵연료 개발 계획(1972. 9. 8)

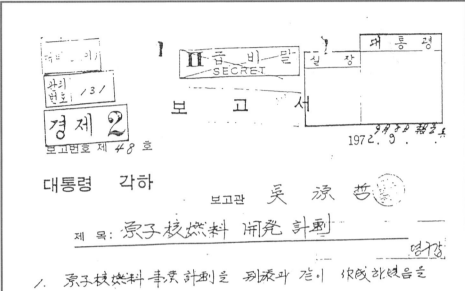

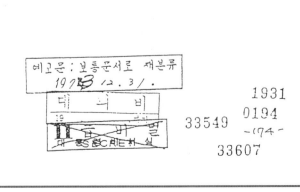

SECRET

1. 核武器의 種類 및 우리의 開發方向

가. 核武器의 種類

1) 核分裂 에너지를 利用한 爆彈

가) 우라늄 235 爆彈

原料 (核分裂物質) ; 90% 以上의 高濃縮
우라늄 235

나) 플루토늄 239 爆彈

原料 ; 90% 以上 高純度 플루토늄 239

2) 核融合 에너지를 利用한 爆彈

水素 爆彈

原料 ; 液化重水素 및 三重水素 또는
重水素化 리튬 6

나. 우리나라의 核武器 開發方向

過大한 投資를 要하지 않고 若干의 技術導入과
國內 技術開發로 生産이 可能한 "플루토늄"彈을
擇함이 妥當함.

1533
0196
33551
-176-
33609

秘
SECRET

核武器의 比較

種類	核分裂 原子爆彈	
	우라늄 235彈	플루토늄 239彈
威力(TNT 換算)	2万屯 (히로시마 投下)	2万屯 (長崎 投下)
核物質 及 最大 所要量	濃縮 우라늄 235 (25Kg)	高純度 플루토늄 239 (8Kg)
原料(核物質) 製造方式	天然우라늄→濃縮 →高濃縮 우라늄 235	天然우라늄→原子爐 →高純度 플루토늄 239
長短點 比較	(短點) 1. 高濃縮施設에 莫大한 資金과 高度의 技術을 要함 例. 우라늄 134Kg/年 生産 投資額 約 9億弗 建設期間 8年 所要電力 200万KW를 要하여 技術의 導入이나 開發이 거의 不可能함 (長點) 1. 濃縮施設을 保有하면 高其發電用 濃縮우라늄 燃料도 生産할 수 있음 2. 水素爆彈의 밧아쇠로 有利함 3. 우라늄은 毒性이 없으므로 取扱이 安全함	(長點) 1. 高純度 플루토늄 生産에 比較的 投資要가 적게 所要됨 例. 8Kg/年生産 投資額 約 4,200万弗 建設期間 4年 大規模電力은 必要도 하지 않으며 若干의 技術導入으로 國內開發이 可能함 2. 플루토늄은 原子力發電 燃料로도 使用됨 (短點) 플루토늄은 有毒物質이므로 取扱에 危險이 더함

1934

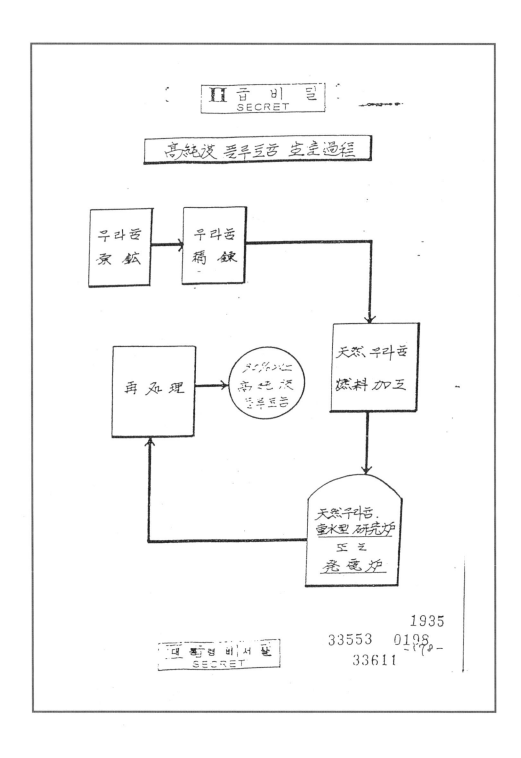

□□ 급 비 밀
SECRET

乙. 우리나라의 核物質 保有를 통한 開發方向

가. 核燃料 사이클 現況

　1) 古里 原子力 發電所 建設 以外엔 全無

　2) 古里 發電所에서 高純度 플루토늄을 生産 하려면 非正常
　　　稼動이 不可避하며 이에 따르는 經濟的 損失이 莫大함.

　3) 正常 稼動으로 生産되는 플루토늄은 生産量이 100Kg/年이나
　　　플루토늄의 純度가 70% 以下이므로 軍事用 에도 不通함.

核燃料 사이클

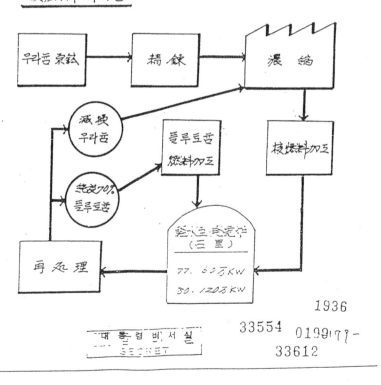

1936
33554 0199 71-
　　　　　33612

다. 우리나라의 高純度 플루토늄 生産方案

第1案

高純度 플루토늄 生産및 發電兼用炉에 의하는 方法

우리나라 原子力 發電 第2號核 以下를 天然우라늄·
重水型 發電炉로 하는 方法으로서 日本·印度의 例와 같음.

第2案

商用發電과는 別途로 플루토늄 生産用 硏究炉에
의하는 方法

8Kg/年 生産이 可能한 4万KW의 天然우라늄·重水型
硏究炉를 建設하는 方法으로서 自由中國의 例와
같음.

1937

대 통 령 비 서 실   33555 0200-180-
                              33613

高純度 플루토늄 生産方案 比較

	第 1 案	第 2 案
方 案	플루토늄 生産 및 發生 兼用爐에 의함 原子發電所 二号機를 活用	플루토늄 生産用 研究爐에 의함
採択하고 있는 나라	日本, 印度	自由中國
適合한 爐型	50万KW級 重水型 發電爐	2万5KW 重水型 研究爐
年間 生産 可能量	高純度 플루토늄 200Kg	高純度 플루토늄 8Kg
所要 投資 規模	二億弗 (起動가 所要額 9+5弗) 發電爐 1億5千萬弗 (起水爐 1.1億弗) 再処理 4弗 加工 3	二二百萬弗 發電爐 二9百万弗 再処理 11 加工 二
生産 開始 時期	1980年 初	1980年 初
長 短 点	1. 商用發電을 要할수있음 2. 플루토늄 電産이 可能 3. 比較的 投資費가 많음 4. 技術需要가 있을때는 發電爐 및 再処理工場 二 兩用으로 転換 할수 있음	1. 商用 發電을 兼生 수 있음 2. 플루토늄 生産量이 적음 3. 比較的 投資費가 적음 4. 技術需要가 있을때는 研究目的外에 使用할 수 있음
結 論	1. 第1案을 択함 2. 原理發電所 第2号機를 重K爐로 함	

1938

33556 020181-
33611

Ⅱ급비밀
SECRET

結論

1. 우리 나라의 技術水準. 財政 能力으로 보아 플루토늄彈을 開發한다.

2. 1973年度 부터 科學技術處 (原子力研究所)로 하여금 商工部 (韓國電力)와 合同으로 核燃料 基本技術開發에 着手하여 徹底한 基礎作業을 遂行한다.
   1974年부터 建設計劃을 推進하여 1980年代. 初에 高純度 플루토늄을 生産한다.

3. 原子力研究所도 上記 目的에 맞도록 改編. 補强한다.

   가. 海外 韓國人 原子力 技術者 들 採用하여 人員을 補强함.

   나. 技術者들 海外에 訓練시키되 반드시 特定 任務를 賦與하여 專門訓練을 받도록 함.

   다. 現在의 實驗 原子爐 및 其他 施設은 原子力 專攻 大學生의 敎育 訓練用으로 50%以上을 割愛함.

   라. 原子力을 專攻하고자 하는 大學生 全員에 對하여 獎學金을 支給하여 原子力研究所에서 實技敎育을 받고 卒業后 原子 核燃料事業에 從事토록 함.

33557

1939
0202'82-
33615

대통령비서실
SECRET

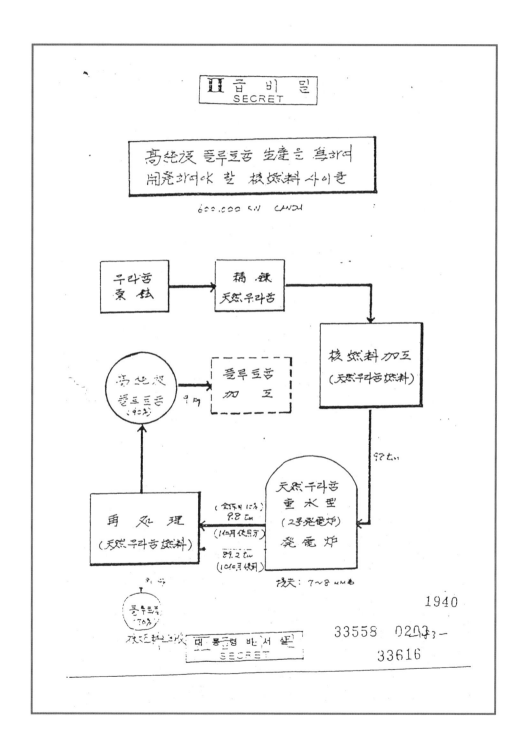

립하고 있었다. '율곡사업'으로 불린 이 계획에는 한국군의 전력증강뿐만 아니라 핵무기 개발 계획까지 포함하고 있었다.[69] 오 수석은 1972년 9월 8일 최초로 핵무기 개발 계획을 박대통령에게 보고하였다.

<그림 2-2>는 한국정부의 핵무기 개발에 대해 현재까지 알려진 가장 최초이자 유일한 문서이다. 이 문서의 제목은 핵무기 개발을 공공연히 드러내지 않기 위해 "원자 핵연료 개발 계획"으로 명명되었다. 동 보고서는 ① 핵무기 종류 및 우리의 개발방향, ② 우리나라의 핵물질 보유를 위한 개발방향, ③ 결론 등 세 가지로 구성되어 있었으며, 박대통령이 직접 지시하였다는 인상을 주지 않기 위해 오수석이 박대통령에게 보고하는 형식으로 구성되고 대통령의 서명은 들어있지 않다.[70]

위의 문서를 보면,

첫째, 핵무기의 종류에는 우라늄탄과 플루토늄탄의 두 가지 종류가 존재한다고 설명하면서, 한국이 핵무기를 개발하려면 과도한 투자가 요구되지 않고 약간의 기술 도입과 국내기술 개발로 생산이 가능한 플루토늄탄을 선택하는 것이 타당하다고 논하고 있다.

둘째, 고순도 플루토늄은 중수로 원자로에서 나오는 사용 후 핵연료를 재처리함으로써 얻을 수 있으므로 추후에 건설되는 원자력 발전소 2호기(월성에 건설할 캐나다형 중수로)는 천연우라늄을 사용하는 중수로를 선택하여 건설한다고 하고 있다.

셋째, 이러한 일련의 과정을 성공적으로 추진하기 위해 1973년부터 과학기술처

---

69) 당시 김광모 경제 제2수석실 비서관은 박대통령이 경제 제2수석실이 만들어진지 얼마 되지 않은 시기에 오수석을 불러 다음과 같이 이야기 하였다고 증언하였다. "주한미군 철수로 한국의 안보가 대단히 불안해. 미국한테 밤낮 눌려서 안 되겠어. 언제는 도와준다고 했다가 이제 와서 철군해 버리니 언제까지 미국한테 괄시만 받아야 하는지 … 이제는 좀 미국의 안보 우산에서 벗어났으면 좋겠어. 약소국가도 큰소리칠 수 있는 게 뭐 없겠소? 인도와 파키스탄 같은 나라도 큰소리를 뻥뻥 치고 있는데 말이야. 우리도 핵개발을 할 수 있는 거요," 중앙일보 특별취재팀, "[실록 박정희 시대] 30.자위에서 자주로,"『중앙일보』 1997.11. 3. 김정렴, 『아 박정희: 김정렴 정치회고록』(서울: 중앙M&B, 1997), p. 53.
오동룡, "[특종] 朴正熙의 원자폭탄 개발 비밀 계획서 原文 발굴: 1972년 吳源哲 경제수석이 작성, 보고한 核무기 개발의 마스터 플랜-1980년대 초, 高純度 플루토늄彈을 완성한다,"『월간조선』, 2003년 8월호, pp. 190-199. 위의 오원철 수석이 작성한 핵무기 개발 마스터 플랜 보고서는 실제로 김광모 비서관이 작성하여 오원철 수석과 대통령의 재가를 받은 것으로 김광모 비서관이 오동룡 기자에게 주었고, 저자는 오동룡 기자로부터 입수하고, 후에 김광모 비서관과 인터뷰를 2회 실시하였다.
70) 김광모, 『청와대비서관의 박정희 대통령 중화학공업 회상』(서울: 박정희대통령기념재단, 2018), pp. 227-239.

산하 원자력연구소와 상공부 산하 한국전력이 합동으로 핵연료 기본 기술 개발에 착수하여 철저한 기초작업을 수행하고 1980년 초에는 자체적으로 플루토늄을 생산한다. 이를 위해 원자력연구소에 대한 개편·보강을 추진한다.[71]

당시 박대통령의 지시를 받은 오원철 수석은 원자력연구소의 전문가들을 접촉하여 만약 한국에서 핵무기를 개발하려고 하면 어떻게 해야 되는지에 대해 자문을 받았다. 그때에 한국은 인도처럼 천연우라늄을 핵연료로 사용하는 중수로를 캐나다로부터 도입하고, 그 중수로에서 꺼낸 사용후핵연료를 프랑스에서 도입할 재처리시설을 가지고 재처리함으로써 플루토늄을 얻어서 핵무기 제조에 활용한다는 계획을 세웠다. 그러므로 핵무기 개발 계획은 프랑스 모델과 인도 모델을 혼합한 방법으로 수립한 것이라고 보아도 무방하다.

이 보고서가 박대통령에 의해 승인됨에 따라 당시 원자력연구소 소장이었던 윤용구 박사는 본격적으로 핵무기 개발에 착수하게 된다. 1973년 3월에는 원자력연구소 제1 부소장에 핵연료 분야의 권위자인 MIT 출신의 주재양 박사를 보임시켜 핵무기 개발에 대한 일체의 과업을 담당하도록 하였다. 그는 미국과 캐나다를 방문하여 미국에서 일하던 김철 박사 등 한국 출신 핵과학자 10여 명을 국내로 유치해 왔다.[72] 당시 추산으로 핵무기 개발 비용은 약 2억 달러였으며, 핵무기가 완성되는 시기는 1980년대 초로 예상하였다. 완성된 핵무기는 약 20kt으로 미국이 일본의 나가사키에 투하한 것과 유사한 수준의 핵무기가 될 것이었다.

핵무기 개발이 본격적으로 추진되면서 원자력연구소는 연구용 원자로와 재처리 시설 확보에 총력을 기울였다. 1972년 최형섭 과학기술처장관은 재처리사업을 추진하기 위해 미국측과 접촉을 하였으나 미국측이 사업의 승인을 거절하였다.[73] 이에 한국정부는 대안으로 프랑스로부터 재처리 기술과 시설을 도입할 것을 결정하고 프랑

---

71) 원자력연구소는 이 보고서의 내용을 토대로 전면적인 개편·보강 작업에 착수하였다. 원자력연구소는 해외에 있는 한국인 원자력 기술자를 채용하여 인력을 보강하고 전문적인 기술 습득을 위해 기술자를 해외로 파견하였다. 또한 한국이 보유하고 있던 실험용 원자로 및 기타 시설의 50% 이상을 원자력을 전공한 대학생의 교육훈련용으로 사용하였으며, 원자력 관련 학문을 전공하고자 하는 대학생 전원에서 장학금을 지급하여 원자력연구소에서 기술교육을 받고 졸업 후 원자핵연료사업에 종사토록 하였다. 오동룡, *op. cit.*, pp. 190-199.

72) 이윤섭, 『박정희 정권의 핵무기 개발 비사: 자주국방을 위한 도전』(경기도: 출판시대, 2019), pp. 194-195.

73) 당시 최형섭 장관은 미국 핵연료회사(Nuclear Fuel Service) 및 아르곤 국립 연구소(Argonne National Laboratory)와 접촉을 시도하였으나 양쪽 모두로부터 거절당하였다.

스정부와의 교섭에 들어갔다. 최형섭 장관은 1972년 5월 프랑스를 비밀리에 방문하여 프랑스정부와 원자력 기술과 재처리 시설 도입에 대해 논의하였으며, 1973년 6월 김종필 총리의 프랑스 방문을 계기로 양국의 협력은 급물살을 타게 되었다.

한국정부는 파키스탄 등에 재처리 시설을 수출한 경험이 있는 프랑스의 생고방 핵회사(SGN: Saint-Gobin Nuclear Company) 및 핵연료시험제조회사인 세르카(CERCA)와 재처리 시설을 포함한 핵기술관련 협력을 맺기로 합의하였다. 만약 SGN으로부터 재처리 시설을 도입하게 된다면 매년 20kg 정도의 플루토늄을 생산할 수 있을 것이며 이는 매년 핵무기 2~4개를 제조할 수 있는 양이라고 판단하였다. 이후 양국 간의 협력이 순조롭게 진행되어 1975년 1월 15일 원자력연구소와 CERCA 간에 사업규모 284만 달러 규모의 핵연료 제조장비와 기술 도입 계약이 체결되었으며, 2월 20일에는 한국정부와 프랑스 은행이 컨소시엄을 형성하여 핵연료 재처리 사업 및 핵연료 가공사업의 외자 소요자금을 위한 차관계약이 체결되었다. 이어서 4월 12일에는 원자력연구소와 SGN 간에 3,200만 달러 규모의 '핵연료 재처리 공장 설계 및 기술용역 도입에 관한 계약'이 체결되었다. 한국정부는 전체 소요경비의 80%를 프랑스 계열 은행에서 차관으로 도입하기로 결정하고 승인하였으며, 계약은 프랑스정부의 승인만 남은 상황이 되었다.

이와 동시에 한국정부는 당시 유대계 거상으로 많은 분야에서 한국과 원자력사업을 하고 있던 아이젠버그(Shaul Ensenberg)를 통해 캐나다의 캔두(CANDU: Canada Deuterium Uranium Reactor)형 중수로 및 NRX(National Research Experimental Reactor) 연구용 원자로 도입을 추진하였다.

한국이 핵무기를 개발하는 과정에서 최대의 장애요인은 전혀 예상하지 못했던 곳에서 시작되었다. 이 책의 제1장에서 설명한 바와 같이, 1974년 5월 18일 인도가 핵폭발 실험에 성공하면서 미국을 중심으로 전 세계적인 핵비확산 움직임이 강화되었다. 인도는 핵폭발 실험을 추진하는 과정에서 캐나다에서 수입한 연구용 원자로와 미국에서 제공한 중수를 사용하여 사용후핵연료를 추출하였으며, 이를 재처리하여 플루토늄을 확보하였다. 인도는 이를 "평화적 목적의 핵폭발 실험(Smiling Buddha)"[74]

---

74) 당시 인도정부는 비밀리에 핵무기 개발을 진행하면서 핵실험 실시 예정일을 5월 18일로 잡았다. 공교롭게도 이 날은 인도정부가 "석가모니가 깨달음을 얻은 날(Buddha Purnima Day)"로 기념하고 있던 날이었으며, 이에 따라 인도정부는 이 날에 상징성을 부여하여 핵무기 개발

이라고 주장하였으나, 미국과 캐나다는 이를 사실상(de facto)의 "핵무기 실험"으로 규정함과 동시에 인도에 대한 모든 핵관련 기술과 자재의 수출 중단을 결정하였다. 또한 당시 핵관련 기술을 보유하고 있던 영국, 캐나다, 소련, 서독 및 일본, 프랑스 등과 함께 '핵공급국그룹(NSG)'을 결성하여 인도를 포함한 다른 국가들의 핵무기 개발을 차단하고자 하였다.

핵비확산체제를 강화하기 위해 미국이 첫 대상으로 주목한 곳은 한국이었다. 1972년부터 추진하기 시작한 한국정부의 핵무기 개발 계획을 감지하고 있던 미국은 인도의 핵폭발 실험을 계기로 한국정부의 움직임을 더욱 경계하기 시작하였다. 1974년 11월 20일, 로드(Winston Lord) 미 국무부 정책기획국장과 팩맨(Martin Packman) 정보조사국장이 키신저(Henry A. Kissinger) 국무장관에게 보고한 다음의 문서는 당시 한국의 핵개발 가능성에 대한 미국 정부의 첫 우려를 잘 보여주고 있다.[75]

국무부 브리핑 기록(1974년 11월 20일)
보고자: 윈스턴 로드(Winston Lord) ─ S/P(정책기획국)
　　　　 마틴 팩맨(Martin Packman) ─ INR(정보조사국)
수　신: 국무부 장관(Henry Kissinger)

제　목: 2차 경고 보고

핵심 내용(요약): 동아시아─ 한국의 첨단 무기 개발.

1970년대 말까지 한국의 핵과 미사일 능력 개발에 대한 분명한 관심은 해당 안건을 제기한다. 향후 6개월에서 9개월 동안 한국의 핵 능력 개발 노력과 그에 대해 우리가 할 수 있거나 해야 할 일에 대한 시사점:

박정희 대통령은 1974년 8월 한국의 기자들에게 비공식적으로 1977년까지

───────────────
프로젝트의 암호명을 "미소짓는 부처"로 명명하였다.
75) https://nsarchive2.gwu.edu//dc.html?doc=3513493─Document─04─Winston─Lord─director ─Policy. 1974년 11월 20일.

"원자 폭탄"을 개발하라고 지시했다고 한다. 현재의 정보 추정은 한국이 전력, 연구용 원자로와 파생 핵물질과 관련된 협정을 위반할 준비가 되어 있고 그 사이에 필요한 화학 분리 시설(재처리 시설)을 획득할 수 있다면 1980년경에 핵무기를 제조할 수 있을 것으로 추정한다. 우리가 제안한 요구를 한국정부는 아직 수용결정을 하지 않았고, 순수한 산업용 핵 프로그램과 일치하지 않음에도 불구하고, 한국이 그러한 시설을 구입하기 위해 프랑스 회사와 협상하고 있다는 징후가 있다.

　　미사일 능력과 관련해서, 1974년 2월 박대통령은 한국방위산업회의에서 한국은 북한의 도발을 응징할 수 있는 장거리 유도미사일을 개발해야 한다고 언급했다. 그리고 8월에는 1977년까지 500km 사정거리의 미사일 개발 데드라인을 설정해두었다. 완전히 조립된 미사일과 관련 장비를 획득하지 못하면, 그러한 데드라인은 아마도 1980년대 중반까지 미룰 수밖에 없을 것이다. 그러나 우리는 한국이 8월에 로켓 추진체 개발을 위해 록히드사에게도 도움을 요청했고, 맥도널더글라스사에게 200마일 사거리의 지대지 미사일 개발을 위해 접근했다는 것을 알고 있다. 만약 한국이 앞으로 6개월에서 9개월 사이에 핵 능력을 개발하기 위해 더 나아가게 된다면, 다른 국가들에게 알려지게 되어 지역 안정과 우리의 비확산 전략에 매우 불안한 영향을 미칠 수 있다. 주요 핵공급국들과 힘을 합쳐서 프랑스와 한국과의 초기 협력단계에서 한국의 움직임을 억제하는 것이 필요하다. 우리는 한국인들이 핵무기 개발 궤도에 오르는 것을 단념시키기 위해 우리의 정치적 영향력을 이용하는 것을 고려할 필요가 있다.

　　우리의 비확산 전략이 어떻게 전개되느냐에 따라 그리고 한국의 의도와 행동을 보다 명확하게 파악할 수 있기 때문에 가까운 시일 내에 당신(헨리 키신저 장관)이 결정을 내릴 필요가 있다.

　　1974년 12월 스나이더(Richard L. Sneider) 주한 미국 대사가 국무부에 보고한 내용 역시 한국의 핵무기 개발에 대한 미국 정부의 의심을 그대로 보여주고 있다.

1974년 12월

발신: 주한미국대사

수신: 국무부

제목: 한국이 핵무기와 미사일을 개발하기 위한 계획을 시도 중에 있음

내용 요약:

한국정부가 핵 옵션을 열어두고 싶어 한다고 우리가 인식하기는 했지만, 최근 몇 개월 간 축적된 증거들은 한국정부가 **핵무기 개발 프로그램의 첫 번째 단계로 진행하기로 결정했다**는 강한 추정을 뒷받침하고 있다. 현재, 증거는 여전히 확정적이지 않으며 핵무기와 운반 시스템에 관해서 그 프로그램은 여전히 초기 개발 단계에 있다. 하지만 현재까지의 증거들로 보아서도 주목할 만한 충분한 가치가 있다.

1. 한국정부 의도: 한국정부는 NPT 비준을 계속 미루고 있다.

2. 무기급 원료 획득: 몇 년 동안 미국과 원자력연구와 농축 우라늄 발전소에 집중한 후, 한국정부는 원자로 수입 출처를 다양화하기 시작했다. 그것의 핵심은 **캐나다형 중수로와 캐나다로부터 연구용 원자로를 입수하려는 시도였다.** 유리한 신용 조건을 포함하여 캐나다형 원자로를 취득하려는 다른 타당한 이유가 있기는 하지만, 캐나다 원자로, 특히 연구용 원자로는 핵안전조치의 규제를 회피하고 플루토늄을 더 쉽게 획득하기 위한 방법을 제공할 수 있다.

3. 마지막으로, 한국정부는 캐나다형 원자로에 핵연료를 공급하기 위해 한국 내 우라늄 매장층을 개발할 것이라고 발표했다.

4. 기술력 획득: 국방과학연구소와 한국 원자력연구소는 매우 좋은 급여와 다른 유인책을 제공함으로써 미국에서 일하는 한국 과학자들을 모집했다. 한국 경제의 발전과 원자력 발전과 연구 프로그램에 대한 충분한 재능을 제공한다는 점에서 과학자 수요가 타당하다. 그러나 핵 과학 기술은 무기 개발에 활용될 수 있다.

5. 무기 개발: 오늘날 한국군은 나이키 허큘리스나 F-4 전투기들처럼 잠재적 핵 운반 역량이 갖춰진 무기 시스템으로 무장하고 있다. 북한 무기체계 역시 같은

역량을 갖추고 있다. 그러나 남북한 둘다 핵무기에 접근하지 못하고 있다.

6. 한국은 대부분 실험적이고 기초적이며 현재 재고 미사일 시스템의 운영과 유지보수에 주로 관심이 맞춰져 있는 미사일 연구개발 프로그램의 1단계에 관여하고 있다.

7. 결론과 조언(권고): 대사관은 한국의 핵무기 계획에 관한 명확한 판단을 할 충분한 전문지식이 부족하다. 그러나 우리가 획득할 수 있는 증거들로부터, 우리는 아마도 한국에서 핵무기 개발 프로그램의 초기 단계에 착수하기 위한 결정이 내려졌을 것이라고 결론짓는다.

이를 기점으로 한국의 핵무기 개발을 저지하기 위해 미국은 전방위적인 외교활동을 전개하였다. 한국정부가 핵무기를 개발하고 있다는 사실이 명확해지기 시작하면서 미국은 세 가지 방법으로 한국정부가 핵무기 개발을 포기하도록 압박하기 시작하였다.

첫째 방법은 미국정부가 한국정부에게 직접적인 압박을 가하는 것이었다. 당시 포드 행정부는 다양한 경로를 통해 한국의 핵무기 개발 시도를 인지하고 있었으며, 이를 중단시키기 위해 한국정부를 압박하였다. 미국은 고리 1호기에 대한 핵연료 공급 중지 및 고리 2호기 건설에 필요한 차관 제공의 거부, 국군현대화 계획과 방위산업 지원 중단, 주한미군과 전술핵무기의 철수, 한미동맹의 파기압박 등을 지속적으로 언급하며 한국정부의 핵무기 개발 시도를 중단시키고자 하였다.

둘째, 한국에 대해 핵무기 개발에 필요한 핵기술을 지원하는 국가에 대해서 계약을 취소하도록 국제적인 압력을 강화하는 것이었다. 미국은 핵공급그룹에 프랑스를 참여시킴으로써 한국정부에 대한 재처리 시설 및 핵관련 기술의 수출을 중단하도록 압력을 행사하였다.[76] 또한 미국−캐나다 간의 긴밀한 외교관계를 바탕으로 캐나다 정부를 설득하여 한국정부가 핵비확산조약(NPT)을 비준한 후에, CANDU형 중수로와 NRX를 판매하도록 설득하였다.

---

76) 프랑스는 의외로 미국의 NSG 가입 설득 및 한국에 대한 재처리 시설 판매 계약 파기에 협조적이었다. 왜냐하면, 1960년 드골의 독자적 핵개발 및 파키스탄, 이스라엘 등에 대한 프랑스의 재처리 시설 제공 등에 대해서 프랑스는 미국정부에게 미안한 감정을 해소하고 싶었기 때문이었다. 저자와 William Burr와의 인터뷰. National Security Archive at the George Washington University, Washington D.C.(December 2017).

셋째, 한국정부로 하여금 NPT를 조속히 비준하도록 설득작업을 벌이는 것이었다. 미국은 1968년 한국이 NPT를 가입한 직후부터 이를 조속히 비준하도록 지속적으로 압력을 가해왔다. 1975년 3월 키신저 국무부 장관은 스나이더 주한 미국대사에게 이러한 내용을 담은 전문을 발송하였다.[77]

> 1975년 3월 3일,
> 발신: 미 국무부(키신저)
> 수신: 주한 대사관
>
> 제목: 한국은 핵무기와 미사일을 개발하려고 계획하고 있다.
>
> 요약
> 1. 워싱턴의 미국정부 인사들은 한국이 핵무기 개발의 초기 단계에 돌입했다고 결론을 내렸다. 워싱턴에서는 한국의 핵 능력에 대한 범정부적 연구를 마쳤는데, 한국정부가 향후 10년 안에 핵무기와 미사일 능력을 개발할 수 있을 것으로 본다. 만약 한국이 핵개발을 하게 되면, 북한과 일본뿐만 아니라 소련, 중국, 그리고 동북아 지역에서 불안정을 가져올 것이다. 나아가 핵무기 능력을 확보하려는 한국의 노력은 한미 안보관계에 영향을 미칠 수밖에 없다. 박정희의 핵개발 시도가(닉슨 행정부의 주한미군 철수 등) 미국의 대한국 안보 공약에 대한 신뢰도가 저하되었으므로 미국에 대한 군사적 의존도를 줄이려는 박대통령의 열망을 반영했다는 사실 때문에 한미관계에 부정적 영향을 미치게 될 것이라고 결론짓고 있다.
> 2. 키신저 장관은 주한 미국대사에게 미국의 핵비확산 정책에 대해 언급하면서 대한국 교섭지침을 내렸다. "미국정부는 핵무기의 확산에 반대하고, 필요한 에너지 프로젝트에 대해서는 IAEA의 안전조치 하에 원자로와 연료를 계속 제공한다. 아울러 핵무기 능력을 향상시킬 수 있는 기술과 장비의 확산을 통제하기 위한 정책을 고수한다."
> 3. 우리는 한국과 같은 비핵국가들과의 양자 간 거래에서 뿐만 아니라 다자간 틀에서도 비확산 정책을 실행하기 위해 노력하고 있다. 우리는 민감한 품목에 대한 통제지침을 개발하고 상업적 협상과정에서 안전조치의 문제를 적용하기 위

---

77) https://nsarchive2.gwu.edu//dc.html?doc=3513500−Document−09−State−Department−telegram−048673−to https://digitalarchive.wilsoncenter.org/document/114628

한 공통적인 수출 정책을 개발하기 위해 핵물질의 가장 중요한 공급자들(미국, 영국, 캐나다, 프랑스, 일본, 소련)과의 비밀회의를 제안하였다.

4. 프랑스를 제외한 모든 국가들은 그러한 회의를 시작하기로 미국과 합의했고 우리는 프랑스로부터 회신을 기다리고 있다. 최근 미국-프랑스 접촉에서 "프랑스가 한국에(사용후핵연료에서 플루토늄을 추출하기 위한) 재처리 시설이나 기술을 공급할 의향이 있는가"라고 질문을 했다. 프랑스정부는 소형 파일럿(시범) 재처리 시설에 대한 합의안에 아직 서명하지 않았으며, 협상이 완료될 경우 IAEA의 안전조치를 요구할 것이라고 밝혔다.

5. 미국의 기본적인 목표는 한국의 핵무기 개발 노력을 단념하게 하고 한국이 핵폭발 능력이나 핵 운반 시스템을 개발하는 것을 최대한 억제하는 것이다.

6. 다음은 우리가 현재 적극적으로 고려하고 있는 정책 방침이다:

   a. 미국의 일방적 조치와 핵공급국 간의 공동 정책 개발을 통해 핵개발에 필요한 민감한 기술과 장비가 한국에 도입되지 않도록 한다.

   b. 미국은 특히 농축과 재처리 기술, CANDU 원자로를 한국에 인도하는 것에 대해 통제할 방침임을 밝혔다. 아울러 한국정부에게 NPT를 비준하도록 압박한다. 캐나다와 협조하여 캐나다가 한국에게 NRX 연구용 원자로를 판매할 경우 한국의 NPT 가입과 긴밀하게 연계시켜서 추진하도록 조치한다.

   c. 한국의 원자력 시설에 대한 미국의 감시활동을 증가시키고, 한국의 원자력 시설에 대한 정기적인 방문, 미국으로부터 기술교육을 받은 인사들과 협조하여 한국의 핵개발 노력을 감시하도록 한다.

미국정부로부터 다방면의 압력을 받고, 박대통령은 딜레마에 빠졌다. 미국의 압력에 굴복하여 핵무기 개발을 포기한다면 그가 공언한 자주국방은 허울뿐인 구호가 될 것이었다. 핵억제력을 가지지 못한 한국으로서는 앞으로도 미국의 대한반도 안보정책에 지속적으로 끌려 다닐 수밖에 없게 될 것이라고 생각했다.[78] 그렇다고 미국의 압력을 무시하고 핵무기 개발을 시도한다면 정치적·기술적 문제에 직면할 것이었다.

한국의 핵무기 개발에 대한 전모가 드러날수록 미국의 핵무기 개발 포기 압력은 거세지고 있었으며, 따라서 핵무기의 개발은 한미동맹의 파탄을 의미할 수도 있었기 때문이었다. 또한 프랑스와 캐나다가 미국의 압력을 받아 한국정부에게 핵무기 개발

78) Sung Gul Hong, "The Search for Deterrence: Park's Nuclear Option," Byung-Kook Kim and Ezra F. Vogel eds., *The Park Chung Hee Era: The Transformation of South Korea* (Cambridge, MA: Harvard University Press, 2011), pp. 483-512.

관련 기술 판매에 대해 부정적인 입장을 밝히고 있는 것도 무시할 수 없었다. 실질적으로 이들 국가의 기술지원이 없다면 핵무기 개발은 사실상 불가능에 가까운 것이기 때문이었다.

이러한 딜레마 속에서 박대통령은 NPT를 비준하는 방안을 선택하였다. 박대통령은 NPT를 비준함으로써 미국의 핵무기 개발 포기 압력을 무마하고, 프랑스와 캐나다로부터 핵무기 개발관련 기술을 보다 쉽게 이전받을 수 있을 것이라 판단하였다.[79] 이에 따라 1975년 3월 20일 국회에서 NPT를 비준하였으며, 한국은 국제사회에서 86번째로 정식 비준국이 되었다.

한국정부는 표면상으로 NPT를 비준함으로써 전 세계에 원자력의 평화적 이용을 천명하였으나, 그럼에도 불구하고 핵무기 개발을 비밀리에 계속하였다.[80] 1975년 4월 30일, 박대통령은 스나이더 대사를 면담하는 자리에서 미국의 안보공약과 핵무기 개발 방해 시도에 강한 불만을 표시하며 다음과 같이 언급하였다. "비 오는 날에 반드시 우산을 준비해야 한다. 핵과 미사일 개발에서 미국의 협력을 얻지 못할 경우 제3국의 도움을 얻겠다." 또한 같은 해 6월 12일 워싱턴포스트지의 노박(Evans Novak) 기자와의 인터뷰에서는 "한국은 핵무기 제조능력이 있으나 개발하지 않고 있으며, NPT를 준수하고 있다. 그러나 미국의 핵우산이 철회되면 한국은 자신을 구하기 위해 핵무기 개발을 시작할 것이다"라고 언급하였다.[81]

그렇다면 당시에 박대통령은 왜 미국의 압력에 저항하면서까지 핵무기를 개발하려고 하였는가? 당시의 상황을 되짚어 보면 안보적 요인이 가장 크게 영향을 미쳤음을 알 수 있다. 미국이 베트남에서 철수한 이후 남베트남은 북베트남의 공세에 속절없이 무너지고 있었다. 그럼에도 불구하고 미국은 베트남 문제에서 완전히 손을 떼었으며, 그 결과 1975년 4월 30일 남베트남의 수도에 북베트남이 진입함으로써 남베트남이 패 망하고 베트남 전역의 공산화가 이루어졌다.

---

79) 최근 기밀 해제된 문서에 의하면 한국 정부는 1970년부터 1975년에 이르는 시기에 NPT 가입이 종합적인 핵능력을 증진하는 기회가 될 수 있음을 인지한 것으로 보인다. 이에 따라 1968년 NPT 가입 이후 비준을 미뤄왔던 한국정부는 1975년 입장을 선회하여 NPT를 비준하였다. 주경민, "박정희 정부의 NPT 가입 요인 분석," 「서울대학교 석사학위 논문」, 2018, pp. 45-51.
80) Don Oberdorfer, *The Two Koreas*(New York: Basic Books, 2002), p. 59.
81) Evans Novak, "Korea: Park's Inflexibility," Washington Post, June 12, 1975.

베트남의 공산화 직후 김일성은 중국을 방문하여 모택동을 면담하였다. 이때 김
일성은 "중국이 지원해주면 북한은 장차 한국전쟁에서 반드시 승리하여 통일을 달성
할 수 있다"고 언급하며 중국의 대북한 군사지원을 설득하였다.[82] 이미 1960년대 후
반부터 한국에 대해 공격적인 행보를 취하고 있었던 북한의 행동으로 볼 때 김일성이
언급한 제2의 한국전쟁 도발 가능성이 상당히 높아졌다. 더군다나 닉슨독트린 이후
주한미군 철수 등으로 미국의 대한반도 안보공약에 대한 신뢰성이 의심되던 상황에
서 박대통령은 핵무기 개발을 통해 자주국방을 달성하겠다는 강한 열망을 가지게 되
었던 것이다.

그렇다면 미국은 한국에 대해 어떠한 핵정책과 전략을 수립하고 있었는가? 당시
미국은 상당량의 전술핵무기를 주한미군에 배치하고 있었음에도 불구하고 정확한 수
량과 운용 계획을 한국정부에 전혀 알리지 않고 있었다. 소위 NCND(시인도 부인도 하
지 않는 정책)를 견지하고 있었다. 1970년대 초 미국은 서유럽과 동아시아에 배치된
전술핵무기의 운용개념을 수정하였는데, 이는 아이젠하워 및 케네디 행정부에서의
전술핵무기 운용 개념에서 탈피한 전쟁에서의 실제 사용을 염두에 둔 개념이었다.[83]

미국의 새로운 개념은 1973년 당시 국방장관이었던 슐레진저(James R. Schlesinger)
의 이름을 따 슐레진저독트린 또는 선택적 유연반응전략으로 불려졌다. 이 개념은
두 가지의 제한을 포함하고 있었는데, 표적의 제한과 탄두 중량의 제한이 그것이다.
표적의 제한은 도시산업시설과 국가 지휘시설을 표적에서 제외하고 주로 군사 표적
에 대해서 공격하는 것을 의미하였다. 탄두 중량의 제한은 핵공격에 의한 부수적인
피해를 최소화하면서 미국의 전쟁수행 의지를 보여주는 것으로서 핵탄두의 중량을
제한하는 것이었다. 이러한 제한적 핵정책은 주로 지역적 차원의 핵정책을 의미하

---

82) Victor Zorza, "… And Kim's Warnings of War," Washington Post, June 12, 1975.
83) 1972년 9월 발간된 미 국방부의 회계연도(FY, Fiscal Year) 74—78년 국방기획지침서는 서유
럽과 동아시아에 배치된 전술핵무기에 대해 다음과 같이 언급하고 있다. "전구의 핵무기들은
제한 핵전쟁에서 확전통제를 통해 미국과 동맹국의 핵심이익을 방어하기 위한 주요 수단이
다. … 아시아의 전구핵전력태세는 아시아의 동맹국들과 미국의 군사력에 대한 중국의 핵무
기 사용 또는 핵무기 사용 위협을 억제하고, 가능한 한 이들 위협으로부터 미국과 동맹국을
위한 재래식 억제가 부적절할 경우에 미국의 핵무기 사용을 배제하지 않는다. … 서유럽에서
소련과 미국이 전쟁하는 중에 중국이 아시아에서 공격한다면 미국이 핵무기 사용을 포함한
모든 다른 대안을 조기에 고려해야 한다." The Secretary of Defense Memorandum, "Defense
Policy and Planning Guidance," Sep 28, 1973, folder: NSSM—169[2of3], box H—195, NSC
H—files, NPM, NA II.

였다.

한국에 전술핵무기가 배치되어 있다는 사실은 1974년 3월에 에이브럼스(Creighton Abrams) 미 육군 참모총장의 의회 증언에서 처음 밝혀졌다. 당시 에이브럼스 참모총장은 주한미군이 제한적인 핵전쟁을 위해 현대화된 전술핵무기를 보유하고 있다고 밝혔으며, 1975년 2월 슐레진저 국방장관은 미 의회에서 이를 공식적으로 확인하였다. 그해 6월 20일 슐레진저 장관은 기자회견을 통해 북한에 대해 핵무기를 직접적으로 사용할 가능성이 있음을 시사하는 발언을 하였다. 만약 한국이 핵무기 개발을 시도하지 않았더라면, 미국정부는 주한미군의 전술핵무기 보유 수준이라든지 핵으로 한국의 안보를 보장해준다고 공식적으로 말하지는 않았을 것이다.

> "북한에 대한 핵무기 사용에 대해서는 우리는 어떠한 선택도 배제할 수 없다. … 만일 상
> 황이 전술핵무기 사용을 필요로 한다면, 그것이 신중하게 고려될 것이다. 나의 주된 노력은
> 핵사용의 문턱을 높이는 것인데, 그것은 충분한 재래식 능력을 보유하는 것이다. 핵무기 사
> 용을 회피하기 위해서는 재래식 전력을 충분하게 유지해야 하는 것이다."[84]

한미 연례안보협의회의를 위해 한국에 온 슐레진저 미 국방장관은 1975년 8월 26일 "한국의 NPT 비준과 핵개발 포기가 적절한 행동이었다"고 말하면서, "한국정부가 핵무기 개발을 계속 추진하였더라면, 한미관계의 근간이 훼손될 수 있었다"고 그 문제의 엄중함을 다시 한 번 상기시켰다.[85]

슐레진저 장관은 "나는 내년 SCM에서 한미 양국간에 핵억지력의 근본적인 문제를 논의하기를 원한다. … 미국정부는 이미 한국의 NPT 비준을 환영했다. … 비확산 안건은 전략적 측면과 정치적 측면에서 모두 큰 의미가 있다. 미국 의회 내에서 한국의 핵개발에 관해 심대한 우려가 있어 왔다. 따라서 한국의 NPT 비준은 한미관계에서 매우 유익하다. 이 문제는 일본에게도 매우 중요하다. 한국정부가 핵무기개발을 지속했더라면 한미관계의 근간을 훼손할 수 있었다. 그러므로 한국이 정치적으로 매우 건전한 결정을 했다는 것을 지지한다. 전략적으로 핵문제는 한·미 간에 상호보완

---

84) News Conference with Secretary of Defense James R. Schlesinger at the Pentagon, June 20, 1975. Folder: Schlesinger, James—Speeches, Interviews, and Press Conferences (7), box 27, Martin R. Hoffman Papers, Ford Library.
85) https://digitalarchive.wilsonceter.org/document/114633.

성이 필요한 문제이다"라고 말했다.

이날 오후 청와대에서 박정희 대통령과의 회담 중에 슐레진저는 한국의 NPT 가입과 핵개발 포기에 대해 다시 한 번 환영한다는 발언을 했다. 여기서 박대통령은 남베트남의 함락 이후에 한국이 가진 안보불안을 상기시키면서, 향후 5년간 한국군현대화 계획에 대한 미국의 지원을 당부했다. 그리고 포드 행정부 잔여 임기 동안에 더 이상 주한미군의 철수에 대한 언급을 하지 않기를 당부했다. 슐레진저는 포드 행정부 잔여 임기 동안 더 이상의 주한미군의 철수 언급이 없을 것이며, 재선되더라도 그 정책은 지속될 것임을 약속했다.

이와 더불어 주한미군이 보유한 핵무기의 숫자는 1969년에 949기를 정점으로 점점 감소하기 시작하였다. 미·중관계가 개선되는 분위기 속에서 포드 행정부는 아시아 지역과 남한에서 핵무기를 감축하고 있었던 것이다.[86] 미국은 1974년과 1976년 대만과 태국에서 전술핵무기를 철수하였으며, 주한미군이 보유한 전술핵무기 역시 상당량을 철수하고 있었다. 당시 남베트남이 패망하고 북한이 제2의 한국전쟁을 준비하고 있다는 징후들이 포착되고 있었음에도 불구하고, 미국정부가 한국정부와는 아무런 상의도 없이 한반도에서의 전술핵무기 운용 계획을 결정하고 전술핵무기를 일부 철수하고 있는 상황은 박대통령으로 하여금 미국의 대한반도 안보공약에 대한 의구심을 더욱 갖게 할 수밖에 없는 상황을 야기하고 있었다.

다시 한국정부의 핵무기 개발 계획으로 돌아가 보자. 당시 미국은 한국이 NPT를 비준하였음에도 불구하고 핵무기 개발을 계속 추진하고 있다고 의심하였다. 미국이 이러한 판단을 하게 된 결정적인 근거는 박대통령의 핵무기 개발관련 발언과 한국정부가 평화적 원자력의 이용 목적을 강조하면서 프랑스정부와 재처리 시설 도입에 대해 협상을 지속적으로 시도하고 있었기 때문이었다.

이러한 상황 속에서 스나이더 대사는 1975년 8월 23일 최형섭 장관을 방문하여 한국정부가 프랑스로부터 도입을 추진하고 있는 재처리관련 시설을 중단하거나 보류하도록 압박하였다. 이때 스나이더 대사는 최장관에게 한국정부가 프랑스 재처리 시

---

86) 1974년 1월 17일 키신저 국무장관은 NSSM 191을 통해 "아시아에서 전방지역에 배치된 핵무기들의 재배치를 중요하게 고려하고 있다"고 밝힌 바 있다. NSSM 191, "Policy for Acquisition of US Nuclear Forces," January 17, 1974. Folder: NSSM 191, box 15, NSSMs, Entry 10, RG 273, NA II.

설 도입에 대해서 국제정치적 차원을 고려하여 자제해 줄 것을 촉구하며 다음과 같이 언급하였다. "북한은 미국이 한국에 제공한 것과 같은 수준의 원자력관련 기술을 소련이나 중공으로부터 얻어내지 못하고 있다. 만일 한국이 재처리 기술을 도입한다면 북한이 소련 및 중공에게 유사한 기술제공을 요구할 수 있는 빌미를 제공하게 될 것이다. 그렇게 될 경우 한반도는 핵무기 개발경쟁으로 인해 안정이 깨어질 가능성이 커지기 때문에 한국은 주의해야 한다."[87]

이에 대해 최장관은 에너지 문제 때문에 원자력 발전소 건설 계획을 추진하고 있고 있으며, 핵연료주기의 대외의존도를 줄이고 자립도를 높이기 위해 프랑스로부터 재처리 연구 시설 및 기술 도입을 추진하고 있다고 설명하였다. 또한 그 과정에서 핵비확산조약과 안전조치를 준수할 것을 약속하기도 하였다. 그럼에도 불구하고 스나이더 대사는 그해 9월부터 12월까지 남덕우 부총리, 노신영 외무차관, 김종필 총리 등 정부 고위층을 차례로 방문하여 한국이 재처리 연구시설 도입을 강행할 경우 한미 간의 안보 및 경제협력 관계에 악영향을 미칠 것이라고 하는 입장을 전달하는 등 매우 강경하게 대응하였다.

당시 미국의 의회에서도 1974년 5월 인도의 핵폭발실험 이후에 1970년에 출범한 NPT체제가 위협을 받고 있다는 여론이 거세게 일어났으며, 미국 상원에서는 의회 조사국에 1975년의 세계의 핵확산상황에 대한 연구보고서를 제출하도록 지시하였다.

그 조사보고서[88]에 의하면, "한국의 핵능력은 1975년에 가동하기 시작한 2기의 원자로에서 매년 240~300kg의 플루토늄을 생산할 수 있고, 1980년까지는 약 820~1,000kg의 플루토늄이 축적될 것이므로 이것은 200기의 핵폭탄을 생산하기에 충분하며, 그 이후로는 매년 60개의 핵폭탄을 제조할 수 있을 것"이라고 예측하였다. 지금 돌이켜보면 한국의 핵능력을 너무 과장한 것으로 볼 수 있지만, 당시에는 인도의 핵폭발실험 이후에 미국에서 핵비확산에 대한 염려가 얼마나 컸었는지 짐작할 수 있다.

미국정부의 한국에 대한 입장은 1975년 10월 31일 스나이더 대사가 미 국무부에

---

87) https://digitalarchive.wilsoncenter.org/document/114633
88) Library of Congress, Congressional Research Service, *Facts on Nuclear Proliferations: A Handbook prepared for the US Senate Committee on Government Operations* (Washington D.C.: US Government Printing Office, Dec 1975), pp. 63－245.

보고한 전문에 잘 나타나 있다. 이 보고에서 스나이더 대사는 박대통령에게 직접적인 압력을 행사하여 대통령의 핵개발 포기 결심을 이끌어 내는 방안이 가장 효과적일 것이라고 주장하고 있다.[89]

한국정부는 프랑스로부터 실험용 재처리 시설의 구입을 취소하라는 우리의 요구를 두 번째로 거절했고, 현재 우리는 이 문제를 놓고 곤경에 처해 있다. 한국의 이 같은 거절은 박대통령 주관 하에서 심사숙고 끝에 결정된 것이 분명하다. 프랑스에게 계약이 최종적으로 체결되기 전에 판매 계획을 중단하도록 부탁하는 경우를 제외하면, 우리가 선택할 수 있는 방안은 다음의 네 가지이다.

① 더 이상 추가적인 대응을 하지 않음으로써 한국정부로 하여금 핵(원자력 발전 등) 분야에서는 미국의 지원 없이 추진이 어렵다는 것을 스스로 깨닫도록 하는 방안.

② 재처리 시설의 도입 문제는 묵인하고, 국제적 사찰뿐만 아니라 미국과의 쌍무적 사찰을 받아들이겠다는 한국의 약속을 수용하는 방안.

③ 재처리 시설 구입 계약의 일시 중단이라는 중재안을 가지고 다시 한 번 박대통령을 직접 접촉하는 방안.

④ 비타협적 태도로 계속 박대통령에게 압력을 행사하는 방안.

①안과 ②안의 경우, 계산된 부담을 감수하면서 상황을 방치하면, 그 결과 미국에서는 한국에 대한 적대적인 여론이 형성되고 미국 의회는 군사원조의 삭감은 물론 고리 2호기 건설을 위한 차관도 부결시키려 할 것이다. 이런 압력을 받게 되면 한국은 결국 굴복하게 될지도 모른다. 그러나 미국 역시 국내의 한국핵확산 반대 여론에 시달릴 뿐만 아니라 한국의 재처리 시설 확보가 기정사실화됨으로써 그것을 뒤에 다시 뒤집는다는 것은 아주 어려워질 것이다.

②안은 한국정부의 제안을 받아들이되 핵무기로의 용도 변경을 막기 위해 사찰하는 방법을 굳혀 나가는 방안이다. 그러나 ②안의 약점은 한국이 NPT 또는 IAEA의 사찰이나 제3국의 사찰을 거부하려 들 경우 확실한 대응책이 없다는 것이다.

---

89) https://digitalarchive.wilsoncenter.org/document/114614

그보다도 더욱 큰 문제는 한미 양국 사이에 심리적으로 되돌이킬 수 없는 상황이 벌어지면 장차 한국에서 미국의 이해관계는 치명적인 손실을 입을 수밖에 없다는 점이다.

앞서 지적한 대로 ③안과 ④안, 즉 박대통령을 직접 접촉하는 방안만이 성공할 전망이 있다고 믿는다. 우리에게는 다양한 카드가 있으며, 박대통령도 결국은 현실주의자다. 따라서 우선은 박대통령을 접촉하는 경우가 가장 바람직하다. 문제는 그에게 도전장을 던질 것이냐, 아니면 중재안을 갖고 그를 만날 것이냐이다.

미국정부의 강력한 압력에 직면한 한국 정부는 1975년 12월 무렵 프랑스로부터 재처리 시설의 도입을 포기하는 쪽으로 방향을 선회하기 시작하였다. 다음에 소개되는 주한 미국대사관의 전문들은 한국정부가 물러서는 명분으로서 미국으로부터 원자력관련 협력을 제공받는 대가를 선택함으로써 미국의 요구에 응하는 과정을 보여 주고 있다. 한국정부는 물러서는 명분으로 '미국으로부터 원자력 협력'이라는 대가를 선택했다. 이 무렵 미국 포드 행정부는 한국으로 하여금 핵무기 개발계획을 포기하도록 만들기 위해 올코트 프레싱 전략으로 나왔다.

1975년 12월 워싱턴에서 미 국무부 장관대리가 함병춘 주미 한국대사를 불러 한국의 프랑스제 재처리 시설 도입에 대한 미국의 우려 사항을 강조하였다.[90] "미 국무부는 스나이더 주한 미국대사에게 김종필 총리를 만나서 김총리가 1주일 이내에 미국의 요청을 수락하지 않으면, 스나이더 대사가 박대통령을 직접 예방하여 동 문제를 제기할 것이라고 하라"고 지시하였다. 그러면서 "한국에 무기급 플루토늄을 생산할 수 있는 시설이 있으면, 한반도 및 동북아 지역에 심각한 결과를 초래할 것이고, 한·미 양국 간의 정치 및 안보 관계에 심각한 영향을 받을 것"이라고 강조하였다. 만약 한국이 재처리시설 도입 노력을 지속할 경우, 한국에 대한 고리 2호기 원전 건설을 위한 차관보증 철회와 미국이 제공하는 사용후핵연료의 재처리 승인 거부 등도 포함될 것이라고 하였다. 그러나 만약에 한국이 재처리 도입을 포기한다면 한미간에 핵 분야에서 협력할 것이며, 동아시아 국가들에게 다국적 재처리 시설을 권장하는 정책을 추진하여 한국을 도울 것이라고 약속했다.

---

90) 1975년 12월 12일 발신: 미 국무부, 수신: 주한 미국대사관, REF: (A) State 285640, (B) Seoul 9487.

미 국무부장관 대리의 설득을 듣고 함 대사는 "한국은 현재 연간 15억 달러가 소요되는 석유 수입 의존도를 줄이기 위해서 핵에너지를 개발하기로 결정했으며 핵연료 주기 기술, 특히 재처리를 민수용 목적으로 개발하려고 한다. 미국이 일본의 재처리 시설에는 반대하지 않으면서 한국에 대해서만 유독 재처리를 반대하는 이유가 무엇인가?"라고 반문하며 미국이 반대하는 이유를 이해할 수 없다고 대응하였다.

한국정부가 프랑스로부터 재처리 시설의 도입을 포기하게 되는 결정적인 계기는 1976년 1월 22일부터 23일부터 서울소재 주한 미국대사관에서 열린 한미 실무회담에서였다. 미 의회의 핵비확산 관련 청문회를 앞두고 열린 이 회담에서는 미 국무부의 크라처(Myron B. Kratzer) 해양국제환경·과학담당차관보와 오도노휴(Daniel A O'Donohue) 한국담당과장이 참석하였다. 이들과 함께 주한 미대사관의 에릭슨(Erickson) 부대사와 정무담당 클리블랜드(Paul Cleveland) 참사관이 참석하였으며, 한국은 최형섭 과기처장관, 윤용구 원자력연구소장, 이병휘 과학기술처 원자력국장이 참석하였다.

이 회담은 시종일관 무거운 분위기 속에서 진행되었다. 한국 대표들은 핵재처리 연구시설 도입의 정당성을 주장하면서 한국-프랑스 협력을 취소할 경우 미국이 원자력 기술분야에서 한·미 협력을 촉진할 수 있는 대안을 제시하라고 요구하였다. 미국의 크라처 대표는 미국의 에너지 연구개발국의 원전연료주기에 관한 보고서를 쳐들어 보이면서 "재처리와 플루토늄의 원전연료로서의 유용성은 상당기간 동안 기술적·경제적으로 타당성이 없다"고 주장하였다. 이에 최장관은 "원자력 기술이 변하고 발전함에 따라 재처리와 플루토늄에 대한 결론도 바뀔 수 있다"고 응수했다.

회담이 평행선을 그리며 접점을 찾지 못하고 있을 때 미국은 돌연 한국이 프랑스의 재처리 시설 도입을 취소하지 않으면 고리 원자력발전소에 대한 핵연료공급을 중단할 것이며 주한미군이 보유하고 있는 전술핵무기를 철수하겠다고 통고하였다. 이에 한국은 프랑스의 재처리 시설 도입을 취소하는 조건으로 미국으로부터 한·미 원자력 협력을 강화하겠다는 약속을 받아냄으로써 마침내 재처리 시설 도입을 포기하는 것에 합의하였다. 다음 전문은 미국이 일곱 가지 분야에서 한국과 원자력 협력을 진행하겠다는 합의사항을 잘 보여주고 있다.[91]

---

91) https://nsarchive2.gwu.edu//dc.html?doc=3535290-Document-32-U-S-Embassy-Seoul-telegram-0545-to

> 1976년 1월에 한·미 간에 한국의 프랑스제 재처리 시설 도입 포기와 관련한 한미 고위급 정책회의의 결과 합의된 내용은 다음과 같다.
>
> 1) 한·미 간에 평화적 원자력 협력을 위해 이전보다 더 향상된 소통과 조정을 하고, 2) 핵원자로의 설계, 건설, 운영관리 분야에서 한·미 간에 상호 협력하며, 3) 한·미 양국의 연구소 간 자매 결연을 하고, 4) 핵연료제조, 재처리 서비스92) 및 원자로 안전과 규제 분야에서 협력을 하며, 5) 일반적인 과학 기술 분야의 협력도 증대하기로 합의하였다. 6) 미국이 재처리에 관해 국제원자력기구와 협력하여 지역적이고 다자적인 재처리 협력을 주선하며. 7) 한·미 간 고위급 회담을 지속해 나가기로 하였다.

이 회담 직후인 1월 24일, 한국정부는 재처리 시설 도입을 포기하는 방향으로 최종 결정을 내리고 26일 이를 프랑스에 통보하였다. 이로써 한국정부는 공식적으로 핵무기 개발 계획을 중단하게 되었다.

위의 한·미 간의 합의 이후, 포드 행정부는 1976년 한미원자력협력을 활성화시킨다는 명분으로 주한 미대사관에 핵전문 지식과 경력을 가진 과학관 자리를 설치하고 미국의 에너지부, 원자력위원회, 정보기관 출신 담당관을 부임시켰다. 이들의 주요 임무는 대덕 원자력연구소에 상주하면서 한국이 비확산정책을 준수하는지 아닌지를 감시하고 조사하는 것이었다.93) 1976년에 포드 대통령은 미국의 비확산정책을 강화하는 대통령 명령을 선포하였다.

당시 박정희 정부는 미국의 비확산정책이 이렇게 엄격하게 발전되고 있다는 사실을 인지하지 못하고 있었으며, 미국 의회 내에서 한국의 잠재적 핵능력을 그렇게 과대 평가하고 있는지도 모르고 있었던 것으로 보인다. 미국이 대한국 핵비확산 목표와 협상전략을 어떻게 짜고 있는지에 대해서도 전혀 파악을 못하고 있었다. 따라서 미국의 강력한 비확산 정책과 대한국 협상전략을 잘 모르고 있었기 때문에 한국이 대

---

92) 이때에 미국정부는 한국정부에게 재처리문제에 대해서 "국제원자력기구와 협력하여 지역적이고 다자적인 재처리 연구개발 시설을 만들겠다"는 제안을 했다. 그런데 이 분야에 대해서는 1976년 이후 미국이 제대로 된 국제회의조차 개최하지 않았고 이 제안은 결국 사라져 버리고 말았다.

93) 1976년부터 대덕에 상주한 미국의 과학관은 스텔라(Robert Stella, 1976-1980), 리마태이넨(Robert Limatainen, 1981-1984), 보스켄(Jeroe Sam Bosken, 1984-1988) 등이었다.

미국 협상에 있어서 전략적으로 주고받기를 어떻게 할 것인지에 대해서도 대책을 제 대로 수립하지 못하고 있었다는 것을 보여주고 있다.

2. 카터 대통령의 주한미군 철수결정과 핵무장론의 재등장

1972년부터 본격적으로 추진된 한국정부의 핵무기 개발 시도는 미국의 다방면 에 걸친 압력을 받아 1976년에 공식적으로 중단되었다. 1975년 3월 한국은 NPT를 비 준하여 핵비확산조약에 가입하였으며, 핵무기 개발을 포기하는 대가로 미국과 원자 력 협력을 강화하는 방안을 선택하였다. 이와 같은 과정 속에서 박대통령은 핵무기 개발을 완전히 단념한 것으로 보이지만, 그럼에도 불구하고 박대통령이 잠재적인 핵 무기 개발 능력까지 포기한 것은 아니었다.

엄격하게 말하자면, 외국으로부터 수입을 통한 핵재처리와 농축이 불가능해졌기 때문에, 국내에서 시간이 들더라도 핵연료에 대한 연구개발을 통해 핵연료주기를 자 립할 수 있는 다른 방법을 모색하기 시작했다. 미국 정부의 압력으로 프랑스 재처리 시설을 도입하는 계약을 파기한 이후 박대통령은 비밀리에 핵연료주기를 자립화 할 수 있는 길을 모색하도록 조치하였다. 1976년 한국정부는 한국핵연료개발공단을 설 립하고 초대 소장에 원자력연구소 제1부소장을 역임한 적 있는 주재양 박사를 임명 하였다. 한국정부는 핵연료 개발공단을 설립하면서 표면적으로는 원자력 발전에 필 요한 핵연료의 국산화와 방사선 동위원소의 개발을 내세웠으나 그 이면에는 플루토 늄을 얻기 위한 노력을 병행하는 것을 포함하고 있었다.[94]

한편 박대통령은 1970년 초반에 국방과학연구소(ADD: Agency for Defense Development)를 설립하고, 1971년 12월 27일 오원철 수석이 ADD의 구상회 로켓연구 실장을 불러서 박대통령의 미사일 개발에 대한 친필 메모를 보여 주었다.[95] 그 메모

---

94) 이윤섭, 『박정희 정권의 핵무기 개발 비사: 자주국방을 위한 도전』(경기도: 출판시대, 2019), pp. 249-262.

95) 구상회, "박대통령 자리까지 날아온 탱크 파편 : 한국 미사일 개발의 산 증인 구상회 박사 회 고 1," 『신동아』 제473호. 1999. 2. pp. 432-449. 심융택에 의하면 "박대통령이 1972년 4월 14일 심문택 국방과학연구소 소장(1972년 2월 1일 소장으로 부임)을 청와대로 불러 1976년 말까지 장거리 지대지미사일을 개발하라고 지시했다"고 한다. 구상회 박사가 새로 부임한 심

의 제목은 유도탄 개발 지시였고, 내용은 (1) 독자적 개발체제를 확립함, (2) 지대지 유도탄을 개발하되 1단계는 1975년 이전 국산화를 목표로 함, (3) 기술개발을 위하여 국내외 기술진을 총동원하고 외국전문가도 초빙하며 외국과의 기술제휴도 추진한다는 것이었다. 추진계획은 (1) 비교적 용이한 것부터 착수한다, (2) 유도탄 기술연구반을 ADD에 부설하고 공군에 유도탄 전술반을 설치한다는 것이었다.

이 지시에 근거하여 ADD에서는 1974년 5월에 미사일 개발계획을 완성하여 박대통령에게 보고했다.[96] 당시 탄도미사일은 전략 폭격기와 더불어 핵무기를 운반할 수 있는 주요 수단이었기 때문에 이를 개발한다는 것은 핵무기를 개발할 수 있는 잠재력을 보유할 수 있는 것으로 인식되었다.

'백곰' 사업으로 지칭된 유도탄 개발 사업은 1974년 시작되어 5년 이내 사거리 200km 수준의 탄도미사일을 국내 기술로 개발하려는 계획이었다. 박대통령은 1975년 5월 1일 스나이더 대사를 만나 주한미군 1군단 해체와 주한미군 철수에 대해 논의하면서 탄도미사일 개발에 대한 확고한 의지를 표명하기도 하였다.[97]

> 1975년 5월 1일
> 발신: 주한 대사관
> 수신: 미 국무부
>
> **제목: 박대통령과의 면담: 미사일 전략**
>
> 박대통령은 ADD 심문택 소장에게 향후 3-5년 이내에 국산 미사일 능력을 개발하도록 지시했다. 미군이 한국에 있는 동안, 만약 미국이 한국의 미사일 개발을 지원할 준비가 되어 있지 않다면, 한국은 제3국으로부터 지원을 받을 것이다. 박대통령은 한국이 "궂은 날에 대비해야 한다. 미국이 주한미군의 완전 철수를 한

문택 소장에게 "1971년 말에 오원철 수석으로부터 미사일개발을 하라"는 지시를 받았다고 보고를 했다. 심융택, 『백곰, 하늘로 솟아오르다』(서울: 기파랑, 2013), pp. 245−251. 안동만, 김병교, 조태환, 『백곰, 도전과 승리의 기록』(서울: 플래닛미디어, 2016), pp. 104−105.

96) 구상회, 위의 책, pp. 432−449.

97) Richard Sneider, DOS Telegram from AMEMBASSY SEOUL TO SECSTATE WASHDC, May 1, 1975.

국에 통보할 때까지 한국이 미사일 능력을 개발하지 않고 기다리기만 한다면 한국의 대비책은 너무 늦은 것이 될 것이다"고 말했다.

박대통령은 "한국정부는 핵무기 개발 계획도 없고 반복하지 않는다"고 말하면서, "한국의 자주국방정책은 미사일 능력 개발에 대해 높은 우선순위를 두고 있다"고 설명했다.[98] 첫째, 북한은 서울을 공격할 수 있는 미사일을 보유하고 있으므로, 한국은 보복무기가 필요하다. 둘째, 북한은 한국보다 훨씬 더 많은 수의 전투기를 보유하고 있다. 전투기 구입에 많은 비용이 들기 때문에, 남한은 북한 항공기의 숫자와 경쟁할 수 있는 희망이 없다. 한국정부의 유일한 대안은 북한의 전투기뿐만 아니라 평양과 원산을 공격할 수 있는 사거리를 갖고 있는 미사일이다. 따라서 북한이 기습공격을 감행할 경우 전투기가 아닌 미사일로 대응하겠다는 것이다. 그러므로 한국의 미사일 능력이 사실상 북한의 공격을 억제하고 예방하기에 충분해야만 한다.

박대통령은 "한국정부가 미군이 철수하는 날을 대비하기 위해 국방 생산, 특히 미사일 전력에 있어 자립을 강화할 것"이라고 말했다. 한국정부는 한국의 미사일 개발에 대한 미국의 전폭적인 지원을 기대하고 있다. 박대통령은 주한미군의 남은 배치기간 동안에 한국의 자주국방산업을 시급히 발전시킬 계획을 분명하게 밝혔다. 미국 의회의 주한미군 철수에 대한 태도를 볼 때, 우리는 박대통령의 미군의 철수에 대한 우려나 대안을 수립하기 위한 그의 계획을 무시할 수 없다. 북한과 남한이 미사일과 다른 첨단기술 분야에서 경쟁할 위험을 피하면서 미국의 철군에도 불구하고 한국이 효과적으로 방위할 수 있는 합리적인 안보태세를 갖도록 미국의 정책을 개발하는 것이 타당할 것이다.

박대통령은 핵무기 개발에 대한 의지를 완전히 접은 것은 아니었으나 당시 핵비확산에 대한 국제사회의 여론과 미국의 감시 아래에서 이를 비밀리에 추진하는 것은 쉽지 않은 상황이었다. 하지만 1976년 11월에 치러진 미국 대선에서 주한미군 철수를 공약으로 내세운 카터(Jimmy Earl Carter Jr.)가 대통령에 당선됨에 따라 한국을 둘러싼 안보 정세는 다시 한 번 요동치기 시작하였다.[99]

---

98) 김정렴, 『아, 박정희: 김정렴 정치회고록』(서울: 중앙M&B, 1997), pp. 295−308.
99) 당시 포드 행정부는 박대통령에게 "자신이 재선되면 주한미군의 추가적인 철수는 없을 것"이

주한미군 철수에 대한 그의 공약은 현실로 나타났다. 카터 대통령은 1977년 3월 8일 "주한미군 지상군을 향후 4~5년에 걸쳐 점진적으로 철수할 것이다"라고 일방적으로 발표했다.[100]

그는 주한미군의 철수 이유로 다섯 가지를 들었다. 첫째, 한국은 경제발전으로 국력이 신장되어 방위능력이 증가하였다. 둘째, 미국의 지상군 철수 이후에도 미국의 해·공군과 주요 지원부대가 한국에 주둔하면서 한국 방어를 지원할 것이다. 셋째, 한미상호방위조약에 의한 미국의 대한국 방위공약이 단호하다. 넷째, 주한 미 지상군 철수로 인한 한국 방위능력의 약화를 방지하기 위해 대한국 방위지원에 대한 미국 의회의 승인을 얻기 위해 민첩하게 준비하고 있다. 다섯째, 동북아시아에서 강대국 간 관계가 안정되어가고 있으므로 주한미군이 한반도에서 철수해도 문제가 없다.

카터 대통령이 주한미군 철수를 결정한 배경에는 한국의 경제성장이 있었다. 박 대통령 집권 이후 한국은 경제성장에 집중하여 카터 대통령이 취임한 1977년에는 수출 100억 달러를 달성하였으며, 1인당 국민소득 역시 1,500달러를 달성하였다. 당시 한국 국민은 자신감에 넘쳐나고 있었다. 미국의 시사잡지인 뉴스위크는 1977년 6월호 커버스토리로 "한국인이 몰려온다(The Koreans Are Coming)"라는 특집 기사를 내보낼 정도였다.[101] 이러한 상황 속에서 카터 대통령은 한국이 신장된 경제적 능력을 토대로 독자적인 방위능력을 구축할 수 있을 것으로 판단하였다. 그리고 이를 통해 장차 한반도에서 분쟁이 발생할 경우 미국의 자동개입을 방지하고 미군의 개입 여부에 대한 선택권을 가지기를 원하였다.[102]

카터 대통령의 주한미군 철수 공약은 한국의 정치와 사회를 다시 한 번 뒤흔들

라 공언한 상태였다.

100) PUBLIC PAPERS OF THE PRESIDENTS OF THE UNITED STATES, Administration of Jimmy Carter, 1977 (in two books) BOOK I—JANUARY 20 TO JUNE 24, 1977(Washington D.C.: THE UNITED STATES Government Printing Office, 1977) March 9, 1977, p. 343. May 26, 1977, p. 1018. 5월 26일 카터 대통령의 기자회견에서 백악관 출입기자가 왜 싱글러브 장군을 파면시켰는가라고 질문하자, 카터는 "파면시킨 것이 아니고 주한미군 참모장 직위를 해제하여 미국 본토로 전보된다"고 했다. 그리고 "주한미군 철수 정책에 대해서 앞으로 4~5년 간에 걸쳐서 질서있는 철군을 할 것"이라고 대답했다.

101) Newsweek, June, 1977.

102) NSC, PRM/NSC 10, *Comprehensive Net Assessment and Military Posture Review: Intelligence, Structure, and Mission*, February 18, 1977.

었다. 카터 대통령의 철군 결정에 대한 반발은 한국 사회의 각계각층에서 터져 나왔다. 1977년 6월에 국회의 대정부 질문에서 12명의 여야 및 무소속 의원들은 카터 행정부의 주한미군 철수에 관해 문제를 제기하였다. 의원들의 공통된 질문은 "한국에 있는 미군이 철수하면, 미국의 전술핵무기도 철수될 것인데, 만약 전술핵무기까지도 철수한다면 이에 대비해서 한국은 독자적으로 핵무기를 개발해야 한다. 이에 대한 정부의 견해를 밝혀 달라"는 것이었다.

이에 대해 최규하 국무총리는 다음과 같은 이유를 들어 한국의 핵무기 개발이 불가능함을 밝혔다. "첫째, 현재 미국은 아시아의 동맹국들이 자체적인 핵무장을 포기하는 대가로 핵우산을 제공하고 있다. 만약 한국이 주한미군 철수에 반발하여 핵무기 개발을 시도한다면 더 이상 미국의 핵우산에 의한 안보를 보장받을 수 없다. 둘째, 한국 정부는 이미 NPT를 비준한 상태이다. 이를 준수하는 것이 국제사회에 대한 한국의 의무이다."[103]

한국정부가 주한미군 철수에 따른 핵무기 개발 필요성에 대해 부정적인 입장을 피력하였음에도 불구하고 학계를 중심으로 독자적인 핵무기 개발의 필요성을 지속적으로 제기하였다. 이호재 교수는 "우리의 자주국방에 관한 문제는 자주국방 계획이 통상(재래식) 병력에만 계속 치중할 것이냐 아니면 질적인 면을 고려하여 핵병력 개발까지 포함할 것이냐?"에 있다고 지적하고, 한국은 실질적인 자주국방을 위해 핵병력을 개발하는 것이 바람직하다는 핵개발론을 발표했다.[104] 그러나 곧이어 이호재는 핵폭탄을 실제로 개발하는 것은 아주 위험한 짓이고 손익계산도 매우 불분명하다고 하면서, 일본이나 서독의 경우처럼 상당한 정도의 원자력 산업을 발전시켜서 자주적인 핵연료주기를 완성하고 핵옵션을 가진 핵잠재국이 되는 것이 바람직하다고 주장하였다.[105]

---

103) 대한민국 국회사무처, 제98회 국회의사록 제8호, 1977년 10월 5일.

104) 이호재, "자주국방과 자주외교의 방향", 현대정치연구회, "자주성강화와 민족중흥" 학술세미나, 1977. 6.13. 서울신문 사설 "핵개발에 계명된 논의를." 1977년 6월 25일, 조철호, "박정희 핵외교와 한미관계 변화,"「고려대 박사학위 논문」, 2000, pp. 85-90에서 재인용.

105) 이호재, 『핵의 세계와 한국 핵정책: 국제정치에 있어서 핵의 역할』(서울: 법문사, 1981). p. 203. 조철호, 위의 책, pp. 85-90.에서 재인용. 이호재는 이것을 군사적 핵폭발 이전 단계까지의 평화적 핵능력을 최대한 확보하려는 '평화적 핵력개발 확보정책(pre-nuclear option policy)'이라고 불렀다. 이호재, 「핵무기와 약소국의 외교적 지위: 동북아 국제질서와 핵무기 그리고 한국」, 국토통일원 특수과제 연구보고서, 국통정 77-12, 1977.12.

1977년 6월 29일 국회 외무위원회에 참석한 박동진 외무부장관은 주한미군 철수와 한국의 핵무기 개발 가능성을 연계시켜 발언함으로써 국내외적으로 많은 반향을 일으켰다.[106] "한국은 핵확산금지조약(당시에는 핵비확산조약보다 핵확산금지조약으로 불렸다)의 당사국으로서 서명하고 이를 준수해야 할 의무가 있기 때문에 핵무기를 개발할 계획이 없는 것입니다. … 그러나 국가의 안전을 수호하고 민족의 안전을 보위할 필요가 있고, 어떠한 조약과 협정이 체결될 때에는 나름대로 특정한 상황 속에서 이루어지기 때문에 만약 어떤 조약이나 협정이 준수되기 곤란한 특별한 이유가 있다면 그때는 그때대로 이것을 재검토할 자유는 모든 주권국가가 가지고 있다고 생각합니다."

박장관의 발언은 미국이 주한미군을 철수하면 특별한 사정이 생기는 것이므로 핵무장 문제를 재검토할 수 있음을 암시하는 것이었다. 박장관의 이 발언에 대해서 미 국무부의 반응은 매우 강경했다. 국무부는 주한 미국 대사에게 전문을 보내 만약 한국이 핵무기 개발을 추진한다면 한미관계에 중대한 악영향을 미칠 것이라 경고하라고 주문하였다.[107]

한편, 박대통령 역시 카터 행정부의 주한미군 철수 결정에 대해 강하게 반발하였지만, 그럼에도 불구하고 핵무기 개발을 명시적으로 추진하지는 않았다. 그는 주한미군 철수에 대비하여 한국군의 전력증강을 최우선적으로 추진해야 하며, 주한미군의 철수는 한미동맹을 위해서도 바람직하지 않다는 의견을 피력하였다.

카터 대통령의 주한미군 철수 결정은 미국 국내에서도 큰 논란을 야기하였다. 미 의회는 양당 간 협의를 통해 "주한 미 지상군 철수 정책은 의회와 공동으로 결정되어야 하며, 미 대통령은 주한미군 철수 및 한반도 상황에 관한 보고서를 매년 의회에 제출해야 한다"고 요구하는 결의안을 통과시켰다.[108] 또한 싱글러브(John K.

---

106) 대한민국 국회사무처, 제97회 국회 외무위원회 회의록, 제3호, 1977년 6월 29일.

107) 전문의 주요내용은 다음과 같다. "가능한 한 빨리 한국의 외무부장관에게 문제를 제기해서 한국의 핵무기 개발에 대한 미국의 입장을 반복해라. 한국이 핵무기개발을 고려할 것이라는 한국 관리들의 어떠한 공개적인 암시도 한미 양자 관계에 악영향을 미칠 것임을 분명히 하라." "State Department telegram 123872 to U.S. Embassy Seoul, FONMIN Quote on Nuclear Weapons Development, 28 May 1977(repeated to White House), Confidential," in William Burr, ed., NSA EBB No. 668(Washington, DC: National Security Archives, 2019).

108) New York Times, "Senate Bars Support For A Korea Pullout" Graham Hovey, Special to New York Times, June 17, 1977(https://www.nytimes.com/1977/06/17/archives/senate−bars−support−for−a−korea−pullout−removes−backing−of−carter.html).

Singlaub) 주한미군 참모장은 워싱턴포스트지와의 인터뷰에서 "5년 내에 주한미군을 철수시키겠다는 카터 대통령의 계획은 곧 전쟁의 길로 유도하는 오판이다"라고 언급하며 "주한미군의 철수는 남한의 군사력을 크게 약화시켜서 북한 김일성에 의한 공격을 초래할 것"이라 언급하였다.[109]

이와 관련하여 1978년 미국의 동북아시아 정책을 다룬 육군의 연구보고서는 "남한에 있는 주한미군의 핵무기가 추가 전쟁 억제력으로 작용함으로써 한국의 핵확산을 금지시키는 요인이 되어 왔다. 지상 전투력의 철수와 함께 핵무기도 철수된다면 두 가지 중요한 전쟁 억제 요소가 사라지게 될 것이다. 그러면 이 지역에서 비확산에 대한 효과도 긍정적인 쪽에서 부정적인 쪽으로 변하게 될 것이다"[110]라고 언급하며 주한미군 철수가 한국의 핵무기 개발로 이어질 수도 있음을 시사하였다.

1979년 6월 30일, 카터 대통령은 한국을 방문하여 박대통령과 정상회담을 가졌다. 이 자리에서 박대통령은 "현재 북한은 한국보다 우월한 군사력을 보유하고 있으며, 그들의 대남정책이 변하지 않았다"고 언급하며, "이러한 불균형이 해소되기 전까지 주한미군이 주둔해야 함"을 수차례 강조하였다.[111]

주한미군 철수 결정에 대해 국내외적으로 많은 비판에 직면한 카터는 한미 정상회담 직후인 7월 20일 브레진스키(Zibigniew Brzezinski) 국가안보보좌관을 통해 1981년까지 주한미군의 철수를 보류한다는 결정을 발표했다. 그는 "현재까지 3,670명의 주한미군이 철수되었으나 앞으로는 일체의 철수를 중지할 것이며, 한국의 방위력 증강 계획이 완료되는 1981년에 남북한 군사력 균형을 재평가하여 주한미군 철수 여부를 결정할 것"이라고 약속하였다.[112]

카터 행정부의 주한미군 철수 논란에 반발하여 박대통령이 핵무기 개발을 다시 추진하였는가에 대한 논란이 존재한다. 심융택에 의하면, "박대통령 생전에 "나는

109) Washington Post, May 19, 1977.
110) W. Carpenter et. al., "US Strategy in Northeast Asia," Strategic Studies Center, SRI International Technical Report, SSC−TN−6789−1, Arlington VA, June 1978, pp. 89−90.
111) 연합뉴스, "주한미군 철수 논란 40년 … 생생하게 돌아보는 한미 정상 설전," 2018.11.25. (https://www.yna.co.kr/view/AKR20181122167200009).
112) Memorandum of Conversation, President Carter, Senator Nunn, (Senators Sam Nunn, John Glenn, Robert Byrd, and Gary Hart)et al., 23 January 1979, NLC−7−37−2−3−9, JCL; U.S. Senate, Report of the Pacific Study Group to the Committee on Armed Services; January 23, 1979.

1982년 제4차 경제개발 5개년 계획이 완료되어 한국이 중화학공업시대로 접어들고 동시에 핵무기 개발이 완료되어 자립경제와 자주국방이 완성되면, 1983년 10월 1일 국군의 날 기념식 행사 때 국내외에 핵무기를 공개한 뒤에 그 자리에서 은퇴를 선언할 생각이다"라고 말한 것을 들었다"고 하면서 박대통령이 서거하지 않았다면 핵무기를 가졌을 것이라고 주장한다.[113)

또 다른 주장에 의하면 박대통령은 1979년 1월 1일 해운대에 내려가서 새해구상을 하던 중에 청와대 공보비서관으로 근무하다가 국회의원에 당선된 선우연을 불러 이렇게 언급하였다고 한다.[114) "내가 1981년에 하야한다. 1981년 전반기에 핵폭탄이 완성된다고 국방과학연구소장으로부터 보고받았다. 핵폭탄 개발하면 감히 김일성이가 남침을 하지 못할 것이 아닌가. 북괴가 남침하더라도 우리가 핵을 던지면 북한도 날아갈 것 아닌가. 공격을 위해서가 아니라 방어용이다. 1981년까지 완성되면 그해 국군의 날 여의도 행사를 부활시켜서 원자탄을 세계에 공개한 뒤 그 자리에서 사퇴 성명을 낼 것이다."

이러한 주장들의 정확한 진위 여부를 확인할 길은 없다. 하지만 당시의 한미관계와 미국정부가 한국의 핵무기 개발을 집요하게 방해함으로써 1976년에 박정희 정부가 핵개발 포기를 확실하게 한 점에서 그 진실성과 실현 가능성이 의심된다고 할 수 있다. 사실, 당시의 상황을 고려한다면 박대통령이 미국의 전방위 압박을 극복하고 핵무기 개발에 성공한다는 것은 처음부터 불가능한 일이었다고 할 수 있다.[115) 이 책의 제2장에서 대만의 핵무기 개발 중단사례에서 본 바와 같이, 당시 미국의 동맹국들 중에 일부 국가들이 비밀리에 핵무기를 개발한다는 것은 미국의 감시를 벗어나기

---

113) 심융택, 앞의 책, pp. 254－272.

114) 선우련 공보비서관, "집중연재 박정희 육성 증언－상," 『월간조선』, 1993년 3월호, pp. 130－187.

115) 1978년 6월 발간된 미국 CIA의 국가별 보고서는 한국의 독자적 핵무기 개발 프로그램에 대해 다음과 같이 평가하고 있다. "한국에 완전하게 결정된 핵무기 개발 프로그램은 없었고, 1978년 현재에도 없다"고 말하고 있다. 단지 소수의 정부 관리들이 "한국은 전쟁억제력으로서 핵무기가 필요하다"고 생각하고는 있다. 만약에 미국의 대한국 방위공약으로 제공되는 미국의 핵우산(핵억제력)이 약화된다면, 그것을 대체할 억제력으로서 한국 자체의 핵무기 필요할 것이라고 말하고는 있다. … 한국은 평양이나 남포, 원산까지 타격할 수 있는 사거리 180km, 탄두중량 500kg의 지대지 미사일에 더 관심을 기울이고 있다. CIA National Foreign Assessment Center, *South Korea: Nuclear Developments and Strategic Decision Making*, June 1978. (비밀해제된 문건)

가 "하늘의 별 따기"보다도 어려웠던 상황이기 때문에 불가했다고 말할 수 있다.116)

　　한편 1977년 4월 카터 대통령은 주한미군의 철수 결정과는 무관하게 전임 포드 행정부보다 더욱 강화된 비확산정책을 발표하였다.117) 카터 대통령은 핵확산이 초래할 엄중한 결과와 전 세계의 평화와 안보에 미치는 직접적인 영향을 고려한다면 미국의 국내 핵에너지 정책과 프로그램에 중대한 변화가 필요하다고 주장하였다. 아울러 세계적으로 증가하는 핵에너지 이용에 따르는 위험과 핵확산의 문제점에 대해 보다 나은 접근방법을 발견하기 위해 모든 국가들이 협력해야 할 필요성에 대해서도 강조했다.

　　카터 대통령이 발표한 비확산정책은 다음과 같다.

　　첫째, 미국 핵프로그램에서 생산되는 플루토늄의 상업적 재처리와 재활용을 무기한 연기한다. 이에 따라 사우스 캐롤라이나주의 반웰(Barnwell)에 있는 재처리 시설의 건설을 중단한다.

　　둘째, 미국이 현재 추진 중인 증식로는 설계를 변경하고 상용화는 연기한다.

　　셋째, 핵무기에 사용될 수 있는 물질에 직접 관련되지 않는 핵연료주기 연구에 미국의 핵연구개발자금이 이용되도록 자금의 투자방향을 시정한다.

　　넷째, 미국은 국내용과 해외용 핵연료를 적시에 적절하게 공급하기 위해 농축우라늄 생산 능력을 증가시킨다.

　　다섯째, 다른 국가에게 핵연료공급을 보장하기 위해 미국의 필요한 입법 절차를 수립한다.

　　여섯째, 우라늄 농축과 재처리에 관련된 장비와 기술의 수출을 금지한다.

　　일곱째, 세계의 핵공급국과 수요국이 함께 핵폭발능력의 확산을 감소시키는 동시에 에너지 발전 목표를 달성할 수 있는 광범위한 국제적 접근방식과 제도를 마련하기 위해 협의를 지속해 나간다.

　　이들 중에는 국제 핵주기 평가 프로그램의 설치와 비확산목표를 공유하는 국가

---

116) 당시 대만은 미·중관계 개선으로 인해 국가안보에 심각한 위협을 받고 있는 상황이었다. 이에 비밀리에 핵무기 개발을 시도하였으나, 미국은 이를 눈치 채고 대만 핵무기 개발 프로그램의 부책임자였던 후슈이 대령을 매수하여, 핵프로그램의 전모를 밝히고, 이를 강제로 중단시켰다.

117) Nuclear Power Policy Statement by the President on His Decisions Following a Review of U.S. Policy. April 7, 1977. *op. cit.*, PRESIDENTIAL DOCUMENTS: JIMMY CARTER, 1977.

들을 위한 핵연료공급과 사용후핵연료 저장에 대한 양자적 혹은 국제적 조치들을 발전시켜 나간다. 원자력의 평화적 이용을 창의적으로 가능하게 만들기 위해 다자적·양자적인 장치에 대해서 관련 국가들과 긴밀하게 협의하고 협력해 나간다.

이와 더불어 카터 행정부는 한국정부의 핵무기 개발을 원천적으로 차단하기 위한 이중, 삼중의 조치들을 강구하였다. 첫째, 포드 행정부가 1976년 한미원자력협력을 활성화시킨다는 명분으로 주한 미대사관에 핵전문 지식과 경력을 가진 과학관 자리를 설치하고 미국의 에너지부, 원자력위원회, 정보기관 출신 담당관을 임명하였다. 이들의 주요 임무는 대덕 원자력연구소에 상주하면서 한국이 비확산정책을 준수하는지를 감시하고 조사하는 것이었다.

둘째, 브라운(Harold Brown) 미 국방장관은 주한미군 철수를 빌미로 한국이 독자적으로 핵무기를 개발할 수 있는 명분을 주지 않기 위하여 1978년 7월 미국 샌디에고에서 개최된 제11차 한미 연례안보협의회의에서 핵우산으로 대표되는 한국에 대한 확장억제력(extended deterrence)을 제공할 것을 공식적으로 표명하였다.[118]

셋째, 한국정부가 1974년부터 개발을 추진한 '백곰' 탄도미사일이 1978년 9월 26일 시험 발사에 성공하자 미국은 한국이 비밀리에 조금이라도 핵무기 개발을 진행하고 있는지 의심하여 한국의 탄도미사일 개발계획을 중지하도록 다방면에서 압박을 가하였다. 미국은 대전기계창에 주한미군 합동군사업무단(JUSMAG-K: Joint U.S. Military Assistance Group-Korea)를 파견하여 미사일 개발에 대한 감시를 강화하였으며, 1979년 9월 당시 한미연합사령관이었던 위컴(John Adams Wickham) 대장은 노재현 국방부장관에게 서한을 보내 탄도미사일 개발을 중지하도록 권고하였다.[119] 미국의 이러한 압력에 직면한 한국정부는 "앞으로 개발하는 탄도미사일의 사거리를 180km, 탄두 중량을 500kg 이내로 제한하겠다"고 응답함으로써 한국의 탄도미사일 개발에

---

118) "브라운 장관은 한국이 미국의 핵우산(nuclear umbrella) 하에 있고, 앞으로도 계속 있을 것이라고 재확인하였다", 제11차 한미 연례안보협의회의 공동성명(https://www.mnd.go.kr/user/boardList.action?boardId=I_43915&siteId=mnd&id=mnd_010704010000). 한인택은 미국이 1978년부터 한·미 SCM 공동성명에서 핵우산 제공을 최초로 명기한 것은 박정희 대통령의 핵개발 시도에 대한 미국측의 대응이라고 해석했다. 한인택, "동맹과 확장억지: 유럽의 경험과 한반도에의 함의," 동아시아연구원·제주평화연구원 공동 주최, EAI-JPI 동아시아 평화 컨퍼런스, 2009. 9.11, p. 117.

119) 오원철, "유도탄 개발, 전두환과 미국이 막았다," 『신동아』, 1996년 1월호. pp. 288-312. 한국안보문제연구소, 『북한 핵미사일 위협과 대응』(서울: 북코리아, 2014), pp. 343-346.

대한 한미 간의 이견이 타결되었다.[120]

이러한 점을 종합해서 판단해보면, 1976년 이후 박대통령은 핵무기 개발을 완전히 포기한 것으로 결론내릴 수 있다. 그는 비록 카터 대통령의 일방적인 주한미군 철수 결정에 격분하였지만 이를 명분으로 핵무기 개발을 다시 추진하려는 시도는 하지 않았다. 비록 연구소와 학계 일각에서 핵무기 개발이나 핵옵션이 필요하다는 주장을 하기는 하였지만 정부 차원에서 공식적으로 핵무기 개발을 추진하지는 않았다. 그리고 카터 대통령이 주한미군 철수 정책을 거두어들인 이유도 미국의 의회를 중심으로 북한의 증가된 위협과 주한미군 주둔의 필요성에 대한 다수 의견의 표현, 박정희 정부의 미국의 대한반도 안보공약의 확고함을 보여주기 위해 미국 군사원조가 필요하다는 대미 설득 등이 복합적으로 작용했기 때문이지 박정희 정부가 핵무기개발 재개 압박을 카드로 사용했던 것은 아니었다.

당시 전 세계적으로 정당성을 얻고 있었던 핵비확산체제의 안정화와 더불어 미국정부의 삼엄한 감시망 속에서 한국이 비밀리에 핵무기 개발을 추진할 수 있는 명분도 실리도 없었다. 따라서 박대통령은 탄도미사일의 개발을 통해 자주국방을 달성함과 동시에 미국의 핵우산을 포함한 확장억제력을 통해 공산국가들로부터의 핵위협을 상쇄하여 안보확보와 자율성을 동시에 증진시키려는 노력을 시도하게 된다. 그 중 하나가 1978년 한미연합사령부의 창설이었다. 한국은 한미연합사령부의 창설을 통해 작전통제권을 한미지휘부가 공유함으로써 한국군의 자율성을 향상시켜 가면서 주한미군의 일방적 철군을 막자고 하는 취지에서, 미국은 카터 대통령이 한국의 국력신장과 국방능력 신장을 계기로 한국방위의 책임을 한국에게 더 맡기고, 주한 미 지상군을 철수시킬 경우에 대북한 억제력을 제대로 유지하기 위한 방편의 하나로 한미 양국은 연합군사령부를 창설하는데 합의하였다.[121]

---

120) 1979년 10월에 한·미 미사일 양해각서가 타결되었다. 2001년 김대중 정부 시절 클린턴 대통령과의 정상회담에서 한국의 미사일 사거리를 300km, 탄두중량 500kg으로 조정되었다. 2012년 10월 이명박 정부시절 한·미 정상회담에서 미사일 사거리 800km 500kg, 300km 경우 탄두중량 2톤으로 조정되었다가, 2021년 5월 문재인 정부시절 미사일 사거리 제한이 완전히 없어졌다.

121) 국방부 군사편찬연구소, 『한미군사관계사 1871-2002』(서울: 신오성기획인쇄사, 2002), p. 596.

제 5 절	전두환 정권의 등장과 한국의 핵무기 개발 흔적 지우기

1979년 10월 26일 박정희 대통령의 시해와 그해 12월 12일 전두환을 중심으로 하는 신군부에 의한 쿠데타는 한국에 정치적 격변을 몰고 왔다. 전두환은 쿠데타를 통해 정권을 획득하는데 성공하였지만 그 과정에서 인권과 민주주의 가치를 중요시 해 온 미국 카터 정부와의 관계가 악화되었다. 카터 대통령과 글라이스틴(William H. Gleysteen) 주한 미국대사, 위컴(John A. Wickham) 한미연합사령관 등은 처음에는 신군 부를 인정하지 않았고, 신군부에 대한 불신과 불만을 공공연하게 드러내며 1968년부 터 매년 개최되어 왔던 한미 연례안보협의회의도 사상 처음으로 개최하지 않았다.

쿠데타에는 성공하였지만 국내와 미국으로부터 불신을 받은 전두환 정권이 정통 성을 확보하기 위해서는 미국과의 관계 개선이 필수적이라고 인식하였다. 이에 신군 부는 한국의 핵무기와 미사일 개발계획에 관련된 기록과 인원, 조직을 완전히 말살함 으로써 미국의 신뢰를 회복하기를 원했고, 1980년 말에 치러진 미국의 대통령선거에 서 레이건 공화당 후보가 당선되자 한미 정상회담을 비밀리에 시도했다.[122]

신군부는 우선 핵무기를 투발할 수 있는 수단인 탄도미사일 능력을 제거하기로 결정하였다. 이에 따라 1980년 국군보안사령부를 중심으로 "1978년 9월의 '백곰' 시 험발사는 기존의 미국제 나이키 허큘리스 미사일에 페인트를 발라서 국산으로 위장 하여 발사한 사기극이었다"는 소문을 내기 시작했다.[123] 이것은 ADD에 대해서 국민 을 속인 사기집단이라는 누명을 씌우기 위한 것이었다고 해석되고 있다. 이러한 소문 을 근거로 신군부는 1980년 7월 ADD 소장이었던 심문택을 경질하였다. 후임으로 부 임한 서정욱 소장은 ADD 실장급 이상 전 간부 130여 명의 일괄사표를 받고 미사일

---

122) Kim Byong Koo, *Nuclear Silkroad*(New York: CreateSpace, 2011), pp. 1−11. 조영길, 『자 주국방의 길: 자주국방의 열망, 그 현장의 기록』(서울: 플래닛미디어, 2019), pp. 174−183.
123) 조영길, 위의 책, p. 176.

개발부 총책임자였던 이경서 부소장 겸 대전기계창장을 해임했다.124) 이어서 미사일 개발부와 특수사업(890사업)팀을 해체함과 동시에 ADD조직을 개편하고, 서울 기계창, 진해 기계창 및 대전 기계창을 해체하였다.

이어서 1981년 ADD에 대한 대대적인 감사를 실시하여 ADD가 예산을 유용하고 비효율적으로 사용하였다고 발표하고 사회비리 정화 차원에서 1982년 '연구원 전원 사표'라는 형식을 빌어 전체인력의 30%에 해당하는 900여 명의 사표를 수리했다. 그 중 대다수가 1978년 9월 백곰 미사일과 관련된 미사일 개발 인력으로서 조직의 해체 및 관련 인력의 퇴출로 인해 한국의 탄도미사일 관련 노하우와 인력이 한꺼번에 사라져 버렸다.125)

이와 더불어 1980년 12월 원자력연구소에 대한 조직 개편이 단행되었다. 이 개편에서 원자력연구소는 한국핵연료개발공단을 흡수통합하면서 한국에너지연구소 (KAERI: Korea Advanced Energy Research Institute)로 개명하였다.126) 또한 원자력연구소에서 핵무기 관련 연구개발을 추진하는 것으로 추정되었던 재처리연구부를 폐지하고 관련 인력을 모두 해고하였다.127)

1980년 12월 장충체육관에서 간접선거로 대통령에 취임한 전두환은, 다음 해인 1981년 1월말 워싱턴을 방문하여 2월 2일에 레이건(Ronald W. Reagan) 미국 대통령과 정상회담을 가졌다. 전두환 정권은 미국의 불신을 해소하고 정부에 대한 미국의 신뢰를 회복하는 것이 최우선 과제였고, 미국은 쿠데타로 집권한 전두환 대통령을 초청함

---

124) 심융택, 앞의 책, p. 373.
125) 이때 사라진 한국의 미사일 개발 계획은 1983년 11월 전두환 대통령이 미얀마 아웅산 테러 사건을 겪고 난 후 북한의 군사위협에 대처하기 위해 1983년 말에 ADD에서 유도탄 개발사업부를 부활시켜서 "현무 유도탄 사업"을 추진하기로 결정할 때까지 2년여 동안 거의 빈사상태에 있었다. 현무 미사일 개발사업은 백곰 미사일 개발에서 확보한 기술력을 바탕으로 단기간에 개발하여 1987년 12월 1개 포대를 전력화하였다. 안동만, 김병조, 조태환, 『백곰, 도전과 승리의 기록』(서울: 플래닛 미디어, 2016), pp. 354-359.
126) Kim Byong Koo, op. cit., pp. 1-20.
127) 이와 관련하여 전두환은 회고록에서 다음과 같이 설명하고 있다. "원자력 관련기관의 명칭에서 '핵', '원자력' 등의 용어를 빼버리는 것이 좋겠다는 건의가 있었다. … 나는 미국측의 의혹과 감시가 과민한 것이라고 생각됐지만, 핵무기 개발계획을 공언하는 것으로 미국을 그처럼 과민하게 만든 원인의 일단이 우리에게 있는 것이 사실인 만큼 불필요하게 미국을 자극할만한 일은 자제하자고 마음먹었다. 대덕공학센터로 이름을 바꾼 핵연료개발공단을 방문할 때에도 충남도청에서 도정보고를 받는 일정 중간에 잠깐 들르는 모양새를 취했다. 핵연료공단은 미국이 IAEA에 소속된 미국인을 상주시키면서 가장 민감하게 감시하던 기관이었다." 전두환, 『전두환 회고록 2권』(파주: 자작나무숲, 2017), pp. 244-247.

으로써 너무 빨리 정권을 인정해 주는 것과 같은 정치적 리스크가 있음에도 불구하고 소위 '5.18 내란음모 사건(후에는 '광주민주화 운동'으로 불림)의 수괴'로 한국의 군법회의 에서 사형선고를 받고 구속되어 있는 김대중을 구명하려는 목적을 관철시키기 위해 전두환의 방미 정상회담 제안을 받아들였다.128) 전두환－레이건 정상회담에서는 시 간의 부족으로 '한국의 핵 개발 중지'라는 의제가 논의되지 못하였으나 다음날 이루 어진 전두환과 헤이그(Alexander M. Haig Jr.) 국무장관과의 면담에서 이 문제가 다루어 졌다.129) 이날 어떤 내용이 오고 갔는지에 대해서는 당시 국무부 내부 문건에 반영되 어 있다.130)

여기서 분명히 해야 할 사항은 전대통령이 한국의 핵 및 미사일 연구개발과 관 련되어 남아있던 연구인력, 조직, 예산을 1981년 2월 미국 방문 전에 모두 없애 버렸 다는 점이다. 이로써 한국이 1974년부터 추진해왔던 핵무기 개발 관련 기록과 역량은 완전히 사라져 버렸다. 이 책의 제3장에서 설명하겠지만, 전대통령의 결정으로 인해 박정희 정권 때에 비약적인 발전을 해왔던 평화적 원자력 연구와 발전 능력이 재가동 및 건설되는데 4년가량 지체되게 된다. 이러한 점에서 볼 때, 전대통령이 취했던 일 련의 조치들은 한국이 국가 전략적 차원에서 핵의 이중성을 고려하고 활용할 수 있는 가능성을 완전히 제거해버린 일대 사변이었다고 말할 수 있다.

---

128) 류병현, 『류병현 회고록』(서울: 조갑제닷컴, 2013), pp. 252－264. 레이건 행정부 초기에 "미 국은 김대중을 구명하여 미국으로 오는 조건으로 전두환을 초청한 것이며, 김대중이 미국으 로 온 이후에 엄청나게 자유로운 활동을 보장해 주었다"는 문건들이 레이건 도서관에 많이 있다.
129) 헤이그 장관은 백악관 한·미 정상회담에서 충분히 다뤄지지 않은 레이건 대통령의 관심사 항 중 어떤 내용이든 충분하게 살펴볼 수 있는 기회가 되기를 바란다고 말했다. 전두환 대통 령은 "미국 대통령이 한국에서 추가적으로 주한미군 병력을 철수하지 않는다는 보장을 해준 것에 대해서 특별히 감사하고 있다"고 말했다. 헤이그 장관은 전대통령에게 한국이 미국을 핵연료 공급원 및 원자력 프로그램의 기술원천으로 의존해도 된다는 점을 보장했고, 또한 한 국이 비확산 정책을 지혜롭게 고수하고 있음에 감사를 표했다." Cable, SECSTATE to Embassy Seoul, 5 February 1981, subject: Korea President Chun's Visit－the Secretary's Meeting at Blair House," in Robert Wampler, ed., NSA EBB no. 306 (Washington, DC: National Security Archive, 2010), https://nsarchive2.gwu.edu/NSAEBB/NSAEBB306/doc06a.pdf.
130) Executive Secretariat, NSC: Head of State File, 020, 021 Head of State, Korea, South: President Chun (8100690－8200425, 8203490－8201586). Reagan Library.

제 6 절 주한미군의 핵무기 철수와 한반도 비핵화 선언

1989년 10월 동서독 분단의 상징인 베를린 장벽이 무너졌다. 그로부터 1년 뒤인 1990년 10월 독일이 통일되었다. 이를 계기로 동구의 공산권 국가들이 소련의 영향권으로부터 독립을 선언하면서 전 세계적인 탈냉전이 시작되었다.

이러한 분위기 속에서 1991년 말에 소련이 붕괴되었다. 소련 붕괴의 원인을 두고 "미국의 레이건 행정부가 소련의 붕괴를 촉진시키기 위해 추진한 비밀 안보전략이 성공했기 때문인가?" 혹은 "고르바초프가 개혁개방 정책을 채택함으로써 소련을 스스로 연착륙(soft landing)시킨 것인가?"에 대한 논쟁이 벌어졌다. 시바이처(Peter Schweitzer)는 "제국이 스스로 해체를 선택하는 경우가 역사적으로 존재했던가?"라고 반문하면서, 소련이 붕괴되는 과정을 미국의 소련 붕괴전략과 연관지어 설명한다.131) 그에 따르면 레이건 대통령은 소련의 붕괴를 촉진하기 위해 3가지 분야에서 대소련 외교안보전략을 수립하고 이를 지속적으로 실행한 결과 소련이 붕괴했다고 주장하고 있다. 그는 미국의 소련 붕괴 안보전략이 세 가지 세부전략으로 구성되어 있다고 주장하는데, 외교전략, 안보전략, 경제전략이 그것이다.

첫째, 외교전략은 레이건 행정부가 동유럽의 자유화를 촉진하기 위해 폴란드 출신의 교황 요한 바오로 2세(Pope John Paul Ⅱ)의 교황청과 협력하여 폴란드의 바웬사 노조 그룹에게 인적·물적 지원을 통해 동구 공산권에 자유화 바람을 불어 넣었고, 그 결과 자유화 바람은 폴란드를 넘어 체코, 헝가리 등 동구 전체에 전파되어 이들이 소련으로부터 이탈하는 결과를 낳아 소련의 붕괴가 촉진되었다고 한다.

둘째, 경제전략은 레이건 행정부가 소련의 경제적인 파탄을 촉진시키기 위해 소

---

131) Peter Schweitzer, *Victory: The Reagan Administration's Secret Strategy that Has Hastened the Collapse of the Former Soviet Union*, 한용섭 역, 『냉전에서 경제전으로』(서울: 오롬, 1998).

련의 외화 수입의 중요한 자원이었던 천연가스와 금의 해외수출을 막자는 것이었다. 미국은 소련 천연가스의 대 서유럽 수출을 저지하고자 하였다. 이란의 팔레비 왕조가 호메이니에 의해 축출된 이후, 사우디아라비아의 왕족에 대해 외교 및 군사 지원을 제공해주는 대가로 사우디아라비아로 하여금 원유 생산을 대폭 증가시키도록 하여 서유럽에 비교적 저렴한 원유를 공급하도록 조치하였다. 또한 인종차별정책(Apartheid)으로 국제사회의 제재를 받고 있던 남아프리카공화국의 인종차별정책을 눈감아 주는 대신에 금 채굴을 독려함으로써 소련의 금 수출을 방해하는 효과를 거두어 소련정부의 외화수입원(달러)를 고갈시킴으로써 소련 경제가 몰락하는 원인이 되었다.

셋째, 안보전략은 레이건 행정부가 소련과의 양적인 측면에서 핵군비경쟁을 벌이면 소련을 따라갈 수 없다고 판단하고 이를 질적 군비경쟁으로 전환하는 전략을 수립하였다. 미사일 방어(MD: Missile Defense)의 원조 격인 '전략방위구상(SDI: Strategic Defense Initiative)'을 만들어 내었다. 전략방위구상은 일명 "별들의 전쟁"으로 불리어졌는데, 그 개념은 소련의 대륙간탄도탄(ICBM: Intercontinental Ballistic Missile)을 중간 추진 경로에서 미국의 미사일 또는 레이저로 파괴하는 방법이다. 이를 통해 소련의 경제력이 미국과의 핵군비경쟁을 더 이상 감당하기 어려운 조건을 만듦으로써 소련이 군비경쟁을 그만두고 중거리핵무기의 폐기를 비롯한 핵군축으로 나오게 만들었다는 것이다.

레이건 행정부의 이러한 전략은 소련의 경제를 파탄 직전까지 몰고 갔다. 당시 소련의 고르바초프(Mikhail Gorbachev) 공산당 서기장은 소련이 붕괴에 직면하였다고 판단하고 이를 진정시키기 위해 개혁(Perestroika)과 개방(Glasnost) 정책을 추진하였으나, 소련의 몰락은 가속화 되고 말았다.

결국 소련의 해체는 돌이킬 수 없는 사실이 되었다. 당시 소련이 해체되는 과정에서 소련의 일부였던 우크라이나, 카자흐스탄, 벨라루시가 독립할 예정이었는데, 이 국가들에는 다수의 소련 핵무기가 배치되어 있었으며 원자력 발전소와 핵실험장이 곳곳에 산재되어 있었다. 소련이 이를 모두 통제하고 관리할 수 없는 상황에서 만약 이 국가들이 핵무기를 보유한 채로 독립을 하게 되면 우크라이나, 카자흐스탄 및 벨라루시가 소련과 미국을 뒤이어 핵무기를 가장 많이 보유한 국가가 될 수 있었다. 이 경우 그때까지 잘 유지되어 왔던 국제비확산 질서는 대혼란에 빠질 것이 분명하였다.

또한 소련의 해체로 실직 위기에 처한 다수의 핵 과학자들과 핵무기나 핵물질들이 제 3국으로 유출 내지 밀거래 될 가능성이 매우 컸다.

이 책의 제1장에서 설명한 바와 같이 미국의 부시(George H. W. Bush) 행정부는 국제 비확산 질서를 유지하기 위한 일련의 방안을 강구하였다. 첫째, 소련과 협력하여 우크라이나, 카자흐스탄 및 벨라루시에 남아있는 핵무기와 관련 시설을 해체한다. 둘째, 소련의 해체로 인해 미국 역시 핵무기를 대량으로 보유할 명분이 사라짐에 따라 미국이 러시아보다 앞서서 핵무기와 관련 시설을 감축한다. 셋째, 탈냉전의 혼란기를 틈타 제3국들이 핵확산을 시도하는 것을 막기 위해 더욱 강력한 국제 비확산 질서를 추구한다.

부시 행정부는 먼저 소련의 해체로 핵무기를 보유하게 된 구소련의 신생 독립국들과 협상을 통해 경제 지원을 하는 대가로 핵무기와 관련 시설을 해체하도록 하였다.[132] 이것이 넌-루가 법안(Nunn-Lugar Act) 또는 협력적 위협감소계획(CTR: Cooperative Threat Reduction Treaty)이라고 불리는데, 이 계획은 미국의 루가(Richard Lugar) 공화당 상원의원과 넌(Sam Nunn) 민주당 상원의원이 1991년 초당적 합의를 바탕으로 구소련 국가들의 핵무기 및 화학무기의 폐기와 핵물질의 안전한 관리, 핵과학기술자들의 민간 직업으로의 전환 직업 훈련과 일자리 제공, 민수용 과학기술센터의 설립을 목적으로 통과시킨 법에 의해서 매년 구소련 공화국 특히 러시아, 우크라이나, 벨루로시, 카자흐스탄 등에 1992년부터 매년 3억 달러에서 4억 달러까지 지원해 주는 방식을 의미했다.[133] 이 책의 제1장에서 설명한 바와 같이 이 프로그램은 성공적으로 추진되었으며, 2000년대 들어 미국이 CTR프로그램 이행에 재정적 곤란을 겪자 선진국들의 동참을 요청하여, 2002년에 G8(미국, 캐나다, 영국, 프랑스, 독일, 이탈리아, 일본, 러시아) 국가들이 국제사회의 동참을 호소하여 대량살상무기 감소를 위한 전지구적 동반자프로그램(Global Partnership Against the Spread of Weapons and Materials of Mass Destruction)으로 확대시켰다. 그 결과 1992년부터 2012년 말까지 구소련 공화국의 핵무기를 해

---

132) The U.S. Congress, Office of Technology Assessment, *Proliferation and the Former Soviet Union*, OTA-ISS-605 (Washington, DC: U.S. Government Printing Office, September 1994).

133) Amy F. Woolf, "Nunn-Lugar Cooperative Threat Reduction Programs: Issues for Congress," *CRS Report for Congress*, Congressional Research Service, 97-1027 F, March 23, 2001.

체한 핵물질 플루토늄 50톤과 고농축우라늄 200여 톤을 미국으로 운송해 갔고, 안전한 핵무기 폐기와 핵과학 기술자들의 전직에 놀랄 만한 성과를 거두었다고 평가되고 있다.

이어서 부시 행정부는 1991년 9월 27일 대국민 연설을 통해 자발적으로 핵무기를 감축할 것임을 발표하였다.[134]

"세계가 너무 엄청난 속도로 바뀌었다. 어제를 기록한 잉크가 채 마르기도 전에 오늘의 새로운 역사의 페이지가 쓰여지고 있다. 동구가 민주체제로 변화한 것과 같이 소련이 억압과 공포의 정치체제를 버리고 민주주의와 자유세계로 변하고 있다. 따라서 지난 40년 넘게 핵무기로 대치했던 세계는 끝이 나고, 미국이 자유민주주의로 변화하는 세계를 지도하기 위해, 새로운 안보환경의 기회를 활용하여, 냉전시대의 핵전략을 바꾸고, 군사태세를 감소시킴으로써 보다 더 안정적인 세계를 만들고자 한다. …

따라서 붕괴에 직면한 소련과의 협상을 통해서 핵무기를 감축하려면 시간이 너무 많이 걸리므로, 이러한 역사적 기회를 선제적으로 활용하기 위해 소련의 고르바초프와 옐친이 미국이 먼저 취한 조치를 이해하고 따를 것이라고 희망하면서, 미국은 일방적이고 선제적인 핵무기 감축조치를 취하고자 한다. … 이와 관련하여 영국의 메이저 총리, 프랑스의 미테랑 대통령, 독일의 콜 총리, 그리고 다른 동맹국의 지도자들과 협의를 하였다. 고르바초프, 옐친과도 전화 통화를 하였다. …

나는 오늘 지상, 해상, 공중에 있는 미국의 핵전력의 모든 양상에 영향을 미치는 일련의 전면적이고도 주도적인 조치를 취하고자 한다. 미국의 비전략적·전구적 핵무기에 대해 지난 40년 간 없었던 변화를 시도하고자 한다. … 모든 단거리 지상 발사 전구핵무기를 폐기시킬 것이다. 전구 핵무기, 핵포탄, 단거리 핵탄도미사일, 핵지뢰 등을 모두 미국 본토로 철수하여 폐기시킬 것이다. 물론 유럽의 방어를 위해 공중발사 핵능력은 유지할 것이다. 나는 소련도 모든 단거리 지상발사 전구핵무기, 핵포탄과 단거리탄도미사일을 위한 핵탄두, 미국에 없는 방공미사일과 핵지뢰 등을 폐기함으로써 나와 같은 길을 걷게 되기를 당부한다.

---

134) The Public Papers of the Presidents of the United States, George Bush, 1991. Book II–July 1 to December 31, 1991. (United States Government Printing Office, Washington DC, 1992), Address to the Nation on United States Nuclear Weapons Reductions, September 27, 1991, pp. 1220–1224.

국제안보환경이 심대한 변화를 겪고 있는 것을 감안하여, 미국은 모든 전술핵무기를 함정이나 지상기지에 배치된 해군항공기에 탑재된 핵무기(미국 함정과 잠수함에 탑재된 토마호크 순항미사일 및 항공모함에 탑재된 모든 핵무기)를 철수시켜서 폐기시킬 것이다. 미국 함정은 절대로 전술핵무기를 탑재하지 않을 것이다. 그리고 전략핵무기는 START조약의 이행 기간인 7년을 기다릴 것 없이 신속하게 폐기시킬 예정이다. … 전략핵무기의 비상대기 및 타격목표를 해제하고, ICBM개발을 중지하며, 전략무기지휘통제시스템도 전략사령부로 통합시킬 것이다."

이어서 미국은 탈냉전기의 혼란을 틈타 제3국이 핵확산을 시도하는 것을 막기위해 더욱 강력한 비확산질서를 유지하고자 하였다. 미국은 1991년 걸프전에서 승리를 거둔 이후 이라크에 대한 대대적인 사찰을 통해 핵관련 기술 및 대량살상무기(WMD: Weapons of Mass Destruction)를 폐기하였다. 또한 당시 비밀리에 핵무기를 개발하고 있는 것으로 의심되는 북한이 IAEA의 핵사찰을 받도록 압박하기 시작하였다.[135]

북한의 핵무기 개발 의혹이 점차 짙어지고 있는 와중이었던 1991년 7월 2일, 노태우 대통령은 북핵문제에 대한 한국의 입장을 명확히 밝히고자 워싱턴에서 부시 대통령과 정상회담을 가졌다. 이 회담에서 양국은 북한의 핵무기 개발을 주요 의제로 채택하고 이를 저지하기 위해 공동으로 노력할 것을 합의하였다.[136] 정상회담과 동시에 미국 하와이에서 열린 한미 고위급 정책협의회에서 양국 대표는 "북한의 핵무기 개발 포기를 전제로 주한미군에 배치된 전술핵무기의 철수를 검토할 수 있다"고 합의하였다.[137]

양국의 이러한 합의는 앞서 언급한 부시 대통령의 대국민 연설에 의해 공식화되었다. 노태우 대통령은 부시 행정부의 핵비확산 정책에 화답하여 11월 8일 "한국은 핵무기를 제조·보유·저장·배비·사용하지 않고, 핵연료의 재처리와 농축을 포기"하는 "한반도비핵화 5원칙"을 선언하였다.[138] 노태우 정부는 미국의 전술핵무기 철수와

---

135) 노태우, 『노태우 회고록 하』(서울: 조선뉴스프레스, 2011), pp. 309-313.
136) 노태우, 위의 책, pp. 373-375.
137) 국사편찬위원회 편, 『고위관료들 북핵 위기를 말하다』(과천: 국사편찬위원회, 2009), pp. 41-79.
138) 당시 미국은 탈냉전 환경과 주한미군의 전술핵무기 철수를 계기로 한국정부의 핵무기 개발 의지를 한 번 더 확실하게 제거하기를 원하였다. 즉, 비핵화 선언을 통해 한국정부가 먼저

한국의 비핵화 5원칙을 선언함으로써 북한에게 "핵무기 개발을 중지하고 국제사회의 핵사찰을 받도록" 요구할 수 있는 명분을 갖게 되었다.

여기서 한 가지 의문이 든다. 당시 미국은 한반도에 배치하고 있던 150여 기의 전술핵무기를 철수시키면서 "왜 이것을 북한의 비핵화를 유도하기 위한 협상 카드로 쓰지 않았는가?"하는 것이다. 이와 관련하여 당시 미국 국방부차관을 역임했던 울포위츠(Paul Wolfowitz) 교수는 다음과 같이 언급한 바 있다. "이 무렵 미국 국가안보회의에서 스코우크로프트(Scowcroft) 안보보좌관이 주한미군의 핵무기 철수와 북한의 비핵화 문제를 연계하여 처리하자는 견해를 제기하였으나, 부시 대통령은 소련과의 관계에서 해외에 배치되어 있었던 모든 전술핵무기 철수가 시간적으로 더 시급하다고 말하여 연계를 시키지 않았다"[139]

1991년 11월 25일 북한은 남북한 동시사찰을 전제조건으로 IAEA의 핵사찰을 수용하겠다는 의사를 밝혔다. 북한 외교부는 "주한미군의 전술핵무기 철수가 시작되면 IAEA의 핵안전조치협정에 서명할 수 있다"고 발표했다. 이에 따라 12월 11일부터 13일까지 서울 워커힐 호텔에서 제5차 남북고위급회담이 열렸다. 한국에서는 정원식 총리를 대표로 하여 김종휘, 임동원, 이동복 등이 참석하였고 북한에서는 연형묵 총리를 대표로 하여 최우진, 김영철, 안병수 등이 참석하였다. 이 회담에서 남과 북은 남북기본합의서에 가서명하였다.

그리고 12월 24일부터 남북 각각 5명이 참석하는 핵전문가회담을 갖고 비핵화 공동선언 채택문제에 대해 협상하기로 합의했다. 12월 18일에 노대통령은 "지금 이 시각 우리나라의 어디에도 단 하나의 핵무기가 존재하지 않는다"는 핵부재 선언을 하였다. 노대통령의 핵부재 선언에 이어 부시 대통령 역시 "노태우 대통령의 핵부재 선언에 대해 부인하지 않겠다"고 언급함으로써 한반도에서 미군의 전술핵이 모두 철수했음을 시사하였다. 북한은 12월 23일 외교부 대변인 성명을 통해 "한반도비핵화 협상을 하겠다"고 발표했다. 이후 12월 24일부터 31일까지 판문점 통일각과 평화의

조건 없는 비핵화를 하도록 못 박고 이후 남북한 비핵화 협상을 통해 북한을 비핵화시킴으로써 남북한 모두 핵무기뿐만 아니라 평화적 목적으로도 사용될 수 있는 재처리와 우라늄 농축을 하지 못하게 만들고자 시도하였다. 결국 미국의 의도를 받아들여 "한국은 재처리 시설이나 농축시설을 가지지 않는다"라는 문구가 비핵화 선언에 반영되게 되었다. 노태우, 앞의 책, pp. 309-313.

139) 저자와 Paul Wolfowitz와의 인터뷰, 1995.10.28, 서울.

집에서 교대로 핵전문가회의를 개최하여 남북한은 한반도비핵화공동선언에 합의하였다.

당시 미국은 일방적으로 정한 입장을 남한을 통해 남북한 핵협상에 반영시키려고 하였다. 첫째, 북한의 불확실한 핵개발 상황을 투명하게 밝히기 위해서는 유엔안보리에서 이라크에 요구한 강제사찰 같은 것을 북한에게 관철하라는 주문이었다. 미국정부가 가져 온 "남북한 핵사찰 규정(안)"에는 24회의 특별사찰과 24회의 정기사찰이 포함되어 있었다. 미국정부는 "남북한 간에 철저한 핵사찰 규정이 합의되기 이전에는 북한의 영변 1곳과 북한군사기지 1곳, 남한의 2곳을 시범사찰하는 것이 좋겠다"고 하며 한국정부가 그 시범사찰을 북한에게 요구하라고 주문하였다.

둘째, 미국정부는 비핵지대화가 아닌 비핵화를 합의하라고 권장하였다. 당시 미국은 한반도에서 전술핵무기가 철수된 이후에도 주한미군을 포함하여 동북아 지역에서 미군이 보유한 핵관련 전략자산의 비행 내지 항해를 허용하는 통항자유권을 계속해서 보유하기를 원하고 있었다. 이것은 한반도와 동북아에서 러시아와 중국의 핵문제도 고려한 것이었다. 만약 남북이 핵협상에서 북한이 주장한 대로 비핵지대화에 합의한다면 한반도 주변에서 미군이 보유한 핵관련 전략자산의 통항자유권은 사용할수 없게 되는 것이었기 때문에 그러하였다.

이것은 남북한 간에 합의된 한반도비핵화공동선언에 "남북은 핵무기를 접수(receive)하지 않는다"는 문구에 잘 나타나 있다. 이 문구는 원래는 북한이 "일본의 비핵 3원칙에서 보는 바와 같이 반입(introduce)하지 않는다"고 할 것을 요구하였으나, 미국은 한국을 통해 북한이 "접수"를 받아들이도록 설득하였다. 결국 북한 역시 이러한 요구를 수용하여 "접수"라는 문구로 타협하게 되었다. 그때까지 남한은 남북기본합의서에 먼저 합의하고 이후에 비핵화공동선언을 합의할 것을 주장하였으며, 북한 비핵화와 남북관계 개선을 엄격하게 연계하지 않았다.

당시 노태우 행정부에서는 북한의 핵무기 개발 동기에 대해 두 가지 견해가 대립하고 있었다.[140] 첫 번째 부류는 북한이 핵개발하는 동기가 미국과의 협상을 통해

---

140) 국사편찬위원회, 앞의 책, pp. 41-82, pp. 156-157. 대표적으로 김종휘와 임동원이 각각 안보파와 대화파로 나누어진다. 안보파는 북한이 안보적 차원에서 핵개발을 했으므로 핵무기는 실재하며 결코 양보하지 않을 것이라는 입장을 갖고 있었고, 대화파는 북한이 미국과의 협상용으로 핵개발을 하고 있으며 북미관계 정상화를 위한 카드로서 활용하고 있다고 말했다.

미국의 경제적 지원을 받고 핵을 포기하기 위한 협상카드로서만 핵무기를 개발하는 척 한다는 것이었다. 탈냉전 이후 심각한 경제난에 직면한 북한이 핵무기 개발을 통해 미국을 비롯한 국제사회를 협박하고, 이를 빌미로 미국과의 관계 정상화를 시도하며 경제적 지원과 핵개발 포기를 맞교환하고자 한다는 것이었다.141) 두 번째 부류는 북한이 핵보유를 통해 북한의 안전보장을 확보하고, 대남한 우위 속에서 한반도의 공산화 실현을 위해 반드시 핵개발을 할 것이라고 하는 주장이었다. 핵무기가 절대무기라는 점에서 북한이 핵무기를 보유하게 되면 한국은 물론 미국도 함부로 침략하지 못할 것이며 북한의 김일성 유일의 수령 지배체제를 더욱 공고히 할 수 있다는 생각에서, 북한은 이를 토대로 남북한 관계에서 절대적 우위를 선점할 것이며, 궁극적으로 한반도 공산화를 달성하고자 시도할 것"이라는 입장이었다. 이들에 의하면 북한이 핵카드를 절대 양보하지 않을 것이라는 것이었다.

북한이 핵무기를 개발한 의도는 이후 협상과정에서 적나라하게 드러났다. 북한은 비핵화 공동선언에 합의하면서 한미 팀스피리트 연합훈련의 중단과 주한미군의 전술핵무기 철수를 주장하였다. 북한은 의심받는 핵시설에 대해 IAEA와 안전조치협정을 맺고, IAEA의 느슨한 임시사찰을 몇 번 받고 나서는 IAEA로부터 북한의 핵무기 개발계획이 없음이 증명되었다면서 팀스피리트 훈련의 영구중단과 주한미군 전술핵무기 철수에 대한 완전한 검증을 요구하기 시작하였다. 이후 한국은 한반도비핵화공동선언을 철저히 준수해 왔지만, 북한은 이것을 위반하고 핵무기를 개발하여 6회나 핵실험을 했고, 핵보유국임을 선포하였다.

미국이 한국측에 요구했던 한반도비핵화는 미국이 남북한을 동시에 핵비확산체제에 묶어 놓으려는 시도였다. 한국은 이를 지속적으로 준수하고 미국의 비확산요구에 순종해왔던 반면에 북한은 이를 위반하고 사실상의 핵보유국에 도달하게 되었다. 한국은 한미동맹으로 확장억제력을 제공받는 등 미국에 안보를 의존하게 되었고, 북한은 자주를 외치며 핵보유국에 도달함으로써 한반도에서 핵의 불균형이 심화되게 되었다.

---

141) 당시 통일부 임동원 차관은 "북한이 핵무기를 개발한 동기는 미북 적대관계의 산물이므로 북미관계가 정상화되면 북한이 핵무기를 개발할 이유가 없다"고 말한 바 있다. 국사편찬위원회, 위의 책, pp. 153-182.

| 제 7 절 | 북한 핵위협 증가와 한-미 확장억제 협력 체계 구축 | |

북한이 1992년 2월 남한과 합의한 한반도비핵화공동선언을 규정대로 잘 이행하였더라면, 남북한은 NPT체제를 잘 준수하면서 평화 공존과 번영을 모색할 수 있었다. 탈냉전 이후 2006년 10월 북한의 제1차 핵실험 직전까지 미국은 한국에 대한 안보공약을 이행하기 위해 주한미군의 전술핵무기 철수 이후 재래식 군사력으로만 북한의 남침을 억제하는 재래식 억제전략을 유지하고 있었다. 한국도 한반도비핵화가 실현되리라는 기대를 갖고 남북한 간에 재래식 군사력 균형을 유지하려고 노력하였다. 북한도 1990년대에는 한반도에서 북한과 한－미 사이에 억제력의 균형이 이루어졌기 때문에 평화가 유지되고 있다고 발표한 바 있다. 따라서 북한이 비핵화합의를 잘 준수했더라면, 한미 간에 확장억제를 강화할 필요도 없었고, 한반도는 남북 사이에 재래식 군사력 균형을 이루고, 재래식 군비통제와 평화체제 수립을 추진할 수 있는 분위기였고, 한미동맹은 군사적 동맹에서 주한미군의 점진적 철수를 기반으로 정치적 동맹으로의 전환을 고려하고 있었다.142)

하지만 북한이 한반도비핵화공동선언을 위반하고 비밀리에 핵개발을 지속하였으며, 북한의 비밀 핵개발 시설에 대해 IAEA가 특별사찰을 요구하자 북한은 "IAEA의 특별사찰 요구는 북한의 최고이익에 대한 침해"라고 반발하면서, 1993년 3월 핵비확산조약을 탈퇴한다고 선언하였다. 그 이후 미국을 비롯한 국제사회에서는 북한을 비핵화시키고 NPT에 복귀시키기 위해 1993년부터 1994년까지 북미 제네바 회담을 했으며, 북미 제네바합의에도 불구하고 북미 제네바합의의 이행기간 중에 북한은

---

142) Jonathan D. Pollack, Young Koo Cha, Changsu Kim, Richard L. Kugler, Chai－Ki Sung, Norman D. Levin, Choon－Il Chung, James A. Winnefeld, Choo－Suk Suh, Don Henry, et al., A New Alliance for the Next Century: The Future of U.S.－Korean Security Cooperation (Santa Monca, CA: RAND, 1995).

파키스탄과 협력하여 우라늄 농축프로그램을 건설하였다. 그 후 제네바합의가 파기되고 제2의 북핵위기가 고조되어 이 위기를 해소하고자 2003년부터 2008년까지 6자회담이 개최되었다. 북한은 회담 중에도 비밀리에 핵무기 개발을 계속했던 것으로 드러났다.

북한은 김정일―김정은 체제를 거치면서 핵개발 계획이 더 심화되고 확대되었다. 김정일 시대에는 2006년 10월 9일과 2009년 5월 25일 2회의 핵실험이 있었고, 한미 양국은 1978년부터 한미 연례안보협의회의의 공동성명에서 유지해 오던 "미국의 대한반도 핵우산 제공"을 포함하여 미국의 확장억제력을 강화하기 위한 조치를 취한다고 발표했다.[143] 이것은 1978년 한미연합사 창설 이후에 매년 한미 연례안보협의회의에서 양국 국방장관 공동성명으로 북한의 전쟁 위협에 대비하여 미국은 핵우산을 제공함으로써 미국의 대한국 방위공약을 재확인하던 '일반적인 핵억제(general deterrence)'[144]에서 한발 더 나아간 것을 의미했다.

김정일 시대에는 핵무기를 만드는 목적이 미국의 북한 침략 가능성을 억제하는 데 있다고 주장하며, "미국의 대북한 선제공격을 억제하기 위해 핵무기를 개발했다"고 주장해 왔다. 즉, 김정일 시대의 북한은 억제 목적으로만 핵무기를 개발했지 실제로 사용하거나 이를 가지고 남한 혹은 미국을 위협하기 위해 만든 것이 아니라고 주장하였다. 이 시기에 남한에서도 북한의 핵개발 목적이 공세적이 아닌 방어적 억제에 중점을 두는 전문가들이 많았다.[145]

---

143) 그러나 노무현 정부 시기, 청와대에서 "북한의 핵개발은 일리가 있다"라고 하든지, 2005년 9.19 공동선언 직전에 개최된 북경의 6자 예비회담에서 북한이 검증 가능한 비핵화에 합의를 하지 않았는데도 불구하고, 북한이 주장하는 "미국의 핵우산 철폐"를 수용하려는 태도를 내보이기도 했다. 한미 양국의 국방당국은 이때에 청와대가 내세우는 일방적인 핵우산 철폐는 한미동맹의 기본을 흔드는 것과 같으므로 절대 고려할 수 없다는 자세를 내보였고, 청와대에서는 북한의 비핵화 양보를 받기 위해 한번 선의의 양보라도 취해 보자고 함으로써 논쟁이 일었다. 그러나 1년 후인 2006년 10월 9일 북한이 제1차 핵실험을 하자, 노무현 정부에서 북한 핵위협을 억제하기 위해 1년 전의 "미국의 핵우산 철폐"대신에 "미국의 핵우산 강화"방안을 11월에 개최된 한미 연례안보협의회에서 미국측에 요청함으로써 입장을 바꾸었다. 불과 1년만에 180도 다른 정책을 주장한 것이었다. Don Oberdorfer and Robert Carlin, The Two Koreas: A Contemporary History (New York: Basic Books, 2014), p. 390.

144) Terence Roehrig, *Japan, South Korea, And The United States Nuclear Umbrella: Deterrence After the Cold War* (New York: Columbia University Press, 2017), pp. 130－140.

145) 임수호, "북한의 대미 실존적 억지·강제의 이론적 기반," 『전략연구』, 제40호(2007) pp. 123－165.

그러나 김정은 시대에 와서 이것이 점점 달라졌다. 김정은은 2013년 2월 제3차 핵실험을 감행한 직후에 미국의 뉴욕 맨해튼을 불바다로 만드는 동영상을 만들어서 대외에 공표하였다. 미국과 구소련 간의 핵군비경쟁 시대에도 없었던, 미국 본토를 핵무기로 직접 공격하는 동영상을 만들어서 미국을 깜짝 놀라게 하는 행동 그 자체가 김정일 시대에는 꿈도 꿀 수 없었던 공세적 도발이었던 것이다. 또한 북한은 한국, 일본, 한반도와 아태 지역의 각종 미군기지, 나아가 미국 대륙을 공격할 수 있는 각종 핵무기와 미사일을 개발하고 훈련하는 모습을 보여주었다. 핵무기 사용을 전제한 훈련과 교리, 전략군사령부의 창설과 운영, 전략군사령부에 걸린 각 지역별 작전지도, 김정은의 전략군사령부 방문과 전략군사령부에 대한 각종 지시사항, 관련된 자료의 공개와 동영상의 대외 유포 등에서 김정은 시대의 핵전략이 김정일 시대의 보복적 억제 단계를 지나서 선제공격을 포함하는 거부적 억제전략으로 발전되고 있음을 보여주었다.

김정은은 북한이 핵보유국임을 선포하고, 핵보유를 통해 김정은 정권의 위신 제고와 김정은의 영도자로서의 지위를 공고화하고 정권안보를 확고히 했다고 주장하였으며, 핵보유국그룹인 미국과 중국의 지도자와 대등한 지위를 확보했음을 과시하고 나왔다. 나아가 미국에 대한 억제를 넘어서 한반도와 동북아의 핵질서와 안보질서를 북한 중심으로 바꾸기 위한 강압과 강제를 목표로 하고 있다는 것을 내보였다. 김정은 시대에는 북한의 고도화된 핵과 미사일 능력이 북한을 방어적 억제에서 공세적 억제로 나아갈 수 있음을 보여준 것이다.

이와 관련하여 전문가들은 두 가지 견해로 갈려져 있다. 아무리 핵무기를 보유한 국가라고 하더라도 핵무기를 실제 사용할 가능성은 없고 오로지 억제와 방어 목적으로만 핵무기를 보유한다고 하는 "핵무기 사용 불가론자"와 북한이 핵무기를 보유한 것은 실전에 핵무기를 사용하기 위한 것이라는 "핵무기 사용 가능론자"로 갈려져 있다.

핵무기 사용 불가론자들은 미국이 먼저 핵을 보유하고 난 직후 핵무기가 사용된 것은 일본이 유일한 사례라고 주장한다. 그 이후 미국뿐만 아니라 소련, 중국, 영국, 프랑스는 핵무기를 사용한 적이 없고, 이스라엘, 인도, 파키스탄도 핵무기를 사용하지 않고 있다는 것을 예로 들면서 핵무기의 사용불가론을 주장하고 있다. 이들은 핵무기가 정치적인 무기이지 군사적인 무기가 될 수 없다고 주장하고 있다. 이들은 한 발

더 나아가 핵은 사용될 수 없기 때문에 미래 전쟁에서는 핵무기의 유효성이 사라질 것이며, 궁극적으로는 국가들이 핵무기를 포기하게 될 것이라고 한발 더 나간 주장을 하고 있다. 이들에 의하면 북한도 마찬가지라고 주장한다.

하지만 일본에 대해서 두 차례 사용된 것 이외에 핵무기가 사용된 적이 없다고 해서 미래에도 그럴 것인가? 여기에 대해서 스콧 세이건[146]은 국내정치가 불안한 개도국과 후진국의 비이성적인 지도자들은 핵무기가 있다면 사용을 주저하지 않을 것이라고 본다. 군국주의적 지도자들이 핵무기를 개발함으로써 이웃 국가들을 강요하거나 군사적으로 정복하는 데 사용할 수 있다는 것이다. 파키스탄 같은 군부가 집권하는 국가는 기존의 선진 핵보유국과 달리, 군부의 독재지향성 때문에 핵무기를 사용할 수 있다고 본다. 군부는 조직논리상 편협하고 폐쇄적이며 일반 민중들보다는 군부 자체의 편협한 이기주의에 의해 행동하므로 핵무기를 갖고 있으면 전쟁도발의 가능성이 높아지고 나아가 핵무기의 사용 가능성도 높아진다는 것이다.

결론적으로 북한의 지도부는 미국을 대상으로 지목하여 미국이 북한을 공격하려고 할 경우 이를 억제하기 위해 핵무기를 만들었다고 주장하고 있으나, 세계적으로 안보전문가들은 북한이 핵을 보유함으로써 북한 지도부의 행동선택의 범위가 넓어졌음을 알고 있다. 평시에는 남한과 미국에 대한 핵 공갈(blackmail)수단으로 핵보유를 활용하면서 남한을 강제(compel)하거나 강압(coerce)할 수 있고, 전시에는 전승을 보장하고 미군의 한반도 증원과 일본의 한반도 지원 그리고 한미동맹군의 북한 반격을 억제하기 위해서도 핵을 사용하거나 핵사용을 위협할 수 있다는 것이다.[147] 또한 핵 선제공격을 한 후 남은 핵무기로 미국의 보복공격을 억제하기 위해 추가 핵사용을 위협할 수도 있다. 미국의 핵보복 가능성을 낮추기 위해서 북한은 미국 본토를 핵공격할 수 있는 핵탄두 탑재 ICBM능력을 질량적으로 증강시켜 나갈 뿐만 아니라 북한의 제2격 능력을 향상시키기 위해 SLBM, 남한을 기습공격하기 위한 전술핵무기의 개발을 결정하고 북한판 3원체제를 완성하기 위해 노력을 경주하고 있는 실정이다.

그러므로 남북한 간의 대치상태와 군비경쟁, 상호 불신, 북한 정권의 폐쇄성과

---

146) Scott D. Sagan and Kenneth N. Waltz, *The Spread of Nuclear Weapons: A Debate*(New York and London: W.W. Norton & Company, 1995), pp. 41-82.
147) Bruce Bennett, "Military Implications of North Korea's Nuclear Weapons,"*KNDU Review*. 10-2, December 2005, pp. 75-98. 한용섭, 『북한 핵의 운명』(서울: 박영사, 2018), pp. 37-46.

독단성 등을 고려할 때, 북한정권이 핵무기를 사용하지 않을 것이라는 가정에 한국의 명운을 걸 수는 없을 것이다. 특히 한국은 비핵국으로서 핵무기 위협을 억제하기 위해서는 미국의 확장억제력 제공에 전적으로 의존해야 되는 현실에서 검증되지 않은 북한의 선의에 국가안보를 저당 잡힐 수는 없는 것이다. 따라서 북한 핵에 대한 거부적 억제전략을 더욱 튼튼히 하는 것이 국가안보를 장기적으로 확보하는 길인 것이다.

그럼에도 불구하고 한국정부의 북한 핵에 대한 억제정책을 보면 소위 말하는 보수정권(김영삼, 이명박, 박근혜)과 진보정권(김대중, 노무현, 문재인) 사이에 큰 간격이 있음이 발견된다.[148]

<표 2-2>에서 보는 바와 같이 보수정권은 진보정권이 북핵 위협을 과소평가하고 있다고 보는데 비해, 진보정권은 보수정권이 북핵위협을 과대평가하고 있다고 보고 있다. 따라서 국방정책과 억제정책의 출발점이 되어야 할 북한 핵의 위협 평가에 대해서 정파를 초월한 컨센서스가 없다는 것이 근본적인 문제점으로 드러나 있다. 그리고 북한이 핵무기를 개발하는 이유에 대해서 보수정권은 김정은 체제가 정권안보를 달성하고 핵무기로 한미 양국을 위협하여 미군의 철수를 유도하고 유리한 조건에서 무력으로 한반도 통일을 할 목적으로 핵무기를 개발한다고 보는 반면에, 진보정권은 북한이 핵무기를 개발한 이유를 북한 내부에서 찾기보다 "미국의 대조선 적대시 정책"과 한국의 보수정부가 북한에 대해 강경정책을 사용한 때문이라고 보고 있는데서 근본적 차이가 있다. 또한 대미정책과 대북정책의 우선순위에 있어서, 보수정권은 한미동맹을 우선하기 때문에 대미정책이 대북정책보다 더 중요하다고 생각하며, 진보정권은 대북정책을 대미정책보다 우선순위에 놓고 있다. 대북한 핵억제력 강화의 필요성에 있어서 보수정권은 북한의 핵위협이 실재적이고 엄중하므로 미국의 대한반도 확장억제력 강화 및 한국 자체의 선제타격능력을 제고해야 한다고 강조하고 한미 간의 확장억제력 제고를 위한 연합훈련과 한미 공동전략기획을 실시해야 한다고 주장하는 반면에, 진보정권은 남북, 북미 대화가 우선이며, 한미동맹만 강조하는 것은 한반도의 긴장을 고조시키고 북한의 대화의지를 저해하는 것이기 때문에 동맹 확장억제력 제고는 대화가 진행되는 동안 자제하거나 축소해야 할 것으로 생각하고 있다.

---

148) 이경화, "대북정책과 문화적 전략," 한용섭, "평화파 대 안보파의 대립과 전략적 평화안보," 최진욱 편저, 『신 외교안보 방정식』(서울: 전략문화연구원, 2020), pp. 95-168.

한반도 평화를 달성하는 방법에 있어서도 보수정권과 진보정권 사이에는 큰 간격이 존재하고 있다. 보수정권은 힘을 통한 평화, 억제력의 강화를 통한 평화를 주장하는 반면에, 진보정권은 대화를 통한 평화를 견지하며, 때로는 북한의 체면을 살려주기 위해 우리가 더 많이 양보해야 한다는 생각을 갖고 있다. 대 중국관계에 있어서도 보수정권은 사드의 배치나 미사일방어체계의 강화는 중국의 눈치를 보지 말고 우리의 국가안보를 위해 당연히 해야 하는 것이라고 주장하는 반면에, 진보정권은 사드의 배치나 미사일방어체계의 강화는 중국의 안보우려를 감안하여 삼가야 한다는 생각을 갖고 있다.

<표 2-2> 정권별 군사안보정책 비교

	보수정권	진보정권
북한 핵/재래식 위협	북핵 위협 과대평가 경향	북핵 위협 과소평가 경향
북한 핵개발 이유	김정은 체제 강화/ 한반도 공산화 전략의 일환	보수정부 및 미국이 북한을 적대시하고 강경정책을 추진한 탓
대북정책 대 대미국정책	대미 정책 우선, 선 비핵화 후 남북경제협력	대북정책 우선, 대화 통한 남북관계 개선이 비핵화보다 우선
한미동맹	한미동맹 상수로 간주 한미동맹 강화로 중국에 대한 견제	한미동맹의 불평등성/ 한국의 자주성 결여 시정 일부는 탈미/반미 주장 한미관계와 한중관계 균형 유지
중국에 대한 태도	한국 안보 우선 사드 배치 필요	미사일방어체제와 사드가 중국의 반발을 야기하므로 반대
한반도 평화	힘을 통한 평화 대북 억제력 강화 및 한미 연합 훈련 필수	대화를 통한 평화 억제력 강화는 대화에 부정적이므로 자제하거나 축소 진행

1. 한·미 확장억제협력 강화

위에서 설명한 바와 같이, 북한의 핵과 미사일 위협은 시간이 갈수록 더 커지고 긴급한 상황이 되었다. 따라서 보수와 진보 간에 비현실적인 정파적인 논쟁은 삼가고, 위협에 근거한 전략기획과 한·미 안보협력을 통한 미국의 확장억제력 향상 및 억제력의 현시 작업이 남·북대화 혹은 북·미대화에 관계없이 지속되어야 한다는 것이 국민 대다수의 생각이다. 이를 뒷받침 하듯이 한·미 양국은 북한이 핵실험을 할 때마다, 그 직후에 연합 억제력을 강화하는 조치를 취해 왔다. 북한이 핵보유를 가시화하기 전에는 한반도 유사시 미국의 보복적 억제력을 주로 강조해 왔으나, 날로 증가하는 북한의 핵과 미사일 위협에 대해 북한의 핵사용을 거부할 수 있는 거부적 억제 (deterrence by denial)를 더욱 강화시켜야 할 필요성에 대해 한·미 양국이 공감하고 이에 대한 조치를 강구하고 있다.[149]

예를 들면, 2006년 10월 북한이 제1차 핵실험을 강행하자, 11월 워싱턴에서 개최된 제38차 한·미 연례안보협의회의에서 "한·미 양국의 국방장관은 북한의 핵무기가 한반도의 안정과 국제평화, 그리고 국제안보에 대한 명백한 위협임을 지적하고, 북한이 긴장을 악화시키는 추가적인 행위를 중단할 것을 촉구"하는 한편, "미국은 한국에게 핵우산을 통한 확장억제의 지속적인 제공을 약속함과 아울러 한국에 대한 신속한 안보지원제공을 약속"하였다.

2009년 5월 북한이 제2차 핵실험을 실시하자, 2009년 10월 한미안보협의회의에서는 미국의 확장억제력 제공을 더 세부적으로 규정했다. 미국은 "핵우산, 재래식 타격능력 및 미사일방어체계 능력을 포함, 모든 범주의 군사능력을 운용하는 확장억제력을 한국에게 제공"하기로 약속했으며, 2010년에는 미국의 확장억제정책을 한반도에서 구체화하기 위해 한·미 확장억제정책위원회를 설치하기로 합의했다.

2013년 2월에 북한이 제3차 핵실험을 하자, 미국은 3월의 한미 키리졸브/폴이글 연합 훈련 때에 전략자산을 한국에 전개하여 북한에 대해 경고를 보내었다. 그해 10월 한·미 연례안보협의회의에서 미국은 "핵우산, 재래식 타격능력, 미사일 방어 능력을 포함한 모든 범주의 군사능력을 운용하여 한국에게 확장 억제를 제공하고 강화할 것"이라고 재확인했다. 또한 한·미 양국은 북한핵·WMD 위협에 대한 억제를 향상시키기 위해 한·미 확장억제위원회가 연구한 「북한 핵·WMD 위협에 대비한 맞춤형 억제 전략」을 공식적으로 승인하기도 했다. 한·미 양국의 국방장관은 북한의 미사일 위협에 대한 탐지(detection), 방어(defense), 교란(disruption) 및 파괴(destruction)를 위해

---

149) 한용섭, 『국방정책론』(서울: 박영사, 2014), p. 172.

서 동맹의 미사일 대응전략을 발전시켜 나가기로 합의하고, 한국은 사상 처음으로 신뢰성과 상호운용성이 있는 북한 미사일 대응능력을 지속적으로 구축할 것과 한국형 미사일 방어체계(KAMD)를 발전시켜 나가기로 약속하였다.

2014년에 미국은 핵우산, 재래식 타격능력, 미사일 방어능력을 포함한 모든 범주의 군사능력을 운용하여 한국에 대해 확장억제를 제공하고 강화할 것이라고 밝히고 양국은 맞춤형 억제전략을 구체화 하였다. 아울러 한국이 북한의 핵·미사일 위협에 대응하는 데 있어 독자적이고 핵심적인 군사능력이며 동맹의 체계와 상호 운용 가능한 킬체인(Kill-Chain)이란 개념을 처음 으로 도입하고 한국형 미사일 방어체계를 2020년대 중반까지 발전시켜 나갈 것임을 밝혔다.

2016년에도 미국은 "핵우산, 재래식 타격능력, 미사일 방어능력을 포함한 모든 범주의 군사능력을 운용하여 한국에 대해 확장억제를 제공하고 강화할 것"이라고 약속함으로써 한국에 방위공약을 재확인하였다. 또한 한·미 양국은 연례안보협의회의에서 "점증하는 북한의 탄도미사일 위협에 대한 동맹의 미사일 대응능력과 태세를 강화시키기 위해 작전개념 이행지침을 서명하고, 관련 정책과 절차를 지속 발전시켜 나가기로 합의하였다. 아울러 북한의 핵미사일 위협으로부터 고고도 방어를 할 수 있는 사드(THAAD: 고고도미사일방어)체계의 필요성을 인정하고 한국에 배치하기로 하였다. 사드의 한국 내 배치는 군사적 효용성에도 불구하고 중국의 강력한 문제제기에 직면하였고, 국내 시민단체의 반발을 초래하기도 했지만, 한·미 양국은 이를 추진해 나갔다.

2017년에는 북한의 제6차 핵실험 및 대륙간탄도탄 실험에 강력하게 대응할 필요성에서 미국은 한국에 대해 "미국의 핵우산, 재래식 타격능력, 미사일 방어능력을 포함한 모든 범주의 군사능력을 운용하여 한국에게 확장억제를 제공하고 강화할 것"이라는 미국의 공약을 재확인하고 확장억제협의체를 발족시켰다. 2017년 하반기에 미국과 북한 간의 강대강 일촉즉발의 전쟁 위기를 해소하고자 2018년 남북한 정상회담, 북미 정상회담이 연달아 개최되어 전쟁위기는 봉합되었으나, 북한 핵과 미사일 위협은 실질적으로 감소되지 않았다. 2019년 2월 하노이 북미 정상회담이 결렬된 이후 북한은 각종 미사일을 개발하고 시험하면서 북한은 4대 게임체인저까지 개발하여 과시해 왔다.

북한의 핵과 미사일 위협 증가와 더불어 미국의 한국에 대한 확장억제에 대한 신뢰성 문제가 제기되기 시작했고 이에 대해 미국의 한층 강화된 확장억제력 제공이 무엇인지에 대해 논란이 생기기 시작했다. 국민들은 미국이 나토국가들에게 제공하고 있는 핵공유와 같은 것을 한국에게도 제공해 주기를 바라는 희망을 표시했다. 냉전시기에 미국이 서독의 안보보장에 대한 신뢰성을 증진시키기 위해서 세 가지 조치를 취하였다. 첫째, 서독에 미국의 전술핵무기를 배치하고 그 능력을 증강시켰다. 둘째, 서독은 유럽에서 전쟁이 발발할 경우 반드시 미국이 핵무기를 사용할 것이라고 예상하고, 미국 및 영국과 함께 나토 차원에서 핵무기 전략기획, 작전독트린, 전력구성, 표적 선정 등 모든 면에서 미국과 공동으로 협의하는 체계를 갖추었다. 셋째 이중키(double key), 이중 목적 항공기 사용과 같은 핵공유체제를 발전시킴으로써 미국의 핵안보공약의 실행의지를 확실하게 보장받고자 했다.

　　그러나 지금까지 한·미 연합훈련을 들여다보면, 미국측은 한반도 유사시에 핵을 어떤 규모로 어떤 작전계획을 가지고 어디에 어떻게 사용할지에 관한 확장억제의 작전 계획을 보여주지도, 공유하지도, 공동 훈련하지도 않고 있기 때문에, 한국은 앞으로 미국과 핵공유 방안을 구체화하고 기획과 훈련을 공동으로 할 수 있도록 조치하는 것이 필요하게 되었다.

　　한국정부는 1976년 한국의 독자적 핵개발 포기 이후에 미국의 핵우산과 확장억제 제공을 보장받고 있으나, 북한이 사실상이 핵보유국으로 등장하여 핵과 미사일 위협을 가하고 있으므로, 미국의 확장억제력이 신뢰성 있게 제공될 수 있는 시스템을 만들도록 미국에게 요구할 권리가 있다.

2. 미국의 전술핵무기 재반입

　　북한의 핵무기와 대륙간탄도탄 미사일이 미국을 직접 겨냥하고, 김정은이 미국을 협박하고 있는 상황에서 한국의 안보를 제대로 보장하려면 주한미군이 전술핵무기를 남한에 재반입해야 한다는 요구가 증가하고 있다. 주한미군의 전술핵무기 재반입 주장은 2013년 2월 북한의 제3차 핵실험 직후에 일어나기 시작했으며, 2016년 북한의 제4차, 제5차 핵실험, 2017년 북한의 제6차 핵실험과 ICBM, SLBM, KN-23, KN-24, KN-25 실험 이후 미군의 전술핵 재반입 요구가 더욱 거세어졌다.

　　주한미군의 전술핵무기 재반입은 핵무기가 없는 한국에게 북한핵을 억제하고 적시에 대응할 수 있는 가장 효과적인 수단이 될 수 있으나, 지금의 국제적 현실과 남북한의 상황을 보면 전술핵 재반입에 대해서 찬반론이 거의 대등할 정도로 격론이 이루어지고 있다.

찬성론은 네 가지로 요약될 수 있다. 첫째, 주한미군이 전술핵무기를 재반입하면, 한반도에서 남북한 간에 핵무기의 균형을 이룰 수 있다. 공포의 균형을 이루면 어느 쪽도 핵무기를 먼저 사용하기 힘들게 된다.[150] 둘째, 북미 협상이 재개되면 주한미군의 전술핵무기 감축과 북한의 핵무기 감축을 동시에 진행할 수 있는 핵군축 협상용 카드로 사용될 수 있다. 셋째, 한국의 독자적 핵개발 동기를 억제하고 한국 국민의 안보불안을 잠재울 수 있다. 넷째, 한국에 대한 미국의 확장억제 공약을 확실하게 보장할 수 있고, 한국 국민의 북한 핵에 대한 공포를 해소할 수 있다.

그러나 반대론도 만만치 않은데 세 가지로 요약될 수 있다. 첫째, 미국의 전술핵무기의 남한 내 재배치는 한반도비핵화에 대한 위반이며, 북한핵을 사실상 인정하는 것과 같게 된다.[151] 둘째, 북한이 격렬히 반대할 것이고, 유사시 북한의 공격표적이 될 수 있다. 그러면 한반도 위기 시 불안정성이 커질 것이고, 중국과 러시아가 반대할 것이다. 셋째, 사드(THAAD)의 한국 내 배치를 둘러싸고 전개되었던 한국 시민사회의 사드관련 모든 정보 공개 및 반대활동이 미국의 전술핵무기 재반입 시에 재개될 것이고, 이것은 미국의 핵관련 NCND정책과 배치되므로 미국이 원하지 않을 것이다. 시민사회의 반대활동이 격렬할 경우에 한미 간 불협화음이 커져서 한미동맹에 해로울 것이다.

이상의 찬반론을 비교해 볼 때, 주한미군의 전술핵무기 재반입은 문제점이 장점보다 더 크다. 따라서 한·미 양국 정부 간에는 필요시 미국이 전략자산을 한국에 순환 전개하거나, 확장억제책을 강화함으로써 전술핵 재반입과 동일한 효과를 거둘 수 있다는 견해가 증가하고 있다.[152]

---

150) 박휘락, 『북핵억제와 방어』(경기도: 북코리아, 2018), pp. 143–148.
151) 천영우, 『대통령의 외교안보 어젠다: 한반도 운명 바꿀 5대 과제』(서울: 박영사, 2022), pp. 92–95. 그는 이 책에서 주한미군의 전술핵 재반입은 한국을 핵국으로 만드는 것과 같은 효과가 있다고 하며, NPT위반 및 비핵정책의 위반이라고 주장한다.
152) 천영우, 위의 책, p. 97.

3. 한국의 독자적 핵무장론

북한의 핵공격 협박과 핵무기의 위협이 현실화된 상황에서 한국의 국내에서는 "한국도 핵무장해야 한다"는 여론이 만만치 않다. <표 2-3>과 같이 한국의 독자적 핵무장 필요에 대한 국내 여론은 변화를 거듭해 왔다.

<표 2-3>   한국의 독자적 핵무장 지지 여론

북한 핵실험 일자	조사연월	여론조사 실시기관	찬성(%)	반대(%)
2020	2020.12	아산정책연구원	69.3	30.7
2018	2018.11	아산정책연구원	54.8	45.3
2017.9 6차 핵실험	2017. 9	한국갤럽	60	35
2016.9 5차 핵실험	2016. 9	한국갤럽	58	34
2016.1 4차 핵실험	2016. 1	한국갤럽	54	38
3-4차 핵실험 중간	2014.11	한국핵정책학회와 아산정책연구원	49.3	
2013.2 3차 핵실험	2013. 2	아산정책연구원	66.5	
2009.6 2차 핵실험	2009. 6	한국리서치(동아시아연구원, 중앙SUNDAY)	60.5	37.2
2005.7 1차 핵실험 이전	2005. 7	코리아리서치센터(동아일보, 아사히신문)	52	43
핵실험 이전2	1999. 7	미국 랜드연구소와 중앙일보	82.3	15.9
핵실험 이전1	1996. 7	미국 랜드연구소와 중앙일보	91.2	8.2

1993년 제1차 핵위기 이후부터 한국의 국내 핵무장에 관한 여론의 변화를 나타낸 표를 보자. <표 2-3>에서 나타난 바와 같이, 1996년 미국 랜드연구소와 한국의 중앙일보가 공동으로 시행한 한국 국민 여론조사에 의하면 "만약 북한이 핵무기를 만들 경우 한국은 핵무장을 해야 됩니까?"라는 가정적인 질문에 대해 한국 국민은 91%가 핵무장을 지지한 것으로 나타난다. 동일한 질문에 대해서 1999년에는 응답자의 82%가 한국의 핵무장을 지지한 것으로 나타났다. 이것은 북한의 핵무장이 현실화되기 이전의 여론조사로서 한국 국민들이 미래의 가상적인 상황에 대한 응답으로 한국의 독자적 핵무장에 대한 선호도가 무척 높다는 것을 보여주었다.

2006년 북한의 제1차 핵실험 이후에는 응답자의 52%가 한국의 핵무장을 지지한 것으로 나타났다. 2013년 2월 북한의 제3차 핵실험 직후 실시한 여론조사는 한국 국민의 67%가 핵무장을 지지한 것으로 나타난다. 북한의 제4, 5차 핵실험 이후 한국 국민의 핵무장지지 여론은 60% 수준이다.

2017년 북한의 제6차 핵실험 후에는 한국의 독자적 핵무장을 지지하는 여론이 64.1%, 반대하는 여론이 35.9%, 2018년에는 남·북한, 북·미 정상회담의 영향을 반영하듯이 한국의 독자적 핵무장을 지지하는 여론이 54.8%으로 전년보다 조금 줄었고, 반대하는 여론이 45.3%로서 전년도보다 약간 상승했다. 2020년에는 2018년의 남·북한, 북·미 정상회담에도 불구하고 북한 비핵화에 아무런 진전이 없고 오히려 남북관계가 경색되고 북한이 미사일 실험을 계속하자 한국의 독자적 핵무장을 지지하는 여론이 69.3%로 다시 상승하였고, 반대하는 여론이 30.7%로 낮아지는 변화를 보이고 있다.

한국이 정부수준에서 비핵정책과 비확산정책을 지속적으로 견지하고 있음에도 불구하고, 한국 국민은 북한의 실제적인 핵위협에 대해 우리의 독자적 핵무장을 지지하는 여론이 2006년부터 2020년까지 50~70% 범위 내에서 변동을 보이고 있다. 이것은 비확산문화가 국민들 속에 내재화 되어 있지 않다는 것을 반영한다. 미국을 비롯한 국제사회에서는 북한의 핵무장에 대해서도 우려를 표하고 있지만, 상대적으로 적기는 하지만 한국 국민들의 핵무장 선호도에 대해서도 염려를 표시하고 있는 것이 사실이다. 일본 국민의 핵무장에 대한 지지 여론은 10%대에 머물고 있음을 비교해 볼 때, 국제사회의 우려는 이해할 수도 있다.

더 깊이 들여다보면, 우리 국민의 핵무장 지지도가 높기는 하지만, 50~70%의 범위 속에서 때로는 낮아지고, 때로는 높아지고 있는 경향을 보면, 우리 국민들이 핵무장을 선택했을 경우와 비확산정책을 고수했을 경우를 비교해가면서 태도를 정하고 있음을 엿볼 수 있다. 그것은 북한이 핵능력을 증강할수록 국제사회로부터 제재를 더 심하게 받는 것을 보고, 만약 한국이 핵무장을 선택하게 되면 한국도 국제사회의 제재와 외교적 압박을 당할 수 있다는 일종의 학습효과를 인식하고 있는 게 아닌가 하는 것이다.

2014년 10월 한국핵정책학회가 설문을 치밀하고 논리적으로 설계하여 한국 국민들의 독자적 핵무장에 지지도와 반대를 조사한 적이 있는데,[153] 이때 응답자들은 한국의 핵무장을 반대하는 이유로서 첫째, 핵무기가 비윤리적이라는 응답이 46.4%,

둘째, 일본을 비롯한 주변국의 핵무장을 부추길 가능성이 있기 때문이라는 응답이 31.2%, 셋째, 국제사회의 경제제재로 입을 피해가 우려되기 때문이라는 응답이 9.2%, 넷째, 국제법 위반이기 때문에 라는 응답이 4.1%로 나왔다. 한국 국민은 북한의 핵위협에 대해서 무조건 핵무장을 해야 된다고 생각하기 보다는 한국이 핵무장을 선택했을 경우 핵무기가 비윤리적이고, 일본 등 주변국의 핵개발 도미노를 불러올 가능성이 있고, 나아가 북한이 핵무장을 강화할수록 국제사회의 제재를 받고 있는 점을 목도하고 북한과 같은 길로 가서는 안 된다는 인식을 하고 있으며, 국제핵비확산체제와 규범을 위반하는 것으로 보고 있다는 점이다.

독자적 핵무장을 지지하는 응답자들은[154] 북한의 증가하는 핵위협에 한국 자체의 핵무기 개발로 맞서야 한다는 주장(32.1%)이 있고, 주권국가로서 핵 주권 확립이 필요하다는 점(33.7%), 핵보유국으로 국제사회 영향력이 증대될 수 있다는 점(33.4%) 등을 이유로 들고 있다.

아울러, 한국의 독자적 핵무장에 대한 장단점을 서로 비교해보면[155] 결론이 낙관적이지 않다. 장점은 세 가지, 단점은 네 가지다. 장점은 첫째, 한국 스스로 핵무기를 가져야 북한의 핵무기에 대한 균형을 달성할 수 있고, 북한과 일 대 일로 맞설 수 있다. 둘째 한국이 미국에 의존하지 않고 독자적 핵무장을 할 수 있을 때, 한미관계도 대등해질 수 있으며 북한의 통미봉남 술책을 막을 수 있다. 셋째, 한국 정부와 국민이 우리 안보문제의 주인의식을 가질 수 있다.

단점은 첫째, NPT를 위반하고 한국이 독자적 핵무장을 시도할 경우에 받을 외교 및 경제 제재가 심각하다. 북한은 핵개발 결과 외교적 고립, 경제적 제재, 체제 위기를 겪고 있는데, 무역의 대외의존도가 높은 한국이 핵개발로 인해 국제적 고립, 경제적 제재를 겪게 되면 한국의 발전은 후퇴할 수 있다. 둘째, 박정희 시대 한국이 핵개발을 시도했을 때 미국은 한미동맹 중단 및 고리 원자력발전소 건설용 은행차관 중단, 핵선진국들이 연합하여 국제적인 압박을 가했던 적이 있는데, 한국이 핵무장하려고 할 경우 유사한 미국의 압박으로 인해 한미동맹이 거의 와해될 수도 있다. 셋째,

153) 한국핵정책학회, 『한미원자력협력협정 고도화를 위한 국내 핵비확산 신뢰성 및 핵비확산문화의 평가와 증진 방안 연구』, 외교부연구과제 최종보고서, 2014.12.
154) 아산정책연구원, 『ASAN Report: 한국인의 외교안보인식: 2010~2020 아산연례연구조사 결과』(서울: 아산정책연구원, 2021), pp. 20-30.
155) 중앙일보, "국민 93% "北 핵 포기 안할 것" … "한국 핵개발 나서야" 69%," 2021. 9.13.

국제사회의 규범을 잘 지켜 온 한국의 국제적 이미지가 훼손되어 회복할 수 없을 것이다. 중국과 러시아의 반대, 영국과 프랑스, 일본의 반대도 심각할 것이다. 넷째, 한국의 국내에서도 반핵운동이 심해져서 남남갈등이 더욱 심각해질 가능성이 있다.

　　결론적으로 말하자면, 한국자체의 핵개발은 국제핵확산금지체제를 위반하고 국제적 고립을 자초할 뿐만 아니라 북한과 같이 국제적 경제제재를 받아야 되기 때문에 핵개발은 가능한 옵션이 아니다. 하지만 한국 국민의 높은 핵무장 지지도는 북한핵과 미사일 위협이 그만큼 긴박하고 엄중다고 인식되고 있는 것을 의미하므로, 한국정부는 미국과의 교섭에 있어서 한국 국민의 높은 핵무장 지지도에도 불구하고 핵비확산정책을 견지하고 있음과 한국 국민의 고조된 위협인식을 미국정부가 실감하고 예전과는 다른 현실적이고 강력한 확장억제 제고 대책을 내놓도록 협상카드로 사용할 수 있을 것이다. 다시 한 번 강조하자면, 한국의 독자적 핵무장은 실현 불가능하다. 왜냐하면 1970년대 초반 박정희 시대에 한국은 핵무기 개발을 시도했으나, 미국 포드 행정부의 한미동맹 중단 협박, 고리 2호기 원자력 발전소를 건설하는 데 필요한 미국의 해외차관 2억 5천만 달러 공급 중단, 캐나다 중수로 판매 중단 압박 등으로 한국은 핵무기 개발 계획을 포기해야만 했다. 실패로 끝난 핵개발 시도 때문에 그 이후 한국은 평화적 원자력 이용에 있어서도 미국을 비롯한 국제사회로부터 한국의 비핵정책 이행 여부에 대해 의심을 계속 받아야만 했던 적이 있다.

　　그러므로 한국정부와 국민은 국제핵비확산 레짐을 받아들이고 비확산규범을 준수하면서, 비핵국가로서 누려야 할 이익을 착실히 챙기는 것이 국익을 장기적으로 확보할 수 있는 길이다. NPT 규범의 충실한 이행국으로서의 명성을 잘 유지하면서, 국제사회와 IAEA로부터 비핵정책 모범국에게 주는 보상이 제도화되도록 국가의 원자력 정책 방향을 바로 잡아나가는 것이 필요하다.

　　예를들면, 미국이 1976년에 한국에게 약속한 "국제사회의 다자협력을 기반으로 지역적 재처리 시설을 설치하여 한국의 사용후핵연료 저장과 처리를 잘 보장해 주도록 지속적으로 요구해가야 할 것이다. 또한 한미 간의 외교협상을 통해 한국이 평화적 목적의 우라늄 농축과 재처리 능력을 갖출 수 있도록 협력을 계속하는 일이다.[156] 미래에 소위 말하는 "핵옵션(nuclear option)"을 가질 수 있도록 하기 위해서다.

---

156) 천영우, 앞의 책, pp. 101-104.

동시에 앞으로 한국이 원자력 강국이 되고, 원자력 수출국이 되기 위해서는 핵무장에 대한 국민들의 선호도가 줄어들고, 국민들의 인식과 신념, 태도와 생활양식 속에 핵비확산 규범을 지키는 것이 오히려 국가와 사회에 이익이라는 생각을 갖도록 핵비확산정책에 대한 국민들의 공감대 확산을 위하여 원자력관련 이해상관자들 간에 소통이 활발하게 전개되어야 할 필요가 있다. 지금까지 한국의 국내에서는 정부주도로 핵비확산정책이 추진되어 온 경향이 큰데, 앞으로 정부는 핵전문가 공동체, 원자력산업체, 시민사회가 공동으로 참가하여 핵비확산문화에 대한 거버넌스를 구축할 수 있도록 노력해 나갈 필요가 있다.[157)]

4. 한국의 킬체인 체제 강화

한국의 독자적 억제력 제고를 위해 생각해 볼 수 있는 방안은 북핵과 미사일이 발사되기 전과 중간추진 단계 혹은 종말단계에서 북한의 핵미사일을 격추하는 방법이 있다. 2014년 한미 연례안보협의회의에서 한미 양국 간에 합의한 바에 따라, 한국은 소위 3축체계 즉, 북핵미사일의 공격 징후 발견 시에 선제타격하는 킬체인, 북한의 핵과 미사일 공격 시 추진단계와 종말단계에서 방어할 수 있는 한국형 미사일 방어체계, 북한의 핵공격을 당하고 난 후 북한에 대한 대량응징보복을 발전시켜 나가기로 했다. 또한 2016년 10월에 한국은 한미 연례안보협의회의에서 "북한의 핵·미사일 위협에 대응하는 독자적 핵심군사능력으로서 동맹의 체계(THAAD, 패트리어트 포함)와 상호 운용 가능한 Kill-Chain을 개발하고, 한국형 미사일 방어체계(KAMD)를 2020년대 중반까지 지속적으로 발전시켜 나갈 것이라고 발표하였다.

이와 함께 한국은 북한의 핵·미사일 위협에 대한 탐지·교란·파괴·방어 능력의 구축을 위한 투자를 지속해 나갈 뿐만 아니라 북한 핵사용 시 한국 자체의 대량보복전략을 개발하고 그 능력을 확충해 나가고자 하였다.

하지만 2017년부터 5년간 문재인 정부에서는 킬체인과 대량보복체계를 묶어서 전략타격체계라고 이름을 변경하고, 김정은 정권을 자극하지 않기 위해 전략타격체

---

157) 한국핵정책학회, 앞의 책, pp. 35-50.

제라는 용어사용을 자제했다. 현재까지의 한국의 독자적인 북한 핵억제노력을 평가해볼 때, 전반적으로 너무 수동적이며, 통합된 전략개념을 제시하지 못하고 개별 무기체계의 중요성만 강조하고 있는 인상을 지울 수 없다.

국방의 목적이 미래 6~15년 앞의 위협을 예견하고, 전략기획과 전력기획을 하여 국내에서 개발할 무기는 연구개발하고, 긴급히 필요한 무기는 해외에서 도입하여서 현실화된 북핵 위협에 대한 대응능력이 갖추어야 하는데, 한국의 대응전략은 너무 늦게 시작되고 있다. 그러므로 한국은 능동적·통합적 억제전략을 가지고, 대량보복전략은 미국에게 맡기고, 발사된 북한의 핵미사일은 한·미 연합 미사일 방어체제로 막고, 북한의 핵미사일 공격 징후가 탐지되었을 때에 발사 직전까지 한국의 재래식 첨단 독자전력으로 북한의 공격을 선제억제할 수 있는 무기체계를 갖추는 것의 필요성이 계속 강조되고 있는데, 앞으로는 이 방향으로 국방건설 노력이 집중되는 것이 바람직하다.

제 8 절 한국의 핵정책에 대한 '자주-핵확산 대 동맹-핵비확산' 모델의 적용

여기서 한국이 한미동맹을 통해 미국이 제공해 주는 안보를 보장받는 상황에서 한국의 자율성을 확보하기 위해 핵무기를 개발하려는 노력 중에서 어떤 전략적 선택을 하게 되었는지에 대해 그래프로 나타내어 보면 다음과 같다. 모로우(James D. Morrow)는 "국력의 비대칭적 조건 속에서, 약소국은 강대국이 보장하는 안보(security)를 제공받기 위해 약소국이 보유한 자율성(autonomy, 혹자는 '자주'라고 번역해서 사용하기도 함)을 교환한다"[158]고 설명하고 있는데 이를 한미동맹과 한국의 핵개발 중 하나를 선택하는 전략적 선택행위에 적용해 보면 다음과 같은 흥미로운 현상이 나타난다.

---

158) James D. Morrow, *op. cit.*, pp. 904−933.

예를 들면, 한국은 6.25전쟁의 풍전등화 같은 안보 위기 속에서 미국으로부터 안보를 보장받기 위해 1950년 7월 14일 작전지휘권을 유엔군사령관인 맥아더 장군에게 위임했다. 이 작전지휘권은 후에 작전통제권으로 개칭되어 1978년 한미 양국이 연합군사령부를 창설할 때까지 미국의 4성 장군이 유엔군사령부 및 주한미군사령부의 사령관을 맡아서 한국의 모든 군을 작전통제 하에 놓고 있었다. 이것은 한국이 가진 군사적 자율성을 동맹국인 미국에게 양보하고, 그 대신 미국이 제공해주는 안전보장을 한국이 받아왔다는 것을 설명하고 있다. 당시에는 비대칭동맹관계에서 한국은 자율성을 미국에게 양보하고, 미국이 제공해주는 안보보장을 받아왔던 것이다.159)

그러나 그 후 한국의 국력의 지속적인 성장, 한국 국민의 자주의식의 성장, 한미관계의 균형적 발전으로 말미암아, 한국은 미국으로부터 안보를 보장받으면서도 군사적 자율성을 꾸준히 향상시켜 왔다. <그림 2-3>에서 설명하는 바와 같이, 1978년 이전까지는 작전통제권이 주한미군사령관 겸 유엔군사령관에게 있었기 때문에 안보는 미국으로부터 보장을 받았고, 군사와 경제원조를 받아오면서 군사와 경제 모든 측면에서 미국에 대한 의존도가 높았다. 더욱이 한국군은 자기 군에 대한 작전통제권도 없어서 자율성이 부족한 형편이었다. 그 이후로 한국의 경제력이 성장하고, 사회 전반에서 대등한 한미관계에 대한 국민적 요구가 증가함에 따라 1978년에 박대통령은 카터 미국 대통령과 정상회담을 갖고, 한미연합군사령부를 창설하기로 약속했다.

박대통령은 주한미군의 일방적인 철수를 막고 한미 간에 효율적인 군사협력과 한국군의 자율성을 향상시키자는 동기에서 한미연합군사령부 창설을 제의했고, 카터 대통령은 한국의 그동안 성장한 경제를 감안하여 적어도 지상군은 한국에게 방위책임을 맡기고 한미 연합 억제능력을 지속적으로 향상시키면서 점진적인 주한미군 철군을 가능하게 하기 위한 동기에서 연합군사령부를 구성하기로 합의했다. 여기서 한국의 자율성이 증대되고, 또한 미국이 제공하는 안보도 증가하는 현상을 보였다. 즉 한국의 국력상승으로 자율성과 안보의 곡선이 북동쪽으로 이동하게 되었고, 한국의 자율성과 미국이 제공하는 안보의 교차점도 또한 북동쪽으로 이동하게 되어 자율성과 안보가 동시에 증가하는 현상을 보이게 되는데, 이것은 모로우가 주장한 자율성

---

159) Jeffrey W. Knopf ed., *Security Assurances and Nuclear Nonproliferation*(Stanford, CA: Stanford University Press, 2012), pp. 162-188.

과 안보가 반비례한다는 논리가 한미 군사관계에는 잘 적용되지 않는다는 것을 보여준다.

2020년이 되면 한국의 국력성장과 함께 한미관계가 대등해짐에 따라 자율성과 안보의 교환효과를 나타내는 곡선이 또 북동쪽으로 이동하며, 자율성과 안보의 교차점도 북동쪽으로 이동하는 현상을 나타내고 있다. 특히 북한의 핵무장으로 북한이 사실상의 핵보유국이 됨에 따라, 핵무기가 없는 남한으로서는 미국의 핵우산, 첨단 재래식 무기와 미사일 방어체계로 구성된 미국의 확장억제력의 지원을 받아야 북한 핵위협에 대한 충분한 억제력을 보유할 수 있기 때문에 한미동맹의 강도와 결집성은 더 커졌으나, 미국의 확장억제에 대한 남한 정부의 대미 의존도가 더 커졌다. 따라서, 1978년보다는 자율성에 있어서는 많이 개선되지는 않았고, 안보에 대해서는 미국에 더 의존하는 양태를 보이고 있으므로 2020년의 자율성 대 안보의 교차점은 곡선 3의 2020으로 나타낼 수 있다.

여기에서 모로우의 이론으로는 설명하지 못하는 근본적인 문제점이 존재한다. 한국이 핵무기 개발을 시도하여 성공하게 되면 자주는 달성할지 모르나, 미국의 강력한 반발로 인해 한미동맹은 파기될지도 모르기 때문에 핵확산은 동맹의 끝이 될 수도 있기 때문이다. 이 책의 제1장에서 설명한 것처럼 핵무기 개발정책에는 자주성과 안보의 교환효과가 발생하는 것이 아니라 약소국이 핵개발을 선택하면 강대국인 동맹이 제공하는 안보를 제공받지 못하는 현상이 발생할 수 있다.

1970년대에 한국이 한미동맹관계 내에서 핵무기 개발을 시도하려고 했을 때, 국제 핵비확산조약으로부터의 탈퇴 및 미국의 비확산 요청을 거부하는 과정을 거쳐야 하므로, 이 사태에 직면하여 핵 강대국인 미국은 비핵국인 한국에게 경제제재와 외교적 압박과 함께 한미동맹의 파기를 압박하고 나왔던 것이다. 이 경우 상대적으로 국력이 약한 한국은 핵무기 개발을 통해 자율성을 획득하던지, 아니면 핵무기 개발을 포기하고 핵 강대국인 미국과의 안보동맹을 통해 억제력을 보장받아 안보를 유지하든지 하는 양자택일의 상황에 놓였다. 즉, 핵무기를 개발하여 자주와 핵확산의 길을 걷느냐 혹은 핵무기 개발을 포기하고 비확산과 동맹의 길을 걷느냐의 양자택일의 상황에 놓일 경우, 자주와 안보는 상호 교환관계에 있는 것이 아니라 자주와 핵무기, 동맹과 핵우산을 통한 안보보장은 서로 반대방향에 놓이게 된다. 이런 상황을 그래프로 나타내면 <그림 2-3>과 같다.

〈그림 2-3〉 자율성과 안보 교환 모델

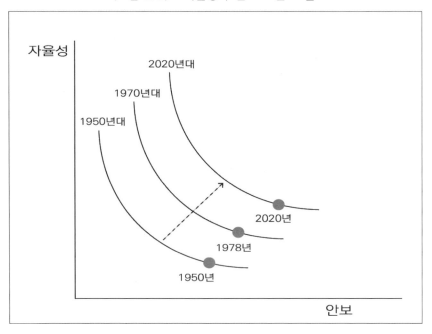

한국은 1972년부터 핵개발 계획을 세우고, 1974년부터 프랑스의 재처리 시설 도입을 통한 핵무기 개발 계획을 행동에 옮겼지만, 이를 인지한 미국 정부가 박정희 정부에게 핵무기 개발을 시도할 경우 프랑스와 캐나다에 대한 설득 노력을 전개하면서 이들을 동원하여 박정희 정부에게 직접 외교적으로 압박을 가하는 한편 원자로 건설과 관련된 경제제재를 실시하겠다고 압박하면서, 한미동맹을 파기할 수도 있음을 협박하고 나왔다. 이러한 전방위적 압력에 직면한 박대통령은 핵무기 개발을 포기하고 미국으로부터 한미동맹을 매개로 한 안보제공 약속을 확고하게 보장받는 방향으로 선회한다.

이러한 점에서 볼 때, 모로우의 자율성 대 안보 교환 모델은 재래식 무기 개발을 통한 약소국의 자율성 대 안보의 교환효과를 설명할 수는 있지만, 핵무기 개발을 통한 자율성 증대와 동맹을 통한 안전 보장은 양립할 수는 없기 때문에 다른 그래프가 필요하다.

〈그림 2-4〉에서, Y축은 핵확산-비확산, X축은 자주-동맹 간의 선택 모델을 설명해 주고 있는데 , 한국은 1974년에 핵확산을 택하면서 자주의 길로 가는 방향

을 택하였다. <그림 2-4>에서 1974년을 나타내는 지점 A1은 한미동맹 관계를 유지하고 있는 중에 핵개발을 시작하는 점을 나타낸다. 그리고 1976년을 나타내는 지점은 핵개발과 자주를 추진하던 중 미국의 압력을 받아 핵개발을 포기하고 한미동맹 속에서 안보를 보장받기 위해 돌아오는 결정을 하는 시점을 의미한다. 따라서 <그림 2-4>는 한미동맹과 비확산에서 자주와 핵확산을 향해서 가다가 다시 한미동맹과 비확산으로 돌아오는 과정을 나타내고 있다.

<그림 2-4> 한국의 자주-핵확산 대 동맹-핵비확산 선택 모델

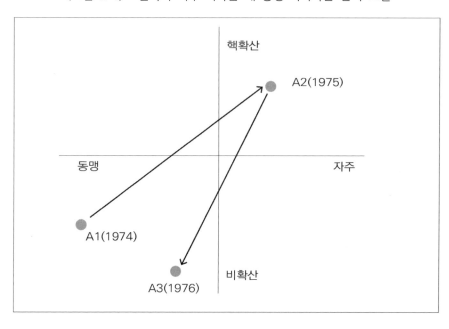

그래프를 보면, 박대통령이 핵무기 개발을 결심한 1974년 한미관계는 제3사분면 즉 동맹을 유지하면서 비확산정책을 지키는 점 A1에 위치하고 있다. 이후 한국의 핵무기 개발이 점차적으로 진척을 보임에 따라 한미관계는 제1사분면인 핵확산과 자주를 가리키는 점 A2로 이동하게 되고, 이를 눈치 챈 미국이 다방면에 걸쳐 한국을 압박함으로써 박대통령은 핵무기 개발을 포기한다. 그 결과 한미관계는 다시 핵비확산과 동맹관계를 나타내는 제3사분면의 점 A3로 회귀한다. 그런데, 미국이 한국의 핵확산 시도를 발견하고 금지시켰기에 이후로는 미국이 한국정부에 대한 불신을 그대로

간직하게 된다. 아울러 한국정부에 대한 비확산규범의 준수 여부에 대한 감시검증체
제를 더욱 강화시켜 나가게 된다. 즉, 점 A1보다 점 A3가 비확산 축에서 더 밑에 위
치하게 되는 것은 미국의 감시검증체제가 더 엄격해졌다는 것을 의미하며, 동맹의 강
도 면에서 볼 때에도 점 A1보다 점 A3가 오른쪽으로 약간 이동한 것은 미국의 불신
을 받게 되어 실질적인 동맹의 강도가 약해졌다는 것을 의미할 수도 있다. 한국정부
는 1976년 이후 전두환·노태우 정부를 거치면서 비핵정책을 채택하고 공표했으며,
남북한 핵협상을 통해 한반도비핵화 정책으로 나아간다. 이과정에서 한국의 비핵정
책 고수 여부에 대해 미국은 일관성을 가지고 감독하고 있다.

결론적으로 말하자면, 한국과 미국의 비대칭동맹관계에서 핵확산과 비확산의 변
수를 적용하면, 전통적으로 모로우가 말하던 자율성 대 안보의 교환관계가 성립될 수
없다는 것을 발견하게 된다. 여기서 지금도 모로우의 이론을 빌어서, 한국은 전작권
이 없기 때문에 군사주권(자주성 혹은 자율성)이 없는 국가라는 비판을 하는 학자들이
있는데, 이것은 사실과 다르다. 한국이 핵무기가 없다고 해서, 자주성이나 자율성이
없는 것이 아니다.

역설적으로 북핵 위협이 더 고도화 될수록 한미 안보협력은 더 강화되고, 핵관
련 공동 전략기획과 핵공유 시스템의 구축 필요성이 강조되고 있기 때문에, 한국이
미국과 핵전략기획을 공동으로 수행할 가능성이 점점 더 커지고 있다.

제 9 절 소 결 론

한국과 핵무기에 대한 인연은 제2차 세계대전의 종식과정에서 미국의 일본에 대
한 원폭 투하를 보면서 시작되었다. 6.25전쟁은 핵비확산체제가 성립되기 15년 전에
있었던 전쟁으로서, 미국의 군부가 중공의 한국전 참전을 막기 위해 핵무기 사용을
워싱턴 정부에게 건의하였으나, 트루먼 대통령이 핵무기의 비인륜적이고 참혹한 결

과와 5년 전 일본에 대한 원폭의 교훈을 감안하여 핵무기를 사용하지 않기로 결정했다. 정전협정 후에 북한이 정전협정을 위반하고 소련으로부터 다량의 전투기와 탄약 등 재래식 무기를 불법 반입하여, 남북한 간의 군사력균형이 무너졌다고 판단한 미국 정부는 1958년에 주한미군에 전술핵무기의 배치를 시작했고, 북한의 재남침 위협을 억제하고 중국과 소련의 공산권 확장을 억제하는데 이용했다. 이 시기에 미국은 한국에게 주한미군의 전술핵무기의 배치 여부, 규모, 작전계획, 억제전략 등에 대해 사전에 알려주지 않았다. 이것은 1960년대 중반에 미국이 나토회원국들과 핵정보를 공유하고 공동으로 핵전략기획과 핵운용을 하는 핵공유 시스템을 갖춘 것과 너무나 대조적이었다. 즉 나토회원국은 미국과 대등하게 대우해 준 반면, 한국은 후진국으로 차별 대우했다는 것을 보여준다.

이런 가운데 1969년 닉슨 미국 대통령이 한국의 베트남전쟁 참전에도 불구하고 "아시아인의 안보는 아시아인의 손으로"라는 닉슨독트린을 발표하고, 한국에서 일부 주한미군을 철수하자, 박정희 대통령은 미국의 대한국 방위공약을 신뢰할 수 없다고 판단하고 자주국방의 기치아래 한국의 독자적 핵무기 개발 계획을 시작했다.

한국의 독자적 핵개발 계획을 발견한 미국은 박정희 정부에 대한 전방위 압박으로 나왔다. 미국 포드 행정부는 고리 2호기 원자력 발전소를 건설하는 데 필요한 미국의 해외차관 2억 5천만 달러 공급 중단, 캐나다 중수로 판매 중단 압박, 프랑스제 재처리시설 도입 포기 압박, 나아가 한미동맹 파기 압박까지 가해지자, 결국 한국은 핵무기 개발 계획을 포기해야만 했다. 실패로 끝난 핵개발 시도 때문에 그 이후 한국은 평화적 원자력 이용에 있어서도 미국을 비롯한 국제사회로부터 한국의 비핵정책 이행 여부에 대해 의심을 계속 받아야만 했다. 본 연구에서는 1970년대에 미국의 핵비확산 정책, 국제 핵비확산에 있어서 미국의 세계적인 리더십, 미국 내의 의회와 전문가들의 한국의 핵개발 잠재력에 대한 평가와 대처 방식, 핵기술의 대외 수출을 규제하려는 핵공급국그룹의 탄생 등에 대한 광범위한 자료발굴과 분석을 통해 박정희 정부의 대외정보 수집과 판단 능력, 그리고 외교적 대처 능력을 입체적으로 대비하여 분석하고 교훈을 얻을 수 있었는데, 핵개발 계획의 국가 최고 기밀성에도 불구하고 박정희 정부는 미국과 세계의 비확산 동향과 통제방향에 대한 정보와 대비가 부족했던 것으로 드러났다.

그리고 본 연구를 통해 "박정희가 1980년대 초반이 되면 핵무기를 개발해 놓고 정권을 이양하겠다는 개인적 구상을 말한 적이 있다"고 한다든지, "박정희가 죽지 않았더라면, 한국은 핵무장 국가도 되고 경제개발도 성공한 국가가 되었을 것"이라고 하는 것은 완전히 허구임을 증명하였다. 박정희 시대 청와대 비서관과의 인터뷰와 비밀 해제된 미국 국무성의 자료를 통해 본 바로는 박정희 시대인 1976년에 한국이 핵개발 계획을 완전히 포기했음이 증명되고 있다.

따라서 "박정희가 살아 있었더라면 핵무기도 가지고 평화적 정권이양도 되었을 것"이라고 주장하는 박정희를 신화화하는 기능은 있을지 모르나,[160] 오히려 미국정부를 비롯한 국제사회가 "한국정부가 핵비확산 정책을 준수하고 있는지 혹은 숨어서 핵을 아직도 만들고 있는지"에 대해 불신을 오히려 가중시키게 된 부작용이 컸음을 지적하지 않을 수 없다.

박정희의 핵개발 포기 이후, 12·12 군사정변으로 정권을 잡은 전두환 정권은 미국의 신뢰를 얻기 위해 과거 핵개발 흔적이 남아 있는 관련 연구소의 모든 인원과 조직을 해체하였음을 본 연구에서 밝혔다. 그 후에도 잔여 의심을 갖고 있었던 미국 행정부는 탈냉전 직후 주한미군의 전술핵무기를 철수하는 과정에서 한국정부에게 핵비확산 규범의 준수와 평화적 목적일지라도 농축과 재처리를 일방적으로 포기하라는 권유를 해왔는데 결국 한국은 비핵정책선언을 발표하게 되었다. 여기서 주목할 점은 노태우 정부의 비핵정책 결정과정에 청와대와 외교부의 일부 인원만 참석하였고, 원자력의 평화적 이용에 관련된 모든 이해상관자들이 참석하지 않아 그 후 한미 간의 핵정책 관련 협의나 협상에 있어서 한국측이 농축과 재처리를 금지해야만 되는 입장에 처하게 되었다.

이런 점에서 모로우의 <안보 대 자율성의 교환효과>는 재래식 군사 면에서는 적용될 수 있으나, 핵확산 혹은 핵비확산과 관련되어서는 적용될 수 없음이 증명되었다. 미국은 한국이 핵무기를 만들면 한미동맹을 파기하겠다고 압박을 넣었기 때문에, 핵무기=자주, 비핵=안보동맹이라는 등식이 성립하게 되는 것이다.

한편 북한이 1992년의 한반도비핵화공동선언을 제대로 준수하고 핵무기를 만들

---

160) 1970년대 박대통령의 핵무기 개발 계획과 이를 둘러싼 한미 간의 충돌은 '공공연한 비밀'이다. 공석하의 《소설 이휘소》와 김진명의 《무궁화 꽃이 피었습니다》는 1977년 6월 16일 자동차 사고로 세상을 떠난 세계적 이론물리학자 이휘소(李輝昭·미국명 벤 리) 박사의 죽음이 미국의 음모라는 픽션으로 구성하기도 했다. 오동룡, "비망록을 통해 본 대한민국의 원자력창업 스토리 <4: 마지막회>", 『월간조선』, 2016년 5월호, pp. 454-463.

지 않았다면, 한국은 벌써 한미동맹에 대한 안보의존도를 줄이고, 한미연합사령관이
가진 전시작전통제권도 환수하고 한미동맹은 군사동맹에서 정치동맹으로 전환을 모
색하였을 것이다. 하지만 현실은 그 반대로 나타났으므로 미국의 효과적인 대한국 확
장억제력의 제공과 보장을 확보하기 위해서 한미동맹을 강화하는 제반 조치를 취하
지 않을 수 없게 되어 가고 있다.

    북한의 핵과 미사일 능력이 지속적으로 고도화되고 강력해지고 있는 가운데, 한
국 내에서 독자적 핵무장을 지지하는 국민여론이 지속적으로 높게 나오고 있다. 하지
만 한국 국민의 높은 핵무장 지지도는 북한핵과 미사일 위협이 그만큼 긴박하고 엄중
하다고 인식되고 있는 것을 의미하므로, 한국정부는 미국과의 교섭에 있어서 한국 국민
의 높은 핵무장 지지도에도 불구하고 핵비확산정책을 견지하고 있다는 사실과 한국
국민의 고조된 위협인식을 반영하여 미국정부가 예전과는 다른 현실적이고 강력한
확장억제 제고 대책을 내놓도록 협상카드로 사용할 수 있을 것이다.

    한국정부는 미국과 국제사회에 대하여 한국이 비확산정책을 고수하는 대가로,
미국이 대한반도 확장억제력을 제고시킬 뿐만 아니라 나머지 핵국들이 단합된 모습
으로 한국에 대해 적극적 안전보장을 제공할 수 있도록 핵비확산 외교를 활발하게 전
개해 나갈 필요가 있다. 그리고, 국제 여론전에서 북한의 핵-평화 논리의 비합리성
과 허구성을 지속적으로 홍보해 나가야 할 것이다. 동시에 우리 국민들 속에 "핵무장
보다는 비핵정책이 한국의 국익을 추구하는 현명한 길"이라는 공감대를 확산시킴으
로써 핵비확산문화가 국민 속에 튼튼하게 정착되도록 모든 핵관련 이해상관자들이
참여하는 핵비확산거버넌스 시스템을 구축해 나갈 필요도 있다.

제 3 장

한국의 민간 원자력 발전
과정: 도전과 응전

제1절 한국의 민간 원자력 이용의 기원

6.25전쟁 이후 3년이 지나지 않은 시점인 1956년에 남한 땅에서 원자력 산업을 발전시킨다는 것은 거의 불가능에 가까웠다. 당시 1인당 국민소득 80달러밖에 안 되는 형편에 고도의 과학기술 집합체이자 엄청난 자금이 드는 원자력을 연구하고 발전소를 짓는다는 것은 꿈에 불과했다. 이런 어려운 환경 속에서 원자력을 연구하고 원자력 발전을 시작하기 위해서는 국가지도자의 원자력에 대한 굳은 지원 의지와 외국의 자본과 기술을 끌어 올 수 있는 능력이 있어야만 가능했다. 이점에 있어서 이승만 대통령의 리더십은 주목할 만하다. 이승만의 원자력에 대한 비전은 어느 한 미국 원자력 선각자와의 만남에서 촉발되었다.[1]

1956년 7월, 미국 디트로이트에디슨(Detroit Edison Electro Company) 전력회사의 시슬러(Walker Lee Cisler) 회장이 경무대(현재의 청와대)를 찾아 왔다. 시슬러는 제2차 세계대전 이후 유럽을 재건하기 위한 미국의 대유럽원조계획인 마셜플랜(Marshall Plan)중에서 전력복구사업부문을 총 지휘한 경험이 있었다. 1956년에는 미국 국제협력처(ICA: International Cooperation Agency)의 고문자격으로 한국의 6.25전쟁 피해 복구를 위한 사업의 일환인 전기에너지(전력) 개선 문제를 논의하기 위해 방한하였다.

시슬러는 이승만 대통령에게 원자력 에너지의 중요성에 대해 설명했다.

"각하 이것 보세요." 시슬러가 작은 상자 하나를 내 보였다. 그 작은 상자 속에는 3.5파운드(약 1.5kg)의 석탄 조각과 우라늄봉 한 조각이 들어 있었다. 시슬러는 계속해서 말했다. "이 석탄을 연소하면 4.5Kwh의 전기가 생산됩니다. 같은 무게의 우라늄을 연소시키면 1천 2백만Kwh의 전기가 생산됩니다. 단 1g의 우라늄으로 석탄 3톤 분량의 전기를 생산하는 것이니까, 그 전기는 석탄의 약 3백만 배

---

1) 한국원자력연구원(2008), 『원자력 50년 부흥 50년』(대전: 과학기술부와 한국원자력연구원, 2008), pp. 24－26. 고경력 원자력전문가 편저, 『원자력 선진국으로 발돋움한 대한민국 원자력 성공사례』(서울: 한국연구재단과 한국기술경영연구원, 2011), pp. 56－58.

가 되는 셈입니다.”

　　시슬러는 계속 말을 이어 갔다. “석탄은 땅에서 캐는 에너지이지만, 원자력은 사람의 머리에서 캐내는 에너지입니다.” 이승만이 물었다. “한국처럼 자원이 적은 나라에서는 원자력 에너지를 적극 개발해야 할 텐데, 무엇을 먼저 해야 할까요?”

　　시슬러가 대답했다. “한국이 이를 시작하려면 전문 인력의 양성부터 시작해서 20년이 지나면 원자력 전기를 국민들이 사용할 수 있을 겁니다.”

　　이승만은 시슬러의 말을 듣고, 원자력의 가치를 인식했다. “우리나라에서 원자력을 발전시키려면, 원자력을 전담하는 행정기구와 원자력 연구기관을 창립하고, 무엇보다도 제일 중요한 것은 젊은 원자력 전문 인력을 키워 내어서, 20년 후에는 한국이 원자력으로 전깃불을 켤 수 있는 나라가 되도록 해야 하겠다”고 다짐했다고 한다.

　　한편, 한국은 유엔회원국이 아니었으나 1956년 IAEA 헌장에 서명함으로써 국제원자력기구의 창립 회원국이 됐다. 1956년 10월 26일 정부는 유엔본부에서 열린 IAEA 협약문 결정을 위한 총회에 임병직 유엔대표를 보내어 서명하도록 했고, 1957년 6월 17일 국회는 국내 원자력 연구를 활성화하고 한국의 국제적 입지를 확보하기 위해 IAEA 이사국에 진출하자고 의견을 모았다. 한국은 1957년 8월 8일 IAEA에 정식으로 가입했고, 같은 해 10월 5일 극동지역 이사국으로 선출됐다.[2]

　　이보다 1년 앞서 한국정부는 1955년에 비엔나에서 개최된 국제원자력회의에 참석하였다. 이 책의 제1장에서 설명한 바와 같이, 이 회의는 1953년 12월 미국 아이젠하워 대통령의 “평화를 위한 원자력” 연설 이후에 원자력의 평화적 이용을 장려하기 위해 개최된 국제회의였다. 미국이 자유 우방국에 대해 원자력 기술을 제공할 의지를 보이자, 1955년 2월 3일, 양유찬 주미 한국대사가 워싱턴에서 미국의 월터 로버트슨(Walter S. Robertson) 국무부 차관보, 루이스 스트라우스(Lewis L. Strauss) 원자력위원회 위원장과 ‘원자력의 비군사적 사용에 관한 대한민국 정부와 미합중국 정부 간의 협력을 위한 협정’에 가서명했다.

　　한·미 원자력협정은 전문과 본문 10개 항이었다.[3] 미국의 지원을 희망한 한국정부는 협정 전문에 ‘대한민국 정부는 원자력의 평화적 및 인도적인 사용을 구현하기

---

2) 오동룡, “비망록을 통해 본 대한민국 원자력 창업스트리＜1＞” 『월간조선』 2016년 2월호, pp. 154－169.

3) 박익수(2004a), 『한국원자력창업사 1955－1980 개정3판』(도서출판 경림, 2004), pp. 20－25.

위해 연구 및 발전계획을 실현하기를 바라고 있으며, 또한 이 계획에 관해 미국정부로부터 원조를 바라고 있으므로'라고 명기했다. 주요내용은 미국의 원자력 원조의 목적, 수입국의 혜택과 의무, 협정의 효력 부분으로 구성되어 있다. 협정문은 첫째 "연료를 대체할 때는 사용후연료의 형태와 내용을 변경하지 않고 반환해야 한다"라고 하면서 원자로에서 나오는 사용후핵연료의 관리를 엄격하게 규정했다. 둘째, '대한민국 또는 미합중국의 사인과 사적 기관은 타방 국가의 사인 및 사적 기관과 직접 교섭할 수 있는 것으로 한다'고 했다(제4조). 이 규정은 양국 원자력 사업자의 국제적 상행위의 법적 근거가 되는 동시에 미국 원자력 사업자를 한국에 진출시켜 한국 원자력 자원과 원자력 시장을 확보하려는 것이었다. 셋째, '연구용 원자로를 포함하지 않는다(제10조)'고 규정했다. 연구용 원자로가 절실한 한국의 입장에서는 너무 불리한 조항이었다. 따라서 동 협정은 미국이 '평화를 위한 원자력'이라는 아이젠하워 대통령의 평화적 원자력을 전 세계에 유포하자는 계획에 근거하여 이루어진 것으로, 미국이 전적으로 주도하고 한국은 수동적인 입장을 취할 수밖에 없었다.

박익수는 <동아일보>에 '원자력의 평화적 이용에 대한 소견'이라는 칼럼을 통해 "지성의 최고 대표기관인 학술원이 의당 원자력 연구에 대해 적극적인 관심과 의사 표시를 해야 한다"고 썼다.[4] 이를 계기로 당시 유네스코 한국위원회 장래원 사무총장과 원자력스터디그룹의 대표이자 초창기 한국 원자력 사업을 주도한 윤세원 문교부 원자력과장 등 세 사람이 원자력 발전의 자주성 문제를 놓고 논쟁을 벌였다.

장래원은 "미국이 원자력 원조를 함에 있어 농축우라늄의 대여 양을 제한하고, 방사성 동위원소의 직접적인 이용을 막고 있기 때문에 '원자로 운전기술자 양성'에는 적당하나, 한국 원자력 연구개발의 지상과제인 '원자력 발전 연구'에는 부적절하다"[5]고 지적했다. 장래원의 지적에 대해 윤세원은 "'원자력=전력'이라는 것은 잘못된 것이며, 비록 소형이긴 하지만 연구용 원자로를 가동함으로써 많은 수의 과학자를 양성할 수 있을 뿐만 아니라 중성자 및 원자로에서 나오는 방사성 동위원소의 이용 등 많은 이점을 얻을 수 있다"[6]라고 주장했다. 두 사람의 논쟁을 지켜보던 박익수는 "국가 간 협정이나 정책은 이해관계가 전제되는 것이므로 이번 미국의 세계 원자력정책이

---

4) 박익수, 『한국원자력측면사: 평론을 통한 측면사』(서울: 경림총판사, 1999), pp. 20-25.
5) 박익수(2004a), 앞의 책, pp. 23-25.
6) 박익수, 위의 책, pp. 38-46.

결과적으로 미국이나 우리에게도 공히 이익이 될 것이고, 동시에 우리의 자주성과 주체성을 상실하지 않도록 신경을 써야 한다"라고 했다. 이러한 3인의 논쟁은 향후 한미 간 원자력 협력이 한국에게 어떤 가능성과 제약을 의미하게 될지에 대한 바로미터 같은 성격을 보여주고 있다.

한·미 원자력협정을 체결하고 난 직후인 1956년 1월 14일, 윤세원은 일본의 원자력법을 참고해서 '한국 원자력법'의 초안을 잡았다. 1956년 3월 9일 대통령령 제1140호에 따라 문교부 기술교육국 속에 원자력의 연구개발과 이용을 위해 '원자력과'를 신설했다. '원자력과'의 주요과제는 원자력법을 제정하는 것과 원자력 전담 행정기구의 조직과 과제를 구성하고 예산을 확보하여 연구용 원자로의 노형을 선정하고 건설하는 것, 원자력을 위해 일할 인원들을 선발하여 해외훈련을 보내는 것 등이었다. 미국이 제공한 국제협력처의 자금으로 원자력 연구생들을 선발하였다. 윤세원과 김희규가 선발되어 1956년 11월에 미국으로 갔다. 정부는 문교부 원자력과를 설치한 지 1년 7개월만에 미국에서 연수를 받고 온 윤세원을 원자력과의 초대 과장으로 임명했다. 원자력과의 당면과제는 원자력 행정기구와 직제를 만들고, 원자력연구소 부지를 정하는 한편, 연구용 노형을 결정해서 도입하고, 원자력 훈련생을 해외에 파견하는 일이었다.

한편, 이승만 대통령이 원자력 산업에 얼마나 야심을 가졌는가를 단적으로 보여주는 사례가 있다. 박익수가 쓴 한국의 원자력 비사의 비망록에 이승만과 윤세원의 대담기록이 나온다.[7]

이대통령이 시슬러를 만난 후에 개최된 국무회의에서 시슬러와의 만남을 언급하면서, 최규남 문교부장관에게 물었다고 한다. "우리나라가 전문인력을 양성하면, 언제쯤 핵에너지 혜택을 볼 수 있을까요?" 최문교부장관은 이대통령에게 "그렇잖아도 우리 청년 10여 명이 매 주말마다 문교부 별관에 모여서 원자력에 관한 세미나를 해오고 있습니다." 이 이야기를 듣고 이대통령은 윤세원 과장을 경무대로 불러서 물어보았다고 한다.[8]

"저가 과장으로 부임한 지 1개월이 지난 1957년 11월경으로 기억합니다. 경무대에서 이승만 대통령이 들어오라는 명령이 있었습니다. 경무대로 갔더니 "우리나라에

---

7) 박익수, 위의 책, pp. 60—63.
8) 박익수, 위의 책, p. 60.

서도 원자력기계(atomic machine)를 언제쯤 가질 수 있겠나?"[9]라고 물었다. 윤세원이 대답했다. "지금부터 열심히 하면 20년 후면 가질 수 있을 겁니다."

그러자 이 대통령은 "그럼, 자네가 원자력에 대한 계획을 잘 세우면, 정부가 자네가 하는 일을 잘 밀어 줄 거야. 연구소를 지을 장소는 사람들의 출입이 뜸하고 보안도 잘되는 곳이 좋아. 만일 적당한 장소가 없으면 진해 해군기지가 있는 곳도 찾아봐요"라고 하였다고 한다.[10]

1956년 2월에 서명되었던 한·미 원자력협정은 미국의 수정 제의에 따라, 1958년 5월 22일 일부 수정을 거쳐 한·미 양국이 개정안을 발효시켰다. 미국 원자력위원회는 1956년 협정문에 있었던 '대한민국 정부 또는 그 관할 하에 허가를 받은 자에게 연구용 원자로의 건조와 운영에 필요한 원자로용 물질을, 특수핵물질을 제외하고 위원회가 적당하다고 인정하는 방법으로 대여한다'고 한 조문을 '원 협정에서 제외됐던 특수핵물질을 비롯한 원료물질, 부산물 기타 방사성 동위원소 및 안정동위원소를 포함한 중요물질까지 상호 합의하는 분량과 조건하에 매도 또는 양도받을 수 있다'고 개정하였다. 그 이유는 유럽에서 서독과 네덜란드 등이 미국에게 특수핵물질을 요구했다는 사실을 반영하였다. 하지만 이 경우에도 일시에 우라늄235는 100g, 플루토늄은 10g, 우라늄233은 10g을 초과하여 대여 요구를 하지 못하도록 했다. 이에 따라 한·미 원자력협정은 국회동의를 통해 최종 비준됐다.

마침내 1958년 2월에, 원자력법이 국회를 통과하고, 이대통령이 정례 국무회의에서 원자력법(안)을 결제하면서 다음과 같이 강조했다. "원자력법이 실제적 효과를 발휘할 수 있도록 국민 전체가 노력해야 하며, 평화를 위하여 사용할 수 있고 나라를 지키는데 공헌할 수 있는 원자력 이용의 실증을 보여 주도록 힘써야 합니다."

원자력법은 1958년 3월 11일 법률 제483호로 공포되었다. 그리고 10월에 이 법에 근거하여 원자력원의 직제에 관한 대통령령 제1394호가 공포되었다. 원자력법에 따르면 대통령 직속기관으로 원자력원을 설치하고, 대통령이 원자력원장을 수석 국무위원급으로 임명하며, 원자력원장은 원자력원을 지휘 감독하되 국무회의에 참석하

---

9) 박익수는 원자력기기를 원자탄으로 이해했다고 말하고 있으나, 대다수의 원자력전문가들은 원자력발전소를 의미했다고 생각하고 있다. 고경력 원자력전문가 편저, 앞의 책, p. 17. 이대통령은 영어를 잘했기 때문에 원자력발전기를 atomic machine이라고 불렀을 것으로 추정하고 있다.

10) 박익수(2004a), 앞의 책, pp. 60−62.

여 발언할 수 있도록 했다. 1959년 1월에 이승만 정부는 원자력원을 창립하고, 초대 원자력원장에 현역 정치인인 자유당 3선 김법린 의원을 임명했다. 원자력 전문가를 원자력원장에 앉혀야 한다는 주장들도 있었지만, 이대통령은 중후한 정치인을 원장에 앉혀야 신생 기구의 예산과 인원 확보에 아무런 문제가 없을 것이란 생각에서 그렇게 했다.

아울러 이승만 정부는 원자력원 창립 2개월만인 1959년 3월 1일에 원자력연구소를 창설했다. 그 위치로는 원자로의 설치와 가동에 편리한 서울대 공대 근처(현재의 서울시 공릉동)로 확정하였다. 공릉동에 위치한 서울 공대 4호관에 임시로 '원자력연구소' 간판을 달고 경기도 양주군 노해면 신공덕리 불암산에 원자로 건물과 부대시설과 연구동 건설을 시작했다. 초대 연구소장으로는 문교부 기술교육국장이었던 박철재를 임명했다. 연구소장 밑에 원자로부, 기초연구부, 방사성동위원소부를 설치했다.

이대통령의 특별한 관심과 후원, 정부의 원자력 중시 정책 하에 원자력연구원과 원자력연구소는 직급이나 연봉에 있어 파격적인 처우를 받았다. 원자력원장은 장관급, 원자력연구소장은 차관급, 상임 원자력위원의 경우 1급으로 임명했으며, 상임원자력위원 3명은 국가과학기술자로 임명하도록 지정하고, 봉급도 일반 연구원의 월급이 같은 직급의 일반 공무원의 3배에 달하였다.

연구용 원자로를 도입하기 위해, 이승만 대통령은 개정된 한미 원자력협정을 근거로 윤세원이 올린 '연구용 원자로 구입' 품의서를 결재했다. 1958년 8월 16일 정부는 연구용 원자로 구매조사단을 구성해 미국에 파견했다. 단장은 박철재 연구소장, 구매단원은 윤세원, 김희규, 이진택이었다. 이들은 미국에서 교수생활을 하고 있던 이기억, 유학 중인 전완영, 이병호를 구매단원에 합류시켜 활동하게 했다. 구매조사단은 미국에서 처음 본 원자로 가운데 제너럴아토믹(GA)의 TRIGA(Traning Research Isotope General Atomic) Mark-II가 구조도 단순하고 가격도 괜찮아 기초연구에 적합하다고 판단했다. 트리가마크-II는 1958년 스위스 제네바에서 개최되었던 제2차 원자력평화이용회의에서 가장 호평을 받은 제품이었다. 조사단은 1958년 12월 27일 제너럴아토믹사의 트리가마크-II를 도입하자는 보고서를 이대통령에게 올렸다.

트리가마크-II의 도입비용은 732,000달러였고, 그 중 원자로 계약금은 331,000달러였다. 한국정부는 원자로 구입자금이 충분하지 않아 고민하다가, 1958년 7월 24일 이대통령의 재가를 받고 제너럴아토믹사를 통하여 미국정부에게 부탁하여 무상원조를 받았다. 마침내 미국정부는 원자로 구입대금의 절반에 해당하는 350,000달러를 무상원조로 주기로 했다. 한국정부가 부담할 350,000달러는 재무부의 노력으로 간신히 확보할 수 있었다.

100kW 용량의 연구용 원자로 트리가마크-II를 도입하면서 운전 인력이 필요했다. 1959년 봄 정부는 미국 시카고의 알곤(Argonne) 원자력연구소 부설 국제원자력학교를 제8기로 수료한 양홍석, 이관, 이창건, 장지영, 정운준, 한희봉 등 6명을 제너럴 아토믹사로 보내 트리가마크-II 원자로의 운전기술을 배우게 했다. 이들은 두 달 후 트리가마크-II의 운전면허증을 받고 귀국하여 트리가마크-II의 운전에 참여하게 되었다.

이승만 정부는 젊은 원자력 전문 인력의 양성에 큰 관심을 쏟았다. 프란체스카 여사가 청와대에서 이대통령의 양복과 양말을 손수 기워 입히면서까지 외화를 절약하는 검소한 생활을 하고 있었던 것은 잘 알려진 사실이다. 이대통령은 원자력 해외연수를 떠나는 20, 30대 청년 과학자들 한명 한명에게 손수 달러를 쥐어 주면서 당부했다.

"자네들이 열심히 공부해야 우리나라가 부강해진다는 점을 명심하고 열심히 공부하기 바라네." 이대통령 재임 중 미국에 파견되어 원자력 관련 해외연수를 받았던 인력은 모두 100명이 넘었다.

원자력원과 원자력연구소가 출범하면서, 국내의 대학에 원자력관련 학과들이 설치되기 시작했다. 1958년 4월 한양대학교에 정원 40명의 원자력공학과가 설치되었다. 1959년 3월에 서울대학교에 원자력공학과가 문을 열었다. 1959년 7월 15일부터 17일까지 서울대학교 대강당에서 국내 최초의 원자력학술회의가 개최되었다. 이례적으로 이재환 민의원 부의장, 조정환 외무부장관, 최재유 문교부장관, 임흥순 서울시장이 참석했고, 과학기술계에서 최규남, 윤일선, 이원철, 안동혁, 박철재 등이 참석했다. 이승만 대통령이 치사를 보냈다.

이대통령은 치사[11]에서 "우리나라의 장래는 오늘 이 자리에 모인 여러분들에게 달려 있습니다. 소위 후진국가라고 하는 나라들도 원자핵의 무한한 힘으로 인연해서 새 시대를 맞게 될 것입니다. 그러나 우리 앞에 놓인 어려운 일들을 이겨내지 못한다

---

11) 한국원자력연구원(2008), "이승만 대통령 치사", 앞의 책, p. 49.

면 우리에게 그날은 오지 않을 것입니다. 첫째로 원자력의 이론과 이것을 실제로 적
용하는데 대한 과학적 지식이 있어야 하며, 둘째로 원자력은 건설과 파괴의 힘을 동
시에 갖고 있으므로, 즉 정의와 안전을 위해서 평화스럽고 번창하게 하는 문호가 아
니고 파괴무기라고 생각하는 사람들의 그릇된 생각을 버려야 할 것입니다."

　1959년 4월 원자력원은 '원자력사업 5개년 계획"을 발표했다. 트리가마크‒II의
도입도 승인이 났다. 원자력연구가 막 기운차게 첫걸음을 내디디려는 순간에 1960년
4.19가 발생했다. 정권변동기에 원자력원과 원자력연구소의 간부 교체가 있었다. 운
영이 제대로 되지 못했다. 그러던 중에 1961년 5.16이 발생했다.

제 2 절　박정희 시대의 원자력 건설

1. 제1차 원자력 연구 개발 및 이용에 대한 장기계획 수립

　1961년 5월 16일 박정희의 쿠데타 이후, 6월 11일 오원선(예비역 해군준장)이 원
자력원장으로 취임하면서 1960년 4.19 이후 인사문제로 인해 혼란에 빠져 있던 원자
력연구소의 개편안을 내놓았다. 그리고 연구소장으로 최형섭 박사를 임명했다.[12]

---

12) 최형섭은 1944년 와세다대학교 이공대학 채광야금과를 졸업하고, 1958년 미국 미네소타대학
　　에서 화학야금학으로 공학박사 학위를 받고 귀국해서 새나라 자동차 부평공장장(부사장급)으
　　로 일하고 있었다. 그런데 최형섭의 연구소장 임명에 말이 많았다. 최형섭은 1961년 2월 민
　　주당 정부에서 원자력연구소 1급 연구관으로 발령받았으나, 연구소의 내분으로 일본으로 피
　　신해 있다가 다시 5.16 이후 연구소장으로 컴백한 것이 문제로 제기되었다. 그러다가 1962년
　　4월 박정희 군사정부에서 제1차 경제개발 5개년 계획이 시작되자, 당시 상공부 장관인 정래
　　혁 장군이 최형섭을 상공부 광무국장으로 차출해 갔다. 1962년 4월 11일 상공부에서 호평을
　　받은 최형섭을 다시 원자력연구소장으로 불러왔다. 최형섭은 1년 정도 연구소장을 하다
　　IAEA로부터 연구비를 얻어 1963년 3월 캐나다로 떠났다. 1964년 5월 최형섭이 캐나다에서
　　귀국하면서 다시 소장으로 부임했다.

한편, 1962년 3월 30일에 박정희 대통령이 트리가마크−II의 준공식에 참석했다. 트리가마크−II는 3월 19일에 핵연료 장전, 오후에 임계상태에 들어갔다. 3월 23일 100kW 출력에 도달했다. 3월 30일 트리가마크−II의 준공 기념우표도 발행됐다.

원자력원에서 기획조사과 이민하 과장이 향후 한국의 원자력발전소의 바람직한 용량을 얼마로 할지에 대해 결정하는 과정에서 국제적인 자문을 얻고자 국제원자력기구(IAEA)의 원자력발전타당성조사단의 루리 크림(Rurik Krymm) 씨를 초빙했다. 1963년 10월 크림을 단장으로 IAEA의 대표단 4명이 방한하여 기초조사를 했고, 그들은 "한국은 1970년대 초 15만kW급 원전을 짓는 것이 타당하다"고 권고했다. 한국전력에서도 발전소를 건설할 때 '1개 발전소의 설비용량이 국가 전체 설비량의 10%가 넘지 않아야 한다'는 상식을 갖고 새로 짓는 원전의 설비용량이 15만kW가 적정하다는 계산을 하였다. 왜냐하면, 1963년 한국의 전기생산 설비량은 200만kW였으므로, 10%대의 예비율을 고려하면, 새로 건설하는 발전소의 설비용량은 20만kW를 넘지 말아야 한다는 것이었다.

그러나 크림 씨는 이와 같은 충고를 덧붙였다.[13]

"한국이 만들고자 하는 원전의 설비용량을 현재의 기준으로 결정하지 말라. 한국은 경제가 빠르게 성장하는 국가로서, 미래에 전력 소비량이 급증할 것으로 예상된다. 원전 건설 계획을 세우고 건설하여 원전을 가동하기까지 10년 가까운 세월이 걸린다. 10년 후 한국의 전력 설비량은 지금보다 훨씬 클 것이다. 따라서 한국은 현재 시점의 국가 전력 설비량을 기준으로 원전 설비용량을 결정하지 말고, 10년 후 한국이 사용할 전력량을 기준으로 원전의 설비용량을 결정하라"고 한국에 충고했다고 한다.

원자력원과 한국전력, 원자력연구소, 석탄공사, 석유공사가 공동으로 제1기의 원자력발전소를 세울 곳을 22개소로 골랐다가, 9개 후보 지역으로 추렸다. 그리고 실지 답사를 통해 경기도 고양군 행주외리(현 고양시 덕양구 행주외동 부근)와 경남 동래군 기장면 공수리, 경남 양산군 장안면 월내리(현 부산광역시 기장군 장안읍 월내리) 등 세 군데로 압축했다.

1965년 5월 IAEA의 부지조사단(단장 맥컬린)으로부터 2명의 기술조사단을 지원받아서 기 선정해 놓은 세 곳을 다시 조사했다. 이들은 '원자력연구소 후보 부지에 대한

---

13) 한국원자력연구원(2008), "이승만 대통령 치사", 앞의 책, p. 49.; 오동룡, "비망록을 통해 본 대한민국 원자력 창업스트리<3>"『월간조선』 2016년 4월호, pp. 204−221.

추가 보고서'를 통해 경남 양산군 장안면 월내리 일대(현재 고리 원전 부근)가 가장 적합하다는 결론을 제시했다.

1965년 5월 16일 미국 존슨(Lyndon B. Johnson) 대통령의 초청으로 미국을 방문한 박대통령은 미국의 월남전 파병 요청을 수용하는 조건으로 존슨 대통령으로부터 '한국군의 현대화에 대한 지원, 한국경제발전을 위한 1억 5천만 달러의 장기개발차관, 한미 공동의 과학기술연구소 설립에 대한 지원'을 약속받았다. 1965년 6월 22일 한일수교에 관한 기본협정에 조인하였다. 6월 23일 한미 양국 정부는 한국군 1개 전투사단의 베트남 파병에 관한 합의각서를 조인했다.

박-존슨 합의에 따라, 1966년 2월 10일 한국과학기술연구소(KIST: Korea Institute of Science and Technology)가 재단법인으로 설립되었다. 한미 양국 정부가 각각 1천만 달러씩 출연했다. 박정희 대통령이 사비 100만 원을 기부했다. 초대 KIST연구소장으로 원자력연구소장이었던 최형섭이 임명되었다. 박대통령이 최형섭에게 임명장을 주는 자리에서 과학기술에 대한 박대통령의 견해를 이와 같이 밝혔다고 한다.

"나는 평소에 우리가 살길은 기술개발 밖에 없다고 생각하고 있습니다. 내가 이 연구소 사업을 직접 돌봐주겠습니다." 1966년 10월 6일 KIST의 기공식이 열렸다. 서울에 소재한 30만 평의 홍릉 임업시험장에서 8만 5천 평을 KIST건물에 배정했다.

박대통령은 경제개발을 성공시키기 위해서는 에너지가 필요한데, 특히 해외 수입에만 의존하고 있는 석유를 대체할 수 있는 국산에너지가 무엇인지에 대해 관심이 깊었다. 트리가마크-II 준공식이 있던 1962년 11월 군사정권은 원자력발전 대책위원회를 만들어 연구 차원이 아닌 전력발전 차원의 원자력을 준비하게 했다. 원자력원과 상공부의 공무원, 한전 관계자 등이 참석한 회의에서 "에너지 자원이 부족한 한국은 새로운 대체 에너지원 개발이 시급하기 때문에 1970년대 초기에 원자력발전소를 건설해야 한다"는 내용을 담은 '원자력발전 추진계획안'을 작성했다.

1965년 12월 원자력원은 원자력발전계획심의위원회를 설치했다. 이 위원회에서는 원자력발전에 따르는 업무분장을 했다. 에너지원 조사분석은 건설부, 석탄공사, 석유공사에게 맡기고, 장기 전력수급계획수립은 한전에게 맡기며, 원자력발전의 기술적·경제적 분석은 원자력원이 담당하도록 했다. 이러한 작업과정을 거쳐서 원자력발전이 화력발전과 충분히 경쟁할 수 있다는 결론을 도출했다.

한편, 박정희 정부는 1966년 5월부터 원자력발전기술조사단을 구성하여 미국,

영국, 일본, 캐나다, 이탈리아, 스페인, 인도, 필리핀 등으로 출장보내 원자력발전소를 견학하도록 했다. 이어서 1967년, 1968년 두 차례에 걸쳐 원자력발전기술조사단이 해외에 파견됐다. 경수로를 제작하는 미국의 웨스팅하우스와 컴버스천엔지니어링, 밥콕앤드윌콕스, 그리고 비등경수로를 만드는 미국 제너럴일렉트릭, 영국의 개량형 가스냉각로에 대한 자료를 수집했다.[14] 이 견학을 바탕으로 1968년 3월 원자력발전계획심의회는 용역회사인 번즈앤로(Burns & Roe)사의 타당성 조사를 참고해서 50MW급 2기를 1970~1974년 사이에 건설하고, 노형은 경수로, 개량가스냉각로, 중수로 중 택일하고, 건설부지는 부산 또는 울산, 건설비는 약 1억 4,000만 달러 중 9,000만 달러는 차관으로 충당한다고 건설추진방침을 밝혔다. 이 기간 중에 박익수, 이영재, 이창건 3인은 천연우라늄을 연료로 사용하는 캐나다의 캔두(CANDU)형을 처음으로 시찰하기도 했다.

1968년 1월에 원자력청에서 제162차 원자력위원회를 개최하고, 원자력의 개발이용 사업을 장기적인 안목에서 체계적이고 일관성 있게 추진하기 위해서 '원자력 연구 개발 이용 장기계획'을 수립하여 발표하였다. 박정희 정부는 1967년 3월 30일 원자력원을 원자력청으로 바꾸고, 그해 4월 21일 과학기술처를 장관급부처로 격상시켜서 김기형 박사를 초대 장관에 임명해서 국가 과학정책을 총괄하게 하고 원자력업무도 과학기술처의 1개국으로 편성했다. 김기형은 미국 펜실베이니아 주립대학에서 요업공학 박사 출신으로 박대통령이 특별 초청하여 1966년 8월 한국으로 돌아온 인물이다. 그런데 이승만 시대에는 원자력원이 장관급 부처였던 데 비해서 원자력청은 차관급 부서로 격하되었다.

한편 원자력연구소는 1968년에 차기 연구용 원자로의 노형에 대한 모색을 시작했다. 왜냐하면, 1962년 3월 가동한 트리가마크-II가 열출력이 너무 작았기 때문이다. 그동안 방사선의학연구소와 방사선농학연구소의 출범으로 동위원소에 대한 수요가 계속 늘고 있었고, 기초연구와 응용연구에서 더 속도가 빠른 중성자가 필요하기도 했다. 연구소에서는 임시변통으로 1969년부터 트리가마크-II의 출력을 250kW로 올려서 사용했다. 그러나 이 정도로는 연구원들의 욕구를 충족시킬 수 없어서 연구원들이 MW급 연구용 원자로의 건설을 요구하기 시작했다.

---

14) 이정훈, 『한국의 핵주권: 녹색 성장시대 그래도 원자력이다』(서울: 글마당, 2009), pp. 144-
    151

원자력연구소는 세계의 유수한 10대 연구용 원자로 제작회사에 초청장을 발송했다. 걸프제너럴아토믹사(제너럴아토믹사의 후신)와 록히드가 실험용 원자로 경합에 참여했고, 연구원들은 출력을 10MW까지 올릴 수 있는 록히드의 펄스타(Pulstar, 열출력 5MW)를 원했다. 그러나 이상수 원자력연구소 소장은 핵연료의 안정적 공급이나 성능이 뛰어난 걸프제너럴아토믹사의 TRIGA MARK-III(열출력 2MW)로 결정했다.[15] 1968년 12월 11일, 제167차 원자력위원회 회의에서 트리가마크-III를 도입하기로 결정했고, 김동훈이 트리가마크-III 연구로의 건설추진 책임자를 맡았다. 김동훈은 원자력연구소 TRIGA MARK-II의 원자로공학연구실 책임자로서 1965년 9월 IAEA 훈련프로그램의 일환으로 1년 간 일본의 원자력연구소에 파견 근무를 하면서 일본 원자력 연구개발의 현황을 관찰할 기회를 얻었다. 트리가마크-III는 1969년 4월 12일부터 공사를 시작해서, 최초 임계실험과 2MW 전 출력 시험을 거쳐서 1972년 5월 준공식을 가졌다. 준공식에는 김종필 국무총리와 최형섭 과기처장관이 참석했다.

박정희 정부가 5년 단위로 경제개발 5개년계획을 세워서 경제발전에 박차를 가한 것은 알려진 사실이다. 한국 경제는 급속도로 성장했고 소비전력량은 기하급수적으로 늘어갔다. 원자력연구소도 한국이 건설하고 있는 최초 원전의 설비용량을 15만 kW에서 20만kW → 30만kW → 50만kW로 늘려서 계획했다.

그 장기계획을 확실하게 추진하기 위해서 국무총리 주관으로 관계부처가 협력하기로 하고, 국무총리를 자문하기 위해 설치된 원자력발전추진위원회에서 사업주관사를 한국전력주식회사로 결정하였다. '원자력 연구 개발 및 이용 장기계획'은 제2차 경제개발 5개년계획에 포함시켜서 1976년까지의 전력수급을 예상하여 1969년 5월 16일 제172차 원자력위원회의 심의의결을 통해 장기계획을 재확정했다.[16]

그 주요내용을 보면, (1) 원자로 분야에서는 250kW TRIGA MARK-II 원자로의 열출력을 증강시키고(1969년에 달성), 1971년까지 2MW TRIGA MARK-III를 건조한다. 위의 원자로의 경험을 토대로 1976년까지 국산 제1호 원자로의 설계, 건조, 및 운전을 계획한다. (2) 1977-81년(제4차 경제개발 5개년계획)기간 중에 국산 제2호 원자로의 설계, 건조 및 운전을 한다. 신형전환로 및 증식로를 개발한다. (3) 1988년까지는 발전용 원자로의 국산화를 자력에 의하여 이룩할 수 있다고 본다.

---

15) 한국원자력연구원(2008), 앞의 책, pp. 86-96.
16) 원자력청, "원자력 연구 개발 이용 장기계획," 1969. 5.16.

〈원자력연구 개발 이용 장기계획(요약)〉

1972년까지 국내 우라늄자원에 대한 사용가치 유무를 파악하여 저렴한 핵자원을 확보할 수 있도록 한다. 계획대로라면, 1988년에는 연간 약 4,000톤의 핵연료가 소요 예상된다. 핵연료를 국내에서 생산할지 해외에서 수입할지에 대한 검토를 1973년까지 완성한다. 1976년까지 핵연료의 성형가공공장의 설치에 대한 기술적 경제성을 검토한다. 사용후핵연료에서 유용한 우라늄과 플루토늄을 추출하는 핵연료 재처리능력을 갖춘다. 1981년까지는 핵연료성형가공공장 완성, 우라늄 정련공장 설치, 제처리공장의 시범시설 완성, 우라늄 농축기술은 사업규모로 보아 착수가 불가능하므로 선진국에 위탁하도록 한다. 1988년까지 농축과정을 제외한 모든 핵연료를 국산화하고, 신형전환로 및 증식로의 핵연료 생산기술 개발도 가능하도록 한다.

경제성장을 촉진하고 뒷받침하기 위해 저렴한 전력 공급을 위해 원자력발전 용량을 크게 증가시킨다. 1976년까지 100만KW(총 전기의 14.3%)를 원자력으로 공급하고, 1981년까지 250만KW를 건설하며, 1988년까지 1,100만KW를 예상한다.

위와 같은 '원자력 연구 개발 및 이용에 대한 장기계획'에 따라 한전은 한국의 미래 전력량 추이에 대해 조사했다. 그 결과, 한국이 최초의 원전을 준공하게 될 것으로 보이는 1976년이 되면 한국의 필요전력량은 470만kW가 될 것으로 추정했다. 이 추정에 근거하여, 1967년 10월 한전이 작성한 '장기 전원 개발계획'은 50만kW급 원전 2기를 건설해야 한다고 결론을 내렸다.

2. 제1호 원전: 고리 1호기 건설

원전 건설을 본격적으로 시작하자 원자력청과 한전 사이에 "누가 원전 발전의 주체가 되어야 하는가" 하는 문제로 갈등했다.[17] 원자력청은 "프랑스의 원자력청이

---

17) 박익수(2004a), 앞의 책, pp. 225-244.

나 영국의 원자력공사처럼 원자력청이 원전을 건설하고 운영해야 한다"고 주장했다. 1966년에 원자력발전과(초대 과장 문희성)를 설치한 한국전력은 "원자력발전도 발전이니만큼 전기를 생산하는 한전이 건설과 운영을 일원화해서 맡아야 한다"고 맞섰다.

이 와중에 일간신문을 통해 육종철 교수는 "상업용 발전소는 당연히 한전 소관"이라고 했고, 박익수 원자력상임위원은 "원전은 단순한 발전설비가 아니며, 국책적 다른 목적(군사용을 의미함)을 가질 수 있기 때문에 원자력청이 맡아야 한다"라고 주장하며 격론을 벌였다.[18] 이 의견차를 해소하기 위해 정일권 국무총리는 직속자문기관으로 박충훈 부총리를 위원장으로 한 '원자력발전추진위원회'를 구성했다. 1968년 4월 9일 이 위원회에서 "한전이 원전 건설과 운영을 담당"하고, "원자력청은 원자력발전 기술의 개발과 원자력 안전규제, 핵연료와 방사성 폐기물, 원자력 기술자 양성과 자격검정을 담당한다"고 결론을 내렸다. 그리고 원자력발전추진위원회에서 최초의 "원자력연구 개발 및 이용 장기계획"을 발표했는데, 원자력청 산하에 원자력연구소, 종합의학연구소(방사성동위원소 연구 및 병리학연구실, 암병원), 방사선농학연구소, 원자력개발연구소 신설(국산원자로 개발부, 제1, 2, 3부, 방사선조사공장), 원자력연구원(신설) 등을 두기로 하였다.

원자력발전추진위가 한전에게 원자력발전소 건설을 맡긴 것은 주로 자금 때문이었다. 당시 한국정부는 고리 1호기의 공사비 1억 4천만 달러를 부담할 재정능력이 없었다. 외국은행에서 차관을 얻어 와야 했는데, 차관을 얻으려면 담보가 필요했으므로, 한전이 발전소를 담보로 제공할 수 있었기 때문에 원전 건설과 운영을 맡게 되었다.[19] 원자력발전의 주체가 된 한전은 50만kW급 원전 2기를 짓는다는 계획을 수정해 58만 7,000kW급 원전 1기부터 짓는다는 결정을 내렸다. 일이 본격적으로 추진되자 원자로 노형을 둘러싼 논의가 시작됐다. 1968년 6월 24일 한국전력은 고리 1호기 건설 소요자금을 344억 원(외국자본 9,500만 달러, 국내자본 83억 원(약 3천만 달러)으로 추정해 놓고, 미국의 제너럴일렉트릭, 웨스팅하우스, 컴버스천엔지니어링, 영국의 원자력수출공사(UKAEA)에 턴키 방식으로 예비견적서를 제출하라는 안

---

18) 박익수(2004a), 위의 책, pp. 225－244.
19) 이종훈, 『한국은 어떻게 원자력 강국이 되었나?: 엔지니어 CEO의 경영수기』(파주: 나남, 2012), pp. 299－300.

내서를 보냈다.

한국 최초 원전 노형의 결정을 놓고 미국과 영국 간에 경쟁이 치열했다. 한전은 경쟁적 분위기를 조성하기 위해 입찰사양서를 4곳에 보냈다. 미국의 제너럴일렉트릭(GE)은 트리가마크-Ⅱ를 제작한 제너럴아토믹사의 모기업으로서 비등경수로(BWR)를 응찰했다. 반면 웨스팅하우스(WEICO)와 컴버스천엔지니어링은 가압경수로(PWR)를 가지고 응찰했다. 영국의 원자력수출공사(UKAEA)는 당시 유럽에서 선풍적 인기를 끌던 개량형가스냉각로(AGR: Advanced Gas Cooled Reactor)를 제안했다. 이 원자로는 콜더홀 원자로를 개량한 것이었다.

미·영 간 원자로 노형 경쟁이 벌어지자, 우리 원자력연구소의 연구원들도 2개의 파로 갈라졌다. 영국 유학파들은 가스냉각로를 선호했고, 미국 유학파들은 경수로를 지지했다. 영국과 미국 간에도 경쟁이 치열했다. 한국에 주재하는 유럽 각국의 대사들은 자국의 개량형 가스냉각로의 장점을 홍보하면서 영국편을 들었다. 반면에 미국 유학파과 미국은 "경수로가 훨씬 더 안전하다. 영국의 원전시장은 작지만 미국은 매우 크다. 미국의 전력회사들은 미국 내에 원전을 짓는 데만 매진하느라 수출에 소홀했는데, 미국이 경수로 수출에 진력하지 않았다고 해서 경수로의 가치를 절하해선 안 된다. 경수로는 가장 안전한 원자로다"라고 주장했다.

갈등이 첨예해지자 태완선 부총리가 이끄는 부흥부가 중립적 인물에게 판단을 맡겨보자는 아이디어를 냈다. 중립적 인물로 지목된 사람은 한전의 기술이사를 맡고 있던 김종주였다. 그는 해방 전 도쿄제국대학에 다니다가 고향인 경남 양산으로 돌아와 있던 중 제2차 세계대전의 종전을 맞았다. 해방 후 그는 서울대 전기공학과에 편입해서 졸업하고 시슬러의 강연을 듣고 원자력의 가치에 눈을 떴다. 그리고 영국 하웰(Harwell)에 있는 영국 원자력연구소에서 가스냉각로에 대해 공부한 후 콜더홀 원전에서 4개월 간 운전교육을 받았다. 이어 미국으로 건너가 매사추세츠공과대학(MIT)에서 경수로에 대해 공부했다.

태완선은 한전의 김종주를 개량형 가스냉각로와 경수로 양쪽을 모두 아는 사람으로 보고 그에게 노형 선택을 맡겼다.[20] 김종주는 문희성(한전 계장)과 함께 미국형과 영국형에 대한 조사를 마치고 "미국산 경수로가 더 좋다"는 내용의 보고서를 올렸

---

20) 한국원자력연구원(2008), 앞의 책, pp. 93-94.

다. 김종주는 "BWR은 구조는 간단하나 터빈이 원자로 내에 있어 터빈까지 방사능에 오염될 가능성이 있어서 안전에 문제가 있다"[21]고 판단했고 "한전의 입장에서 PWR에 더 호감이 갔다"고 했다. 그의 결정에 대해 정래혁 한전 사장도 "김이사의 판단이 옳다"고 편들었다. 태완선 부총리가 이를 받아들여 미국제 경수로를 선택한다는 결정을 내렸다.

얼마 후에 유럽에서 영국형 가스냉각로에 문제가 있다는 것이 발견되어, 영국 정부가 가스냉각로의 수출을 금지하는 사태가 발생했다. 이 사건으로 잘나가던 가스 냉각로는 된 서리를 맞았고, 세계 원전시장에서 자취를 감추고 말았다. 한국이 선택한 경수로는 '신의 한수'였다고 회자되고 있다.[22]

고리 1호기의 총공사비는 1억 5천만 달러였는데, 미국으로부터 차관을 받아 1차 계통설비를 공급받고 영국으로부터 차관을 받아 2차 계통기기 공급과 함께 발전소 건설시공을 할 생각이었다. 1973년에 오일쇼크로 국제원자재 가격이 폭등함으로써 공사비가 당초 계획보다 더 들었다. 1976년 1월 한전에 김영준 사장이 부임하여 고리 현장을 초도순시하였다. 공사비가 폭등하여 공사가 진행되지 않는다는 현장의 사정을 듣고 난후, 김사장은 박대통령과 남덕우 부총리를 설득하여 추가공사비를 반영하도록 조치하였다.

경수로를 도입하겠다는 결정을 내린 후, 한국은 다시 웨스팅하우스와 컴버스천 엔지니어링을 놓고 고민했다. 경수로 건설 경험이 많은 웨스팅하우스를 최종 계약사로 선정했다. 1969년 12월 한국은 웨스팅하우스에 차관 이자율은 연 6.75%를 넘지 말아야 한다는 단서를 달았고, 그로 인해 한전과 웨스팅하우스 간 계약이 늦어져서, 1970년 12월에야 계약이 이루어졌다. 그 사이 한전은 고리 일대에 살아온 주민들을

---

21) 2011년 3월 11일 일본 후쿠시마 원자력발전소에서 사고가 발생했는데, 이 원자력발전소가 비등경수로였다. 터빈이 원자로 내에 있어서 냉각수가 작동하지 않아 터빈이 가열되어 폭발하면서 원자로가 폭발하였다. 한국형 경수로가 비등경수로가 아닌 점이 큰 다행으로 여겨지는 순간이었다.

22) 이종훈, 앞의 책, p. 300; 박익수(2004a), 앞의 책, pp. 272-291. 박익수 전 원자력심사위원회 위원장의 회고록에 따르면, PWR로 결정하게 된 또 다른 막후 스토리가 있다고 한다. 당시 화신기업의 박흥식 사장이 윌리엄 포터(William J. Porter) 주한 미국대사를 움직여서 포터 대사가 박대통령을 찾아가서 "한국의 첫 원자력발전소로 미국 제품을 사 달라"고 부탁했고, 박대통령은 상공부에 지시하여 "경수로를 선택하라"고 했기 때문에 미국형 경수로가 낙찰되었다고 하는 비하인드 스토리가 있다.

이주시키고 21만 평의 부지를 확보했다. 고리 1호기만 도입 계약했던 것은 미국으로부터 1기분의 차관만 얻었기 때문이다. 이후에 월성의 중수로도 1기만 건설하게 된 이유도 충분한 자금을 조달하지 못했기 때문이었다.

드디어 1971년 3월 19일, 박대통령이 참석한 가운데 고리에서 한국 최초의 원전(원자력발전소)를 건설하는 기공식을 열었다. 사업비는 1,560억 원으로, 단군 이래 최대 사업규모였다. 일본이 1960년 도카이무라 1호기 가스냉각식비등경수로 공사를 시작한 것을 감안하면, 한국은 일본보다 11년 늦었다. 그러나 당시 일본이 가동한 최초의 원전이 40만kW 규모인 것을 감안하면, 한국의 최초 상업원전이 58만kW라는 것은 대단한 첫걸음이었다고 볼 수 있다.

이 기공식에서 박대통령은 치사를 했다.[23]

> "아이젠하워 미국 대통령이 "평화를 위한 원자력"연설에서 평화적 목적을 위한 원자력 개발을 제창한지 18년 만에 우리나라에서 약 60만kW를 생산해내는 원자력발전소를 건설하게 되었습니다. 지금 아시아지역에서는 일본을 제외하고 한국이 두 번째로 원자력발전소에 착수한 것입니다. 원자력발전소는 건설초기에는 건설단가가 굉장히 비싸지만, 장기적 안목으로 볼 때에 발전단가가 훨씬 싸게 먹히고, 공해문제라는 것이 거의 없다는 이점이 있습니다. 그런 이유 때문에 대개 선진국에서는 지금 원자력을 서둘러서 만들고 있습니다. … 아시는 바와 같이 지금 국가개발과 경제개발에 가장 많이 소요되는 것이 전력인데, 우리나라도 경제발전에 따라 전력수요가 나날이 증가하고 있습니다. 우리는 현재 220만kW, 1971년 말이면 280만kW, 3차 경제개발이 끝날 무렵에 가면 오늘 착공한 원자력발전소의 60만kW를 포함해서 약 600만kW 전력을 가지게 되면 모든 전력을 충분히 송전하고도 여력을 가지게 될 것입니다. … 건설비용은 60만kW에 1억 7,000만 달러가 들어 화력발전(1억 2,000만 달러)보다 비쌉니다만 갈수록 값싼 전력을 공급할 수 있습니다."

---

23) "고리 1호기 기공식 연설문(1971. 3.19)," 『박정희 대통령 연설문집 제8집, 1971년 1월~1971년 12월』(서울: 대통령비서실, 1972).

3. 박정희와 최형섭의 원자력 쌍두마차[24]

박대통령은 한국을 중화학공업 국가로 만들기로 결정하고, 이를 위해서는 전력이 많이 소요될 것으로 예상하여, 1971년 6월 최형섭을 제2대 과학기술처 장관으로 기용하여 장기적인 원자력발전계획을 수립하도록 지시했다. 이 지시에 근거하여 과학기술처는 "원자력발전 15년 계획"을 수립하여 원자력발전을 도모하기로 했다. 이 계획은 한국의 원자력 기술의 완전 자립을 위해 우라늄 핵연료 제조부터 사용후핵연료의 재처리까지 핵연료의 순환주기를 완성하는 것이었다. 그리고 원자력연구소의 개편작업에 착수했다. 그때까지 원자력연구소의 주 임무는 '원자력의 평화적 이용'에 관한 것이었는데, 박대통령의 의중에 있는 핵무기도 개발하기 위해서는 원자력연구소를 개편해야 했기 때문이었다. 1973년 1월 15일 법률 제2443호로 한국원자력연구소법을 제정하여 공포했다.

1973년 1월 12일 연두기자회견에서 박정희는 수출주도 경제성장 정책이 어느 정도 성공했다고 판단하고, 더욱 대폭 성장을 위해 '100억 달러 수출−1인당 소득 1,000달러'의 조기 달성을 위해 '중화학공업화 정책 선언'과 '국민 과학화 선언'을 하였다.[25] 중화학공업선언 속에 원자력 발전계획을 포함시켰다. 그런데 원자력발전계획을 더 가속화시킨 계기는 1973년 10월 제4차 중동전쟁의 여파로 중동의 산유국들이 원유(petroleum)를 정치무기화 함으로써 발생한 오일쇼크 때문이었다. 제4차 중동전쟁에서 이집트가 대패하자, 중동의 산유국들은 원유의 정치무기화를 위해 원유생산을 감소하고, 원유가격을 2주만에 배럴당 3.011달러에서 5.119달러로 70% 인상했다. 이에 따라 세계의 경제는 유가 폭등, 물가폭등, 경제침체기를 맞게 된다. '오일쇼크(석유파동)' 혹은 '에너지 위기'가 발생했다.[26]

한국에서는 오일쇼크 이전과 비교하여 1974년 12월의 도매물가는 100% 상승했

---

24) William Burr, The United States and South Korea's Nuclear Weapons Program, 1974−1976, Security Archive of George Washington University(https://nsarchive.gwu.edu/briefing−book/henry−kissinger−nuclear−vault/2017−03−22/stopping−korea−going−nuclear−part−i).

25) 김광모, 『청와대 비서관의 박정희 대통령 중화학 공업 회상』(서울: 박정희 대통령기념재단, 2017), pp. 72−86.

26) 오원철, 『박정희는 어떻게 경제강국 만들었나』(서울: 동서문화사, 2006), pp. 229−334.

고, 휘발유 값은 330%, 소비자물가는 72% 상승했다. 이 오일쇼크를 벗어나기 위해서는 석유의 수입 압박에서 벗어나 전기세를 안정시키는 길밖에 없었다. 1973년 오일쇼크 이후 중동으로부터의 원유 수입에 의존한 경제개발계획이나 전력생산은 거의 죽어버리고, '제3의 불'인 원자력을 전기생산에 이용하자는 붐이 일기 시작했다. 박정희 정부에서는 3가지의 원자력 에너지 이용 정책을 수립했다. 첫째는 프랑스의 경수로와 재처리 시설을 도입하고, 둘째는 천연우라늄을 핵연료로 하는 캐나다의 중수로를 도입하며, 셋째는 미국의 경수로를 도입하는 것으로 결정했다.

첫째 프랑스의 경수로와 재처리 시설 도입과정은 많은 우여곡절을 겪은 끝에 재처리 시설 도입은 중단되고, 결국 경수로와 핵연료성형가공시설만 도입하는 것으로 결말이 났다.

이 책의 제2장에서 설명한 바와 같이, 박대통령은 닉슨의 주한미군 철수사태에 대응하여 핵무기를 개발하기 위해 프랑스로부터 재처리 시설 도입을 시도했다. 동시에 사용후핵연료를 처리하기 위해 재처리 시설을 도입하기로 결정하고, 미국 및 프랑스 등과 교섭하기 시작했다. 재처리 시설 도입을 위해 1972년에 미국의 문을 먼저 두드렸으나 미국이 거절하였다. 이에 따라, 1972년 5월 최형섭 과기처장관이 재처리 시설과 관련 기술을 도입하기 위해 프랑스를 방문했다. 프랑수와 오르톨리(Francois-Xavier Otroli) 산업기술성 장관과 핵연료 및 재처리 시설 구매 건에 대해 협의하고 재처리 시설과 기술 제공을 약속받았다. 1972년 10월부터 우리나라의 원자력연구소와 프랑스 원자력위원회의 실무자들 간에 접촉과 협의가 시작되었다. 1974년부터 미국이 한국의 프랑스 재처리 시설 도입을 통한 핵개발 계획을 눈치 채고 한국정부에게 중단 압력을 행사하고, 프랑스정부에 대해서도 재처리 수출 중지를 설득했다. 그런 중에서도 1975년 1월 15일 CERCA회사와 원전 핵연료가공연구시설의 공급계약을 맺었고, 4월 12일에는 프랑스 생고방핵회사와 재처리연구 시설의 공급과 기술 용역계약을 체결하였다. 이 계약체결 후에 원전연료 연구시설의 안전조치에 관한 한·불·IAEA 3자 협정을 위해 1975년 5월부터 프랑스원자력위원회와 IAEA 본부와 교섭이 진행될 때에 원자력연구소의 원전연료주기 연구사업이 국제적으로 공개적으로 알려지게 되었다. 이때 포드 미국 행정부가 가장 민감하고 강력한 반응을 보였다. 1975년 8월 23일 스나이더(Richard L. Sneider) 주한 미국대사는 1차적으로 최형섭 과기처장관을 방문하여 한국이 추진하고 있는 프랑스의 재처리 연구시설 도입을 중지하든지 몇

년 간 보류할 것을 요구하였다. 이에 대해 한국측은 에너지 문제 때문에 원전개발 계
획을 추진하고 있고 이에 불가피한 원전연료주기의 대외의존도를 줄이고 자립도를
높이기 위해 경제적이며 기술적인 이유로 프랑스로부터 재처리 연구시설 및 기술 도
입을 하고 있다고 설명하였으나, 스나이더 주한 미국대사는 1975년 9월부터 12월말
사이에 남덕우 부총리를 비롯한 정부 고위층을 차례로 방문하여 "한국이 재처리 시설
의 도입을 강행할 경우 한미 간의 안보 및 경제협력 관계에 까지 악영향을 미치게 될
것"이라고 강력한 경고를 했다.

결국 1976년 1월에 한국정부는 프랑스로부터 재처리 시설 도입을 중단한다고 발
표했고 그 후 몇 년 지난 후에 평화적 목적으로만 프랑스의 프라마톰사로부터 영광
1, 2호기 원자력발전소의 원자로를 수입했고, 핵연료성형가공 기술 계약을 맺었다.

둘째, 캐나다의 연구로와 중수로 도입은 다음과 같은 과정을 겪었다. 중동오일쇼
크 이후 천연우라늄을 사용하는 중수형 발전소가 핵연료공급의 다원화 측면에서 매
력있는 노형으로 등장함과 동시에, 한국은 캐나다의 NRX형 연구로를 도입하기 위한
교섭을 개시했다. 하지만 이 책의 제2장에서 설명한 바와 같이, 1974년 5월의 인도의
핵개발에 캐나다의 CIRUS연구로가 이용되었기 때문에, 미국이 한국의 캐나다형 중수
로와 연구로를 도입하는 건에 대해 문제를 제기하고 나섰다. 그래서 한국은 부득이
1974년 9월 ACEL과의 NRX형 연구로 도입 교섭을 중단하고야 말았다.

CANDU형 원자력발전소 도입은 1975년 1월 한국과 캐나다 간에 공급계약이 되
었으나, 한국이 NPT가입과 프랑스 재처리도입 포기를 하기 이전에는 캐나다가 그 계
약을 이행하지 말 것을 미국이 압력를 넣었기 때문에 계약서 서명이 지연되었다. 실
제로 1977년 6월에야 월성 1호기의 기공식을 가질 수 있었다.

셋째, 미국을 통한 경수로 도입은 이렇게 시작되었다. 한국의 프랑스제 재처리시
설 도입에 대해 미국의 방해가 심하던 1974년 어느 날, 박대통령은 김정렴 청와대 비
서실장과 오원철 수석을 청와대로 불렀다. 박대통령은 "원자력 산업을 종합적으로,
본격적으로 추진하라"고 지시했다. 김실장의 말에 따르면 박대통령은 일본식으로 원
자력 산업을 발전시키라고 지시했다고 한다.[27]

"일본은 원자력발전소도 자체 제작할 수 있다. 일본은 필요하다고 마음만 먹으

---

27) 오동룡, "비망록을 통해 본 대한민국의 원자력창업 스토리 <4: 마지막회>", 『월간조선』,
2016년 5월호, pp. 454-463.

면 핵무기도 만들 수 있다. 그렇다고 일본이 핵무장을 하고 있는 것은 아니지 않으냐. 일본은 미국을 위시한 어떤 나라로부터도 간섭을 받고 있지 않다. 문제는 실력을 갖추는 일이다. 원자력 산업을 본격 추진하되 떠들썩하게 하지 말라."[28] 오수석은 1974년에 <표 3-1>과 같은 원자력 산업의 종합 개발 계획을 작성해서 추진해 나갔다.

〈표 3-1〉 한국의 원자력발전 개발 계획(1974-1985)

발전소이름	출력 (Mwe)	원 자 로		기공 연도	준공 연도
		유 형	제 조 사		
원전 1호기 (고리 1호기)	590	경수로	웨스팅하우스사	1971. 3	1978. 4
원전 2호기 (월성 1호기)	680	중수로	캐나다원자력공사	1977. 6	1983. 4
원전 3호기 (고리 2호기)	650	경수로	웨스팅하우스사	1977. 5	1983.12
원전 5호기 (고리 3호기)	950	경수로	웨스팅하우스사	1978. 7	1984. 9
원전 6호기 (고리 4호기)	950	경수로	웨스팅하우스사	1978. 7	1985. 9

출처: 박익수, 1974년 원자력 건설계획, 한국원자력창업사 개정 3판, p. 269에서 인용. 여기서 원전 4호기가 빠져있는데, 원전 4호기는 월성 2호기를 의미한다. 그런데 월성 2호기가 기공이 지연되어 원전 4호기가 1974년 당시에는 존재하지 않는 것처럼 되어 있다.

이때에 박정희는 (1) 우리나라의 발전시설을 원자력발전 방식으로 일대 전환할 것, (2) 원자력 발전소를 계속 건설해 나가자면 막대한 작업량이 발생하고 거액의 자금이 지출되는데 중화학공업 건설사업과 연관시켜 원자력발전소를 국산화할 것, (3) 원자력발전에 필요한 핵연료도 국산화할 것을 지시했다.[29] 즉, 원자력 산업의 국산화 내지는 원자력기술의 완전독립에 관한 지시였으며, 또한 원자력의 평화적 활용에 대한 정책의 천명이었다.

원자로에 대한 국산화 연구는 당시 국방과학연구소 부소장이고 원자력전문가였

---

28) 오원철, 앞의 책, p. 334.
29) 오원철, 위의 책, pp. 333-340.

던 현경호 박사를 원자력연구소장으로 임명하여 맡기고, 발전소부문은 한전의 기술 총 책임자인 김종수를 한전기술회사를 설립하여 사장으로 임명하여 책임지우고, 발전소 제작은 창원기계공업기지의 주 한라중공업(현 두산중공업)에게 담당하도록 하였다. 원자력발전소의 핵연료는 핵연료공단을 설립해서 거기서 생산하도록 지시했다.

1971년 KIST에서 부장으로 있던 윤용구가 원자력연구소장으로 부임했다.[30] 1973년 원자력연구소의 민영화, 3개 연구소 통폐합, 원자력청은 과기처의 원자력국으로 축소 편입되었다. 대통령직속 원자력 행정 최고기관으로 출발했던 원자력원이 과학기술처의 외청인 원자력청으로 격하되고, 다시 과학기술처 산하의 일개 국으로 축소되는 시절에 원자력연구소의 연구원들이 다 이직하는 그런 때였다.

박정희 정부가 추진한 원자력발전소 계획은 1978년 고리1호기 가동, 1983년 4월에 월성 1호기, 9월에 고리 2호기를 가동할 계획을 세웠다. 1986년까지 5개, 2000년까지 4개의 원자력발전소를 더 건설한다는 것이었다. 즉 전체 발전량에서 원자력에 의한 전력이 차지하는 비중을 목표로 설정했는데, 1986년까지 27%, 1991년까지 40%, 2000년까지는 46기의 원자로와 50.8GW를 생산 목표로 세웠다.

4. 고리 2호기와 월성 1호기의 건설

고리 2호기에 대한 계약은 이 책의 제2장에서 밝힌 바와 같이, "한국이 프랑스의 재처리 도입을 중지하지 않으면 고리 2호기에 대한 차관을 중지 시키겠다"는 미국의 압력에 굴복하여 한국정부가 프랑스의 재처리도입을 중단하고 나서야 고리 2호기에 대한 차관문제가 해결되어 1977년 5월에 기공식을 거행하였다. 즉, 미국의 웨스팅하

---

30) 박익수, 『한국원자력창업비사』(서울: 도서출판 경림, 1999) 중 윤용구와의 대담에서 발췌, pp. 173-204. 박익수는 윤용구를 인터뷰하고 난 후 이렇게 썼다. "윤용구는 1971년 8월에 원자력청 산하 원자력연구소장이 되었다. 73년 2월에 원자력청은 없어지고, 연구소가 민영 출연 연구소가 되자 원자력연구소장을 계속했으며, 1978년 3월까지 6년 반을 연구소장으로 지냈다. 그는 1973년부터 프랑스로부터 재처리시설 도입 건에 참여하였고, 1974년부터 프랑스재처리 시설 도입을 차단시키기 위한 미국의 압력을 몸소 견디어 낸 사람이다. 결국 재처리 기술도입이 중단되고, 원자력연구소가 핵연료공단과 분리되는 기간을 다 겪었다. 그는 미국에서 재처리 연구와 시설을 지원해주지 않아 프랑스에 원전연료주기 기술분야 협력을 요청했다고 말했다."

우스사가 미국 수출입은행에서 2.5억 달러의 차관을 지원함으로써 고리 2호기 건설 계약이 이루어졌다. 기공식은 지연되었지만, 한전에서는 웨스팅하우스사의 권한을 축소하여 분할계약(Non-Turnkey) 방식으로 계약을 했다. 원래 1981년까지 공사를 마무리할 계획이었으나, 공사기간 중에 계약자측의 국내 노사분규로 인한 자재공급의 지연, 품질관리 활동의 강화 등으로 공기가 지연되어 6년 간의 공사 끝에 1983년 7월에 준공되었다. 이 고리 2호기 건설에는 미국 EXIM은행 차관 등 외자 4억 4천만 달러와 내자 2,800여 억 원 등 총 6천억 원이 소요되었다.

월성 1호기의 기공식이 열린 것은 1977년 6월 15일이었다. 한국이 프랑스로부터의 재처리 시설 도입을 중단할 때까지 미국정부는 캐나다정부에게 월성 1호기 계약을 늦추도록 요구하고 있었기 때문에 계약이 늦어졌다. 이 책의 제2장에서 설명한 바와 같이, 월성 1호기는 중수로이고 천연우라늄을 핵연료로 사용하기 때문에 사용후핵연료를 자주 인출하여 재처리할 수 있어 핵확산의 위험성이 높았다. 그래서 미국이 한국의 도입을 통제하였고, 미국정부가 프랑스의 대한국 재처리 시설 수출이 완전 중단되기 전까지는 캐나다에게 중수로 수출을 반대하고 있었다. 따라서 기공식이 늦추어질 수밖에 없었으며, 일단 한국의 프랑스 재처리 시설 도입 중단이 결정되자 마자 기공식을 마친 다음 공사는 신속하게 추진되었다.

당시 원전건설에 대한 자료나 기술이 전무했던 터라 월성원전 1호기는 계약자 주도방식인 일괄도급방식(Turn-Key)으로 추진되었다. 캐나다원자력공사가 원자로 및 연료와 증기발생기 계통을, 터빈발전기 계통은 파슨스 영국·캐나다 합작사가, 변전설비는 영국의 GE사가 맡았다. 여기에 한국전력이 설계·감리를 맡았으며 시공 1차 계통은 현대건설이 맡았고 2차 계통은 동아건설, 비파괴검사는 삼영비파괴가 맡았다.[31]

월성원전 1호기는 캐나다가 독자적으로 개발한 60만kW급 CANDU 표준설계에 의해 건설되고 있는 젠트리 2호를 기준발전소로 설계되었다. 하지만 운전 실적이 없는 원형로였다. 따라서 가압경수로(PWR)에 비해 많은 설계변경이 뒤따랐다. 게다가 1979년에 일어난 미국의 스리마일아일랜드(Three Miles Island) 원자력발전소 사고의 영향으로 안전을 강화하게 되어, 약 1천 50건의 설계개선 및 설계변경이 뒤따랐다. 기계 관련 변경도 400여 건에 가까웠다.

---

31) 영남일보, "한국에너지의 심장 월성원전 (5): 역경과 도전 … 늦어진 공기를 단축시켜라," 2014. 1.7.

1981년 3월에는 발전기 고정자 설치공사에 착수했고, 82년에는 원자로 냉각재 계통 시운전에 들어가 5월에는 냉각수계통 수압시험을 완료했다. 같은 해 8월에는 우라늄 핵연료를 첫 장전했다. 11월 21일 처음으로 원전연료가 연쇄반응을 일으키는 최초 임계에 도달했다. 12월 31일 원자로 최초 임계 도달 이후 계속되는 시운전 작업을 무사히 완료했다. 83년 3월에는 성능보증시험이 완료되었다. 각고의 노력 끝에 부지 선정 등으로 1년 넘게 늦어졌던 공기는 대폭 단축되었고, 건설허가시점 기준으로 62개월만인 83년 4월 22일, 마침내 한국 최초의 중수로 원전인 월성원전 1호기의 상업 운전이 시작됨과 동시에 준공식이 열리게 되었다.

이것은 고리 1호기에 이은 두 번째 원전(당시 대다수 신문 지상에는 원자력 3호기 준공식으로 발표되었음) 준공식으로서 내자 3,055억 원, 외자 5억 9천 500만 달러 등 모두 6천 428억 원의 공사비와 연인원 410만 명이 동원된 공사였다.[32]

이날, 월성 1호기 준공으로 한국의 발전설비는 10,304,000kW로 늘어났다. 1945년 해방 당시에 19만 9천kW(남북한 총설비 172만 3천kW의 11.5%)의 소규모로 출발했던 우리나라가 드디어 설비용량 1천만kW 돌파기록을 달성하게 된 것이다.

고리 1, 2호기와 월성 1호기를 제외하고 박정희 시대에 공사를 시작했거나 계획 중이었던 원자력발전소는 영광원자력발전소 1, 2호기, 울진 1, 2호기였다. 영광원자력발전소 1, 2호기는 전력수요의 급증이 예상되던 1980년 초에 지역의 균형발전과 서해안의 전력수요를 충당하기 위해 호남지역에 건설되었다.[33] 영광 1, 2호의 부지는 1978년에 매입을 완료하였고, 한국전력이 주도하여 한국 원자력의 기술 습득을 위해 분할발주 방식을 취하였다. 설비용량은 95만kW급 가압경수로로서, 설계 기술 용역은 미국의 벡텔사, 원자로 설비와 터빈발전기 공급에 미국의 웨스팅하우스사, 시공은 현대건설이 맡았다. 1981년 2월에 기공식을 가진 영광원전은 1호기가 1986년 8월, 2호기가 1987년 6월에 준공되었다. 고리 3호기는 78년 4월 계약, 85년 9월에 완공했고, 고리 4호기는 78년 4월 계약, 86년 4월에 완공했다. 영광 1, 2호기는 79년 11월 계약하고 86년 8월과 87년 6월에 완공했다.

울진 1, 2호기는 1975년에 김종필 총리가 프랑스를 방문하여 원자력발전소 2기를 도입하겠다고 하여 시작된 사업으로 1981년에 건설을 시작했다.[34] 프랑스의 90만

---

32) 영남일보, "한국에너지의 심장 월성원전 (7): 월성, 불을 밝히다," 2014. 1.21.
33) 한국원자력연구원(2008), 앞의 책, pp. 107-108.

kW급 P4 표준형 가압경수로다. 프랑스의 프라마톰(Framatom)사가 원자로 계통설비 등 1차 계통을, 프랑스의 알스톰(Alstom)사가 터빈발전기 등 2차 계통을 맡았는데, 모두 분할발주방식으로 계약했다. 미국의 에바스코(Ebasco)사가 설계기술 용역사업을 맡고, 동아건설이 토건공사를 맡고, 한국중공업이 기전설비공사를 맡았다. 울진 1,2호기는 1987년 말까지 설치공사를 완료하였으며, 1호기는 1988년 9월, 2호기는 1989년 9월에 각각 준공되었다. 결론적으로 초기 원자력발전소 10기는 모두 1970년대에 착수한 것이거나 교섭 막바지에 있었던 것들이라고 할 수 있다.

5. 한국의 핵연료 국산화 결정

프랑스로부터 재처리 시설 도입 계획이 실패로 돌아가자 최형섭 과학기술처 장관은 핵연료의 제련과 성형가공처리를 위해 1976년 10월에 핵연료개발공단을 설립할 계획을 세우고, 총규모 167억 원의 예산을 연차적으로 투입할 계획이라고 국회에 보고하였다. 이 계획에 따라 1976년 12월 1월 핵연료개발공단을 설립했다. 핵연료개발 공단은 우라늄의 가공정련, 전환 및 부대 시험 시설의 관장, 혼합 연료 가공 및 시험 시설의 설치, 재료 시험소의 설계, 상용 공장의 기본설계 업무를 담당토록 계획되었다. 핵연료공장의 설계 건설 운영에 필요한 제반 기술능력을 배양함으로써 핵연료의 국산화를 촉진하고 국내 소요 핵연료의 안전공급 체제 확립에 기여할 것을 목적으로 발족했다. 초대 소장에 주재양 박사, 1년 후에 양재현 박사가 소장, 이한주 박사가 부소장을 맡았다. 또한 1978년 10월에 핵연료 성형 가공시설을 프랑스의 차관을 도입하여 설립하였다.

김동훈은 미국 정부로부터 프랑스 재처리 계약 중지 압력을 받고,[35] "한국은 원자력 에너지의 자립을 도모하는 차원에서 핵연료주기 기술 연구시설이 경제적·기술적인 면에서 필요하다"고 설득했으나, "미국이 한국에 대한 핵무기 개발 의혹을 가지고 있었기 때문에 미국의 압박이 심해서 결국 원자력연구소가 정부에게 1976년 1월

---

34) 한국원자력연구원(2008), 위의 책, pp. 108-109.
35) 박익수(2004a), 앞의 책, pp. 222-269에 있는 "김동훈의 회고록: 1995년 나의 원자력 회고"에서 발췌.

재처리 시험시설과 MOX 핵연료 가공시험시설의 보류를 건의함으로써 중단되게 되었다"고 회고했다.

원자력연구소는 캐나다로부터 NRX 도입이 중단되자 1976년부터 이를 국산화하는 계획으로 바꾸어 추진하였다. 이 사업은 재료시험로의 자력 설계 건설 사업이라는 이름으로 추진되었고 1단계 사업으로 1980년까지 기술개발 및 상세 설계, 2단계 사업으로 1983년까지 임계장치개발, 3단계는 1984년부터 시험로를 건설한다는 계획으로 추진되었다. 단계별로 각 단계가 끝날 때마다 진행상황과 국제정세를 보아 가면서 다음 단계 사업을 계속 수행 여부를 결정하겠다는 것이었다.

기본설계를 마무리하고 있던 1978년 3월에 현경호 연구소장이 취임하였고, 그는 이 사업을 적극 지원하였다. 연구소의 조직을 실단위에서 부단위로 조직 개편하면서 원자로 개발사업을 장치개발부로 승격시키고, 그 밑에 3개 실을 두었다. 재료시험로 자력 설계 건설사업은 Thermal Flux Test Facility(열중성자 시험시설)의 첫 자를 따서 TFTF사업이라고도 불렀다. 한편 TFTF사업에는 약 2톤의 중수가 감속재로서 필요했기 때문에 중수제조기술 개발도 TFTF사업의 일환으로 수행되었다. 1978년부터 실험장치 개발에 착수, 1980년에 낮은 농도이긴 하지만 국내에서 처음으로 0.1%~0.2% 농도의 중수를 생산하였다.

최형섭 장관의 재임 중에는 이 사업을 적극 지원해 주었으나, 1978년 최종완 장관으로 바뀌면서 이 사업에 제동이 걸리기 시작했다. 1979년 여름 어느 날 현경호 연구소장이 과기처장관에게 TFTF사업이 원자력 발전에 꼭 필요한 사업이라고 설득했지만 장관이 "왜 쓸데없는 일을 하는가?"라고 짜증을 내기도 했다고 한다. 1980년 3월 현 소장이 순직하고, 김동훈은 이 사업을 국내 정치 사정을 감안하여 그만두고 말았다고 한다.

김동훈은 1970년대 잘못 된 것 중의 하나가 "한국핵연료개발공단(핵공단으로 약칭하기도 함)"을 설립한 것이라고 지적했다. 원자로기술은 연구소에서, 핵연료기술은 핵공단이 담당하는 것이었는데, 핵연료기술은 프랑스의 재처리 시설 도입이 실패하자, 한국 자체적으로 핵연료기술을 개발하는 것으로 변했다고 한다. 하지만 이 핵연료기술 개발이 자체적으로 핵을 개발하려는 시도가 아닌가 하는 의심을 외부로부터 받은 것이 사실이었다. 그래서 국내에서는 재처리나 플루토늄을 추출하기 위한 기술이나 프로그램이 완전히 중단되었다고 보는 것이 현실적인 평가이다.

1979년 12.12 쿠데타 이후 1980년 국보위 시절을 지나, 그해 12월에 전두환 신정부가 공식 출범하였다. 정부 출연 연구소의 통폐합이 이루어졌고, 원자력연구소와 핵연료개발공단이 합쳐져서 한국에너지연구소로 이름을 바꾸었다. 미국의 한국 핵개발 흔적 및 관련 기관 해체 요구와 관련하여, 한국은 제한된 범위 내에서 한국의 평화적 원자력 개발을 위해 눈치 보기로 일관했다. 따라서 1980년 12월 19일 한국원자력연구소가 한국에너지연구소로 전환되면서 한국핵연료개발공단을 에너지연구소로 통합시켰다. 전두환 신군부의 출범과 함께 칼을 맞은 원자력연구소는 사기가 저하되었고 한동안 구심점이 없었다.

그런 가운데 ADD에서 미사일연구책임자를 맡았던 한필순 박사가 1982년 3월에 전두환 정부에 의해 한국에너지연구소 부소장 겸 대덕기술센터(전 한국핵연료개발공단)의 센터장으로 부임해 왔다. 한필순은 공군대령 출신으로 미국에서 박사학위를 받은 물리학자였다. 한필순은 1983년 7월 핵연료주식회사(1982년 11월 한전이 설립한 자회사)의 사장으로 겸임 발령을 받았다. 1984년 에너지연구소장으로 임명되었는데, 전두환 신군부가 신임하여 에너지연구소를 장악하라고 보낸 인사였다.

한필순의 대덕기술센터 센터장 부임 때부터 한국의 평화적 원자력 기술의 자립을 위한 기틀을 마련하는 작업이 시작된 것으로 한국 원자력연구소의 공간사는 기술하고 있다.[36] 한필순은 핵연료의 국산화가 원자력 기술자립의 출발점이라고 여기고, 1983년부터 핵연료 국산화 사업계획을 세워 추진했다. 그러나 이것은 정부의 원자력 죽이기 운동 속에서 핵연료공단 만이라도 살리려는 노력을 기울인 것으로 해석되고 있다.

한소장은 서울과 충남 대덕에 분산되어 있던 원자력 연구기능과 인력을 대덕 단지로 모으고, 국제수준의 원자력 연구기관을 만들기 위해 노력했다. 한필순은 이렇게 말한다.[37] "1983년 4월 대덕공학센터를 방문한 전두환 대통령이 핵연료 기술의 자립을 강조하고 경수로용 핵연료를 개발하라고 했다. 이날 내가 느낀 것은 전두환이 지금까지 원자력을 죽이는 대통령으로만 알고 있었는데, 그게 아니었다. 최고통수권자가 핵과학자와 기술자들을 믿고 지원해 준 결과로 오늘의 한국 원자력 발전의 기술의

---

36) 한국원자력연구원(2008), 앞의 책, pp. 131–145.
37) 박익수(2004b), 『한국원자력 창업비사 1955–1980. 개정판』(서울: 경림출판사, 2004). 한필순과의 인터뷰 내용(1987년 10월 5일 녹음).

성공신화를 낳을 수 있었다고 생각한다"고 말하였다. 한필순은 연구소에서 CANDU
의 핵연료 자립 계획, 우라늄원광을 정제하여 산화우라늄으로 변환시키는 우라늄 제
련 변환 계획을 추진하였다.

핵연료성형기술을 국산화하기 위해 1단계 연구개발(R&D), 2단계는 파일롯플랜
트 실험, 3단계는 캐나다에서 실용화 승인을 받는 것 4단계는 월성 원전에 부분적 장
전을 함으로써 안전 실험을 하는 것, 5단계는 본격적인 국산화 핵연료를 사용하는 것
을 단계별로 추진하여 1987년 7월에 계획대로 성공하였다.

위의 단계별 계획에 따라, 1982년 10월 5일 한국에너지연구소와 캐나다 AECL
간에 핵연료검증시험 계약을 체결했다.[38] 캐나다가 이 기술을 전수해 주는 데에
2,500만 달러를 요구했다가, 우리 측이 거부하자 300만 달러라도 달라고 요구했다고
한다. 우리측이 2차 제안도 거부하고 자력으로 기술연구를 수행해서 3단계 실용화
승인을 받을 때에 캐나다에서 시험비용으로만 40만 달러를 지불하였다. 캐나다
AECL의 NRU원자로에서 에너지연구소가 제조한 새로운 핵연료를 장전하여 시험하
였다. 조사후 시험결과 천연우라늄 핵연료의 건전성이 입증되어 국제적 공인을 얻게
되었고, 1984년 1월에 우리 과학기술처로부터 설계 승인을 받았다. 1984년 5월 17일
에너지연구소와 한국전력 간에 월성원전의 중수로 핵연료를 시험장전하기 위한 핵
연료 부분 공급 계약을 체결했다. 동년 9월에 월성원전에 24개의 핵연료를 장전하여
1년 후에 꺼내어 보니 평균 연소도가 캐나다의 핵연료에 비교해 손색이 없음이 입증
되었다. 이 기술이 성공하여 1986년 1월에 캐나다와 에너지연구소 간에 중수로 핵연
료 연구개발결과의 상호교환을 내용으로 하는 기술도입계약이 체결되었다. 1987년
7월부터 중수로형 핵연료는 본격적인 양산에 들어가서 월성 원전에 전량 공급되기
시작했다.

또한 경수로용 핵연료의 국산화 사업을 추진하기 위해, 1985년 8월초에 한국에
너지연구소는 서독 지멘스그룹의 카베유(Simens-KWU)사와 기술도입 계약을 체결하
고, 40명의 과학기술자들을 파견하여 핵설계 및 노심관리, 열수력 설계, 시제품 제작
및 성능 시험 등에 관한 기술을 제공받았다.[39] 그 결과 1989년 말 최초로 경수로용
국산 핵연료를 생산하고, 경수로용 핵연료 생산공장을 세웠으며, 이후 한국의 모든

---

38) 고경력 원자력전문가 편저, 앞의 책, pp. 115-119.
39) 고경력 원자력전문가 편저, 위의 책, p. 77.

원전에는 국산 핵연료가 사용되기 시작했다. 1990년 2월에 고리 1호기에 국산 경수로 핵연료를 첫 장전시켰다.

<표 3-2> 핵연료주기시설(1978-1994)[40]

구분	사업기관	설치장소	허가일자/완공일자	시설규모	내용
정련	한국원자력연구소 (1980년부터 한국에너지연구소)	대전 유성구	1981. 6.16	U3O8 400kg/년 생산	원광분쇄시설, 침출여과시설, 우라늄침전시설
변환	상동	상동	1981. 6.16	100TU/년 생산	용해, 정제, 침전시설, 유동화시설
중수로형 가공	상동	상동	1978. 3. 9./ 1987. 7	100TU/년 생산	소결체 제조시설, 핵연료집합체조립시설
경수로형 가공	한국핵연료(주)	상동	1986. 9.12	200TU/년 생산	소결체 제조시설, 재변환시설 핵연료집합체조립시설
사용후핵연료 재처리	한국원자력연구소 (1980년부터 한국에너지연구소)	상동	1982.10.25	Pool: 3 Cell: 6 액체폐기물: 501m^3/년 고체폐기물: 400 드럼/년	

한국에너지연구소 산하 대덕기술센터는 1982년 11월에 한전의 자회사로서 '핵연료주식회사'로 창설되었고, 1993년에는 한국원전연료주식회사로, 1999년에는 한전원자력연료주식회사로 명칭을 변경하였다. 한전원자력연료주식회사에서는 핵연료의 국산화에는 성공했으나, 2008년까지 핵연료봉을 넣는 관인 지르코늄 합금 핵연료 피복관 전량을 매년 200억 원 상당을 지불하고 외국에서 수입해 오고 있었다. 한전원자력연료회사는 지르코늄 핵연료 피복관을 국산화하겠다는 목표를 세우고 2009년도에 국산화에 성공하였다. 국내기술로 제조된 피복관을 사용한 핵연료가 2010년 울진 6호기에 국내 최초로 장전되기 시작하여 국내의 모든 경수로 발전소

---

40) 한국원자력연구원(2008), 앞의 책, pp. 128-145.

에 공급되고 있다.

제 3 절   원자력발전소 기술의 국산 자립화 추진

1979년 10월 박대통령이 서거하자 한국의 원자력은 후견인을 잃었다. 전두환 신군부가 등장하자 모든 원자력산업은 최대의 수난기를 맞게 된다. 핵연료공단이 원자력연구소로 통합됐고 원자력연구소는 이 책의 제2장에서 설명한 바와 같이 전두환 신군부에 의해 에너지연구소로 명칭마저 강제로 교체 당했다. 원자력연구소의 이름에서 '원자력'(아토믹, Atomic)이라는 단어를 제거 당했다.[41] 영광 3호기의 건설계획이 출범된 것이 1984년이니까 한국의 원자력발전소 건설은 4년간 정체기를 겪게 된 것이다.

박정희 시대의 핵무기 개발의 흔적을 충분히 말살했다고 생각한 전 대통령은 평화적 목적의 원자력이라도 발전시켜야만 되는 입장에 서게 되었다. 이를 위해 한전과 원자력연구소의 리더를 교체했다. 1983년에 박정기(전 대통령의 육사 후배) 한국중공업 사장을 한전사장에, 1984년에 한필순(공사출신) 박사를 한국에너지연구소장에, 1985년 김성진(전 대통령과 육사 동기생)을 과학기술부 장관에 임명하여 3명이 원자력 발전을 이끌 트리오가 되게 하였다.

때마침 1983년 4월에 한국전력 사장으로 취임한 박정기는 원자력 기술자립과 국산화에 대한 신념과 비전을 갖고, 7월에 한전에서 원자력발전 기술자립촉진 회의를 처음으로 개최했다. 전 대통령은 원자력의 기술자립과 국산화 계획을 단계별로 진전시키기 위한 관련 결정사항들을 차질 없이 수행하기 위해 동력자원부 주관으로 원자

---

41) Byung－Koo Kim, *Nuclear Silk Road: The Koreanization of Nuclear Power Technology* (USA: CPSIA, 2011), pp. 14－16. Korea Atomic Energy Research Institute는 Korea Advanced Energy Research Institute로 바뀌었다.

력 발전기관을 총망라하여 범국가적 합의체로서 '원자력발전 기술자립촉진 대책회의
(1984년 4월 전력그룹회의로 개칭)'을 발족시키도록 지시하였다고 한다.[42] 동 회의에서
원자로 설계기술과 제조기술의 축적과 개발, 경제성 제고 등을 목표로 설정했고, 후
속 원전 노형은 적어도 6기까지 900MW급으로 고정시켜 이를 한국 표준형 원전설계
로 한다는 방침을 천명하였다.

이 원자력발전 기술자립촉진 대책회의에는 한전, 한국전력기술주식회사, 한국에
너지연구소, 핵연료주식회사, 한국중공업 등 원자력발전 기관이 모두 참석했다. 1985
년 3월에 전원개발계획을 확정했다. 한국의 원전 기술자립이란 목표를 가지고 영광원
자력발전소 3, 4호기(영광 3, 4호기)를 1995년 3월과 1996년 3월에 준공하고 이를 표준
형 발전소로 채택해서 1995년에는 95% 원전 기술자립을 달성한다는 계획이었다.[43]"
그리고 모든 관련기관의 책임소재와 역할을 아래와 같이 확실하게 구분하여 정리하
였다.[44]

- 한국전력: 원자력발전 건설사업의 관리, 발전소 운영 담당, 사업주체로서 장
  기적인 기술 개발의 비용 부담과 전반적 프로젝트 관리
- 한국에너지연구소(현재의 한국원자력연구원): 핵관련 기술 개발 연구와 핵증기
  발생설비 설계 지원
- 한국중공업: 주기기 및 주요 보조기기의 설계, 제작, 설치 시공 및 유지 보수.
  원자로 노형은 PWR－1000MW의 설계제작 기술을 전수받아 지속적으로 공
  급 보장
- 계열화업체: 보조기기 제작 및 설계 담당. 사전에 국산화 계획 수립 및 계획
  성취 시 이의 계속 사용 보장
- 한국전력기술주식회사: 발전소 종합 설계 및 원자로계통(Nuclear Steam Supply
  System, NSSS)[45] 설계 담당. NSSS 계통설계는 한국중공업의 능력이 축적되면

---

42) 전두환, 『전두환회고록 2: 청와대 시절』(서울: 자작나무숲, 2017), pp. 246－255.
43) 한국원자력연구원(2008), 앞의 책, pp. 146－153.
44) 이종훈, 앞의 책, pp. 304－328.
45) 원자력발전소의 핵심 머리기술인 원자로계통(NSSS: Nuclear Steam Supply System)의 설계에
   서 원자로계통이란 원자력발전소의 격납용기 안에 들어가는 1차 계통들로 원자로 냉각계통과
   그주변의 보조계통, 그리고 비상시에 대비한 안전계통들로 이루어져 있다. 이 중에서도 설계
   기술의 핵심은 원자로 냉각 계통으로 핵연료를 담는 원자로 용기와 증기 발생기이다.

그 곳으로 이관.

- 한국핵연료주식회사: 초기 노심 가공과 교체 핵연료의 기술을 전수받아 핵연료를 가공하여 계속 공급
- 계열화 업체에 지정되지 않은 보조기기 업체: 미리 지정하지 않고 표준화 설계에 맞게 공급할 수 있는 업체로부터 경쟁을 통하여 구입토록 함
- 시공담당 건설회사: 현대건설, 동아건설 등. 화력발전소 건설능력이 입증된 회사를 선정, 그 능력을 신장시켜 원전 참여 확대 지향

위에서 말한 회의체의 발전 배경을 보면, 한전은 1982년 고리 2호기 원전과 월성 1호기 원전의 시운전에 돌입하였다. 고리, 영광, 울진 등에 6기의 원전을 건설하고 있었으나 노형 및 용량, 기술도입선, 인허가 기준이 서로 달라서 어려움이 많았고, 기자재 구매 사양의 다양성, 기술 인력의 분산으로 인해 원전 기술자립화에 장애가 많았다고 느낀 한전이 자체적으로 1983년 7월에 '원자력발전소 건설사업의 장기 추진 방향'이란 문건을 만들어서 동력자원부의 장차관에게 보고하고, 표준형 원전 추진에 대한 정부의 정책으로 확정하였다. 1984년 4월에 '원자력발전 장기 종합대책'이 수립되고, 관계부처 협의를 거쳐 '원자력발전의 경제성 제고 방안'이란 정책이 결정되었다. 한전을 중심으로 1985년 3월에 전원개발계획을 확정지었다. 이 계획에 의하면 한국 원전의 기술자립이란 목표를 설정하고, 영광원자력발전소 3, 4호기를 1995년 3월과 1996년 3월에 준공하며, 이것을 한국 표준형 발전소로 채택해서 1995년에는 95% 원전 기술자립을 달성한다는 계획이었다.

우선 기술자립의 범위를 표준원전의 설계, 제작, 건설, 운전보수 기술과 안전규제기술로 국한하기로 하였다. 여기서 기술자립도 목표를 95%로 설정한 이유는 수치적인 것보다는 상징적인 면이 많았다고 한다.[46] 100% 원전 기술자립이란 목표를 세우면, 향후 해외에서 계속 발전하는 신기술을 도입하는데 문제가 있을 수 있고, 국제 원전시장에서 소외될 수도 있다는 우려가 있기도 했다. 원전의 핵심기술을 너무 과도하게 국산화시키려고 하면 비용 대 효과 면에서 효율성이 떨어지고, 한국과 비교해서 상대적으로 비용 대 효과가 높은 외국기술을 도입하는 것이 국제원전시장에서 선진

---

46) 김병구 박사와의 인터뷰, 2019. 5.15.

국과 우호적인 협력관계를 유지하는 데 도움이 될 것이란 판단을 가지고 기술자립도 목표를 95%로 잡았다고 한다. 이에 따라, 한전에서는 향후에 발주할 영광 3, 4호기 원전은 외국의 공급회사로부터 원자로계통 설계기술과 기자재 제작기술까지 전수받는 것을 조건으로 계약하기로 결정했다.[47]

한편, 1982년 7월에, 해외과학자 유치의 일환으로 채용된 정근모 박사가 귀국하여 한국원자력기술(KNE)사장으로 취임했다. 그는 회사명을 한국전력기술주식회사(KOPEC)로 바꾸고 원자력발전소의 설계와 표준화에 많은 관심을 쏟았다. 과학기술처로부터 연구비를 얻어서 표준 원자력발전소 설계에 대해 연구하기로 결정하고, 1983년 4월에 과학기술처와 협약을 체결하였다.

한전에서는 내부적으로 1983년부터 고리원전 3, 4호기 건설을 계획할 때에 한국원전의 기술자립을 도모하기 위해 기존의 턴키방식의 수입 모델을 분할발주방식으로 바꾸었다. 이 계획은 국내주도 기술자립계획을 의미했는데, 한국전력의 종합사업관리 아래 국내업체를 주계약자로 하고, 외국업체는 국내 주계약자의 하도급자로 참여하도록 한다는 것이었다.[48] 한국전력, 한국중공업, 에너지연구소가 공동 명의로 1985년 10월 31일 외국 후보 대상 회사들에게 원자로계통설계, 제작, 공급에 대한 입찰안내서와 응찰시 기술전수의향서를 제출하도록 공시했다.

응찰서를 제출한 회사는 미국의 웨스팅하우스, CE(Combustion Engineering)사, 프랑스의 프라마톰사, 캐나다의 AECL 등이었다. 한국전력이 1986년 말 최종 낙찰자를 발표했다. 미국의 S&L(Sargent & Lundy)가 플랜트종합설계를, 미국의 CE사가 원자로계통설계 및 기자재 공급과 초기 노심 핵연료공급을 맡기로 결정되었다. 기술전수계약을 통해 외국업체의 지원을 받을 수 있게 되었다.

영광 3, 4호기는 한전과 원자력연구소가 주계약자로 참여한 기술주도형 사업으로 외자의존도는 17% 정도였다. CE사와 원자로에 관한 기술전수계약을 체결함에 따라 원자력연구소는 원전기술을 직접 이전받을 수 있게 되었다. 1985년 7월에 원자력위원회에서 한국전력기술주식회사 대신에 한국원자력연구소가 원자로의 계통설계의 주계약자를 맡도록 결정되었다.

---

47) 이종훈, 앞의 책, p. 322.
48) 한국원자력연구원(2008), 앞의 책, pp. 127 – 128.

제 4 절 한국표준형 원자력발전소 추진

   한국표준형 원자력발전소 개발 계획에 따라 최초의 한국표준형원자력발전소인 울진 3, 4호기 건설에 돌입했다. 1987년 5월 타당성조사를 실시했다. 1989년 4월 동력자원부는 전원개발계획에 한국표준형원자력발전소 건설을 포함시켰다. 1989년 5월부터 본격적인 건설에 돌입했다. 울진 3, 4호기는 1998년과 1999년에 준공되었다. 이후 한국표준형원전은 영광 5, 6호기, 울진 5, 6호기가 계속 건설되어 운영되고 있고, 신고리 1, 2호기, 신월성 1, 2호기까지 이 모델을 건설하도록 계획되었다.

   한국이 '원자력발전 장기 종합대책'을 수립했다는 소문이 국제사회에 나돌자, 세계의 원자력 산업체들이 자기회사의 노형을 수출하기 위해 치열한 경쟁을 벌였다. 국내에서는 과거 미국의 웨스팅하우스사로부터 6기의 PWR을 수입하기는 했지만 WH사가 원자로 설계 핵심기술을 제공하지 않았던 점을 감안해야 한다고 하는 주장이 거세게 일어났다. 다른 외국회사들과 국내회사들을 중심으로 BWR(비등식 경수로: Boiling Water Reactor)를 도입해야 된다고 하는 주장도 동시에 제기되었다.

   이때에 박정기 한전사장은 BWR 노형을 도입하는 것에 긍정적인 생각을 보이고 있었다.[49] 당시 박정기 사장 밑에서 원자력 건설부 업무를 총괄하고 있던 이종훈은 9월에 고리 1호기 원자력본부장으로 전출되었다. 이종훈은 1983년 12월에 대만에서 미국원자력학회가 주최하는 "국제핵능전력 고위회의"에 박사장을 수행하여 참석하게 되었다. 이때 대만전력의 주서린(朱書麟) 사장이 "대만전력이 경제부흥과 국민생활에 얼마나 큰 기여를 했는가"에 대해서 브리핑하면서 다음과 같이 말했다.

   "대만전력은 원자력 발전 비중을 꾸준히 높여 왔으며 1983년 현재, 대만 총 전력의 40%를 원자력발전으로 충당하고 있다. 석탄과 석유 발전을 원자력으로 대체함으로

---

49) 이종훈, 앞의 책, pp. 312-316.

써 연간 5-6억 달러의 이익이 산출되고 있고, 일본의 전력 요금보다 연간 10억 달러 정도 싸게 산업계에 공급함으로써 대만의 경제발전에 크게 기여하고 있다"고 말했다.

박정기 일행은 12월 9일 오전에 대만전력 본사 방문을 마치고 오후에 마안산(馬鞍山) 원자력발전소 건설현장을 방문했다. 이때에 주서린 사장은 "대만은 처음부터 대만전력 주도로 BWR원전을 약 4년 간격으로 착수하여 1983년 당시 모두 4기의 300만 kW 원자력 발전 설비를 건설 중에 있고, 마안산 원전 2기는 노형을 바꾸어 PWR 원전을 건설 중에 있다. 첫 원자력 발전소인 금산(金山) 2기와 두 번째의 국성(國聖) 2기를 모두 BWR 노형으로 건설했으나, 운전 중에 1차 계통의 핵연료 손상에 의해 방사능물질이 2차 계통인 터빈까지 오염시켜서 고생한 적이 있다. 그래서 마안산 원전 건설부터 BWR을 PWR로 노형을 바꾸었다"고 강조하는 설명을 했다. 박정기 사장은 이 브리핑을 듣고 장차 한국의 원전 노형을 PWR로 해야 하겠다는 확신을 가지게 되었다고 전해지고 있다.

1985년 3월에 영광원전 3, 4호기를 PWR 노형으로 하는 것이 확정되었다. 프로젝트 매니지먼트 기술은 1978년에 시작된 고리원전 3, 4호기 건설 때에 이미 도입하여 영광원전 1, 2호기에서 기술자립 성과를 확인해 보았기 때문에 새로 도입할 필요가 없었다. 이와 관련하여 1985년 3월 한전 원자력 부사장으로 임명된 이종훈의 일화는 경청할 만하다.[50]

"PWR 원자로 설비 공급업자 선정이 가장 중요한 부분이었다. 입찰 대상자로는 미국의 웨스팅하우스, 컴버스천엔지니어링, 프랑스의 프라마톰, 독일 KWU, 일본 MHI, 캐나다의 AECL사 등 6개 업체가 있었다. WH는 이미 6기의 원자로를 한국에 수출하고 있었고 미국의 대기업이라서 그런지 기술전수에는 인색했다. 반면에 CE사는 한국시장 진출에 사활을 걸고 있었으므로 모든 기술을 한국이 원하는 대로 다 줄 수 있다는 자세로 나왔다. 1986년 3월말 입찰 마감일이 왔다. 예상대로 WH, CE, 프라마톰사가 응찰했다."

이 당시에 세계 원자력 시장은 얼어붙어 있었다. 1979년 미국의 TMI 사고, 1986년 4월의 소련의 체르노빌 사고로 인해 원자력에 대한 공포가 전 지구를 덮게 되었다. 미국의 웨스팅하우스사는 1979년 이후 아직 이렇다 할 원전 수출을 하지 못하고

---

50) 이종훈, 위의 책, pp. 317-319.

있었기에 한국에 기회를 엿보고 있었다. 그래서 원천기술을 확보함으로써 원전을 국산화하려는 전략을 갖고 있는 한국이 수요자 독점, 즉 '바이어의 마켓(buyer's marcket)'을 만들 수 있었고, 따라서 협상에서 우위에 설 수 있었다.

한전이 CE사와 계약을 맺은 것은 너무나 잘된 일이라고 평가되고 있다. CE와 계약을 맺고 영광 3, 4호기, 울진 3, 4, 5, 6호기, 영광 5, 6호기, 신고리 1, 2호기 등 10기를 똑같은 것으로 건설하기로 했다. CE사는 한국에서만 사용하라는 조건을 달아서 원천기술을 제공했다. 이로써 한국 원전의 기술자립이 이루어졌다.

한편 1983년 한전에서 한국의 원전 11호, 12호기(영광원전 3, 4호기)를 주도하는 '원자력발전소 국산화계획'을 수립한 이후 원자로의 수증기발생 및 공급계통부분에 대한 설계용역을 에너지연구소[51](지금의 한국원자력연구원)에 주었다.[52] 이 원자로 연구사업을 통해 에너지연구소는 그때까지 이론적인 원자력연구만 하던 기관에서 원전 국산화를 실질적으로 책임지는 기관으로 인정받을 수 있는 전환점이 마련되었다고 한다.[53] 여기서 원자로 및 열교환 계통의 기술자립 연구사업은 김병구 박사가, 경수로핵연료 기술자립사업은 김시환 박사가, CANDU 핵연료 기술자립사업은 서경수 박사가 책임을 맡아 수행하였다.

입찰서에 대한 평가가 시작될 무렵, 1986년 4월 26일 구소련의 체르노빌 원자력 발전소 폭발사고가 일어났다. 원자력 발전에 대한 우려가 세계를 뒤덮었으나, 한국은 경제발전을 위해 원자력 발전을 지속하기로 결정했다. CE사는 System-80이라는 원자력 설비기술과 발전용 원자로 설계를 위한 기술까지 광범위하게 제공하겠다고 나왔다. 에너지연구소에서 주도한 입찰제안서의 평가결과 CE사가 제1협상 대상자로 추천되어 한국전력은 이를 접수하였다. 원자로 설비는 CE사가 선정되었다.

이에 대해 WH사가 "CE사는 1000MW 원자로를 설계한 적이 없으므로 CE사의 1000MW 원자로는 "비실증 원자로"라고 주장하면서, 한국의 입찰평가에 대한 공정성 시비를 걸고 나와, 한국과 미국의 조야에서 정치문제화함으로써 CE사와의 계약을 방해하려고 하였다. 감사원이 한국전력을 감사했으며 계약업무관련 비위통보를 했다.

---

51) 원자력연구소는 앞에서 말한 바와 같이 1980년 12월 19일 에너지연구소로 이름을 바꾸었다가 1989년 12월 노태우 정부에서 원자력연구소라는 명칭을 다시 찾게 되었다.
52) 이종훈, 앞의 책, pp. 311-312.
53) 김병구 박사와의 인터뷰, 2019. 5.15.

이에 대해 한국전력은 재심청구를 했으며, 감사원이 비위통보를 철회했다. 이 과정에서 1987년 7월에 박정기 사장은 한전 사장에서 물러났다.

1988년 2월 25일에 노태우 정부가 출범했다. 한전과 CE사의 계약은 '5공 비리'의 리스트에 올랐고, 1988년 5월에 출범한 제13대 국회에서 정치문제로 비화되었다. 그 후 검찰 수사도 있었다. 1년 반 동안의 검찰특수부의 수사결과 한전은 모두 무혐의로 판정났고, 영광원전 3, 4호기 건설은 진행되었다.[54] 우리나라의 거대 공사의 수주에는 종종 입찰에 떨어진 업체들이 나쁜 소문을 퍼뜨리고, 공사담당 회사는 고발당하고, 감사와 기소의 대상이 되기도 하는 악습이 되풀이 되었던 것이다. 안타깝게도 한국 표준형 원전건설에 시간이 너무 지체되었다.

한편 미국 원자력규제위원회(USNRC)에서도 "CE사의 System-80 노형은 미국에서 안전성 검토 결과 이미 인허가된 노형으로서 적절하게 실행된다면 인허가가 가능하다"는 판정이 나와서, CE사와의 계약은 잘 진행되었다.

처음 의도했던 바와 같이 영광원전 3, 4호기의 원자로 계통설계 기술과 관련된 일체의 프로그램과 데이터를 CE사로부터 지원받았으며, 한국 전력과 CE사는 공동으로 1000MW 원자로를 처음부터 완벽하게 설계하는 조건을 붙여 시행함으로써 한국의 원자로 기술자립의 문이 열리게 되었다. 이 프로젝트의 원자로 설계기술 전수 책임은 KAERI의 한필순 소장, 임창생, 김병구 박사가 맡았다. 이때 설계팀장은 이병령 박사였다. CE사의 기술책임자인 네이턴(Tom Natan)이 사업초기부터 끝까지 이 업무를 담당하여 사업을 성공시키는 데 기여했다. 네이턴 씨는 미해군 잠수함 건조사업에 종사한 경력이 있으며, 그 후 CE사에서 민간 원자력 프로젝트에 종사하고 CE사를 정년퇴임하면서 그의 "30년 동안의 원자력 프로젝트 중에서 영광 프로젝트가 가장 인상적이었다"고 밝힌 바 있다.[55]

KERI의 핵심 요원들은 NSSS 설계경험이 전혀 없었기 때문에 1986년 12월부터 6개월 간 미국 코네티컷 주 윈저(Windsor)시에 있는 CE본사에 체류하며 설계훈련을 받고 귀국하여, 원자로 시스템 공동설계에 직접 참여하였다.

CE사와 정식계약이 체결되어 영광 3, 4호기 건설을 시작할 때에 에너지연구소의 핵심요원은 120여 명으로 증가했다. CE사와 영광 3, 4호기 건설계약을 한 것은 큰 의

---

54) 이종훈, 앞의 책, p. 333. 이종훈 인터뷰, 2020. 7. 4.
55) 이종훈, 위의 책, pp. 343-346.

미가 있었다. 원래 CE사의 노형은 1,270MW였기 때문에 CE사는 한전과의 계약대로 1,000MW형을 새롭게 설계해야 했다. 그래서 모든 설계과정에서 한전과 공동작업을 하게 되었다. 1985년에 건설을 시작한 영광 3, 4호기(원전 11, 12호기)는 한국 표준원전의 효시가 되었다. 영광 3, 4호기는 원전 건설 사상 많은 새로운 기록을 갖고 있다고 전해지고 있다.

이 사업은 미국의 TMI 원전사고 이후에 미국 원자력규제위원회가 제정한 새로운 안전규제 조치항목을 설계에 반영하여 안전성을 기존 원전의 10배나 강화시킨 것으로 유명하다. 그리고 건설에 참여하는 종합설계와 주기기 공급자를 모두 국내업체로 하고, 국내 계약자가 기술을 전수할 외국업체를 선정하고 건설기간 중에 외국업체에 대한 통제권을 완전하게 행사한 첫 사업이기도 했다. 과학기술처는 "영광원전 3, 4호기가 처음으로 시도되는 국내 주도의 원전사업이므로 관련 참가자는 건설이 완료될 때까지 거의 10년 간 인사 교체 없이 일관성있게 사업을 추진"할 수 있도록 조치하였다. 한미 각각 사업 책임자가 시작부터 끝까지 10년 이상 지속적으로 사업을 담당함으로써 사업의 성공을 가져왔기 때문에 다른 모든 한미 합작사업의 모델이 될 수 있었다. 그 이외에 영광 3, 4호기는 당초 예산을 15% 절감한 가운데 시공을 마쳤으며, 기술자립목표 95%를 무난히 달성했다고 한다. 그리고 미국 Penn Well사가 발간하는 전력 전문지인 'Power Engineering'이 시상하는 1995년도 최우수 프로젝트상을 수상하였다. 미국 일리노이 기술용역협회가 선정한 1995년도 세계우수설계기술상을 수상하기도 하였다.

한편 과학기술처는 1984년에 한국에너지연구소 내에 원자력안전연구센터를 설립하여 이 사업의 원자력 안전규제 심사를 진행했으며, 이 조직을 1990년에 한국원자력안전기술원(KINS)을 설립하는 기초로 삼았다.

이후 한국에서는 영광 3, 4호기 건설 때에 배운 기술을 활용하여 울진 3, 4호기를 건설하면서 한국 독자설계의 표준형 원자력 발전소를 만들게 된다. 우리나라의 실정에 맞는 한국 표준형 원전을 탄생시킬 수 있게 된 것이다. 한국고유의 표준발전소란 의미를 가지고 KSNP(Korea Standard Nuclear Power Plant)로 명명하고, 국제기구에서 그 성능과 안전성을 인정받았다. 울진 3, 4호기는 2000년대에 와서 1,000MW 가압경수로(OPR-1000: Optimized Pressurized Water Reactor)로 명칭을 바꾸었다. 너무 한국 고유형 모델이라고 강조하면 외국에 수출하는데 장애가 될까 염려하여 OPR-1000이라고 바꾸었다.

〈표 3-3〉 한국의 원자력발전소 현황(1990년)

원자력 발전소명	원자 로형	용량 만kW	기자재공급		기술 용역	상업 운전일	위치	비고
			원자로	터빈 발전기				
고리 1호기	PWR	58.7	W	GEC	GAL	'78. 4.29	경남 고리	운전중
고리 2호기	PWR	65.0	W	GEC	GAL	'83. 7.25	경남 고리	운전중
고리 3호기	PWR	95.0	W	GEC	BECHTEL	'85. 4.29	경남 고리	운전중
고리 4호기	PWR	95.0	W	GEC	BECHTEL	'85. 4.29	경남 고리	운전중
월성 1호기	PHWR	67.87	AECW	PARSONS	CANATOM	'83. 4.22	경북 경주	운전중
월성 2호기	PHWR	70.0				('97. 6)	경북 경주	계획중
영광 1호기	PWR	95.0	W	W	BECHTEL	'86. 8.25	전남 영광	운전중
영광 2호기	PWR	95.0	W	W	BECHTEL	'87. 6.10	전남 영광	운전중
영광 3호기	PWR	100.0	한중/ 한원연/C.E	한중/ C.E	한기/ S&L	('95. 3)	전남 영광	건설중
영광 4호기	PWR	100.0	한중/ 한원연/C.E	한중/ C.E	한기/ S&L	('96. 3)	전남 영광	건설중
울진 1호기	PWR	95.0	FRA	ALS- THOM	FRA/ ALS- THOM	'88. 9.10	경북 울진	운전중
울진 2호기	PWR	95.0	FRA	ALS- THOM	FRA/ ALS- THOM	'89. 9.30	경북 울진	운전중
울진 3호기	PWR	100.0				('98. 6)	경북 울진	계획중
울진 4호기	PWR	100.0				('99. 6)	경북 울진	계획중

출처: 과학기술처, 『'90과학기술연감』(서울: 과학기술처, 1991), pp. 279-280. 하영선, 『한반도의 핵무기와
세계질서』(서울: 나남, 1991), p. 134에서 재인용.

주: ( )는 상업운전 예정년도

PWR: 가압경수로
PHWR: 가압중수로
CE: 미국 컴퍼스천엔지니어링사
한중: 한국중공업, 한원연: 한국원자력연구원
GE: 미국 제너럴일렉트릭사
S&L: 미국 서전앤런디사

W: 미국 웨스팅하우스일렉트릭사
GEC: 영국 제너럴일렉트릭사
GAL: 미국 길버트사
한기: 한국기계공업
AECL: 카나다원자력공사
FRA: 프랑스프리마톰사

울진 3, 4호기를 건설하면서 원자력연구소가 맡았던 NSSD-SD업무는 1997년에 다시 KOPEC으로 이관되었다. 한편, KOPEC에서 1991년 12월부터 '한국차세대원자로 (Korea Next Generation Reactor)기술개발사업단'을 조직하고, 차세대원자로 기술연구계획서를 작성해서, 1992년 4월에 과학기술처에 제출하였다. 2001년까지의 총사업비는 2,300여 억 원으로 추산되었다. 이때에 이종훈 한전부사장은 사업비규모가 너무 커서 과학기술처가 난색을 표명하자, 일단 230억 원의 연구비를 한전의 자금을 공급하여 연구개발이 시작되도록 조치하였다.[56]

1992년 12월 한국전력은 한국전력기술연구원(현 한국전력연구원)을 중심으로 KAERI,[57] KINS, CARR, KOPEC과 신형원자로 기술개발 1단계 용역협약을 체결하였다. 1단계 2년 동안은 해외에서 개발 중인 신형 원전의 성능 분석을 통해 보다 더 우수한 안전성과 경제성을 갖도록 1,400MW 신형원자로를 개발 대상 노형으로 확정하고 기본설계를 완료하였다.

기술개발 1단계의 평가결과 차세대 원자로는 가압경수로 1,400MW 용량으로 결정되었고, 계통구성 개념 설정과 일반 설계 및 계통설계기준, 발전소 배치개요 등 검토를 거쳐 1994년 12월 이를 확정해서 발표했다. 1995년 1월부터 시작된 제2단계 4년 동안에 한국 표준형 원전의 설계와 건설, 운영을 통해 입증된 기술과 축적된 경험을 바탕으로 신개념 설계를 도입하여 안전성과 경제성이 기존 원전에 비해 크게 향상된 설계를 개발하였다. 이후 1999년부터 2년 동안 3단계 사업에서는 경제성 및 시공성 향상을 위해 설계 최적화 업무와 함께 개발된 APR1400의 설계에 대한 규제기관의 심사를 거쳐서 과학기술부로부터 안전성을 인정받아 표준설계인가(Design Certificate)를 받았다. 이로써 명실상부하게 APR1400의 표준원전의 개발은 완료되었다.

APR1400은 설계 수명을 기존 40년에서 60년으로 증가시켰으며 원전의 해외수출을 고려하여 안전정지 내진강도를 리히터 7.3도에 견딜 수 있는 원전을 설계하고 건설공기도 48개월로 단축시켰다. 노심 손상빈도는 10만년에 1회 미만으로 여건을 강화시켰고, 전원 상실시 대처 여유시간 목표를 8시간으로 설정하기도 했다. 이것을 성공시켰기에 2008년 신고리 3, 4호기를 이 모델로 건설에 착수했으며, 2009년 UAE에 사상 최초로 1,400MW형 원자력 발전소 4기를 수출하게 되는 쾌거를 기록하게 되었

---

56) 이종훈과의 인터뷰, 2020. 7. 4.
57) 이 KAERI는 1989년 12월 30일 다시 찾은 한국원자력연구소의 명칭을 뜻한다.

다. 이 모델의 성공에 바탕을 두고 정부는 2010년 1월에 '원자력발전 수출산업화 전략'에서 2030년에 세계 3대 원전수출국에 진입한다는 목표를 설정하였다. 또한 장래에 미국 원자력규제위원회에 표준인가설계(Design Certificate)를 신청하여 2019년 승인서를 받게 되었다.

제 5 절   원자력 진흥계획의 수립과 집행

    1997년에 김영삼 정부가 마련한 제1차 원자력 진흥계획이 발표되었다.[58] 김영삼 정부에서는 1994년 7월에 개최한 제234차 원자력위원회에서 국내외의 급속한 환경변화와 고도화, 전문화, 복합화하는 원자력 기술의 발전 추세에 비추어 장기적이고 일관된 원자력 발전 정책을 수립해야 한다는 필요성을 느껴, 원자력관련 모든 부처와 전문가들의 의견을 반영하여 '2030년을 향한 원자력의 장기정책방향'을 확정하였다.

    원자력진흥종합계획은 1995년 11월 본격적인 계획수립 작업에 착수한 이래 공청회 개최를 통한 광범위한 토론과 원자력이용개발전문위원회의 심의, 그리고 1997. 6. 13 개최된 제247차 원자력위원회의 의결을 거쳐 국가계획으로 확정되었다. 원자력진흥종합계획은 국내·외 원자력 이용현황과 전망을 토대로 2010년까지 추진해 나갈 원자력정책목표와 기본방향 및 10대 부문별 진흥계획을 제시했다. 『2030년을 향한 원자력장기정책방향』은 원자력을 평화적 목적으로 안전하게 이용하여 국가경제 및 기술발전과 인류복지 향상에 기여하기 위하여 원자력정책의 4대 기본목표를 설정하고, 1995년 10월 원자력법에 과학기술처장관이 『원자력진흥종합계획』을 5년마다 수립하도록 명시함에 따라 법에 근거하여 향후 2010년까지의 구체적이고 실행 가능한

---

58) 과학기술처, 「원자력진흥종합계획」, 1997. 5. 7. 출처: 국가기록원, 생산기관: 교육부, 1997년, 관리번호 DA0769522.

계획을 수립·추진하기로 하였다.

1996년 당시 한국에는 11기의 원전(경수로 10기, 중수로 1기)이 가동중이었다. 1996년도 원자력발전량은 총발전량의 36.0%인 8.439GW였다. 원자력발전 설비용량 및 점유율 측면에서 세계 10위권 수준이었다. 따라서 향후 2010년까지 차세대 원전 4기를 포함 17기의 원전을 추가로 건설할 계획을 세웠다. 1996년 당시 한국표준형 원전 4기와 가압중수로 3기를 건설 중이었고, 2010년까지 추가로 한국표준형 원전 2기와 차세대 원전 4기를 포함 총 10기를 건설할 계획을 세웠다. 그리고 2010년까지 원자력발전설비 용량을 전체 발전설비의 33.1%로 목표를 설정했다. 2009년 고리원전 1호기를 영구 가동 중단할 예정이었으나, 그 후 가동을 연장시키다가 2017년에 문재인 정부시절에 영구중단시키게 된다.

국내 최초의 표준원전설계 개념을 도입한 한국표준형 원전(울진 3, 4호기)을 건설 중이었고, 이것은 북한에 제공할 한국형 경수로의 모델이 될 것이었다. 1997년 원자력 장기발전계획에서 발견되는 놀라운 점은 2010년까지 원자력의 수출 목표액을 200억 달러로 책정했었는데, 실제로 2009년 12월에 한국이 UAE에 원자력발전소를 200억 달러를 수출하게 되었다는 사실이다. 정권은 김영삼－김대중－노무현－이명박으로 바뀌었지만 이 원자력수출목표가 달성되었다는 것은 과학기술정책 중 원자력정책에 일관성이 지켜져 왔다는 것을 의미한다.

2001년 7월 김대중 정부에서 수립한 제2차 원자력진흥종합계획(2002~2006)은 그 전 김영삼 정부에서 수립되었던 제1차 계획을 평가하고 새로운 비전을 제시했다.[59] 2000년 말 당시 16기(경수로 12기, 중수로 4기, 총 시설용량 13.7GW)의 원전이 가동 중이었고, 2000년 국내 전력 생산의 40.9%를 담당하고 있었다. 한국 표준형원전 4기가 건설 중이었고, 『제5차 장기 전력수급계획』에 따라 2015년까지 8기의 원전이 추가로 건설되어 국내 발전시설용량의 33%, 전력 생산의 45%를 담당할 것으로 전망되었다. 2010년까지 한국표준형 원전, 그 이후에는 APR－1400 건설을 추진하는 것이었다.

한편, 1996년 김영삼 정부가 공기업 민영화 방안을 확정 발표했다. 1999년 전력산업구조 개편에 관한 기본계획을 확정하고, 2000년에 전력산업구조개편 촉진에 관

---

59) 과학기술부, 「제2차 원자력진흥종합계획(2002~2006)」, 2001. 7.

한 법률을 통과시켰고, 2001년에 공기업 구조조정을 하면서 한국전력에서 수력과 원자력 발전을 한국수력원자력으로 분리 독립시켜서 한국수력원자력 주식회사를 창립하였다. 원자력발전사업이 한국전력에서 독립된 후, 2011년 한수원과 5개 화력발전회사를 시장형 공기업으로 지정하면서 한국전력과 이들 회사와의 유대관계와 협력이 단절되고 말았다. 설상가상으로 후쿠시마 원전사고로 원자력발전사업에는 치명타가 가해졌다.

2010년대부터는 국내기술로 개발되고 출력이 상승된 APR1400(Advanced PWR)급 3세대 원전이 모두 8기 건설 추진되었다(신고리 3, 4, 신한울 1, 2, 신고리 5, 6, 신한울 3, 4). 이 중 신고리 3, 4호기는 2019년부터 전격 출력 가동 중이고 신한울 1, 2, 신고리 5, 6은 건설 진행 중이다. 법적인 사업승인과 공정이 15% 정도 진행 중이었던 신한울 3, 4 건설은 문재인 정부의 탈원전 정책으로 건설 중단상태에 있다. 후속기 APR+ 건설사업은 전면 취소된 상태이다. 국산자립도 95%에서 마지막 5% 비국산화 3가지 품목도 그동안 기술개발, 실증시험, 안전규제 인허가 과정을 모두 마치고 APR+ 로형 천지 1, 2호기, 대진 1, 2호기부터는 본격적인 100% 기술자립형 노형으로 건설될 예정이었으나 탈원전 시대에 중단된 채로 있다.

지금 현재 APR−1400에서 5% 부족했던 기술인 원전계측제어시스템, 원전설계 핵심코드, 냉각재펌프 3가지 분야를 다 국산화하여, 한국은 100% 한국형 기술자립을 달성하였다고 본다.[60] 원자력발전소 중앙제어실은 비행기의 조종실과 유사한 것으로 원전의 모든 기능을 중앙에서 컴퓨터로 통제하는 곳이다. 중앙제어시스템은 소프트웨어를 말한다. 2010년 7월까지 국산화가 완료되었다. 원전설계핵심코드 중 안전해석 코드는 원천기술의 척도로 통하는데, 발전소가 안전 요건에 맞게 설계된 것인지 점검하는 기술이다. 2012년 10월에 개발완료되었다.

APR−1400은 OPR−1000을 개량한 것으로 발전용량을 1,400MW로 키우고 수명 또한 40년에서 60년으로 늘렸다. 특히 안전성 측면에서 0.3g 내진요건을 모두 만족시키도록 지진에 대한 대처 설계를 반영했다. 또 보고건물의 4분면 배치 설계방식을 도입함으로써 화재, 홍수, 지진 등 외부충격에 대한 대처 능력을 한 차원 강화시킨 것이다.

---

60) 김병구와의 서면 인터뷰, 2019. 5.30.

APR-1400은 우리나라에서 개발한 3세대 신형 경수로 원전으로 기존 원전보다 안전성, 경제성, 편의성이 크게 높아진 형태다. 이 원자로는 1992년 12월부터 2001년 12월까지 국가선도기술개발인 G-7과제로 추진되었다. 한국수력원자력이 총괄하고, 산학연이 참여하여 기술개발을 담당했다. 핵심기술은 한국원자력연구원과 한국과학기술원 신형로 연구센터가 종합설계와 원자로 설계는 한국전력기술이 맡았다. 초기 노심 및 연료 집합체 설계는 한전원자력연료, 주기 설계는 두산중공업이 담당했다.

APR-1400 표준설계는 2006년 신고리 3, 4호기 원전건설에 첫 적용되었으며 이후 신한울 1, 2호기(2018년부터 상업 운전에 들어감), 신고리 5, 6호기(문재인 정부가 공사 중단을 시켰으나 여론을 고려하여 2018년에 공사재개를 선언함), 신한울 3, 4호기(이것은 공사 중단시켰음) 등에 총 8기가 건설되었고, 일부는 건설 중에 있다. 특히 2009년 한국 원전 최초 해외수출 모델로서 UAE BNPP(바라카) 1~4호기에도 적용되어 건설을 완료하였다.

신고리 3호기는 2016년 12월 준공 이후 389일 동안 한 번의 정지도 없는 1주기 동안 무정지 운전을 달성하기도 했다. 한편 APR1400은 NRC(미국 원자력규제위원회)로부터 설계인증을 받음으로써 수출시장에 유리한 위치를 차지했다. 또한 유럽에서 요구하는 EU 설계요건에 맞춘 EU-APR 표준설계가 유럽 사업자요건 인증심사를 통과하였다.

신한울 1, 2호기의 사업의 특징으로는 원자로냉각재펌프, 계측제어설비를 국산화하였고, 각종 성능시험을 통해 안전성과 우수성을 입증함으로써 원전건설 모든 분야에서 한국이 완전한 기술자립을 달성했다는 것이다. 글로벌 수준에 맞는 건설현장의 안전문화의 선진화 체계 구축을 위해 보건, 안전, 보안, 환경을 전담하는 HSSE팀을 신설하여 운영하고 있다.

타 경쟁국들의 노형과의 차이점은 냉각유로가 2개라는 점이다. 타 국가들은 증기발생기와 냉각유로가 4개씩이다. 증기발생기는 원전에서 가장 크고 무거우며, 가장 값비싼 기계다. 안전성의 측면에서는 비상 상황에서 물이 원자로용기로 직접 주입되는 방식을 채택하고 있다. 이에 반해 프랑스는 전통적인 방식인 냉각유로에 주입을 하고 있고, 일본은 두 가지 방식을 혼합해 사용하고 있다. 반면 이 방식을 설계에 채택하기 위해서는 원자로에 주입된 냉각수와 사고 시 용기 내에서 생성되는 증기 사이에 복잡한 상호작용을 모두 밝혀야만 했다. 당시 한수원은 한국원자력연구원과 공동으로 이러한 복잡한 현상을 규명하기 위한 실증실험을 수행해 최종적으로 APR1400 설계에 적용했다.

그리고 우리나라는 최고의 원전 시공 능력과 운영 능력을 갖추고 있다. 건설기간을 줄이는 것은 원전의 경제성에 가장 중요한 요소다. 이 기간 단축을 실질적으로 입증한 유일한 국가가 한국이다. 미국도 한국의 국내에서 개발한 제3세대 신형 PWR 원전인 APR1400 로형을 인정하여, 2019년 외국에서 건설한 원전 설계로는 최초로 미국 원자력위원회(US NRC)의 안전규제기관의 사전 설계인정 공증(Design Certificate)을 받았다.

한편 노무현 정부에서는 2006년 12월 '원전기술발전방안(Nu-Tech 2012)'을 수립하고 독자적으로 해외에 수출하기 위해 원자로냉각재펌프, 원전계측제어설비, 제3자 제한코드라는 3대 미자립 핵심기술과 APR1400의 기술을 접목시킨 1,500MW급 원자로(APR+)를 개발하기로 결정했다.[61] 완전 100% 국산이 되면 한국 단독으로 해외 수출에 나설 수 있다고 판단한 것이다. APR+개발에는 후쿠시마 원전사고 후에 채택한 항공기 충돌 시에도 안전을 보장할 수 있는 규제요건을 반영하였다. 2007년 8월에 개발에 들어간 APR+는 2014년 8월에 원자력안전위원회로부터 표준설계인가를 취득하였다.[62] 2015년 8월 확정된 제7차 전력수급기본계획에 따라 천지 1, 2호기와 후속 원전의 건설노형으로 확정되었다.

박근혜 정부 말기 2017년 1월에 결정된 제5차 원자력진흥종합계획[63]에 의하면, "안전하고 친환경적인 원자력 이용개발을 통한 우리 사회의 지속 가능한 발전"을 목표로 가동 원전의 이용률을 높이고, 신규로 원전을 더 건설함으로써 친환경에너지인 원자력을 더 활용하여 온실가스 감축목표 달성에도 기여한다고 발표하였다. 이에 따라 원전을 더 건설하기로 하고, 원전의 발전규모는 2015년(21,716MW) → 2020년(26,729MW) → 2025년(32,329MW) → 2029년(38,329MW)로 설정하였으며, 2030년에는 한국의 필요 전력의 30%를 원자력으로 공급할 계획이었다. 또한 원자력의 기술을 향상시켜 세계

61) 과학기술부, 「제3차 원자력진흥종합계획(2007~20011)」, 2007. 1.
62) https://aris.iaea.org/PDF/APR.pdf.
63) 미래창조조부·외교부·산업통상자원부, 「제5차 원자력진흥종합계획」, 2017. 1.(https://doc.msit.go.kr/SynapDocViewServer/).

원자력 시장에 한국형 원자력발전소의 수출을 장려하고, 국내적으로는 미래 중·소형 원전시장 대비를 위한 소형로(SMR)의 혁신요소 기술을 개발하기로 결정하였다. UAE 에 APR1400을 수출한 것을 계기로 세계 원자력시장에 원자력수출 포트폴리오를 완 성하고 수출지원체계를 개선하기로 하였다. 원자력이 계속하여 정부의 우선순위에 올라 있었고, 정부와 국민들로부터 존중을 받고 있었다. 그러나 박근혜 대통령의 탄 핵으로 탈원전을 내세운 문재인 정부가 들어섬에 따라 우리 원전은 사양길에 들어서 게 된다.

한편 박근혜 시대에 원자력 관련하여 문제점으로 지적될 사항이 있다. 원자력발 전소의 부정과 비리 사례에 기가 죽어 있던 산업통상자원부와 한국수력원자력이 고 리 1호기를 영구정지하기로 결정한 사건이다.[64] 2015년 6월 16일, 한수원은 이사회 를 열어 고리 1호기의 가동 연장 포기를 결정했다. 이보다 4일 앞서 산업통상자원부 산하 에너지위원회에서 고리 1호기 영구정지를 권고키로 결정했다. 한수원은 가동 시 한이 만료되는 2017년 6월까지 고리 1호기의 안전 운전을 계속하고 이후 폐로와 해 체준비를 위해 태스크포스(TF)를 구성키로 했다.

앞에서 설명한 바와 같이 고리 1호기는 국내 첫 원자력발전소이다. 용량은 58만 7천kW이며 경수로이다. 1978년 상업운전을 시작해 2007년 30년인 설계수명이 종료 됐으나 정부로부터 1차 가동 연장 허가를 받아 2017년 6월18일까지 수명이 10년 연 장된 바 있다. 폐로 결정이냐 재가동 결정이냐는 실제가동중단의 2년 전에 하게 되어 있기 때문에 폐로 결정을 한 것이었다. 이사회는 또 고리 1호기를 영구정지해도 국내 전력수급에는 문제가 없다고 보았다. 이에 따라 정부의 영구정지 권고를 수용키로 한 것이다. 노후 원전 계속 가동에 대해 불안해하는 지역주민들의 반대 여론이 큰 몫을 했다고 한다.[65] 하지만 이 고리 1호기 영구중단 결정이 다음 문재인 정부의 탈원전 정책에 남긴 파장이 거셀 것이라고는 미리 예상하지 못했다.

---

64) 원자력진흥위원회, 「안전하고 경제적인 원전해체와 원전해체산업 육성을 위한 정책방향(안)」, 관계부처합동, 2015(https://www.edaily.co.kr/news/read?newsId=03011046609529968; http://world. kbs.co.kr/special/northkorea/contents/news/contents_view.htm?lang=k&No=54525).
65) 고리 1호기 영구중지 결정은 2015년 6월에 내려졌으며, 1년 반 뒤인 2017년 1월 박근혜 정부 가 발간한 제5차 원자력진흥종합계획(2017-2021)에서도 고리 1호기의 영구중지결정을 그대 로 수용하면서 향후 원전해체역량을 배양하겠다고 발표하였다. 문재인 정부의 고리 1호기 폐 쇄 기념식 거행은 이 영구중지 결정을 그대로 이행한 것이다.

그런데 문제는 고리 1호기 폐쇄 결정 이후 몇 달이 지나지 않았는데도 불구하고 산업통상자원부 산하 원자력진흥위원회에서 10월 5일에 "안전하고 경제적인 원전해체와 원전해체산업 육성을 위한 정책방향(안)"을 결정하여 원전해체산업 육성 연구에 지원하기로 결정한 것은 놀랍기까지 하다. 고리 1호기의 폐쇄 결정과정도 산업에의 영향을 다각적으로 검토하지도 않았고, 결정되자마자 원자력폐쇄산업이 차세대 먹거리인양 쾌속으로 질주하는 모습은 원자력진흥을 지원해야 할 기관의 아이러니한 모습이라는 비판을 면하기 힘들다.

박근혜 시기에 주력을 이룬 신고리 3, 4호기는 매우 의미있는 국내최초로 건설된 설비용량 1400MW 신형경수로(APR1400)이다.[66] 신고리 3, 4호기는 2000년 정부가 공고한 제5차 장기전력수급계획에 의해 2001년 2월 기본건설계획을 확정하고, 2006년 8월 두산중공업과 원자로 설비 및 터빈/발전기 공급계약, 한전과 종합설계용역계약을 체결하였다. 신고리 3호기는 2007년 9월 착공, 2008년 원자로 설치 착수, 2012년 11월 상온수압시험을 완료하였고, 2015년 11월 연료장전을 하였으며 2016년 12월에 상업운전에 들어갔다. 4호기는 2007년 9월 착공, 2011년 원자로 설치 착수, 2019년 8월에 상업운전에 들어갔다.

제 6 절 문재인 정부의 탈원전 정책

앞에서 본 바와 같이, 이승만, 박정희, 전두환, 노태우, 김영삼, 김대중, 노무현, 이명박, 박근혜 등 역대 대통령들은 한국의 에너지 자립, 원전기술 자립화, 원자력의 지속적인 발전정책을 받들고, 원자력을 중단없이 발전시켜 왔다. 그러나 문재인 정부에 이르러 국가정책으로 탈원전 정책을 추진함에 따라 원자력계는 위기를 맞게

---

66) 산업통상자원부 한국수력원자력(주), 『2016 한국 원자력 발전 백서』(서울: 진한 엠엔비, 2017), pp. 177-178.

되었다.

문재인 정부의 탈원전 정책에 영향을 준 4대 요인을 꼽아 보면, 탈핵시민운동에서 가져 온 왜곡된 정보와 투쟁중심의 논리, 경주의 잦은 지진으로부터 비롯된 원전사고에 대한 국민의 공포심, 원자력 공상 영화인 '판도라'의 흥행, 박근혜 탄핵사태에 편승한 문재인 대통령 후보의 포퓰리즘적 득표전략이라는 4가지를 들 수 있다.

첫째, 탈핵시민운동의 페이크 정보 유포와 투쟁의 중심은 탈핵 시민운동가인 김익중이었다.[67] 그는 "세계 원자력 발전 규모 1위의 미국(101개), 세계 2위의 소련(66개), 세계 4위의 일본(54개)에서 원자력사고가 발생했으므로, 세계 5위인 한국(27개)에서 대형 원자력 사고가 나는 것은 누가 봐도 확실하다"고 주장하면서 국민여론을 선동했다. "세계 3위인 프랑스에서는 원전이 58개가 있어도 사고가 왜 나지 않았는가?," "한국은 원전이 27개가 있는데 왜 지금까지 사고가 발생하지 않았는가?," "사고가 발생한 소련과 일본의 원자로 모델은 한국의 그것과 어떻게 다른가?"라는 여러 가지 합리적인 질문에 대해 아무런 주목도 하지 않고, "1등과 2등, 4등에서 사고가 발생했으므로 5등에서 사고가 나는 것은 시간문제일 뿐"이라고 우기면서, 탈핵 시민운동을 벌여왔다. 그는 또 "후쿠시마 사고에도 불구하고 각국이 탈원전 정책을 채택하지 않은 것은 국제원자력기구를 정점으로 하는 국제원자력계의 로비와 각국의 재벌, 정치가, 관료, 언론, 학계를 포괄하는 기득권 네트워크, 즉 원자력마피아의 막강한 영향력 때문이었다"라고 하면서 기득권 축출, 원자력 마피아 근절을 계속 선동하기도 했다.

둘째, 2006년 9월에 발생한 경주지방의 대지진은 진도 5.8의 가장 큰 지진이었

---

67) 김익중, 『한국 탈핵』(대구: 한티재, 2013), pp. 46−63. 김익중은 2009년에 경주환경운동연합에 가입. 2010년에 경주핵안전연대 조직, 2011년에 탈핵에너지 교수모임의 집행위원장, 반핵의사회 운영위원장, 2012년 문재인 대통령 후보가 탈원전을 선언하자 선거본부에 가담, 탈핵에너지전환정책 수립에 참여, 2013년부터 3년간 국회 추천 몫 원자력안전위원회 위원으로 활동한 바 있다. 김익중은 세계 444개 원전 중에서 6개 원전에서 사고가 발생했고, 세계 1, 2, 4위 원전 국가(미국, 구소련, 일본)에서 사고가 발생했으므로, 원전개수가 많은 순서대로 핵사고가 일어났고, 세계 5위인 한국에서는 언제든 사고가 일어날 수 있다고 주장하였다. 그는 세계 모든 원전이 같은 확률로 사고가 발생한다는 가정을 세우고 그의 주장을 전개했는데, 사실상 이것은 원전의 종류와 안전에 대한 설계의 차이 등을 무시한 비논리적 선동적 주장에 가깝다. 또한 그는 후쿠시마 원전사고에서 30년 이상 넘은 4기만 폭발했다고 주장하면서, 핵발전소는 30년 이상 운영하지 말아야 한다고 주장했고, 2017년부터 문재인 정부에서 이 주장을 대폭 수용하여 고리 1호기와 월성 1호기를 영구 가동중단 조치하였다.

으며, 그 후에도 622회의 여진이 발생하여 국민들에게 걱정거리가 되었다. 지진이 걱정이 되었던 것은 2011년 3월 일본의 후쿠시마의 원자력발전소 인근에서 지진과 쓰나미로 인해 4기의 발전소가 용융하여 폭발하는 사고가 있었기에, 경주의 지진과 원전사고의 발생 가능성에 대해 지역주민들은 물론 국민적으로 우려가 증가한 사실이다.

셋째, 바로 이때에 '판도라'라는 원자력 관련 공상 영화가 흥행하게 되었는데, 문재인 대통령 후보가 '판도라'영화를 이용하여 선거캠페인을 벌이고 원자력의 부정적인 면을 확대 선전했다. 판도라는 가상적인 경주의 대 지진과 그 원자력발전소의 사고처리도 제대로 못하고 우왕좌왕 하는 중앙정부에 대해서 생길 수 있는 불만과 그 사고에 따른 천문학적 방사능 피해 등을 결합시켜서 만든 허구 영화이다. 이 영화의 시작 자막에서 "이 영화는 허구일 수 있습니다"라고 경고했음에도 불구하고, 대통령 선거운동 기간 중에 문재인 후보가 박정우 영화 감독을 비롯한 주요 출연진들과 함께 12월 18일 부산에서 부산·울산·경주 주민들의 표를 얻기 위한 전략의 일환으로 판도라를 관람하고 나서, 출연진들과 함께 무대 인사를 하면서 탈원전에 대해 즉흥 연설을 했다.[68]

이 즉흥연설이 문재인 정부 5년 간의 탈원전 정책의 준거점이 되었다.

"정말 이시기에 딱 맞는, 특히 우리 부산에 딱 맞는 이런 좋은 영화를 만들어주신 박정우 감독과 배우들에게 감사드립니다. … 정말 이렇게 큰 재난이 발생했는데 청와대와 정부가 전혀 컨트롤타워 역할을 하지 못하고 무능하고 무책임하고 우리 국민들이 스스로 안전을 챙겨야 하는 이런 모습들, 박근혜 정부에서 많이 봐 왔던 그런 모습들입니다. … 아까 자막에 나왔습니다만, 대한민국은 세계에서 원전이 가장 밀집된 나라입니다. 그런데도 OECD 국가들은 전 세계적으로 원전을 다 줄여가고 있고 또 탈핵을 선언하고 있는데 우리는 아직도 여전히 원전을 늘려가고 있는 그런 나라입니다. 우

---

68) 매일경제, 2016년 12월 20일. 그런데 문재인 후보의 포퓰리즘적 득표전략으로써 사용된 탈원전 공약은 득표에 통계학적으로 유의미한 성과를 내지 못한 것으로 밝혀졌다. 2012년 12월 19일 실시된 제18대 대통령선거에서 문재인 후보는 부산(39.9%) 울산(39.8%), 경북(18.6%)의 지지를 얻은데 비해, 2017년 5월 9일 제19대 대통령선거에서 문재인 후보는 부산(38.7%) 울산(38.1%), 경북(21.7%)의 지지를 얻은 것으로 나타났다. 이러한 득표결과로 볼 때, 탈원전 이슈를 정치에 이용한 것은 아무런 유의미한 효과가 없었던 것으로 보아도 무방하다. 참고자료: 위키백과, 대한민국 제18대 대통령선거, 제19대 대통령선거(https://namu.wiki/w/대한민국 제18대 대통령선거, 제19대 대통령선거).

리 부산의 고리는 그 가운데에서도 원전 6개가 가동되고 있는데, 지금 곧 2개가 더 추가로 가동이 되거든요. 이미 시운전 다 마쳤어요. 그리고 금년 6월에 신고리 5호기, 6호기 또 추가로 건설 승인이 나서 앞으로 총 10개의 원전이 가동될 그런 계획입니다. 원전이 가장 밀집되어 있는 대한민국에서 또 가장 밀집된 단지가 되는 것이죠.

후쿠시마 사고 기억하시죠? 후쿠시마 사고 때 반경 300km 이내에 15만 명 주민이 살았던 것으로 저는 기억하거든요. 그런데 고리는 반경 30km 내에 우리 부산, 울산, 양산 시민들 341만 명이 삽니다. 부산시청, 울산시청, 양산시청이 반경 30km 이내에 다 들어있어요.

만에 하나 후쿠시마 원전사고 같은 사고가 발생한다면 아마 인류가 겪어보지 못한 세계 역사상 가장 최대 최악의 참혹한 재난이 될 겁니다. 우리 부산시민들은 머리 맡에다가 언제 터질지 모르는 폭탄 하나 매달아 놓고 사는 것과 같은 거예요. 비록 그 확률이 수백 만분의 일 밖에 안 된다고 하더라도, 그렇게라도 사고 발생 가능성이 있다면 우리가 막아야 되는 거 아닙니까? 판도라 뚜껑을 열지 말아야 하는 것이 아니라 판도라 상자 자체를 아예 치워버려야죠. … 이 영화 많이 홍보 좀 해 주시고 탈핵, 탈원전, 안전한 대한민국 함께 만들어 나갑시다."

위의 일화는 2017년부터 한국에서 어떻게 탈원전이 시작되었는지에 대한 배경적 이유를 아주 극적으로 보여주고 있다. 가장 과학적으로 건설된 원전이 가장 비과학적인 허구와 정치적 선전선동 앞에 무너지는 순간이었다.[69]

'판도라'는 우리의 원전 노형과 일본과 구소련의 원전 노형의 차이도 구분 못한 공상 영화였다.[70] 일본에는 56기 원전 중 후쿠시마와 같은 비등식 경수로 원전과 한

---

69) 저자는 영화 판도라가 미칠 한국사회에 대한 감당못할 악영향에 대해서 우려하여 다음과 같은 요지의 신문 시론을 썼다. 세계일보, "세계와 우리: 북핵 판도라 상자 닫아야 한다." 2017. 1. 13. "영화 '판도라'가 화제다. 그런데 이 영화가 허구를 그렸다고 전제는 하고 있지만 그 내용이 과학적 진실과 너무 다르지 않나 싶다. 우리나라 원전은 지진 규모 7에도 견딜 수 있도록 설계돼 있고, 사고가 발생하더라도 일본 후쿠시마 폭발사고처럼 원자로가 가열돼 폭발되는 것이 아니라 원자로가 격납용기로 싸여 있어 내부에서 용융되더라도 폭발이 제어될 장치가 돼 있다. 또한 사용후핵연료 저장조가 누수되더라도 건식저장시설도 있는 것으로 보아 핵무기처럼 폭발할 가능성은 없다는 것이 과학자들의 상식이다. 물론 이 영화가 주는 교훈은 대형 원전사고는 사전에 방지해야 하고, 사고발생 시에는 정부와 회사가 총동원돼 신속하고 철저하게 위기관리를 해야 한다는 것이다. 문제는 이런 영화를 사실로 간주하고 각종 소셜네트워크서비스(SNS)를 통해 원전 공포증과 불신을 확대재생산하면 비교적 안전한 한국의 원전에 대한 불신이 까닭 없이 증폭될 가능성이 있다는 점이다."

70) 김병구 박사와의 인터뷰, 2019. 5.15.

국과 같은 가압식 경수로 원전이 반반 정도 있는데, 후쿠시마 원자력발전소는 비등식 경수로 원전이었다. 이 책의 서론에서 설명한 바와 같이, 비등식 경수로 원전은 증기발전기가 핵연료분열기와 같은 통 속에 있으므로, 냉각수의 전기회선이 끊어지면 냉각수 공급이 안 되어서 핵연료분열기가 고열로 가열되어 용융하게 되면 수소가 폭발하게 된다. 일본은 비등식 경수로는 지진 7.0과 해안에서 파도높이 10m까지 쓰나미를 막을 수 있도록 벽이 세워져 있었으나, 2011년 3월 11일 사고당시에 바다에서 발생한 리히터 8.0의 지진이 쓰나미로 변화되어 후쿠시마 원전 지역에 도달할 때에는 파도높이가 14미터로서 후쿠시마 발전소 방파제 10미터를 넘어서 파도가 몰려왔으며, 그 파도가 원자력발전소를 덮칠 때에 냉각수를 공급하는 펌프의 전원이 끊겨서 원자로 내부가 고열로 용융되면서 폭발하여 방사능이 밖으로 표출되어 버린 것이다.

그런데 한국이 갖고 있는 모든 가압식 경수로 원전은 증기발전기와 핵연료분열기가 각기 다른 통 속에 들어 있으므로, 냉각수의 전기가 끊어지더라도 증기발전기가 폭발하는 일은 없는 원자로인데도 불구하고 탈핵논자들과 판도라 영화는 지진이 심하면 원자로가 무조건 폭발한다고 공상을 펼쳤던 것이다.[71] 또한 1979년 미국의 스리마일 원자력발전소는 가압식 경수로 사고였지만, 핵연료가 용융되었어도 5중 격납고 속에서 일체 바깥으로 방사능이 유출되지 않고 원자로의 가동이 중지되어 있는 것인데도, 김익중이나 판도라 영화는 비등식 경수로와 가압형 경수로의 구조의 차이를 고려도 하지 않고, 탈원전을 위한 선전선동에 매진하였던 것으로 알려졌다.

넷째, 문재인 후보가 소속된 정당의 탈원전 포퓰리즘이 또 하나의 원인이었다. 문대통령은 대통령 취임 한 달 뒤인 2017년 6월 19일 국내 최초의 원전인 고리 1호기의 영구정지 기념식에 참석하여 '탈원전 시대'의 시작을 선포했다. 그 기념사에서 "원전정책을 전면적으로 재검토해 원전 중심의 발전정책을 폐기하고 탈핵시대로 가겠다"고 탈원전 대선 공약을 재차 다짐했다.

그는 "고리 1호기 영구정지는 탈핵국가로의 출발점"이라며 "경제수준, 환경의 중요성에 대한 인식, 국민 안전이라는 최우선 가치가 달라진 만큼 지속 가능한 성장을 위해 에너지정책도 바뀌어야 한다"고 덧붙이며, "우리나라는 세계에서 가장 원전

---

71) 황일순 박사와의 인터뷰, 2016.12.10.

이 밀집한 나라이며, 원전사고가 발생할 때 피해가 막대한 만큼 원전정책을 전면적으로 재검토할 것이다. … 신규 원전 건설 계획을 전면 백지화하고 현재 가동되고 있는 원전의 설계 수명을 연장하지 않겠으며, 수명을 연장해 가동하고 있는 월성 1호기도 전력 수급 상황을 고려해 가급적 빨리 폐쇄할 계획이다"라고 말했다. 또한 "현재 건설 중인 신고리 5, 6호기는 안전성과 공정률, 투입 비용, 전력 설비 예비율 등 종합적으로 고려해 빠른 시일 내에 사회적 합의를 도출할 것"이라고 말했다.

사람들을 놀라게 만든 것은 "설계 수명이 다한 원전 가동을 연장하는 것은 선박 운항 선령을 연장한 세월호와 같다"라고 말하면서, 과학기술적이며 합법적으로 원전의 수명연장을 시도하는 것을 불법적이고 비리가 얽힌 세월호 선박사고와 동일시했다는 점은 원자력계에 가히 충격을 줄 만한 언술이었다.[72] 미국에서 가동 중인 99기의 원전 가운데 88기는 그 수명을 40년에서 60년으로 연장해서 사용하고 있고, 한국도 안전하게 수명을 연장할 수 있음에도 불구하고, 노후 원전을 불법적인 세월호에 비교해서 한국의 원전을 폄하하는 것은 과학기술계 뿐만 아니라 국민여론에 좋지 못한 영향을 남겼다. 게다가 문대통령은 "일본은 세계에서 지진에 가장 잘 대비해 온 나라로 평가받았지만 2011년 후쿠시마 원자력 발전소 사고로 5년간 1,368명이 사망했다"고 밝히면서 "한국의 원전도 똑같이 사고를 당할 수 있음"을 강조했는데 이것은 문재인 정부가 후쿠시마 원전 사고가 쓰나미 때문에 발생했다는 것을 무시할 뿐 아니라,[73] 사고숫자도 엄청나게 과장해서 발표하였다는 점에서 일본을 비롯한 해외의 비판을 받게 되는 원인이 되었다.[74]

---

72) 이정훈 외, 『탈핵비판: 이룩한 이 vs 없애는 이』(서울: 글마당, 2017). pp. 41-63. 이 연설에서 문재인 대통령은 "일본 후쿠시마 원전사고로 1,368명이 숨졌다"고 했는데, 이에 대해 일본 정부는 공식적으로 문제를 제기했다. 일본정부와 IAEA의 조사보고서에 의하면 후쿠시마 원전사고로 그 지역에서 숨진 인력은 2명이었다는 게 공식발표였다. 김영웅, 『더 밝은 세상을 위하여』(전 고리원자력발전소 소장, 미출판된 회고록. 2019). 고리 1호기는 한국의 제1호 원전이었으므로 여기에 종사한 거의 모든 사람들이 매일매일 일기를 남길 정도로 무한 정성을 다한 시대적 걸작이고 한국 에너지 자립을 위한 위대한 첫 작품이었음을 긍지로 여기고 있는데, 세월호와 비교한 것은 이들의 명예와 자긍심을 심히 손상하는 것이었다.
73) 오시카 야스이키 지음 한승동 옮김, 『멜트다운: 도쿄전력과 일본정부는 어떻게 일본을 침몰시켰는가』(서울: 양철북, 2013). 이 책에서는 기술자의 근시안적 시각과 기술을 모르는 정책관료 사이의 융합학문적 태도의 결핍이 피해를 최소화하지 못하고, 완전 대재앙을 초래했다고 말하고 있다.
74) 국민일보, "[한마당－정진영] 문대통령 脫원전 뒷담화" 2017. 6.26.(http://news.kmib.co.kr/article/view.asp?arcid=0923772463&code=11171211&cp=nv).

그런데 역대 대통령들과 수많은 과학기술자들이 국민의 세금으로 짓고 운영해왔던 한국과학 발전의 정수라고 간주되어 왔던 원자력발전소를 문대통령이 영구 중단시키면서, 그들의 노력과 공적, 그리고 아쉬움에 대해서 충분히 언급하지 않고, 수명주기가 다 된 고리원전을 세월호와 같은 시설이라고 과학적 진실을 왜곡하고 명예훼손을 했으니, 과학기술인들의 억장이 무너지는 참사였다고 아니 할 수 없다.

나아가 문대통령은 현재 수명을 연장해 가동 중인 월성원전 1호기 역시 조속히 폐쇄할 것임을 밝혔다. 관련 기관에서 월성1호기에 대한 경제성 평가를 실시하고, 경제성이 있다고 밝혀졌음에도 불구하고, 산업자원부의 공무원들을 동원하여 폐쇄결정을 내렸다. 그리고 1983년 4월부터 운전해 왔던 월성 1호기를 2019년 12월 24일에 영구정지시켰다.

문재인 정부의 탈원전 생각은 결코 즉흥적인 것은 아니었고, 열린우리당의 후신인 새정치민주연합에서 2015년부터 문재인 대표가 중심이 되어 탈핵을 외치며, 2015년 6월 4일, 세계 환경의 날 기념 국회 탈핵행사를 개최하고, '잘가라 노후원전'을 외쳤던 때부터 시작되었다고 볼 수 있다. 2016년 9월 12일 경주에서 5.4리히터 규모의 지진이 있은 직후, 더불어민주당 지도부는 경주 지진을 겪은 월성원자력본부를 방문하여 탈핵을 외쳤고, "신고리 5, 6호기 건설 중단과 원전 안전강화 촉구결의안"을 당론으로 정하고 발표하였다.[75]

2017년 대선 당시 문재인 대통령은 '원자력 제로'를 목표로 신규 원전 건설계획 백지화, 노후 원전 수명연장 중단, 월성 1호기 폐쇄, 신고리 5, 6호기 공사 중단 등 탈원전 정책을 공약으로 내세웠다.[76] 공약 달성을 위해 전체 전력의 30%를 담당하는 원전 비중을 2030년까지 18%로 낮추는 대신에 친환경 LNG는 20%에서 37%,[77] 신재생에너지는 5%에서 20%로 끌어올리겠다고 공약을 했다.

문대통령은 2017년 6월 고리 1호기 가동 영구중단 기념식을 마치고, 바로 다음 주에 개최된 국무회의에서 신고리 원전 5, 6호기 건설을 일시 중단하고 공론화를 추진하기로 했다. 정부는 공론화위원회를 구성해 시민참여단 471명이 참여하는 3개

75) 더불어민주당 홈페이지, "고리원전 영구정지, 탈핵시대로 나가겠습니다."
76) RaytheP, "[레이더P] 폭염 속 다시 이슈된 탈원전," 2018. 7.26.(http://raythep.mk.co.kr/newsView.php?cc=22000001&no=17272).
77) 이에 따라, 한국은 러시아로부터 천연가스 수입을 급속도로 증가시켰다.

월간의 공론화과정을 진행했다. 공론화위원회에서 숙의과정을 거쳐 시민참여단에 대해 최종 설문조사를 실시했는데, 그 결과 신고리원전 5, 6호기의 건설 재개 찬성 59.5%, 건설 반대 40.5%로 건설 재개에 의견이 모아졌고, 공론화위원회는 시민대표 471명의 이름으로 2017년 11월 20일 다음과 같은 결론을 내리고 정부에 권고안을 제출했다.

① 일시 중단 중인 신고리 5, 6호기의 건설 재개,

② 원자력 발전을 축소하는 방향으로 에너지 정책을 추진할 것,

③ 시민참여단이 제안한 건설재개에 따른 보완조치에 대한 세부 실행계획을 조속히 마련해 추진할 것을 정부에 권고했다.[78]

이에 따라 청와대는 문대통령 주재 국무회의에서 공사재개 방침을 확정하고 후속조치를 추진하기로 했다. 그런데 문제가 된 것은 공론화위원회의 시민참여단에게 "미래 원자력의 방향에 대한 여론조사"를 실시하여 원자력발전의 축소(53.2%), 원자력발전의 유지(35.5%), 확대(9.7%) 응답을 받았다고 발표하고, 문재인 정부는 앞으로 신규원전은 건설 취소하고, 수명이 다하는 원전은 자동 폐쇄하며, 수명이 30년 지난 원전은 모두 가동중단 및 폐쇄한다는 결정을 발표하였다.[79]

원래 공론화위원회의 설치와 운영의 목적은 신고리 5, 6호기를 중단하느냐, 재개하느냐를 결정하는 것이었다. 공론화위원회 결과 5, 6호기는 건설 재개하는 데에 대다수가 찬성하였다. 그런데 공론화위원회에서 미래 원전정책의 여부에 대해 한 개의 문항을 중간에 끼워 넣어서 문 정부가 미리 정해놓았던 탈원전 방침을 통과시키고자 시도한 것이 큰 문제로 떠올랐다.

문재인 정부는 고리원전의 영구 폐쇄조치에 이어 2017년 12월 29일 향후 15년

---

78) 산업통상자원부 보도자료, 2017.10.24. "정부, 신고리 5, 6호기 건설재개 방침과 에너지전환(탈원전) 로드맵 확정"(https://www.motie.go.kr/motie/ne/presse/press2/bbs/bbsView.do?bbs_seq_n=159746&bbs_cd_n=81).

79) 신고리 5, 6호기 공론화위원회, 「신고리 5, 6호기 공론화 시민참여형조사보고서」, 2017.10.20. 설문조사 항목을 보면 전체 50개 문항 중에서 미래의 원자력 정책의 방향에 대해서는 단 1개 문항이 중간 정도에 포함되어 있음을 발견할 수 있다. 그 질문은 "우리나라 원자력 발전 정책이 어떠한 방향으로 나아가야 한다고 생각하십니까?"「① 원자력발전축소, ② 원자력발전현상유지, ③ 원자력발전확대, ④ 잘모르겠다」로서, 시간개념이 없는 매우 애매모호한 질문이었음은 누구나 다 알 수 있다.

간 시행될 '제8차 전력수급기본계획'을 확정했다. 여기에는 기본적으로 원전과 석탄발전 설비를 감축하고 신재생과 LNG발전 설비를 확충한다는 계획을 반영시켰다. 원전 신규 6기(신한울 3, 4, 천지 1, 2, 신규원전 1, 2) 건설계획을 백지화하고 노후 10기(월성 2~4, 고리 2~4, 한빛 1, 2, 한울 1, 2) 수명연장을 금지하여 영구 가동중단시킴으로써 2031년에는 18기의 원전만 운용한다고 발표했다.

2018년 6월 15일 한국수력원자력은 이사회를 열어 "정부가 지난해 발표한 에너지 전환 로드맵과 제8차 전력수급기본계획의 후속조치"라며 월성 1호기의 조기 폐쇄와 신규 원전 4기(천지 1, 2호기, 대진 1, 2호기) 건설 영구중단을 의결했다. 그리고 재생에너지는 2030년 발전량 비중 20%를 달성하는 방안을 제시함으로써, 소위 말하는 "재생에너지 3020이행계획"을 발표했다.

2020년 12월 발표된 제9차 전력수급기본계획에 의하면, 안정적 전력수급을 전제로 친환경 전원으로의 전환을 가속화한다는 계획이 발표되었다. 즉, 원전은 점진적으로 감축하고 석탄발전은 과감하게 감축하며, 안정적 전력공급을 위해 폐지되는 석탄발전은 LNG발전으로 보완하고, 그린뉴딜에 따라 재생에너지 확대를 가속화해 나간다고 발표한 것이다. 원자력의 발전량은 2020년 23.3GW, 2022년 26.1GW, 2030년 20.4GW, 2034년 19.4GW를 목표로 하며, 2024년에는 신고리 6호기의 준공으로 원자력발전은 27.3GW에 정점을 찍고 그 이후로 감소시킨다는 정책을 발표했다. 노후 11기(고리 2~4, 한빛 1~3, 월성 2~4, 한울 1, 2기)는 영구 가동중단 한다는 것에 변함이 없었다.

<표 3-4>에는 산업자원부가 2020년 12월 28일 발표한 제9차 전력수급기본계획(2020-2034)를 전원별로 설명해주고 있다. 2034년 정격용량기준으로는 신재생(40.3%), LNG(30.6%), 석탄(15.0%), 원전(10.1%)를 목표로 잡았다. 그런데 2034년에 실제로 가용한 전력을 기준으로 잡은 실효용량기준으로는 LNG(47.3%), 석탄(22.7%), 원전 (15.5%), 신재생(8.6%)가 되어있다. 이 두 목표량 중에서 가장 차이가 많은 것은 신재생 에너지로서 정격용량은 77.8GW이지만 실제로 가용한 것은 그 중에서 10.8GW이기 때문에 신재생에너지 중에서 태양광과 풍력이 대부분을 차지하는데, 그 설비용량에서 실제 사용 가능한 전력은 10.8/77.8=0.138에 불과하다는 점이 가장 큰 문제점으로 지적되고 있다. LNG, 석탄, 원전은 정격용량과 실효용량이 별로 차이가 없어 효율적인 에너지로 간주되고 있으나 신재생에너지는 그렇지 않다.

〈표 3-4〉 제9차 전력수급기본계획(2020-2034)

○ '34년 정격용량기준: 신재생(40.3%), LNG(30.6%), 석탄(15.0%), 원전(10.1%) 순

〈연도별 전원구성(정격용량기준) 전망(단위: GW)〉

연 도	구분	원자력	석탄	LNG	신재생	양수	기타	계
2020	용량	23.3	35.8	41.3	20.1	4.7	2.6	127.8
	비중	18.2%	28.1%	32.3%	15.8%	3.7%	1.9%	100%
2022	용량	26.1	38.3	43.3	29.4	4.7	1.4	143.2
	비중	18.2%	26.3%	30.3%	20.6%	3.3%	0.8%	100%
2030	용량	20.4	32.6	55.5	58.0	5.2	1.3	173.0
	비중	11.8%	18.9%	32.1%	33.6%	3.0%	0.6%	100%
2034	용량	19.4	29.0	59.1	77.8	6.5	1.2	193.0
	비중	10.1%	15.0%	30.6%	40.3%	3.4%	0.6%	100%

※ 기타는 유류, 폐기물, 부생가스 설비 등.

○ '34년 실효용량기준: LNG(47.3%), 석탄(22.7%), 원전(15.5%), 신재생(8.6%) 순

〈연도별 전원구성(실효용량기준, 피크기여도 반영) 전망(단위: GW)〉

연 도	구분	원자력	석탄	LNG	신재생	양수	기타	계
2020	용량	23.3	35.3	41.3	3.7	4.7	2.2	110.5
	비중	21.0%	31.9%	37.4%	3.3%	4.3%	2.1%	100%
2022	용량	26.1	37.8	43.3	5.1	4.7	1.0	118.0
	비중	22.1%	32.0%	36.7%	4.3%	4.0%	0.9%	100%
2030	용량	20.4	31.9	55.5	8.4	5.2	1.0	122.4
	비중	16.7%	26.1%	45.3%	6.9%	4.2%	0.8%	100%
2034	용량	19.4	28.3	59.1	10.8	6.5	0.9	125.0
	비중	15.5%	22.7%	47.3%	8.6%	5.2%	0.7%	100%

※ 기타는 유류, 폐기물, 부생가스 설비 등.

　　2021년 12월 기준으로 우리나라 원자력발전소는 총 24기로서 전체 발전량 중약 25% 비중(2021년 기준)을 차지하고 있으며, 40년의 경험과 전문성에 바탕을 두고 개발한 한국형 차세대 원전은 해외로 수출할 정도로 원전기술이 뛰어나다고 정평이 나있으나, 문재인 정부 5년 간의 탈원전 정책으로 위축되어 가고 있다. 탈원전 정책은 여타 전력 생산의 단가를 상승시켜 전기료 상승 압박이 최고조에 도달하였고, 국내 원전산업과 원전기술 생태계가 타격을 받아 해외 원전수주 경쟁력이 급감하였다.

제8차, 제9차 전력수급계획에서 반영된 원전 축소 계획이 총 집결되어 나타난 것이 2021년 12월에 채택된 제6차 원자력진흥종합계획(2022-2026)이다. 이에 의하면 국내원전은 2021년 24기에서 2030년 18기, 2040년 14기, 2050년 9기로서 2050년 원전으로 생산하는 전력은 11.4GW로 설정되었고 총 전력 중 원전 발전 비중은 7%로 축소된다고 말하고 있다.[80]

제6차 원자력진흥종합계획의 특징은 문재인 정부의 탈원전정책을 뒷받침하듯이 그 이전의 원자력진흥종합계획에서는 지난 번 원자력진흥종합계획의 주요성과를 평가하고 정책적 시사점을 도출하는 장이 별도로 있고, 원자력발전의 추세와 원전의 신규 건설 등에 대한 구체적인 숫자들이 초반부에 나오는데, 제6차 원자력진흥종합계획서에는 원전 발전현황과 미래 발전 추세에 대해서는 일체 언급이 없고, 유럽의 그린 텍소노미의 선언에 탄소중립 사회구현에 원전이 바람직하다는 데에도 불구하고 우리나라의 탈원전 정책은 그대로 견지하며, 원전해체 및 SMR 신시장 개척 등에 중점을 두어 설명하고 있다.

제 7 절   탄소중립 시대와 원자력

세계는 기후변화에 대응하기 위해 2050을 탄소중립[81]의 최종목표 연도로 정하고, 중간목표로 각 국가가 2030년에 달성하고자 하는 온실가스 감축목표(NDC: Nationally Determined Contribution)를 결정하여 기후총회에 제출하도록 요청하였다. 이에 따라 문재인 정부는 2021년 11월 글래스고 기후총회(COP26)에 참석하여 2030년까

---

80) 관계부처합동, 『제6차원자력진흥종합계획(2022-2026)』(세종: 과학기술정보통신부, 2021.12). https://www.msit.go.kr/publicinfo/view.do?sCode=user&mPid=62&mId=63&publictSeqNo=49&publictListSeqNo=3&formMode=R&referKey=49, 3.
81) 탄소중립이란 대기 중 이산화탄소 농도 증가를 막기 위해 배출량은 최대한 감소시키고, 흡수량은 증대하여 순 배출량이 '0'이 된 상태를 의미한다.

지 한국이 2018년의 총 탄소 배출량 대비 40%를 감축하겠다고 발표했다.

앞에서 설명한 바와 같이, 문재인 정부는 탄소중립이 세계적 과제로 제시되기 이전부터 국가에너지 정책의 기조를 탈원전과 신재생에너지의 확대로 설정하고 있었다. 2030년의 전력생산 목표를 설정하면서 원전의 전력생산 비율을 현행 30%에서 18%로 낮추고, 그 차이를 신재생에너지를 20%로 높여서 메운다고 결정하고, 2030년에 신재생에너지를 20%로 한다는 의미에서 "3020"이라고 명명하였다.

탄소중립이라는 세계적 과제가 제시되자, 한국이 자발적으로 참여해야 하겠다는 의지를 갖고, 문재인 정부는 탄소배출량을 줄이기 위해 화석연료를 쓰는 석탄화력발전소를 급속하게 폐지하겠다고 발표했다.[82] 실제로 문대통령 임기 내에 10개의 석탄화력발전소를 폐지했고, 2034년까지 20개의 석탄화력발전소를 추가 폐지할 계획임을 밝혔다. 하지만 신규로 7기의 석탄화력발전소가 건설 중이다. 또한 석탄으로 발전하던 것을 LNG가스 발전으로 전환함에 따라 러시아로부터 LNG가스를 대량 수입해 왔는데, 우크라이나 전쟁으로 인해 에너지가격 폭등 및 대러시아 경제제재와 함께 지속적인 가스 조달에 예상치 못하던 장애요인이 발생하고 있다.

그리고 문재인 정부는 탄소배출량을 40% 감축하겠다는 약속을 실천하고자 탄소중립위원회를 발족하고, 2050년까지 탄소중립을 달성하기 위해 신재생에너지를 2050년까지 전력의 70%까지 상향조정하겠다고 발표했다. 이것은 단순한 목표 제시에 불과하며, 어떤 경제성 분석이나 실현 가능성을 검토한 것은 아니다. 보다 더 큰 문제는 원자력이 그린에너지이고 발전 단가가 제일 저렴한 경제성있는 에너지임에도 불구하고, 원자력은 무조건 퇴출시킨다고 가정해 놓고, 재생에너지를 원자력이 사라지는 자리를 메울 뿐 아니라 오히려 확대한다는 목표를 제시한 데 있다. 즉, 원자력을 몇 % 줄이고, 재생에너지를 몇 % 늘이면, 어느 것이 비용 대 효과 면에서 더 효율적이며, 에너지별 한계비용이 어떻게 변하고 그에 따라 전기료는 어떻게 달라지는지에 대한 수학적·경제학적 분석이 없이 무조건 신재생에너지를 밀어 붙이는 데에 문제가 있다.

전 세계적인 COVID 팬데믹과 러시아의 우크라이나 침공으로 세계의 모든 에너지, 자원, 식량 가격이 급등하고, 시장이 경색되는 현상이 발생하고 있다. 러시아의 글로벌 공급량은 원유가 12%, 천연가스는 16.6%, 밀이 11%를 차지하고 있는데, 러시

아의 무력침공에 대한 국제제재로 인해 글로벌 공급망에 위기가 발생하자 유럽에서는 탄소중립을 달성하기 위해 설정하였었던 에너지 믹스 정책을 재조정하고 있다. 영국·독일 등은 우선 석탄화력발전소를 재가동하고 있고, 원전을 퇴진시키고자 했던 국가들은 원전을 재가동시키고, 일부 국가들은 원전의 추가 건설을 고려하고 있다.

그리고 한국은 국토면적·인구밀도 등을 감안할 때 태양광과 풍력발전이 무한정으로 가능하지 않은 지형적 특징을 가지고 있어 태양광과 풍력발전의 생산단가가 매우 높고, 과도한 태양광과 풍력발전은 오히려 환경오염의 원인이 되어 탄소중립을 해칠 수도 있다.

또한 국제원자력기구에서는 원전이 그린에너지라고 하면서 원전을 오히려 장려하고 있고, 세계 원전 발전의 비중이 2021년 말 10%에서 2050년에는 12%로 늘어날 것이라고 전망하고 있다. 그리고 2022년 2월 2일 EU의 집행위원회(정부)에서 원자력이 그린에너지임을 확실하게 정의한 Green Taxonomy(분류체계)를 발표하였다. 이것은 지난 1년 간 EU의 과학위원회, 의회 및 각 회원국들의 검토를 거쳐 2022년 2월 2일 EU 집행위원회(정부)가 승인하고 공식 발표한 것이다. 이에 의하면 원전은 EU의 녹색에너지에 공식 분류되었고, EU 녹색 분류체계(Green Taxonomy)는 원전이 안전성과 방사성폐기물의 처리와 처분에 있어서 환경영향을 최소화 할 것을 조건으로 녹색에너지에 속한다고 밝힌 것이다.

그런데, EU는 안전성 측면에서 제4세대 또는 제3+세대 이상 수소폭발 방지용을 장착할 것을 권고하고 있는데, 현재 한국에서 가동 중인 원전인 APR1400 및 APR1000은 EU의 신규 원전 기준을 충족시킬 수 있다. 또한 한국 내 가동 중인 2세대 원전 전부에 대해 설비를 개선하게 되면 EU 기준 충족이 가능하다고 한다. EU의 그린택소노미 선언에 비추어 볼 때, 2021년 12월 한국 환경부가 발표한 한국 K-Taxonomy에서는 당시에 "유럽에서 원자력이 그린택소노미에 속하는지 아닌지에 대해 검토중이라는 점을 감안, 원자력을 배제한 채 발표한다"[83]고 하였으므로, 이제 K-Taxonomy가 EU의 그린택소노미를 포함시켜서 재정의를 내릴 때가 되었다.

또한 문재인 정부에서는 한국수력원자력주식회사를 석탄발전사와 동일 취급하

---

83) 대한민국 정부, 「지속가능한 녹색사회 실현을 위한 대한민국 2050 탄소중립 전략」, 2020.12. 7. 환경부, 「한국형 녹색분류체계 가이드라인」, 2021.12.30.(http://www.me.go.kr/home/web/board/read.do?boardMasterId=1&boardId=1498700&menuId=10525).

여 원자력발전량의 50%에 상당하는 전력량에 대해 재생에너지 발전의무를 부과하고, 자체적으로 재생에너지 발전을 못하면, 다른 재생에너지 회사로부터 REC를 구매하여 충당할 것을 의무화하였다. 그래서 재생에너지회사에게 원자력보다 1.2~1.5배나 많은 가점을 주고, 생산비용도 보조금을 지급함으로써 시장원리를 왜곡시킨다는 비판을 듣고 있다.[84]

　　그래서 탄소중립을 달성할 수 있는 각종 에너지원의 기여도에 대한 비교를 비용 대 효과 분석과 경제성 분석을 객관적이고 공평하게 실시하고, 그 결과를 전문가 공동체와 국민에게 공개하여 국민적 합의를 도출할 수 있도록 해야 할 것이다. 따라서 세계에너지기구(International Energy Agency)가 권장하는 탄소저감한계비용곡선(MACC: Marginal Abatement Cost Curve)[85]를 적용하여 원자력을 포함한 모든 대체에너지가 일정량의 탄소를 줄이는데 한계비용이 얼마나 소요되는지 과학적·수학적으로 비교하여 국가탄소중립을 가장 설득력있고 효율적인 방법으로 달성할 수 있는 방법을 국가 수준에서 도출하여, 국민적 컨센서스를 얻은 가운데 에너지 믹스정책을 제시할 필요가 있다.

제 8 절　한국의 원자력발전소 수출

1. 거의 실현될 뻔했던 대북한 경수로 수출

　　이 책의 제1장에서 설명한 바와 같이, 북한은 1993년 3월 12일에 NPT 탈퇴를

---

84) 울산매일. "황일순 컬럼," 2021. 5.10.

85) https://leap.sei.org/help/Views/Marginal_Abatement_Cost_Curve_%28MACC%29_Reports.htm
　　US Economics Analyst, The Economics of Climate Change: A Primer, Goldman Sachs, https://www.gspublishing.com/content/research/en/reports/2020/01/19/c1bb0de3−ab5b−4713−b22c−4306415105cf.html.

선언하고 제1차 핵위기를 일으켰다. 미국이 이 핵위기를 해소하기 위해 제네바에서 미북 고위급 회담을 개최했고, 1994년 10월 21일 미북 간에 제네바합의를 채택했다. 1994년 북미 간에 북한의 핵동결을 조건으로 북한에게 1,000MW급 경수로 2기를 건설하여 제공하고, 경수로의 완공 때까지 북한의 흑연감속로 동결에 따른 에너지 상실을 보전하기 위해 북한에 대해 중유를 지원하기로 합의하였다. 제네바합의에는 2003년을 목표로 총 발전용량 2,000MW 경수로를 북한에게 제공하기 위해 미국이 주선할 책임을 지며, 미국주도로 국제컨소시움을 구성하기로 되었다.

1995년 3월 9일에 KEDO(한반도에너지개발기구)가 설립되었다. 집행이사국으로는 미국, 한국, 일본, EU가 참가하기로 하였다. 이보다 두 달 앞선, 1월 23일 한국정부는 대북경수로 사업을 담당할 국내의 기구로 경수로사업지원기획단을 설치했다. KEDO의 설립에 관한 협정을 보면, "KEDO의 목적은 기구와 북한 간에 체결될 공급협정에 따라 약 1,000MW 용량의 2기의 한국 표준형 원자로로 구성되는 북한에서의 경수로 사업에의 재원조달과 공급"이라고 정의했다. 한국의 원자력산업계는 대북 경수로 사업을 한국 원자력의 도약발판의 계기로 삼고자 했다.

이렇게 되자 김영삼 대통령은 한국의 경수로기획단에게 "북한 경수로사업은 한국이 주도해야 하며, 만약 북한이 한국표준형 원전을 계속 거절하면, 한국은 한 푼의 자금도 댈 수 없다고 해라"는 확고한 지시를 내렸다. 또한 한국의 원전 산업계는 KEDO의 설립 협정에 한국이 경수로 건설비용의 많은 부분을 부담하는 대신에 한국 표준형 원전을 제공하기로 명기함으로써 한국 원자로의 대외 수출에 도움되는 방향으로 경수로제공 협정이 체결되기를 강력하게 희망하였다. 한편 한국의 국내에서는 대북 경수로 사업을 누가 주관할 것인가에 대해 한국전력과 한국원자력연구소가 경쟁하였다.[86]

이에 대해 정부는 "북한에 제공하는 경수로는 어떤 새로운 설계에 의해 건설되는 것이 아니고, 한국표준형 설계로 건설 중인 울진원전 3, 4호기를 복제하여 건설하는 것인 만큼, 모든 원전의 건설책임을 맡았던 한국전력이 해야 된다"라고 하면서 한전의 손을 들어주었다.

KEDO 집행이사회에서는 참조발전소를 울진 3, 4호기(한국표준형원전)으로 결정

---

86) 이종훈, 앞의 책, pp. 534-548.

함으로써 한국이 북한에 대한 경수로 제공을 책임지게 되었다. 이로써 한국은 지금까지 원자로의 수입국에서 수출국으로 변신한 셈이 되었다. 당시 우리 국내에서는 국산 표준원전의 효시인 OPR-1,000MW급 영광 3, 4호기 건설이 끝나고 운전단계에 들어갈 때였다. 다만 이 사업은 기술도입선인 미국 Combustion Engineering사가 원자로 계통설계의 모든 기술적·법적 책임 하에 성능보장(Performance Warranty) 책임을 지고, 한국원자력연구소팀은 그것을 지원하는 보조역할을 하였다. 그러나 다음 원자력 발전소인 울진 3, 4호기부터는 모든 한국 기술자립 기관들이 성능보장(Performance Warranty)책임을 지도록 되게 되어서 한미 간에 성능보장 역할이 바뀌게 되었다. 이것 때문에 진정한 의미의 한국형 원전은 국내 팀이 성능보장까지 책임지는 울진 3, 4호기가 최초의 한국형 원전모델이 되었으며, KEDO 사업의 참조 발전소로 채택이 된 것이었다.

1996년 3월 20일 뉴욕에서 KEDO와 한국전력 간에 경수로사업 주계약자 지정 협정이 체결되었다. 보즈워스(Stephen W. Bosworth) KEDO 사무총장과 한전 이종훈 사장이 계약에 서명하였다. 한전은 상업계약 하에 북한의 신포에 원전 2기를 공급하기로 하였다. 이어서 1998년 11월에 KEDO와 한전 간에 총 예상 사업비를 46억 달러로 결정하였다. 재원분담은 한국이 총사업비의 70%를 원화로 부담하기로 하고, 일본은 10억 달러에 해당하는 엔화를 분담하기로 하였다. 유럽연합은 5년간 총 7,500만 유로를 분담하기로 하였다. 미국은 차액확보에 주도적 역할을 수행하기로 했다.

1997년 8월 19일, 함경남도 금호지구에 경수로 부지정지 공사가 시작되었다. 한전의 책임 아래 현대건설, 대우, 동아건설, 한국중공업으로 구성된 합동시공단이 참가했다. 부지정지 공사는 2001년 8월말 완료되었다. 그 직후 기반시설 공사로서 건설부지-생활부지, 건설부지-골재용수원 간 연결도로(27km) 아스팔트 포장이 완료되었고, 취수방파제 및 물양장(83.1%), 용수공급시설(98.5%) 등이 완료단계에 있었다. 1999년부터 KEDO와 한국전력, 한국수출입은행, 일본수출입은행 간에 융자계약이 이루어져서 2000년 2월 3일부터 경수로 건설을 위한 본 공사에 들어갔다.

그러나 2002년 말, 북한이 제네바합의와 한반도비핵화공동선언을 위반하고 고농축우라늄 프로그램을 가동하고 있다는 의혹이 발생하여 북미관계가 악화되고, 2003년 초에 미국이 제네바합의의 파기를 선언하고, 북한이 NPT와 IAEA를 탈퇴한다는 선언을 함으로써 북한 경수로 건설 공사는 중단되고 말았다. 실제로 경수로 공사는 총 공정 진도 34.5%가 진행된 상태에서 2006년 1월에 KEDO가 사업종료를 선언했다. 이에 대해서 북한은 보상을 요구하며 4,500만 달러 상당의 장비 반출을 거부했다. 2006년 1월 8일 신포에 나가있던 한국의 기술진 전원이 무사히 귀국했다. 이로써 한국형 경수로의 대북한 수출 길이 막혀 버렸다. 하지만 이 대북한 경수로 건설사업으로 인해 한국은 원자력 수입국에서 수출국으로 변모할 수 있었기에 대북한 경수로 건설사업 건은 우리 원자력의 해외 수출의 길을 열어준 계기가 되었다.

2. UAE에 원자력발전소 수출

원자력의 국내 수요가 충족되고, 환경단체들로부터 반핵운동이 심화되어 감에 따라, 한국의 원자력은 외국으로 수출 길을 마련하지 않으면 안 되었다. 그러나 세계 원전 시장에서는 선진 원전 수출국인 미국, 프랑스, 러시아, 일본 사이에 경쟁이 너무나 치열했다. 이를 뚫고 한국이 수출국이 되기 위해서는 원전 기술 외에 비상한 정치외교력이 요구되는 상황이었다.

"비즈니스의 달인"이라고 불리어 온 이명박 대통령은 UAE에 원전을 수출하는 것이 한번 해 볼 만한 게임으로 생각했다. 400억 달러짜리(200억 달러는 원자로 건설비, 나머지 200억 달러는 60년 간 운영유지비) 매머드 사업을 한국이 수주받을 수만 있다면, UAE를 기점으로 중동뿐만 아니라 세계의 원전시장에 더 진출할 수 있는 기회가 생길 수 있었다.

한국은 한국전력을 중심으로 한국수력원자력, 한국전력기술, 한전원자력연료, 두산중공업, 현대건설, 삼성물산이 참여하여 '한국전력컨소시엄'을 구성하고 사업계획서를 작성하여 입찰에 응했다. 2009년 9월 4일 한국전력컨소시엄이 프랑스의 원자력그룹 아레바(AREVA), 미국과 일본의 연합인 GE히타치와 함께 3대 우선협상대상자로 선정되었다.

2009년 하반기에 UAE에서는 프랑스와의 계약단계에 접어들었다는 소문이 돌았다. 프랑스의 사르코지 대통령이 수 차례 UAE를 방문하고 난후, 프랑스-UAE 양국 간에 계약을 서로 합의하고 서명할 날짜까지 통보된 상황이었다고 전해지고 있었다. 이명박대통령은 "서명이 끝나야 다 끝난다"고 생각하고, 모하메드 왕세제와의 개인적 친분을 이용하여 반전을 시도해 보려고 했다. "선진국과 대결하려면, 개인의 체면과 자존심보다는 국익이 먼저"라고 생각한 이대통령은 모하메드 왕세제에게 몇 차례의 개인 통화 시도 끝에 통화가 되자, "양국이 신뢰를 갖고 형제국가와 같은 관계를 맺으면 좋겠습니다. 기회가 되면 직접 만나서 한국과 UAE 양국 간의 경제와 교육, 안보 협력을 통한 형제국 관계를 맺도록 노력합시다"[87]라고 제안했다.

　　UAE는 주요 산유국이지만, 미래를 위해 저탄소 에너지로서의 원자력을 추진하고 있었다. 이에 대해 이 대통령은 "산유국인 UAE가 원자력발전소를 비롯해 저탄소 에너지를 준비하고 있는 왕세제의 미래지향적 노력에 경의를 표합니다. 한국이 동아시아의 허브역할을 하는 것처럼 UAE가 중동의 허브가 될 수 있다고 생각됩니다. 양국이 힘을 합쳐 양국관계에 '100년의 우정'이 지속될 수 있도록 만듭시다"고 화답하였다. 그리고 이대통령은 원전수출 프로젝트를 성공시키기 위해 외교, 국방, 경제, 산업체가 혼신일체가 되어 전력을 기울였다.[88] 한편 모하메드는 UAE의 협상레버리지를 올리기 위해 프랑스와 한국을 최종 순간에 경쟁시키기로 결정하였다. 그리고 그는 이대통령에게 "한국이 교육, 기술, 군사 등 여러 분야 전문가들을 보내 주어서 UAE와 토의하기로 합시다"라고 제안해 왔다.

　　그래서 이대통령은 한국 정부대표단과 함께 김태영 국방장관을 UAE에 급파하여 한－UAE 국방협력을 추진하도록 하였다. UAE에는 이미 미국과 프랑스 군부대가 주둔하고 있었지만, 모하메드는 선진국의 영향을 덜 받기 위해 중견국인 한국과 국방협력을 원했으며, 국가전략시설인 원전을 테러의 위협으로부터 지키기 위해 한국으로부터 특전사 훈련지원을 요청해 왔다. 한국의 국회와 시민사회에서는 UAE에의 파병 문제를 놓고 논란이 많았다. 해외 파병 반대 의견이 우세했다. 그러나 UAE가 요청한 대테러전문요원의 양성을 위한 한국의 군사교육자문단을 보내는 것은 해외분쟁지역에 파병하는 성격과 매우 다른 것이었다.

　　저자는 "해외파병"이라는 단어 대신에 "군사교육자문지원단"이라고 명칭을 바꾸어 부르자고 제안하면서, UAE가 중동의 테러위협 환경 속에서 국가전략시설인 원자력발전소를 지키기 위한 대테러 전문요원의 양성을 위해 한국에게 자문단을 지원요청하는 것은 일반 해외파병과는 다르기 때문이라고 신문에 시론[89]을 썼다. 그 후 무

87) 이명박, 『대통령의 시간 2008－2013』(서울: 알에이치코리아, 2015), pp. 513－530.
88) 이명박, 위의 책, pp. 513－534.

사하게 UAE에 대한 군사교육자문단 파견안은 국회를 통과하였다.

한국정부는 2011년 1월부터 UAE에 군사훈련협력단('아크(Ahk)'는 아랍어로 형제라는 뜻)을 보내고 있다. UAE정부는 국내의 다른 지역에 있는 미군 혹은 프랑스군보다 한국군과 상호 신뢰가 더 돈독하며, 이를 계기로 UAE 정부는 자국의 국방선진화를 위해서 한국의 국방정책과 조직, 운영까지 자문의 범위를 넓혀 달라고 요구해 오고 있다.

이대통령의 '100년의 우정'을 맺자는 접근이 주효하여 프랑스를 물리치고 200억 달러의 원전 수주를 따내게 되었다. 마침내 2009년 12월 27일 칼리파 빈 자이드 알 나흐얀 UAE 대통령과 이대통령은 아부다비에서 정상회담을 갖고, 한국은 UAE의 원전수주를 통보받았다. 한국형 APR1400이 세계에 수출되게 된 것이다. 이것은 한국형 차세대 원전 APR1400 4기(총 발전용량 5천 600㎿)를 UAE 수도 아부다비에서 서쪽으로 270km 떨어진 바라카 지역에 건설하는 프로젝트였는데, 바라카 원전 1호기는 2021년 4월에 상업 운전에 들어갔고, 2호기는 2022년 3월에 준공되었고, 3호기는 2023년 3월에 상업 운전에, 4호기는 2024년 초에 준공될 예정이다.

무엇이 결정적으로 작용하여 대 UAE 원전수출이 가능하게 되었을까? 물론 이대통령의 100년의 우정을 맺자는 리더십이 가장 큰 원인이지만, 우리 원자력계의 준비된 능력이 또 하나의 중요한 원인이었다.

대 UAE 원전수출을 위한 한국컨소시엄에서 중심 역할을 했던 변준연 전 한전 부사장은 말한다.[90] "원자력 발전소와 같은 초대형 국제 공개경쟁 입찰사업은 단기간 내에 수백 종의 자료와 수천 장의 방대한 입찰 서류를 발주자측이 제시한 입찰요건에 맞게 작성하여 제출해야만 한다. 그런데 UAE정부에서 요구하는 수준 높은 자료를 제한된 시간 내에 100% 영문으로 작성하여 제출하기는 불가능에 가까웠다. 그러나 한국은 1995년부터 시작하여 2006년에 종료된 대북한 경수로 사업 즉, 1,000MW 한국형 원자로의 건설 경험을 갖고 있었는데, 이것이 중요한 역할을 했다"고 설명한다.

대북한 경수로 사업은 미국, 한국, 일본, EU가 참가한 국제콘소시엄 사업이었고,

---

89) 국민일보, "[시사풍향계 – 한용섭] 국익확장의 기회를 잡아라," 2010.11.21.
90) 변준연, "대북 경수로 사업 vs UAE 원전사업," 『비확산과 원자력 저널』, 2019년 12월호, pp. 34 – 41.

북한에 건설 예정이었던 APR1000 원자로 모형을 한국이 최신화한 APR1400을 수출하기로 되어 있었기 때문에 모든 계획서, 협상자료, 절차서, 지침서 및 제반 계약서 등이 100%가 영어로 작성되어 있었다. 따라서 UAE에 입찰서를 영어로 제출할 때에 이 모든 자료가 소중하게 다 활용되었다"고 말한다.

또한 UAE에 입찰하기 위해 한전컨소시엄을 구성할 때에 미국의 웨스팅하우스사와 국제컨소시엄을 조직함으로써 미국의 영향력을 활용한 것도 큰 기여를 했다.

UAE에 대한 4기의 1,400MW급 원자력발전소의 수출로 한국은 사상 처음으로 미국, 프랑스, 일본과 함께 원전 해외 수출국의 반열에 올라서게 되었다. 만약 한국의 원자력 기술이 세계적 수준에 도달해 있지 않았거나, 한국이 G20 국가로서 세계 10대 선진국의 대열에 올라서 있지 않았다면 원전수출은 불가능했을 지도 모르는 사건이었다.

이제 미래의 원전수출은 한국이 개발한 APR1400+형의 개발 여부에 달려 있다. 미국도 지난 30여 년간 한국의 국내에서 개발한 제3세대 신형 PWR 원전인 APR1400을 인정하였다. 2019년에 외국 설계 원전으로서는 최초로 미국 원자력위원회(US NRC)가 안전규제기관의 사전 설계인정 공증단계인 Design Certificate을 부여하였음은 앞에서 지적한 바다. 이것은 한국 원자력이 목표한 기술자립도 100%를 달성한 것으로서, 지난 한국 원전의 자립도 95%에서 남아있던 마지막 5%인 3가지 품목을 온전히 탑재한 것을 의미한다.

나아가 APR+ 노형이 사우디아라비아 등 해외에 수출될 경우 미국도 로얄티 요구나 기술 US 원산지 주장이 어려울 것이다. APR+ 개발 취지가 바로 기술자립도 100%를 달성한 것이며, 미국의 수출 규제에서 완전히 벗어남을 목표로 하였던 것이다.

탈원전 정책에서 벗어나 신규 원전 건설이 활성화 되어야 한국은 APR+ 노형을 자유자재로 해외에 수출할 수 있다. 최초의 원전수출사업인 UAE는 APR1400 노형으로서 계약상 참조발전소인 신고리 3, 4호기와 동일한 공급자를 명시하였기 때문에, 5% 비국산화 3가지 품목은 미국의 WH사가 공급하였다. APR+ 노형이 해외 수출될 경우 국내 천지 1, 2호기가 참조발전소가 될 수 있으나 문 정부의 탈원전 정책으로 그 건설이 중단되었다. 국내에 참조발전소가 없으면 이 신형 발전소를 외국에 수출하는데 장애가 있으며, 현재로서는 APR1400을 수출할 수밖에 없는 형편이다. 따라서 윤석열 정부의 등장과 함께 APR+ 노형이 계속 건설될 수 있도록 조치를 하는 것이 필요하다.

3. 요르단에 연구용 원자로 수출

또 하나 기록적인 원자로 수출은 요르단에 5MW 연구용 원자로를 수출한 일이다. 2009년 2월에 요르단 원자력위원회(JAEC: Jordan Atomic Energy Commission)가 연구용 및 교육용 연구로(JRTR: Jordan Research and Training Reactor) 건설 사업을 국제입찰 공고했다.[91] 한국원자력연구원은 2000년에 자력으로 연구용원자로인 '하나로'를 설계하고 건설하여 운영해 오면서 풍부한 경험과 기술력을 쌓아왔으므로 요르단에 기술제안서와 사업비 제안서 등을 포함한 입찰서류를 제출했다. 원자력연구원은 대우건설과 컨소시엄을 구성하고, 원자로를 포함하여 원자로 건물, 동위원소 생산시설, 교육센터 등의 건설과 요르단 인력을 위한 교육훈련 프로그램까지 포함한 턴키방식의 계약사업을 제출했던 것이다. 2010년 1월 요르단원자력위원회는 한국컨소시엄을 낙찰자로 선정하였다. 2010년 3월 한국컨소시엄은 요르단과 계약을 체결하고 8월에 요르단 연구용-교육용 연구로(JRTR) 사업을 개시하여 2015년에 준공하였으며, 2016년부터 가동중이다. 계약규모는 2억 달러, 연구로의 설계와 교육은 한국원자력연구원이, 시공은 대우건설이 맡아 공사시작 후 6년만에 준공했다. 그리고 JRTR의 위치는 요르단 수도 암만에서 북쪽으로 70km 거리에 있는 요르단 제2의 도시 이르빗에 있는 요르단 최고의 공과대학(JUST: Jordan University of Science and Technology) 안에 있다.

---

91) 고경험 원자력전문가 편저, 앞의 책, "요르단 연구용 원자로 수출," pp. 190-193. 김병구, 『제2의 실크로드를 찾아서』(서울: 지식과 감성, 2019), pp. 231-236.

제 9 절	한·미 원자력협력과 한국의 평화적 핵주권	

1. 1970년~2010년의 한·미 원자력협력

한·미 원자력협력은 1956년 한·미 원자력협정이 체결된 때부터 시작되었다.

1972년 11월 24일 제2차 한·미 원자력협력협정이 워싱턴에서 서명되었고, 1973년 3월 19일 유효기간 30년의 제2차 협정이 발효되었다. 1974년 5월 15일 유효기간이 10년 더 연장되었다.

이 책의 제2장에서 1974년 미국이 박정희 정부의 핵무기를 개발계획을 감지하고 이를 포기시키기 위해 한국에 대한 외교적·경제적·군사적 압박을 가하고 나오자 한국은 핵개발을 포기하였다. 한국정부는 핵개발 계획을 포기하는 대신 미국에게 한미 간의 평화적 원자력 협력을 활성화할 것과 지역적 협력을 통한 재처리의 주선을 요구하였다. 이 책의 제2장에서 언급한 바와 같이 미국이 합의한 7가지 조치는 아래와 같다.

- 한·미 간에 평화적 원자력 협력을 위해 이전보다 더 향상된 소통과 조정을 한다.
- 핵원자로의 설계, 건설, 운영관리 분야에서 한·미 간에 상호 협력한다.
- 한·미 양국의 연구소 간 자매 결연을 한다.
- 핵연료제조, 재처리 서비스[92] 및 원자로 안전과 규제 분야에서 협력을 한다.
- 일반적인 과학기술 분야의 협력도 증대하기로 합의한다.
- 미국은 재처리에 관해 국제원자력기구와 협력하여 지역적이고 다자적인 재처

---

[92] 이때에 미국정부는 한국정부에게 재처리문제에 대해서 "국제원자력기구와 협력하여 지역적이고 다자적인 재처리 연구개발 시설을 만들겠다"는 제안을 했다. 그런데 이 분야에 대해서는 1976년 이후 미국이 제대로 된 국제회의조차 개최하지 않았고 이 제안은 결국 사라져 버리고 말았다.

리 협력을 주선한다.
- 한·미 간 고위급 회담을 지속해 나가기로 한다.

이 합의에 근거하여, 미국정부는 1976년 8월에 '한·미 원자력 및 기타 에너지에 관한 공동상설위원회(JSCNOET: Joint Standing Committee on Nuclear and Other Energy Technologies) 설치 각서'를 서명하고, 매년 한·미 공동상설위원회를 개최하기로 합의했다. 이에 따라 1977년 7월 14일 제1차 한·미 원자력협력 공동상설위원회가 서울에서 개최된 이후 서울과 워싱턴에서 교대로 매년 공동위원회를 개최하였으며, 한국은 미국과 다양한 원자력 기술 분야에서 협력을 수행해 온 실적이 있다. 그런데 미국이 한국의 관심사항이었던 재처리에 관해 국제원자력기구와 협력하여 지역적이고 다자적인 재처리 협력을 주선한다고 약속하였는데, 그 이후로도 이 조항은 전혀 지켜진 바가 없다.

또한 한·미 간 원자력협력을 위한 고위급회의를 지속한다고 약속하였지만, 사실상 한·미 원자력공동상설위원회는 양국의 차관보 레벨 혹은 그 이하의 실무자급이 참여함으로써 그 의제가 기술적인 것에 한정되었고, 의제나 협력의 범위가 제한적이었다. 미국측은 한·미 원자력공동위원회를 통해 주로 한국의 원자력정책의 투명성과 비확산성을 점검하고 감시하는 역할을 해 왔다. 32년 동안 이 공동위원회 업무를 미국 국무부에서 수행한 사람은 버카트(Alex Burkart)로서 한국의 핵비확산 정책 고수와 한·미 원자력협력의 지속성을 유지하는 역할을 한 것으로 알려져 있다. 한국측은 원자력연구소가 필요하다고 생각하는 원자력의 세부적인 기술 협조를 받고자 노력하였다.

한·미 양국은 국방부장관 사이에 한·미 연례안보협의회의를 매년 개최해 왔는데 비해, 한·미 원자력공동상설위원회는 한국측에서 동자부 차관보, 원자력연구소 국제협력실장 등이 참석하였으며, 미국측에서는 국무부 동아태담당차관보와 에너지부 국장급이 참석함으로써 원자력의 평화적 이용에 대한 실무급회의였던 점이 출발부터가 달랐다. 그리고 핵무기에 관한 사항은 전혀 논의되지 않았으며 원자력의 평화적 이용을 둘러싸고 실무급회의였기 때문에 회의의 안건이 매우 제한적이었다.

또한 박정희의 핵무기 개발프로그램이 완전히 포기되었으므로, 한국에서는 대통령 수준에서 전략적으로 핵의 군사적 이용과 산업적 이용을 통합하여 고려할 수 있는 전략적 정책결정매커니즘이 사라졌음을 의미했다. 한편 한국은 세계적으로 미국정부가 주도한 비확산정책의 요주의 감시 및 통제 대상이 되기 시작했다. 아울러 한국은 국제비확산 레짐의 제1 감시대상, 핵확산우려국에서 의심국가로 남게 되었다.

그러나 한·미 원자력공동상설위원회는 실용적인 의미에서 효과가 있었다. 1976년 발족 당시는 우리나라가 원자력 전반에서 초보적인 위치로서 원자력공동상설위원회는 미국의 선진 기술을 도입하는 창구가 되었다. 그러나 지난 40년간 25기 신규 원전 건설을 통해 원전기술분야에서 급속도로 성장하여 이제 미국과는 동등한 입장에서 협력관계가 이루어지고 있다. 하지만 그동안 개별 아이템별 협조 논의를 해 온 것은 한국이 사용할 수 있는 협상 레버리지가 대폭 축소될 수밖에 없는 환경을 초래하였다고 말할 수 있다.

여기서 발견될 수 있는 문제점은 한국은 미국과의 협력에 있어서 부처별·세부 분야별로 협력은 해 왔으나, 국방분야와 원자력분야를 국가 전체적 관점에서 통합하여 미국과 빅딜 주고받기를 해 본 적이 없다는 것이다. 이것은 부처별로 할거주의(compartmentalism)가 존재하고 있었고, 미국과의 협상에 있어서 국가전략적인 접근이 없었음을 말해준다.

과학기술적 측면에서 1977년부터 1990년대 초반까지의 한·미 원자력협력의 실태를 보면, 미국은 한국 원자력을 비확산관점에서 통제하고 한국이 구체적인 분야의 원자력 기술 협력을 요구하면 미국은 그에 대한 대응으로 일부는 거부, 일부는 협력을 하였다. 즉, 미국은 한·미 원자력협력협정의 테두리 내에서 한국의 농축 및 재처리 가능성을 통제하였고, 그 범위 내에서 세부 기술 협력이 이루어졌다.

그러나 1990년대 중반부터 한국이 미국의 CE사로부터 원자로 기술을 이전받아 95%의 기술자립도를 완성하게 되고, 한빛 3, 4호기와 한울 3, 4호기가 한국표준형원전기술로 발전된 이후 비로소 한·미 간의 원자력협력은 상호보완적인 파트너십 관계로 변화되기 시작하였다.[93] 1990년대 후반에는 상업적 분야에서 한국의 원전 기자재가 미국 원전용으로 수출되기 시작했고, 2000년 시작된 미국의 원자력 선진기술 확보 사업(I-NERI) 중 핵연료주기 분야에서 조사후시험에 관한 공동 결정의 이행, 경중수로 연계 핵연료 주기(DUPIC) 기술 개발, 사용후핵연료의 관리와 이용을 포함한 선진

---

93) 이광석, "한미원자력협력의 성과 및 전략적 파트너십 구축,"「한국 비확산과 원자력 저널」, 2019년 12월호, pp. 42-49.

핵연료 주기 기술협력, 파이로 프로세싱 실증에 관한 기술협력 등이 이루어졌고 일부는 현재에도 계속되고 있다.[94)]

고속로기술개발과 관련해서는 원자력연구소가 아르곤국립연구소(ANL)과 제4세대 원자로시스템 국제공동연구 및 IFNEC(구 GNEP)체제 하에서 소듐냉각고속로 개발 기술 협력을 지속하기로 합의했고, 초우라늄연소로 노심설계연구 및 초우라늄 원소 함유 금속연료 성능평가관련 I-NERI 과제를 추진한 바 있다. 특히 한국원자력연구원은 2007년 9월에 전문가를 미국 아르곤국립연구소에 파견해서 소듐냉각로 자연대류 분석모델평가에 공헌했다.[95)]

한국원자력연구원과 아르곤국립연구소 간에 2011년에서 2020년까지 합의된 한미핵연료 주기 공동연구는 파이로의 기술성, 경제성, 핵비확산성을 검증하는 한편, 사용후핵연료 관리 옵션, 핵연료주기 대안을 모색하기 위한 것이었다.

2018년 4월 미국 워싱턴에서 개최된 제36차 공동위원회에서는 원자력 안전성 강화 연구와 함께 원자로 해체, 원자력 기술 기반 융복합 분야 등 새로운 분야에서의 협력을 도모하고 있다. 공동위원회에서 한·미 양국은 각국의 원자력 최신 정책 및 프로그램에 대한 정보를 교환하고 양국이 추진하고 있는 한·미 원자력주기 공동연구에 대한 현황을 공유하고 있다. 한·미 공동상설위원회를 통해 원자력연구원은 2021년 말 현재 16개 기술의제에 대해 협력을 추진 중이다.

현안이슈가 되어 있는 파이로 프로세싱에 대하여 좀더 살펴볼 필요가 있다. 파이로 프로세싱은 핵연료 건식재처리기술 또는 건식정련기술이라고도 불린다. 파이로 프로세싱은 사용후핵연료를 500℃ 이상의 고온에서 용융염 매질과 전기를 이용해 전기화학적으로 처리하는 기술이다. 고온 용융염을 이용한 전해환원 공정은 산화물 형태인 사용후핵연료를 금속 형태의 사용후핵연료로 바꾸는 것이고, 그 다음 정련공정은 금속전해환원 공정을 거친 사용후핵연료를 고온의 용융염 매질에서 우라늄을 선택적으로 회수하고, 다시 제련 공정을 통해 잔여 우라늄과 플루토늄을 포함한 미량의 핵물질군을 함께 회수하는 것이 이 기술의 핵심이라 할 수 있다. 파이로 프로세싱은 공정의 특성상 플루토늄을 단독으로 분리할 수 없어 핵비확산성이 보장되고, 장반감기·고방열 핵종들을 그룹으로 분리하여 장기간 환경에 영향을 주지 않도록 소멸

---

94) 한국원자력연구원(2019), 『원자력 60년사』(대전: 한국원자력연구원, 2019), pp. 495-497.
95) 한국원자력연구원(2019), 위의 책, p. 496.

처리하기에 적합하다는 장점이 있어 한·미 간에 2011년 파이로 프로세싱을 공동연구하기로 합의하였다.[96] 파이로 프로세싱은 원자로에서 사용된 핵연료를 처리해 미래 원전으로 개발중인 '소듐냉각고속로(SFR)'의 연료로 사용할 수 있고 당면 과제인 사용후핵연료 처리 문제에도 큰 영향을 줄 수 있어 큰 관심을 끌었다. 국내에서는 2021년 현재 소듐냉각고속로(SFR)라는 전용 원자로를 개발 중이다.[97]

이렇게 생산된 핵물질은 SFR의 금속핵연료로 재활용되고, 파이로 프로세싱 과정에서 고준위 방사성 폐기물의 양은 20분의 1로 줄고 이를 처리하기 위한 처분장 규모는 애초의 100분의 1로 줄일 수 있다. 이런 이유로 파이로 프로세싱 기술은 사용후핵연료 처리기술 중 핵비확산 보장 가능성이 가장 뛰어나고 전체 공정이 간단해 상업화에 성공하면 경제성이 매우 높을 것으로 평가받고 있다. 하지만 전해정련 과정 연구를 마치고 2021년에 한·미 공동연구팀이 이것을 다음 단계로 더 연구를 진행시킬지에 대한 종합평가를 하게 되어 있는데, 이것이 계속될지 여부는 미지수이다.[98]

한국 정부는 파이로 프로세싱의 연구가 오랜 시간이 걸리는 점을 고려하여 2014년 만료되는 한·미 원자력협력협정의 개정 문제와 파이로 프로세싱 문제를 분리해 처리해 나가기로 결정하였다.

2. 비핵정책 채택과 농축 재처리 이슈

핵비확산조약(NPT) 제4조에서는 "비핵국은 원자력의 평화적 이용에 있어서 핵무기 및 핵폭발장치를 제외한 평화적 목적의 원자력의 연구, 생산 및 이용을 개발할 불가양의(inalienable) 권리를 가지고 있으며, 평화적 목적으로 원자력을 이용하는 국가는 원자력의 평화적 이용을 위한 장비, 물질 및 과학기술적 정보가 최대한 교류되도록 촉진하고 또한 동 교류에 참여할 권리를 갖는다고 약속하며 …"라고 규정하고 있

96) 연합뉴스, "파이로 프로세싱 공동연구 합의 … 난제 산적," 2010.10.26.
97) 동아일보, "전용 원자로 '소듐냉각고속로' 개발 필수," 2015. 4.22.
98) 최근 정보에 의하면 미국측에서는 파이로세싱 전해환원 과정은 성공한 것으로 평가되고 있다. 문제는 문재인 정부의 탈원전 정책 때문에 후속연구에 대한 지원을 중단하고 있어서, 윤석열 정부가 원전정책을 제도적으로 회복시켜야 후속연구와 상업용 생산이 가능할 것으로 보인다.

다. 따라서 NPT 회원국이며 비핵국은 원칙적으로는 평화적 목적의 농축과 재처리를 할 수 있다. IAEA에서 이 불가양의 권리는 통상 핵무기 1개를 만들 수 있는 고농축우라늄 20kg, 플루토늄 8kg 이하를 가리킨다.[99]

그러나 미국은 한국에 대해 핵비확산에 중점을 두고 한미 원자력협력협정을 통해 한국의 농축 재처리 권한을 철저하게 통제해 왔다.[100] 한미 원자력협력협정은 양국 간에 공급국인 미국의 통제권과 수령국인 한국의 의무사항을 포함하고 있다. 그 통제권 가운데 가장 대표적인 것이 한국의 원자력활동에 대한 사전동의(prior consent) 제도이다. 한국은 미국으로부터 이전받은 품목 및 이로부터 파생된 품목의 농축, 재처리, 형상/내용 변경, 재이전시 사전 동의를 받도록 되어 있다. 또한 미국은 정치적으로 한국의 평화적 목적의 농축과 재처리를 할 수 없도록 철저하게 규제해 왔다.

박정희 정부의 핵개발 포기 이후인 1981년으로 거슬러 올라가면, 전두환 신군부는 원자력연구소와 국방과학연구소에서 핵무기 개발과 관련되어 남아있었던 모든 조직, 인원, 예산을 없애버리고, 오로지 평화적 원자력 이용에만 전념하고 있었다.[101] 그러다가 북한의 핵개발 문제가 대두된 1991년에 미국이 주한미군의 전술핵무기를 철수하면서 노태우 정부에게 한국이 북한보다 먼저 농축과 재처리의 포기를 포함한 비핵정책을 선언할 것을 요구해 와서 노태우 정부는 농축과 재처리를 포기하는 비핵정책을 선언하였다.

노태우 대통령이 1991년 11월 8일 "한국은 농축과 재처리 시설을 갖지 않는다"는 '한반도 비핵평화정책선언'을 발표했다. 노대통령은 "자신의 비핵평화정책선언이 1981년에 전두환 대통령이 평화적 목적의 원자력이라 할지라도 미국의 눈치를 봐서 농축과 재처리에 관련된 모든 조직과 인력을 해체시켜버렸던 사실을 재확인한 것에 불과하다"고 말하고 있지만,[102] 당시에 북한이 재처리 시설을 보유하고 핵무기 개발을 하고 있다는 정보를 입수했고, 미국이 전술핵무기를 한반도로부터 완전히 철수한다는 사실을 눈앞에 두고 있을 때임을 감안할 때, 북한이 재처리와 농축을 포기하지

---

99) Fred McGoldrick, *Limiting Transfers of Enrichment and Reprocessing Technology: Issues, Constraints, Options*(Cambridge, MA: Harvand Belfer Center, 2011), pp. 13–18.
100) 이광석, "NPT 체제하에서의 원자력의 평화적 이용," 한국원자력통제기술원, 『핵확산조약 50년: 정치적합의에서 기술적 이행까지』(대전: 한국원자력통제기술원, 2020), pp. 120–133.
101) 김병구와의 서면 인터뷰, 2019. 5.30.
102) 노태우, 앞의 책, p. 370.

도 않았는데도 불구하고, 우리가 일방적으로 재처리와 농축을 하지 않겠다고 선언한
것은 "우리만 발가벗어 버렸다"는 혹평을 받기에 충분하였다.[103]

당시에는 남한의 비핵정책 선언이 북한의 농축과 재처리 시설 포기 합의를 유도
하는 효과가 있었다고 평가하기도 했었으나, 농축과 재처리의 일방적인 포기가 미래
한국의 원자력분야에 어떤 영향을 미칠 것인가와 대미 협상에서 한국정부가 행사할
수 있는 레버리지가 어떤 영향을 받을지에 대해 많은 생각이 없었던 것은 분명하
였다.

특히 그만큼 중요한 비핵정책의 결정과정에 상공부, 과기처, 원자력연구소, 한국
전력, 원자핵기술공동체와 사회과학공동체의 핵정책관련 전문가집단의 참여가 없이
소수 인사가 주도한 비핵정책 결정과정은 뒤에 많은 비판을 받게 되었다.

한국의 일방적 비핵정책 선언은 1970년대 후반 일본이 미국으로부터 농축과 재
처리를 인정받기 위해 벌인 협상과정과 너무 대비되고 있다. 1970년대 후반 미국의
카터 행정부가 재처리금지 등을 포함한 비확산 정책을 선포하고 일본에게 재처리 시
설의 포기를 요구했을 때, 일본은 외무성뿐만 아니라 통산성, 과기부, 원자력산업계,
전문가, 여론 등이 연대하여 대미 협상력을 높이고, 몇 년 동안 미국과 줄기차게 교섭
하여 결국 일본의 농축과 재처리를 인정받았던 사례와 비교되어 많은 비판을 받고 있
다.[104] 뿐만 아니라 이때에 일본은 IAEA를 통해 국제핵주기평가회의(INFCE: the
International Nuclear Fuel Cycle Evaluation)를 몇 회나 개최하고, 서방 원자력 선진국들
의 일본의 비핵정책에 대한 신뢰를 바탕으로 서독, 영국, 프랑스, 이탈리아, 벨기에
등과 연대하여 "일본과 같은 원자력선진국은 비확산정책과 재처리를 포함하는 평화
적 원자력 이용이 상호 모순되지 않게 양립시켜 나갈 수 있다"고 하는 합의를 이끌어
내어 대미국 협상에 활용하기도 했다.[105] 결국 미국 카터 행정부와 협상을 벌여 도카

---

103) 김태우, 『한국 핵은 왜 안되는가: 김태우의 핵 주권 이야기』(서울: 지식산업사, 1994), pp.
267-284. 한국이 비핵정책선언과 함께 재처리와 농축을 일방적으로 포기한 것은 핵주권의
상실이라고 한국정부의 비핵정책을 비판하자, 김태우는 비핵정책을 추진하는 한국의 외교부
와 정부 인사들로부터 비판을 받았다고 한다.
104) 심융택, 『굴기: 실록 박정희 경제강국 굴기 18년 제10권: 핵개발 프로젝트』(서울: 동서문화
사, 2015), pp. 387-392. 심융택은 "노태우의 한반도비핵화공동선언은 한국의 핵주권의 공식
포기"라고 주장하며, 노태우 정권을 무능한 정권이라고 비판하고 있다. 전진호, 『일본의 대미
원자력 외교: 미일 원자력 협상을 둘러싼 정치과정』(서울: 도서출판 선인, 2019), pp. 262-
272.
105) Yong-Sup Han, *Nuclear Disarmament and Nonproliferation in Northeast Asia*(Geneva

이 재처리 공장의 2년 간 제한적 가동을 양해받았고, 그 후 일본은 미국의 레이건 정부와 교섭하여 농축과 재처리를 포함한 완전한 핵연료주기를 허용받는 데에 성공하였다.106)

　　미국과의 협상과정에서 일본과 한국의 큰 차이는 한국은 정부 대 정부 간 협상만 했었던 데 비해, 일본은 협상 대외 창구였던 외무성 이외에 통산성, 과기청, 원자력위원회, 원자력산업계, 매스컴 등의 다양한 이해상관자들이 모두 직간접적으로 참여하여 일본에게 유리한 교섭결과를 얻어내도록 대미국 협상레버리지를 강화하고 활용했던 것이다.107) 이것이 미일 원자력협력협정을 일본의 자율성을 제고하는 방향으로 결론짓게 된 이유이다.

　　후일 북한은 한반도비핵화공동선언을 위반하고 재처리와 농축을 통한 핵무기를 개발함으로써 핵보유국이 되었음을 선포했는데도 불구하고, 한국만 한반도비핵화공동선언에 묶여 평화적 목적의 농축과 재처리조차 할 수 없게 된 것은 1991년의 한국의 비핵정책 결정과정과 대미 협상과정에서 문제가 있었던 것을 보여준다고 하겠다.

3. 2010년대 한·미 원자력협력협정 개정 협상

　　한·미 원자력협력협정(원자력계에서는 '123협정'이라고 부르기도 한다)의 개정 협상은 1974년에 개정된 한·미 원자력협력협정이 40년간의 유효기간이 만료되는 시점인 2013년 말 이전에 한·미 양국이 개정협상을 개시했어야 했다. 그러나 효력 만료 시한 전에 협상이 타결될 전망이 밝지 않아, 한·미 양국은 새로운 협정이 합의될 때까지 현재의 협정의 효력을 연장시키는 조치를 취하였다. 한·미 협상은 2010년 10월부터 2015년 4월까지 4년 반 동안 지속되었다.

---

and New York, United Nations, 1995), pp. 40−47.

106) 김병구 박사와의 인터뷰, 2019. 5.15. 일본의 농축과 재처리 보유를 보는 다른 시각도 존재하고 있다. 일본은 천문학적 예산을 투여하고도 경제성이 입증된 농축과 재처리를 상용화하지 못하고 있기 때문에 일본의 정책이 잘되었다고만 할 수 없다는 시각도 있다. 탈핵신문, "일본 핵연료주기 정책: 그 실패의 역사와 미래," 2021.10.24.(http://www.nonukesnews.kr/news/articleView.html?idxno=3164).

107) 전진호, 앞의 책, pp. 262−272.

123협정의 개정에 있어서 주요 의제는 한·미 원자력협력 채널의 고위급화, 한국에 대한 재처리와 농축의 허용 문제, 사용후핵연료의 관리 문제, 원전 핵연료의 안정적 공급 확보 및 원자력 수출 협력 등 이었다.

회담의 한국측 책임자는 이명박 정부 때 임명된 박노벽 원자력 대사가 박근혜 정부에서도 계속 근무했다. 박대사는 한국측 협상대표로서 한국의 원자력 산업에 유리한 협상 결과를 얻기 위해 노력했다.

그러나 협상 상대방이 문제였는데, 미국 국무부 아인혼(Robert Einhorn) 비확산담당차관보는 아무리 평화적 목적일지라도 우라늄 농축이나 재처리는 한국에게 절대 허용할 수 없다는 입장을 고수했다. 아인혼은 1991년부터 미 국무부에서 근무하였으며, 북·미 제네바회담의 미국측 대표였던 로버트 갈루치 차관보 밑에서 일하였다. 아인혼은 그 후 비확산담당차관보로 승진하여 이란, 시리아, 리비아, 북한 등에 대해서 엄격한 국제제재를 집행하는 임무를 맡는 한편, 한국이 비확산 의무를 준수하도록 감독하는 역할을 하였다. 뿐만 아니라 한반도문제와 관련해서는 1990년대부터 북한의 비핵화와 남한의 미사일 사거리의 통제하는 책임을 맡았다.

아인혼이 한국측과 한·미 원자력협력협정 개정을 위한 협상을 하는 동안 아무런 진전이 없었다. 그러던 중 2013년 5월 말에 미 국무부의 "비확산 황제(nonproliferation czar)"라고 알려져 왔던 아인혼이 토마스 컨트리맨(Thomas Countryman)으로 바뀌었다.108)

한국측에서는 평화적인 목적의 우라늄 저농축만이라도 국산화해야 하겠다는 '목표'를 계속 유지해 오다가, 미국측 협상대표인 컨트리맨에게 의제로 제기했다. 이로부터 약 2년 간 협상을 거쳐 한미 123협정의 개정을 완료하였다. 원명은 "대한민국 정부와 미합중국 정부 간의 원자력의 평화적 이용에 관한 협력협정"이다.109) 한국정부는 협정개정이 성공적이었다고 자평하기도 했다.110)

그 주요한 성과로는 한·미 원자력 상설고위급위원회의 정기적 개최, 한국의 우라늄 20% 농축 권리 확보 등을 들고 있다. 자세히 보면 다음과 같다.111)

---

108) The Korea Herald, "U.S. to replace top negotiator in nuclear talks with S. Korea," 2013. 5.29.
109) 협정의 원문은 http://treatyweb.mofa.go.kr/JobGuide.do.
110) 중앙일보, "박노벽 대사, 한미 원자력 협상, 얻을 것은 다 얻었다," 2015. 5.15.
111) 이광석, "한미 원자력 협력의 성과 및 전략적 파트너십 구축,"『한국 비확산 원자력 저널』, 2019년 12월호. 한국핵정책학회, pp. 42-49.

첫째, 미국이 한국 원자력 산업 및 기술의 선진성을 인정하고, 원자력에 있어서 한·미 상호 간의 고위 전략적 파트너십이 필요하다고 인식함으로써 123협정을 과거의 통제 및 간섭 중심에서 벗어나 미래 지향적 협력관계로 바꾸어 나가자고 합의한 것이다.

따라서 한·미 양국은 차관급(한국측은 외교부2차관, 미국측은 에너지부 부장관)을 공동 의장으로 하는 상설고위급위원회(HLBC: High Level Bilateral Commission)을 설치하고 서울과 워싱턴에서 돌아가면서 회의를 개최하며, 사용후핵연료 관리 실무그룹, 핵연료의 안정적인 공급 보장 실무그룹, 원전수출 진흥 및 수출 통제 실무그룹, 핵안보 실무그룹 등 4개의 실무그룹을 구성하여 운영하기로 합의하였다.

이것은 이 책의 제2장에서 설명한 바와 같이 한·미 양국 국방장관 간 연례안보협의회의를 벤치마킹한 것으로 볼 수 있다. 하지만 이것은 한·미 원자력관련 고위급협의회의 채널의 제도화가 국방분야보다 40년이나 늦은 것을 의미하기도 한다. 국방분야에서는 양국의 국방장관이 회의를 하지만, 원자력고위급위원회 회의는 차관급이라 차이가 있다. 그리고 원자력고위급위원회의 미국측 대표는 에너지부 부장관이고, 한국측은 외교부2차관이다. 앞으로 미국측 대표를 에너지부 장관으로, 한국측 대표를 원자력정책을 종합적으로 다룰 수 있는 산업통상자원부 장관으로 격상시킬 필요가 있다. 한편 한·미 원자력고위급위원회 회의는 박근혜 정부에서는 개최해 왔으나, 문재인 정부에서는 탈원전 정책 때문인지 2018년에 1회 개최한 이후에는 개최되지 않았다고 한다. 매년 한·미 원자력고위급위원회 회의를 개최함으로써 한미 간 원자력협력을 지속적으로 발전시켜 나갈 필요가 있다.

둘째, 원자력연구공동체에서는 신123협정의 중요한 성과로서 한국이 원자력관련 연구를 할 때에 미국으로부터 건별 사전동의(prior consent)를 받던 데서 장기동의를 받을 수 있는 체제로 전환되었다고 말하고 있다.[112] 이전에는 재이전 및 형상·내용 변경(조사후시험, 동위원소 생산, 파이로 프로세싱의 전해처리 및 전해환원 등)분야에서 건별로 미국의 사전동의를 받아야 연구를 수행할 수 있었던 것을 이제는 연구를 수행하고 사후에 연례보고만 하면 되는 형식으로 전환되었다.

미국측은 한국측에 핵물질의 형상이나 내용물 변경에 대해 한정적으로 동의하였

---

112) 이광석, 위의 책, pp. 42-49.

는데, 한국원자력연구원에 존재하는 4개 시설(조사후연료 시험시설, 조사재시험시설, 사용후핵연료 차세대관리 종합공정 실증시설, 경중수로 연계 핵연료주기시설)에서의 형상변경에 대하여 사전동의권을 부여하였다.

핵연료주기에 관한 한미 공동연구는 2011년부터 10년간 파이로 프로세싱 공동연구를 진행하여 2021년에 완료하였다. 이 한미 핵연료주기공동연구(JFCS: Joint Fuel Cycle Study)의 결과를 바탕으로 상설고위급위원회에서 다시 협의하여 장기동의를 확보할 수 있는 경로가 마련될 수 있다. HLBC에서는 파이로 프로세싱의 연구결과를 기술적 타당성, 경제적 실행 가능성, 핵확산방지보장성, 핵무기확산위험성, 액티나이드의 추가적 형성 회피성 등의 기준을 가지고 평가하여 이 기준에 합당하다고 판단된다면 양국은 재처리에 대한 동의권 시행절차에 관하여 합의 방안을 찾을 것이며, 실제 파이로 프로세싱의 실행에 들어갈 특정시설을 지목하고 12개월 내에 시행약정을 마련할 수 있다.

그러나 파이로 프로세싱 연구도 2021년 연구를 완료하고 한·미 간에 종합 토의를 할 때에, 미국이 어떤 결정을 내리느냐가 관건으로 작용한다고 한다. 아직 공개되지는 않았지만, 2021년 7월에 한미 양국 정부는 지난 10년 간 파이로 프로세싱에 대한 공동연구의 결과보고서를 발간하여 한국의 파이로 프로세싱의 기술성·경제성 및 핵비확산성을 공인한 것으로 알려지고는 있으나, 탈원전 정책을 추진했던 문재인 정부가 이 공동연구보고서에 근거하여 후속 연구개발에 대한 지원 결정을 하지 않고 있기 때문에 문제점으로 대두되었다. 협정 개정에서 양국이 합의한 부분은 한국이 파이로 프로세싱을 위한 전단계인 '조사후시험'과 파이로공정 전반부에 해당하는 '전해환원' 연구를 할 수 있다는 것이었다. 조사후시험은 핵연료봉에서 사용후핵연료를 꺼내 파이로공정에 투입할 준비를 하는 전처리 과정 연구이고 전해환원은 전기를 이용해 세라믹 형태인 우라늄 등에 결합된 산소를 떼어 내어 금속 상태로 만드는 과정이다. 파이로 프로세싱 공정은 전해환원과 환원 금속에서 우라늄과 플루토늄 등 핵물질을 분리하는 전해정련·전해제련으로 구성되는데, 앞으로 전해정련과 전해제련은 한미간에 협의를 거쳐야 할 과정이다.113)

전체적으로 보면 미국은 한국의 자체적 농축과 재처리에 대해서 사전동의권을

---

113) 한국원자력연구원(2019), 앞의 책, pp. 385-388.

부여하지 않았다. 한국이 사용후핵연료를 프랑스, 영국 또는 기타 미국이 승인한 국가로 보내서 위탁재처리하는 데에 대해서는 사전동의권을 부여하였다. 하지만 재처리 후에 우라늄이나 플루토늄을 분리해서 재반입할 경우 혹은 혼합산화우라늄(MOX: Mised Oxides)에 대해서 미국의 동의를 받아야 한다는 점이 관건으로 남아 있다.

셋째, 박노벽 대사는 '원전 연료의 안정적 공급을 위해 한·미 간 협의를 통해 미국산 우라늄을 20% 미만으로 저농축할 수 있는 통로(pathway)를 열어 놓았다'고 말한다.[114] 실제로 합의문에는 '20% 미만의 저농축에 대한 협의가 가능하다'고 되어 있다.[115] 미국측 설명에 의하면 한국이 독자적으로 20% 미만의 농축을 하는 것은 불가능하고, 반드시 한·미 간의 사전협의를 통해 미국측의 동의를 받아야 한다는 입장이다.[116]

동 협정 제11조 2항은 "한국이 미국산 우라늄을 농축하기 위해서는 미국의 적용 가능한 조약, 국내법령 및 인허가 요건에 합치되어야 하며, 상설고위급위원회에서 양국 간 협의에 따라 서면으로 합의해야 한다. 그리고 협정 제18조 2항의 상설고위급위원회는 매년 정례적으로 한국 외교부 차관과 미국 에너지부 부장관이 개최하기로 되어 있지만 실제로는 한국의 외교부와 미국의 국무부 차관보실과 협의하기로 되어 있다. 게다가 20% 미만의 우라늄 농축이라는 것도 저농축의 기준을 확인하는 수치일 뿐이라고 미국측은 주장하고 있다.

2021년 말 현재, 한국은 국내 원전에 필요한 5% 저농축우라늄을 전량 해외로부터 수입하고 있다. 수입 국가별로 보면 미국에서 30%, 유럽에서 30%, 러시아에서 40%를 수입하고 있다. 그런데 2022년 2월부터 러시아의 우크라이나 침공 이후 러시아에 대한 경제제재 조치의 일환으로 러시아로부터의 저농축우라늄 수입이 제한을 받을 가능성이 존재하기 때문에 저농축우라늄 공급이 불안한 것이 사실이다. 국내 전력 공급에서 원자력이 차지하는 비중이 30%에 달하고 있는데, 저농축우라늄을 해외 시장에만 의존하고 있다는 것은 우리의 에너지안보에 근본적인 취약성이 있다는 것을 말해준다.[117] 또한 미래 원자력 시장에서 촉망받을 소형원자로(SMR)에 이용될

---

114) YTN, "한미 원자력협정 타결 의미와 성과는?" 2015. 4.22.(https://www.ytn.co.kr/_ln/0101_201504221607446235).

115) 한국일보, "사용후핵연료 재활용 우라늄 저농축 길 텄다," 2015. 4.22.(https://www.hankookilbo.com/News/Npath/201504221696142733).

116) 저자의 아인혼 인터뷰, 워싱턴의 브루킹스 연구소에서, 2020. 1.28.

5~20% 고수준 저농축우라늄(HALEU: High Assay Low Enriched Uranium)의 확보가 시급한데, 한국은 미국의 허용을 받지 못해 한국 자체의 저농축공장을 설립할 수도, 연구할 수도 없어 어려움이 많다. 한국이 핵비확산조약의 모범 준수국으로서 비확산정책을 잘 이행해 왔음에도 불구하고 신한미 원자력협력협정에서 20% 저농축의 장기동의를 허용 받지 못한 것은 앞으로 해결해야 할 문제로 남아있다.

넷째, 앞으로 세계 원전시장에서 한국과 미국이 협력적으로 마케팅을 해나가기로 합의한 점은 평가할 만하다. 미국이 한국표준형원자로의 완성, UAE의 바라카원전 수출 실적, 2010년부터 2016년까지 2년마다 개최해 온 핵안보정상회의에서 한국의 주도적 역할을 평가하여, 한국과 협력하여 세계 원전시장에 진출하자고 합의하였다. 또한 해외에 원전을 수출할 때에 핵연료는 미국이 동의한 핵연료를 사용해야 하고 수입국이 비확산조약을 준수해야 하므로, 결국 미국으로부터 핵연료를 수입하여 사용하는 모습이 되기 때문에 이 문제의 해결을 위해서도 한·미 간에 협력을 해야 할 일이 많다.

한국과 미국이 협력하여 국제 원전시장에 진출하고자 한다면, 한·미 양측이 세계 원전시장의 전망에 대해서 공동연구하고 진출전략을 공동으로 수립하기 위해 협의체를 발동시켜야 한다. 현재 미국의 원자력 산업 상황은 좋지가 않다. 미국 웨스팅하우스사의 파산 신청과 세일가스라는 대체 에너지의 공급 증가로 미국은 신규 원전건설 소요가 거의 없어 한 때 세계제일의 원전기술국이었던 미국이 이제 원전의 기술력, 자금력, 노동력이 부족하다. 프랑스 아레바사는 신규 원전건설 부진 및 재정 악화 등으로 세계 원전시장에 공급이 줄었다.

반면에 러시아와 중국은 2020년대 세계 원전시장에서 경쟁자 없이 독주하고 있다. 실제로 러시아[118]는 2017년 이래 5년 간 20여 기의 원전을 수출하였고, 2014년 러시아는 실증 고속로(BN-800)를 완공하였고, 상용 고속로(2020년대 중반 완공예정)를 건설하고 있다. 러시아는 40여 기의 원자력발전소 수출을 달성하고 있다. 러시아는

117) 천영우, 『대통령의 외교안보 어젠다: 한반도 운명 바꿀 5대 과제』(서울: 박영사, 2022), pp. 101-104.
118) IAEA, *Russia's Country Profiles of the RUSSIAN FEDERATION* (Updated 2021). 러시아는 국내에서 38개의 원자력발전소를 가동중이며, 8기의 발전소를 건설중이다. 2020년에 전력의 20.7%를 원자력으로 충당하고 있으며, 2030년에 전력의 25~30%를 원자력으로 충당할 계획이다(https://cnpp.iaea.org/countryprofiles/Russia/Russia.htm).

사용후핵연료를 자국으로 운송해 가겠다고 약속하고 있으며, 원전건설에 엄청난 규모의 자금이 소요되는 점을 감안하여 건설자금을 장기저리로 융자를 해주는 등 세계 원전시장에 톱을 달리고 있다. 중국은 실험로(CEFR) 완공(2010년) 및 상용로 완공(2023년) 등으로 세계 원전시장 점유율을 높여가고 있다.[119] 중국은 2030년까지 일대일로 사업의 자금을 대상국에게 제공하면서 30기의 원전수출을 계획 중이다.

한국은 2009년 바라카 원전수출 이후, 문재인 정부의 탈원전 정책으로 추가 수출 대상국을 찾지 못하고 있다. 하지만 러시아의 우크라이나 침공 이후 미국과 유럽 국가들의 대러시아 제재로 인해 동유럽 국가들이 러시아로부터 도입하려고 했던 원전의 계약이 대부분 취소되었다. 한·미 양국이 협조하여 대체 공급자로서 이 기회를 최대한 활용할 필요가 있다.

미래 원자로의 기술개발에 있어서 미국은 선진원자로, 소형모듈원자로(SMR), 다목적고속시험로(VTR: Versatile Test Reactor) 등의 기술개발로 미국의 원자력 산업을 부활시키겠다고 나오고 있다. 이때에 한국의 바라카원전 수출 경험을 토대로 하여, 한국의 원자력 산업계가 미국의 원전 산업계와 컨소시엄을 형성하여 국제시장에 공동 진출하려는 노력이 필요하다. 특히 미국은 중동에서 이란을 견제할 수 있는 사우디아라비아를 전략적인 동반자로 삼고자 사우디아라비아에 대한 원전수출을 시도하고 있는데, 한국이 미국과 원전파트너가 되어 UAE에 이은 사우디아라비아진출을 성사시키기 위해 한·미 원자력 수출협력에 정부가 적극적으로 나설 필요가 있다.

아울러 원자력수출을 위한 국내 체제 정립도 필요하다. 원전산업 및 원전기술 생태계의 복원이 시급하고 해외 원전수주 지원센터의 설립이 시급한 과제라고 지적되고 있다. 최근 에너지 빈국인 체코, 폴란드, 헝가리 등 중·동부 유럽뿐만 아니라 터키 등에서 추가적인 원전건설 수요가 있다. 한국이 해외 원전수주를 성공하가 위해서는 산업부, 무역협회, KOTRA, 외교부와 원전 산업계, 그리고 현지 공관, KOTRA 무역관 등이 망라된 해외 원전수주 지원센터를 설립할 필요가 있다. 또한 하루빨리 원전산업 생태계를 복원하여 원전산업이 신성장 동력산업이 되도록 육성하여야 할 것

---

119) 중국은 53기의 원자력 발전소를 가동중이며, 2027년까지 19기의 원자력발전소를 건설중이다. 그리고 34개를 추가건설 계획중이다. 2017년에 중국은 총 전력의 5%를 원자력으로 공급하고 있다. 2030년에는 10%를 목표로 하고 있다. Nuclear Power in China(Updated February 2022)(https://world-nuclear.org/information-library/country-profiles/countries-a-f/china-nuclear-power.aspx).

이다.

끝으로 한미 원자력협력협정의 개정 협상과정을 전반적으로 살펴보면, 한국이 파이로 프로세싱 의제를 본 협상에서 다루지 않고, 협정 개정 협상과 분리하여 한·미의 연구기관 간에 10년 간의 한미 핵연료주기공동연구 사업으로 진행한 것이 협정 개정 협상에서 활용할 수 있는 한국측의 협상카드를 제한했는지, 혹은 협상카드의 활용범위를 넓혔는지의 여부에 대해서 다시 한 번 분석을 요한다. 또한 한·미 원자력협력협정을 개정하기 위한 우리측의 협상준비과정이나 협상전략 수립과정 및 본 협상과정에서 외교부와 원자력연구원의 소수 인사가 주로 활약하였는데, 다시 한 번 우리의 외교부 이외에 산업통상자원부, 과학기술부, 정치권, 원자력 산업계, 연구소와 학계, 시민사회, 매스컴, 여론 등의 다양한 이해상관자들이 협상준비과정이나 협상과정에 적극적으로 참가하지 않음으로써 미국에 미칠 수 있는 영향력을 제대로 발휘할 수 있었는지에 대해 1991년의 비핵정책결정과정과 비교하여 다시 한 번 냉철하게 분석해서 교훈을 도출할 필요가 있을 것이다.

제10절   한국 원자력의 자율성 대 에너지 교환 모델의 적용

한국의 원자력 에너지의 발전량 변화를 시기별로 보면 1980년에 0.58GW의 발전을 시작하여, 1985년에 2.86GW, 1990년에 5.74GW, 1995년에 6.87GW, 2000년에 11.82GW, 2005년에 16.92GW, 2010년에 16.96GW, 2015년에 18.80GW로 정점을 찍고, 2020년에 17.42GW로 하강하는 것을 볼 수 있다. 국가전체의 전력 중 원자력이 차지하는 비중은 1995년에 36%를 기록한 이후, 2000년에 40.9%로 최고점을 찍고, 2005년부터 2017년까지는 35~37%대를 기록하다가, 2016년에 박근혜 정부가 2030년에 41%를 달성한다는 목표를 설정하였다. 그러나 문재인 정부에서 탈원전 정책을 추진하면서 2030년에 국가전체의 전력 중 원자력이 차지하는 비중을 17%로 삭감하였다.

〈그림 3-1〉 한국 원자력의 자율성 대 에너지 관계

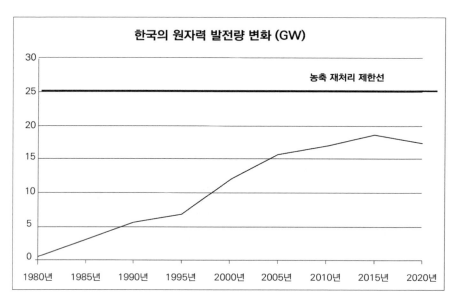

출처: 2005년에서 2015년까지 자료는 산업통상자원부 한국수력원자력(주), 『2016원자력발전백서』(서울: 진한엠엔비, 2017), p. 144를 1990년부터 2005년까지, 2020년의 자료는 IAEA, Nuclear Power Reactors in the World(Vienna: International Atomic Energy Agency, 2021), p. 14를 참고하여 작성.

한국은 원자력의 평화적 이용 면에서 미국과 원자력관련 기술 협력을 계속하여 원자력 발전을 통한 전력 생산이 매년 증가해 왔다. 원자력 발전량이 증가함에 따라 한국 원자력 기술의 자립도를 의미하는 자율성도 지속적으로 증가하였다.

1970년대 고리 1호기의 원자력 발전을 시작할 때는 턴키방식으로 미국의 웨스팅하우스 원전기술에 전적으로 의존하였기 때문에 의존성이 매우 높았다. 하지만 그 후 한국은 분할발주방식을 택해서 미국의 원자력기술을 완전히 배워서 한국의 원전기술이 지속적으로 발전하여 1995년에 영광 3, 4호기를 거쳐 한울 3, 4호기에 이르기까지 한국은 원전기술 자립도가 95%에 도달하게 되어 그 후에 한국형 원자력발전소 모델인 APR-1400을 설계하고 표준설계인가증(Design Certificate)을 받았다. 이 APR-1400 원자력발전소 4기가 2009년 이명박 정부 때에 UAE로 수출되게 되었다.

연이어서 2006년 12월 '원전기술발전방안(Nu-Tech 2012)'을 수립하고 독자적으로 해외에 수출하기 위해 원자로냉각재펌프, 원전계측제어설비, 제3자 제한코드라는

3대 미자립 핵심기술과 APR－1400의 기술을 접목시켜 1,500MW급 원자로(APR＋)를 개발하기로 결정했다. 원전기술 100%가 국산이 되면 한국 단독으로 해외 수출에 나설 수 있다고 판단하였던 것이다. 2007년 8월에 개발에 들어간 APR＋는 2014년 8월에 원자력안전위원회로부터 표준설계인가증을 취득하였다. 2015년 8월 확정된 제7차 전력수급기본계획에 따라 천지 1, 2호기와 후속 원전을 APR＋로 건설하기로 했으나 문재인 정부에서 중단되었다.

　2015년에 한·미 간의 협상을 통해 개정된 신한·미 원자력협력협정에서 우리측은 재처리는 안 되더라도 20% 우라늄 농축을 할 수 있는 권리를 확보하여 원자력기술의 자립을 도모하려고 시도하였으나, 그 뜻을 완전히 이루지는 못했다. 원자력기술의 자율성 확보에 여전히 제한이 걸려 있게 된 것이다.

　전체적으로 보면 한국의 원전기술의 발전이 미국이 부과한 농축과 재처리의 제한선 아래에서 한국의 원자력기술과 원자력 전력 생산량의 증가가 같은 방향으로 계속 향상되어 가다가, 문재인 정부의 탈원전으로 인해 원자력 전력 생산도 줄어들게 되고, 원자력기술 개발도 하향 곡선을 그리게 됨을 알 수 있다.

　앞으로 원자력이 탄소중립에 도움이 되는 녹색에너지이며, 에너지 안보를 확보하는 데에 가장 경제성이 있고 기술 자립성이 있는 에너지임을 다시 인식하게 된다면, 한국의 원자력기술도 자립도가 더 향상되고, 발전량도 증가할 수 있을 것이다.[120]

제11절　소 결 론

　2021년 말에 한국은 원전 24기에서 22.529GW의 전력을 생산하여 국내 전력 소요량의 35%에 해당하는 전기를 저렴한 가격으로 국민에게 공급하는 원자력의 발전

---

120) IEA, *World Energy Outlook*, 에너지와 기후변화에 관한 특별보고서, 2015.

규모 세계 5위의 원자력 선진국이 되었다.

한국이 원자력 선진국이 된 데에는 이승만 정부 때부터 박근혜 정부에 이르기까지 급속한 경제성장을 달성하는데 필수불가결한 에너지를 안정적으로 공급하기 위해 "지하에서 캐내는 에너지가 아닌 사람의 머리에서 캐내는 에너지"라고 불리는 원자력을 국가 주도로 발전계획을 짜고 일관성있게 추진해 온 덕분이었다고 할 수 있다. 특히 김영삼 정부때부터 원자력법에 "국가가 원자력 정책을 체계적이고 일관성있게 추진하기 위해 매 5년마다 원자력진흥종합계획을 수립하고 추진할 것"을 규정함에 따라, 각 정부는 2년 간의 사전 심의과정을 거쳐 매 5년마다 원자력진흥종합계획을 만들어 공표하고 착실하게 이행해 왔다.

대표적인 예를 들어 보면 1997년에 확정한 제1차 원자력진흥종합계획에서는 2010년까지 원자력발전소 수출 목표를 200억 달러로 책정하였었는데, 2009년 이명박 정부가 UAE에 4기의 제3세대 경수로 APR-1400을 200억 달러상당에 수출하게 되었는데, 경이롭게도 목표액수와 똑같은 수출을 1년 앞서 달성하게 된 것이었다. 또한 1984년부터 한국형 원자로 모델 달성을 목표로 삼고 추진한 결과 1995년에는 95% 기술 자립도를 성취하여 한국형 원자로모델인 OPR-1000을 만들어 1,000MW 울진 3, 4호기를 한국형 원자로라고 명명하고, 북미 제네바합의에 따라 북한에 건설할 예정이었으나 제2차 북핵위기 이후 취소되기는 했지만, 이 모형을 토대로 더 발전시킨 결과 APR-1400모델을 완성하여, 결국 UAE에 수출하게 된 것이었다.

그러나 그동안의 원자력 성장이 정부 주도로 진행되어 옴에 따라 원자핵공동체와 원자력산업의 대 정부 의존도가 심하여, 2017년 문재인 정부에서 탈원전 정책이 추진되는 기간 동안, 우리 원자력산업계와 원자핵공동체의 자생 능력과 설득력 및 투쟁력이 시험대에 오르게 되었다. 2017년 등장한 문재인 정부에서 탈핵단체의 시민운동적 논리, 영화 '판도라'로 상징되는 반핵 대중문화의 흥행, 경주일대의 잦은 지진으로 인한 원전사고에 대한 공포심, 문재인 정부의 탈원전 정치논리 등 4개 요인이 복합적 상승작용을 하는 가운데 탈원전 정책이 지속적으로 추진되었는데, 이때에 발간된 제6차 원자력진흥종합계획을 보면 이보다 앞선 제1차부터 제5차까지의 원자력진흥종합계획과는 내용과 정향성에서 완전히 달라진 면모를 보여주고 있다. 원자력계가 시민사회의 성장을 감안하여 사업을 결정하기 이전에 시민사회를 포함한 각종 이해상관자의 참여도를 높이고, 공동결정 및 공동집행하는 거버넌스 체계를 갖추진 못

한 결과, 무방비로 탈원전의 공격에 노출되어 구심점을 잃고 방황하였던 과거를 청산
해야 할 때가 되었다.

　게다가 탄소중립이라는 시대적 환경적 요청에 응답하는 과정에서 국제적으로는
"원자력이 친환경적 그린에너지"라고 통용되고 있음에도 불구하고, 탈원전 정책은 원
자력의 점진적 도태를 가정하고 그 공백을 태양광, 풍력 등 신재생에너지로 무조건
대체하는 것을 가정하고 있기 때문에, 한국의 원자력 산업과 원자핵 연구 생태계는
큰 타격을 받기에 이르렀다.

　앞에서 설명한 바와 같이, 1970년대 박정희의 핵무기 개발 시도와 포기 과정에
서 국제핵비확산 레짐을 주도한 미국이 한미 원자력협력협정 체제를 통해 한국의 평
화적 원자력 활동마저 심하게 규제한 결과, 한국은 평화적 목적의 농축과 재처리에
대한 언급조차도 할 수 없었던 사정이 있었다. 한국이 핵개발을 포기하는 대가로 미
국은 한미 상설공동위의 설치를 통해 상호 원자력기술 협력을 활성화 하고, IAEA를
통해 다자적 지역적 재처리 서비스를 주선하겠다는 약속을 했다. 한미 상설공동위는
한미 양국의 차관보 및 국장급에서 진행이 되었는데, 이것은 국방분야에서 1968년부
터 매년 양국의 국방장관이 참여하여 한미 연례안보협의회의를 개최한 것과 비교해
보면 원자력기술 분야는 그 레벨과 협력의 범위가 세부적인 기술적인 분야에 국한되
었음을 발견하게 된다. 이것은 한미 양국이 국가전략적 수준에서 국방분야와 원자력
과학기술 분야를 통합적으로 다루거나, 한미 협상에 있어서 큰 주고받기가 행해지기
어려웠음을 말해주고 있다.

　이런 미국과 국제핵비확산 레짐의 제약 속에서, 1991년 노태우 정부의 한반도비
핵정책 선포 때에 우리측은 외교부와 청와대 소수 인사가 참여하고, 원자력산업계와
원자핵공동체의 참여 없이 비핵정책이 결정되었는데, 이런 중요한 결정을 할 때에 다
양한 이해상관자의 참여가 없었던 것은 그후에 문제점으로 지적되었다. 또한 2015년
한미 원자력협력협정 개정 협상에 있어서도 우리측은 외교부와 원자력연구원의 소수
인사가 참여하여 협상을 타결지었는데, "이렇게 중요한 기회에 우리의 원자력 산업
계, 원자핵공동체, 핵정책공동체, 시민사회, 매스컴 등이 연대하여 우리측의 협상력을
높이고, 협상카드를 다양하게 만들 수 있었더라면"하고 아쉬움을 표하는 국민들이 많
았던 것을 기억할 필요가 있다.

　그리고 탄소중립이라는 시대의 요청에 합리적으로 부응하기 위해 한국의 에너지

정책의 전반을 체계적이고 객관적으로 검토할 필요성이 제기되고 있다. 원자력을 포함한 모든 종류의 에너지원이 일정량의 탄소를 줄이는데 한계비용이 얼마나 소요되는지에 대해 과학적·수학적으로 비교검토하여 가장 설득력있고 효율적인 에너지믹스를 선정하여, 국민적 컨센서스를 얻은 가운데 신에너지 정책을 추진해 나갈 필요가 있다.

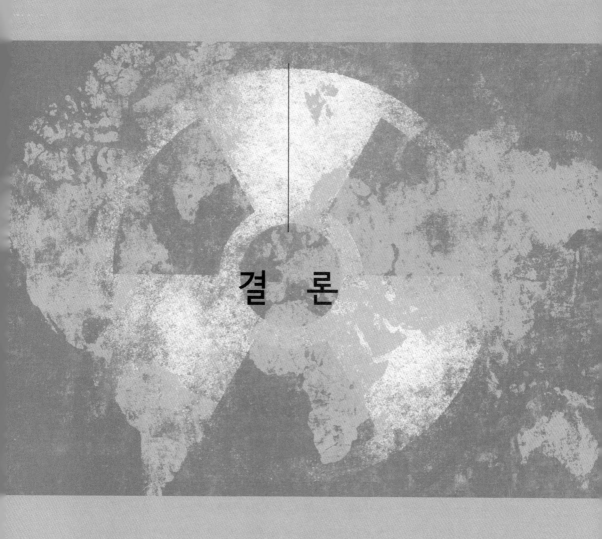

결　론

1970년 3월 5일에 출범한 국제핵비확산체제는 미국, 소련, 영국, 프랑스, 중국 등 5개국에 대해 핵보유국의 지위를 보장하고 핵군축에 대한 의무를 부과하며 비핵국들에 대한 평화적 원자력기술의 제공과 핵무기기술 이전을 금지하였다. 비핵보유국은 핵무기를 개발하지 않는다는 약속을 조건으로 핵보유국들로부터 평화적인 원자력 이용을 위한 장비, 물질, 과학기술정보를 제공받아 평화적으로만 이용하며, 핵기술의 군사적 전용 방지를 위해 IAEA로부터 안전조치 사찰 의무를 부과받았다. 따라서 핵국이냐 비핵국이냐에 따라 국제법적 지위와 의무, 권리가 달라지므로, 핵국과 비핵국에 분류된 국가들은 의무와 권리를 잘 구분하여 이행하여야만 하였다. 특히 비핵국들은 핵국과 NPT체제가 부과하는 핵비확산 규범을 지켜야 하는 국제정치적 제약을 감수해야만 하는 형편에 놓이게 되었다.

2021년 말 현재, NPT체제는 UN 다음으로 가장 많은 191개국의 회원국을 가지고 있는 국제기구이며, 핵무장국은 5개의 공인된 핵보유국과 4개의 핵무장국(이스라엘, 인도, 파키스탄, 북한)에 국한되고 있으므로, NPT체제는 핵무기의 확산을 효과적으로 막아 온 것으로 인정받고 있다.

미·소·영·프·중 5개 핵국과 이스라엘, 인도, 파키스탄이 핵을 만든 원인을 분석한 국제정치학자들은 국가들의 핵무장 원인을 안보 동기론, 기술론, 국제적 지위와 위신론, 억제론, 정치사회체제론 등으로 설명하고 있는데, 그 중에서 안보 동기론과 국제적 지위와 위신론을 가장 대표적인 원인으로 꼽고 있다. 그러나 2010년대에 와서 핵무장국으로 진입한 북한은 NPT에 가입했다가 탈퇴하고 핵을 개발한 독특한 사례로서, 북한의 핵개발 원인은 기존의 안보 동기론과 국제적 지위와 위신론에 북한 세습 정권의 정권안보, 강압과 강제를 통한 지역 질서의 변경 시도 목적 등을 그 이유로 추가할 수 있다. 그리고 4개 핵무장국의 핵개발 경로를 보면, 이들의 핵 포기를 위해 5개 핵국을 비롯한 국제사회가 아무리 제재를 가해도 핵을 포기시키기 어렵고, 일단 핵을 보유하고 나면 핵보유국의 지위를 기정사실화하기 때문에 비핵화는 더욱 어려워진다는 것을 알 수 있다.

또한, 핵개발을 포기한 국가들의 사례와 원인을 분석한 결과 종래에는 동맹을 통한 안보 위협 해소, 경제제재를 비롯한 국제 제재의 회피 등을 대표적인 원인으로 꼽아 왔으나, 본 연구를 통해서 핵비확산조약체제의 존재가 가장 대표적인 원인임을 발견하게 되었다. NPT체제의 성립 이전에는 핵무기 개발을 시도하거나 계획하는 국가들의 숫자가 24개였으나, NPT체제가 성립된 후에는 핵무기 개발을 시도하거나 계획하는 국가들의 숫자가 11개로 감소되었음을 볼 때에, NPT체제와 규범이 국가들의 핵무기 관련 정책 결정에 중대한 영향을 미쳤음을 발견할 수 있었다.

특히 남아공, 벨라루스, 카자흐스탄, 우크라이나는 핵보유국이었다가 자발적으로 핵무기를 폐기한 국가들인데, 이 4개 국가는 정권교체 혹은 종주 국가의 해체라는 정치적 격변을 겪었기 때문에 핵을 포기하게 되었다. 따라서 핵을 이미 보유한 국가들은 정권교체나 국가해체 등과 같은 대격변이 없으면, 핵을 포기하기가 힘들다는 것을 알 수 있다. 그리고 핵을 보유했다가 포기한 국가들이 반드시 NPT에 가입하는 것을 볼 때에 NPT는 국제레짐으로서 정당성을 인정받고 있고, NPT 회원국들은 의무도 있지만 국제적으로 얻을 수 있는 이익이 상당하다는 것을 보여주고 있다.

다른 각도에서 보면, 핵국 특히 미국과 소련(러시아) 간의 핵군축 선례가 국제사회의 핵비확산에 긍정적인 영향을 주고 있다. 미·소(러시아) 양국은 1987년에 세계의 핵무기고가 70,000여 기에서 2021년 말 현재 14,000여 기로 핵군축을 통해 80%의 핵군축을 이루었고, 탈냉전 후에 양국은 핵무기를 원자력으로 전환하는 <메가톤에서 메가와트>라는 경이로운 기록을 달성하기도 했다. 상호 대치하고 있는 국가들 사이에 신뢰 구축, 관계개선 등을 통한 비핵화 합의도 비확산에 긍정적인 영향을 주고, 비핵지대화의 확산 추세, 미국과 소련(러시아)의 동맹국에 대한 철저한 감시와 통제도 비확산에 큰 효과가 있음을 발견할 수 있었다.

아울러 본서의 제1장에서 기존의 국제정치 이론과 다른 현상을 발견하였다. 보통 강대국과 약소국 간의 비대칭 안보동맹에 있어서 약소국은 자율성(autonomy)을 강대국에 양보하는 대신에 강대국으로부터 동맹을 통해 안보를 보장받는다고 하는 모로우의 <자율성 대 안보의 교환효과>가 나타난다는 것이 통설로 되어 있다. 하지만 핵무기 개발에 있어서는 자율성 대 안보동맹의 교환효과가 발생하지 않는다. 왜냐하면, 한 국가가 기존 핵국의 압력에도 불구하고 핵무기 개발 행위를 하게 되면 기존의 핵국이 안보동맹을 파기하겠다고 압력을 행사하기 때문에 결국 핵무기를 만들면 안보동맹이 성립되지 않는다. 핵무기 만들기를 포기해야 핵국과의 안보동맹을 통해 핵국으로부터 확장억제를 통한 안보를 제공 받을 수 있으므로, 핵무기 분야에서는 자율성 대 안보의 교환효과를 적용할 수가 없다는 것을 발견하게 되었다. 대표적인 예가 프랑스인데 프랑스는 핵무기를 개발하기 위해 미국과 영국, 나토로부터 자주를 선언하고 핵을 개발했으며, 그 후 나토를 탈퇴하였다. 반면에 미국은 나토동맹을 통해서 나토동맹국들의 핵확산을 방지하고자 미국이 확장억제를 제공하고, 나토 특유의 핵공유 시스템을 만들었다. 그러나 미국은 아시아의 동맹국인 일본, 한국, 오스트레일리아 등에게는 확장억제를 제공하면서도 나토와 같은 핵공유 시스템을 만들지 않았다. 그렇지만 일본, 한국, 오스트레일리아는 비확산을 준수하는 조건으로 미국과의 동맹에 속하고 있다.

따라서 NPT 회원국들은 비확산과 비핵정책을 수용하고 있으며, 국제법에 준하는 핵비확산 규범을 준수하고 이에 부합하는 외교와 안보정책을 추진하고 있기 때문에, 기존의 국제안보 질서가 대변환을 겪지 않는 한, 비확산체제 속에서 국가의 외교안보정책을 추진해 갈 수밖에 없다.

하지만 NPT체제에 대한 도전이 만만치 않다. 2010년대 이후부터 미·러관계는 악화되어 핵군축이 대부분 중단되고 오히려 미사일 개발 및 미사일 방어체계 개발 경쟁이 전개되고 있으며, 마침내 2022년 2월 러시아의 우크라이나 침공으로 세계가 신냉전 시대로 진입함에 따라 미국과 러시아 간의 핵군축은 상당 기간 모멘텀을 살리기가 힘들 것이다.

21세기에 중국이 G2로 부상하면서, 미국과 소련(러시아) 간 중거리 핵무기 폐기협정에 무임승차해 왔던 중국이 미·중 패권경쟁에 돌입함에 따라 태평양 지역에서 핵과 미사일 군비경쟁에 돌입한 상황이기 때문에 특히 강대국 간의 핵군축의 전망은 밝지가 않다.

또한, 21세기 미국과 러시아의 국제비확산 레짐에 대한 지도력이 쇠퇴하고, 다극체제가 등장함에 따라 이 틈을 타서 인도와 파키스탄이 핵실험을 감행했고 북한이 핵개발에 성공했던 것이다. 앞으로 미국과 러시아의 지도력이 약화됨에 따라, 종래에 반미노선 혹은 반러노선을 취해 온 국가들 중에서 북한의 핵보유국 행세를 보고 핵무장을 시도할 가능성이 있다. 특히, 이란, 시리아 등이 그 후보로 등장할 가능성이 크다.

그리고 미국과 소련(러시아)의 핵독점과 미진한 핵군축에 불만을 품고 있었던 비동맹국가들이 반인륜적인 핵무기를 지구상에서 완전히 금지하자는 핵무기금지조약(TPNW)이 발효됨에 따라 기존의 핵비확산조약체제와 갈등을 빚으면서 불편한 동거를 하는 현상이 장기간 지속될 것이기 때문에 핵비확산체제의 불안정성을 예고하고 있다.

1970년에 출범한 국제핵비확산조약체제와 한국과의 인연은 다른 국가보다 훨씬 복잡하다. 왜냐하면 미국이 핵비확산조약을 발의하고 그것을 성공시켜야 되겠다는 책임감을 느끼고 미국의 동맹에 속하는 국가들에게 핵비확산조약을 준수하도록 때로는 설득, 때로는 압력을 병행하였기 때문이다.

이런 가운데 1971년에 닉슨 미국 대통령이 일방적으로 주한미군의 일부를 철수하자, 박정희 대통령은 미국의 대한국 방위공약을 신뢰할 수 없다고 판단하고 자주국방의 기치아래 한국의 독자적 핵무기 개발 계획을 시작했다. 미국은 박정희 정부에 대해 핵개발 계획을 중단하도록 전방위적 압박으로 나왔다. 이어서 미국 포드 행정부는 고리 2호기 원자력 발전소를 건설하는 데 필요한 미국의 해외차관 2억 5천만 달러 공급 중단, 캐나다 중수로 판매 중단 압박, 프랑스제 재처리 시설 도입 포기 압박, 나아가 한미동맹 파기까지 협박해서 결국 한국은 핵무기 개발 계획을 포기해야만 했다. 실패로 끝난 핵개발 시도 때문에 그 이후 한국은 평화적 원자력 이용에 있어서도 미국을 비롯한 국제사회로부터 한국의 비핵정책 이행 여부에 대해 의심을 계속 받아야만 했다.

본 연구에서는 1970년대에 미국의 핵비확산 정책, 국제 핵비확산에 있어서 미국의 세계적인 리더십, 미국 내의 의회와 전문가들의 한국의 핵개발 잠재력에 대한 평가와 대한국 외교방식, 핵기술의 대외 수출을 규제하려는 국제적인 핵공급국그룹의 탄생 등에 대한 광범위한 자료발굴과 분석을 통해 박정희 정부의 대외정보 수집과 판단 능력, 그리고 외교적 대처 능력을 입체적으로 대비하여 분석하고 교훈을 얻을 수 있었는데, 핵개발 계획의 국가 최고 기밀성을 감안한다고 하더라도 박정희 정부는 미국과 세계의 비확산 통제동향에 대한 정보수집과 대비가 부족했던 것으로 드러났다.

그리고 본 연구를 통해 "박정희가 죽지 않았더라면, 한국은 핵무장 국가도 되고 경제개발도 성공한 국가가 되었을 것"이라고 하는 주장은 완전히 허구임이 증명되었다. 박정희 시대 청와대 비서관과의 인터뷰와 비밀 해제된 미국 국무성의 자료를 통해 본 바로는 박정희 시대인 1976년에 한국이 핵개발 계획을 완전히 포기했음이 증명되고 있다.

따라서 "박정희가 살아 있었더라면 핵무기도 가지고 평화적 정권이양도 되었을 것"이라고 주장하는 것은 박정희를 신화화하는 기능은 있을지 모르나, 오히려 미국정부를 비롯한 국제사회가 "한국정부가 핵비확산 정책을 준수하고 있는지 혹은 숨어서 핵을 아직도 만들고 있는지"에 대해 불신을 오히려 가중시키게 된 부작용이 컸음을 지적하지 않을 수 없다.

박정희의 핵개발 포기 이후, 전두환 정권이 미국의 신뢰를 얻기 위해 과거 핵개발 흔적이 남아 있는 관련 연구소의 모든 인원과 조직을 해체하였음을 본 연구에서 밝혔다. 그 후에도 잔여 의심을 갖고 있었던 미국 행정부는 탈냉전 직후 주한미군의 전술핵무기를 철수하는 과정에서 한국정부에게 핵비확산 규범의 준수와 평화적 목적일지라도 농축과 재처리를 갖지 말라는 권유를 해왔는데 결국 한국은 비핵정책을 선언하게 되었다. 여기서 주목할 점은 노태우 정부의 비핵정책 결정과정에 청와대와 외교부의 일부 인원만 참석하였고, 원자력의 평화적 이용에 관련된 모든 이해상관자들이 참석하지 않아 그 후 한미 간의 핵정책관련 협의나 대미 협상에 있어서 한국측이 불리한 입장에 놓이게 되었던 것이다.

이런 점에서 모로우의 <자율성 대 안보의 교환효과>이론은 재래식 군사 면에서는 적용될 수 있으나, 핵핵산 혹은 핵비확산과 관련되어서는 적용될 수 없음이 증명되었다. 미국은 한국이 핵무기를 만들면 한미동맹을 파기하겠다고 압박했기 때문에, 핵무기＝자주, 비핵＝안보동맹이라는 등식이 성립하게 되어 자율성 대 안보의 교환효과는 적용될 수 없는 것이다.

한편 북한이 1992년의 한반도비핵화공동선언을 위반하고 핵무기 개발을 계속하여 핵보유국 선언을 하였기 때문에, 한국은 미국의 대한국 확장억제력을 효과적으로 확보하기 위해서 한미동맹을 강화하는 제반 조치를 취하지 않을 수 없게 되었다.

북한의 핵과 미사일 능력이 지속적으로 고도화되고 강력해지고 있는 가운데, 한국 내에서 독자적 핵무장을 지지하는 국민여론이 지속적으로 높게 나오고 있다. 하지만 한국은 세계 5위의 평화적 원자력 발전국으로서 핵비확산 레짐을 준수할 수밖에 없는 형편이다. 한국 국민의 높은 핵무장지지 여론에도 불구하고 한국이 핵비확산정책을 견지하고 있다는 사실과 한국 국민의 고조된 위협인식을 반영하여 미국정부가 과거와는 다른 보다 더 현실적이고 강력한 확장억제 대책을 내놓도록 대미 협상카드로 사용해야 할 것이다.

따라서 한국정부는 미국과 국제사회에 대하여 한국이 비확산정책을 고수하는 대가로, 미국의 대한반도 확장억제력을 제고할 뿐만 아니라 나머지 핵국들이 단합된 모습으로 한국에 대해 적극적 안전보장을 제공할 수 있도록 핵비확산 외교를 활발하게 전개해 나갈 필요가 있다. 그리고, 국제 여론전에서 북한의 핵－평화 논리의 비합리성과 허구성을 지속적으로 홍보해 나가는 한편, 우리 국민들 속에 "핵무장보다는 비핵정책이 한국의 국익을 추구하는 현명한 길"이라는 공감대가 확산될 수 있도록 핵비확산문화를 구축해 나갈 필요도 있다.

한국의 평화적 핵이용과 관련하여 살펴보면, 한국은 현재 원전 24기에서 22.529 GW의 전력을 생산하여 국내 전력 소요량의 35%에 해당하는 전기를 저렴한 가격으로 국민에게 공급하는 원자력의 발전규모 세계 5위의 원자력 선진국이 되었다.

한국이 원자력 선진국이 된 데에는 이승만 정부 때부터 박근혜 정부에 이르기까지 급속한 경제성장을 달성하는데 필수불가결한 에너지를 안정적으로 공급하기 위해 "지하에서 캐내는 에너지가 아닌 사람의 머리에서 캐내는 에너지"라고 불리는 원자력을 국가 주도로 발전계획을 짜고 일관성있게 추진해 온 덕분이었다고 할 수 있다. 특히 1990년대부터 원자력법에 "국가가 원자력 정책을 체계적이고 일관성있게 추진하기 위해 매 5년마다 원자력진흥종합계획을 수립하고 추진할 것"을 규정함에 따라, 각 정부는 2년 간의 사전 심의과정을 거쳐 매 5년마다 원자력진흥종합계획을 만들어 공표하고 착실하게 이행해 왔다.

1997년에 확정한 제1차 원자력진흥종합계획에서는 2010년까지 원자력발전소 수출 목표를 200억 달러로 책정하였었는데, 2009년 이명박 정부가 UAE에 200억 달러 상당의 제3세대 경수로 APR－1400 4기를 수출하게 되었는데, 경이롭게도 목표액수와 똑같은 수출을 1년 앞서 달성하게 된 것이었다. 또한 1984년부터 한국형 원자로 모델 달성을 목표로 삼고 추진한 결과 1995년에는 95% 한국 기술 자립도를 성취하여 한국형 원자로모델인 OPR－1000을 만들어 1,000MW 울진 3, 4호기를 한국형원자로라고 명명하고, 북한에 건설할 예정이었으나 제2차 북핵위기 이후 취소되었다. 하지만, 이 모형을 토대로 더 발전시킨 결과 APR－1400모델을 완성하여, 결국 UAE에 수출하게 된 것이었다.

그러나 그동안의 원자력 성장이 정부 주도로 진행되어 옴에 따라 원자핵공동체와 원자력산업의 대 정부 의존도가 심하여, 2017년 문재인 정부에서 탈원전 정책이 추진되는 기간 동안, 우리 원자력산업계와 원자핵공동체의 자생 능력과 대국민 설득력 및 탈핵운동에 대한 투쟁력 등이 시험대에 오르게 되었다. 문재인 정부는 탈핵단체의 시민운동적 논리, 영화 '판도라'로 상징되는 반핵 대중문화의 흥행, 경주일대의 잦은 지진으로 인한 원전사고에 대한 국민의 공포심, 정부의 탈원전 정치논리 등 4개 요인이 복합적 상승작용을 하는 가운데 탈원전 정책을 추진하였는데, 이때에 발간된 제6차 원자력진흥종합계획을 보면 이보다 앞선 제1차부터 제5차까지의 원자력진흥종합계획과는 내용과 정향성에서 완전히 달라진 면모를 보여주고 있어 원자력을 이끌어 가던 산업부, 과학기술부, 원자력진흥위원회는 그 정체성을 의심받을 정도였다.

사실은 21세기 국내에서 성장하는 시민사회의 여론과 각종 탈핵운동 단체의 논리를 미리 연구하고, 원자력계를 포함한 원자력을 담당하는 정부 부처, 핵정책공동체와 원자핵공학 공동체가 튼튼한 네트워크를 만들고 원활한 소통을 통해 대책을 미리 만들어 놓았어야 하는데 그렇지 못한 데서 이런 탈원전 사태가 벌어졌던 것이다.

게다가 탄소중립이라는 시대적 환경적 요청에 응답하는 과정에서 국제적으로는 "원자력이 친환경적 그린에너지"라고 통용되고 있음에도 불구하고, 우리의 탈원전 정책은 원자력의 점진적 도태를 상수로 설정해 놓고 그 격차를 태양광, 풍력 등 신재생에너지로 무조건 대체해왔는데 이것은 과학과 계산을 완전히 무시한 처사라는 비판을 받고 있다.

이 책의 제3장에서 설명한 바와 같이, 1970년대 박정희의 핵무기 개발 시도와 포기 과정에서 국제핵비확산 레짐을 주도한 미국이 한미 원자력협력협정 체제를 통해 한국의 평화적 원자력 활동마저 심하게 규제한 결과, 한국은 평화적 목적의 농축과 재처리에 대한 언급조차도 할 수 없었던 사정이 있었다. 한국이 핵개발을 포기하는 대가로 미국은 한미 상설공동위의 설치를 통해 상호 원자력기술 협력을 활성화하고, IAEA를 통해 다자적·지역적 재처리 서비스를 주선하겠다는 약속을 했다. 한미 상설공동위는 한미 양국의 차관보 및 국장급에서 진행이 되었는데, 이것은 국방분야에서 1968년부터 매년 양국의 국방장관이 참여하여 한미 연례안보협의회의를 개최한 것과 비교해 보면 원자력기술 분야는 그 레벨과 협력의 범위가 과도하게 제약되었음을 발견하게 된다. 이것은 한미 양국이 국가전략적 수준에서 국방분야와 원자력 과학기술 분야를 통합적으로 다루거나, 한미 협상에 있어서 큰 주고받기가 행해지기 어려웠음을 말해주고 있다.

이런 미국과 국제핵비확산 레짐의 제약 속에서, 1991년 노태우 정부의 비핵정책선언 고려과정에 우리측은 외교부와 청와대 소수 인사가 주도하고, 원자력산업계와 원자핵공동체의 참여가 없었는데, 이런 중요한 결정을 할 때에 원자력계의 이해상관자의 참여가 없었던 것은 그 후에 문제점으로 지적되었다. 또한 2015년 한·미 원자력협력협정 개정 협상에 있어서도 우리측은 외교부와 원자력연구원의 소수 인사가 참여하여 협상을 타결지었는데, 이렇게 중요한 기회에 우리의 원자력 산업계, 원자핵공동체, 핵정책공동체, 시민사회, 매스컴 등이 연대하여 활동하지 못한 것은 1970~80년대 일본의 대 미국 농축재처리 협상과정과 비교하여 큰 차이점을 발견할 수 있었다.

이런 점을 감안하여 앞으로 한·미 원자력협력협정의 개정시기가 오면 모든 원자력관련 이해상관자가 참여하여 대미국 협상력을 제고하고, 다양한 협상카드를 만들어 원자력의 평화적 이용에 관한 제약사항을 극복하고 원자력 발전을 도모하는 계기로 만들어야 할 것이다. 앞으로 한미 원자력상설고위급위원회는 국방분야의 장관급 한·미 연례안보협의회처럼 한국의 산업부 장관과 미국의 에너지부 장관이 주관하는 회의체로 더 격상될 필요가 있다.

그리고 탄소중립이라는 시대의 요청에 합리적으로 부응하기 위해 한국의 에너지정책의 전반을 체계적이고 객관적으로 검토할 필요성이 제기되고 있다. 원자력을 포함한 모든 종류의 에너지원이 일정량의 탄소를 줄이는데 한계비용이 얼마나 소요되는지에 대해 과학적·수학적으로 비교검토하여 가장 설득력있고 효율적인 에너지믹스를 선정하여, 국민적 컨센서스와 지지를 얻는 가운데 신에너지 정책이 집행되어야 할 것이다. 이를 위해서 원자력에 관련된 사회과학과 자연과학의 융합학문적이고 균형적인 거버넌스 체계가 발전되어야 한국의 원자력선진국의 지위를 계속하여 발전시켜 나갈 수 있을 것이다.

참고문헌

I. 1차 자료

1. 한글 문서

과학기술처, 「원자력진흥종합계획」(1997. 5. 7.).

과학기술부, 「제2차 원자력진흥종합계획」(2001. 7.).

과학기술부, 「제3차 원자력진흥종합계획」(2007. 1.).

교육과학기술부 지식경제부, 「제4차 원자력진흥종합계획」(2012. 1.).

관계부처합동(미래창조부·외교부·산업통상자원부), 「제5차 원자력진흥종합계획」(2017. 1.).

관계부처합동, 「제6차 원자력진흥종합계획(안)」(2021.12.).

국방부, 『2018 국방백서』(서울: 국방부, 2018).

대통령비서실, 『박정희 대통령 연설집 제8집 3월편』(서울: 대통령비서실, 1971.).

대통령비서실, 『박정희대통령 연설집: 3, 제6대편』(서울: 대통령비서실, 1973.).

대한민국 국회사무처, 「제97회 국회 외무위원회 회의록, 제3호」(1977. 6.29.).

대한민국 국회사무처, 「제98회 국회의사록 제8호」(1977.10. 5.).

대한민국 정부, 「지속가능한 녹색사회 실현을 위한 대한민국 2050 탄소중립 전략」(2020. 12. 7.).

원자력진흥위원회, 『안전하고 경제적인 원전해체와 원전해체산업 육성을 위한 정책방향(안)』(관계부처합동, 2015).

환경부, 「한국형 녹색분류체계 가이드라인」(2021.12.30.).

2. 영어 문서

(1) 미국 행정부 및 의회 문서

Carleton Savage to Paul Nitze, July 15, 1950, Atomic Energy-Armaments folder, 1950, Box 7, Policy Planning Staff Papers, RG 59, NA.

Telegram from the Embassy in Korea to the Department of State, October 20, 1956, Record of the US Department of State Relating to Internal Affairs of

Korea, 1955-1959. File 795.B5/10-1256, RG 59, National Archive and Records Administration.

FRUS 221. Memorandum of Discussion at the 326th Meeting of the National Security Council, Washington, June 13, 1957, Foreign Relations of the United States, 1955-1957 Volume XIX, National Security Policy, Document 121. Memorandum of Discussion at the 326th Meeting of the National Security Council, Washington, June 13, 1957.

"The Ambassador in Korea (Muccio) to the Secretary of State," Secret, FRUS, 1950, Vol. VII, pp. 1261-1262.

"Memorandum of Conversation, by the Director of the Policy Planning Staff (Nitze)," Top Secret, (April 6, 1951), FRUS, 1951, Vol. 7.

The President's News Conference, Harry S. Truman Library and Museum. 30 November 1950.

"The Ambassador in Korea (Muccio) to the Secretary of State," Secret, FRUS, 1950, Vol. VII, pp. 1261-1262. The President's News Conference, Harry S. Truman Library and Museum. 30 November 1950.

"Reactions of the United Kingdom and France to an Assumed Proposed Use of Atomic Weapons by the US," CIA, Office of Intelligence Research, OIR Report No. 5619. Sept. 17, 1951, DDRS.

"Memorandum. Draft Message for JCS Representative, Dec. 1, 1950." Department of Defense, DDRS.

"United States Delegation Minutes of the First Meeting of President Truman and Primea Minister Attlee, December 4, 1950," Top Secret, FRUS, 1950, Vol. VII, Korea, pp. 1361-1374.

"London, Telegram No. 3241. Dec. 3, 1950." SECRET. Truman Library, Papers of Harry S. Truman, PSF, DDRS.

"Memorandum of a Telephone Conversation, by the Assistant Secretary of State for United Nations Affairs (Hickerson): Subject, Nehru's Message to Rau," December 3, 1950, FRUS, 1950, Vol. 7, Senate Committee on Armed Services and Foreign Relations, May 15, 1951-Military Situation in the Far East, Hhearings, 82nd Congress, 1st Session, part 1, (1951).

"Memorandum by the Planning Advisor, Bureau of Far Eastern Affairs (Emerson) to the Assistant Secretary of State for Far Eastern Affairs (Rusk), Top Secret, November 8, 1950, FRUS, 1950, Vol. VII, pp. 1098-1100.

NSC 162/2 (A Report to the National Security Council by the Executive Secretary on Basic National Security Policy, October 30, 1953. (http://en.wikipedia.org/wiki/NSC_162/2.pdf)

NSC, PRM/NSC 10, "Comprehensive Net Assessment and Military Posture Review: Intelligence, Structure, and Mission," February 18, 1977.

Office of the Assistant to the Secretary of Defense, History of the Custody and Deployment of Nuclear Weapons(U): July 1945 through September 1977 (unclassified), February 1978.

Telegram from the Department of State to the Embassy in Korea, September 16, 1957. Memorandum From the Deputy Secretary of Defense (Quarles) to the Secretary of Army (Brucker), "Introduction into Korea of the Honest and 280mm Gun, Washington, December 24, 1957.

The Secretary of Defense Memorandum, "Defense Policy and Planning Guidance," Sep 28, 1973, folder: NSSM-169[2of3], box H-195, NSC H-files, NPM, NA II.

News Conference with Secretary of Defense James R. Schlesinger at the Pentagon, June 20, 1975. Folder: Schlesinger, James-Speeches, Interviews, and Press Conferences (7), box 27, Martin R. Hoffman Papers, Ford Library.

NSSM 191, "Policy for Acquisition of US Nuclear Forces," January 17, 1974. Folder: NSSM 191, box 15, NSSMs, Entry 10, RG 273, NA II.

"State Department telegram 123872 to U.S. Embassy Seoul, FONMIN Quote on Nuclear Weapons Development, 28 May 1977 (repeated to White House), Confidential," in William Burr, ed., NSA EBB No. 668 (Washington, DC: National Security Archives, 2019).

Memorandum of Conversation, President Carter, Senator Nunn, (Senators Sam Nunn, John Glenn, Robert Byrd, and Gary Hart)et al., 23 January 1979, NLC-7-37-2-3-9, JCL.

U.S. Senate, Report of the Pacific Study Group to the Committee on Armed Services; January 23, 1979.

CIA National Foreign Assessment Center, South Korea: Nuclear Developments and Strategic Decision Making, June 1978. (비밀해제 된 문건)

Nuclear Power Policy Statement by the President on His Decisions Following a Review of U.S. Policy. April 7, 1977. op. cit. PRESIDENTIAL DOCUMENTS: JIMMY CARTER, 1977.

Cable, SECSTATE to Embassy Seoul, 5 February 1981, subject: Korea President Chun's Visit- the Secretary's Meeting at Blair House," in Robert Wampler, ed., NSA EBB no. 306 (Washington, DC: National Security Archive, 2010).

Executive Secretariat, NSC: Head of State File, 020, 021 Head of State, Korea, South: President Chun (8100690-8200425, 8203490-8201586). Reagan Library.

The U.S. Congress, Office of Technology Assessment, Proliferation and the Former Soviet Union, OTA-ISS-605(Washington, DC: U.S. Government Printing Office, September 1994).

The Public Papers of the Presidents of the United States, George Bush, 1991. Book II-July 1 to December 31, 1991. (United States Government Printing Office, Washington DC, 1992), Address to the Nation on United States Nuclear Weapons Reductions, September 27, 1991

Burr, William, The United States and South Korea's Nuclear Weapons Program, 1974-1976, Security Archive of George Washington University. https://nsarchive.gwu.edu/briefing-book/henry-kissinger-nuclear-vault/2017-03-22/stopping-korea-going-nuclear-part-i.

(2) 연설문

President Eisenhower, "Atoms For Peace," November 28, 1953.

Truman, Harry S., August 6, 1945: Statement by the President Announcing the Use of the A-Bomb at Hiroshima.

President John F. Kennedy, State Department Auditorium, Washington, D.C. March 21, 1963.

Dulles, John Foster, "The Evolution of Foreign Policy," Address to the Council on Foreign Relations (January 12, 1954). Reprinted in the Department of State Bulletin (January 25, 1954).

Record of Meeting held on January 18, 1957 with Representatives of the Department of State and Representatives of the Department of Defense on the subject of Introduction of Atomic Weapons into Korea, 711.5611/1-1857.

Nixon, Richard, "Informal Remarks in Guam with Newsmen on July 25, 1969," Public Papers of the Presidents of the United States: Richard Nixon (Washington D.C.: United States Government Printing Office, 1975) In the same book, Remarks of Welcome in San Francisco to President Chung Hee Park of South Korea, August 21, 1969.

II. 2차 자료

1. 신문기사 및 잡지

국민일보, "[시사풍향계-한용섭] 국익확장의 기회를 잡아라"(2010.11.21.).

_____, "[한마당-정진영] 문 대통령 脫원전 뒷 담화"(2017. 6.26.).

동아사이언스, "전용 원자로 '소듐냉각고속로' 개발 필수"(2015. 4.22.).

이코리아, "문재인 정부 5년, 에너지전환정책의 성과는?"(2022. 5.10.).

연합뉴스, "파이로 프로세싱 공동연구 합의..난제 산적"(2010.10.26.).

_____, "주한미군 철수 논란 40년…생생하게 돌아보는 한미 정상 설전"(2018.11.25.).

영남일보, "한국에너지의 심장 월성원전 (5)역경과 도전…늦어진 공기를 단축시켜라"(2014. 1. 7.).

_____, "한국에너지의 심장 월성원전 (7) 월성, 불을 밝히다"(2014. 1.21.).

울산매일, "황일순 칼럼"(2021. 5.10.).

서울신문, "핵개발에 계명된 논의를"(1977. 6.25.).

세계일보, "세계와 우리: 북핵 판도라 상자 닫아야 한다"(2017. 1.13.).

중앙일보, "[실록 박정희 시대] 30.자위에서 자주로"(1997.11. 3.).

_____, "박노벽 대사, 한미 원자력 협상, 얻을 것은 다 얻었다"(2015. 5.15.).

_____, "국민 93% '北 핵 포기 안할 것'…"한국 핵개발 나서야" 69%"(2021. 9.13.).

탈핵신문, "일본 핵연료주기 정책: 그 실패의 역사와 미래"(2021.10.24.).

한국일보, "사용후핵연료 재활용 우라늄 저농축 길 텄다"(2015. 4.22.).

구상회, "박대통령 자리까지 날아온 탱크 파편: 한국 미사일 개발의 산 증인 구상회 박사 회고 1," 『신동아』 제473호. 1999. 2.

라종일, "6·25 불지른 '스탈린의 전보'," 「조선일보」(2020. 2. 1.).

선우련, "집중연재 박정희 육성 증언-상," 『월간조선』, 1993년 3월호.

오동룡, "[특종] 朴正熙의 원자폭탄 개발 비밀 계획서 原文 발굴: 1972년 吳源哲 경제수석이 작성, 보고한 核무기 개발의 마스터 플랜-『1980년대 초, 高純度 플루토늄彈을 완성한다』," 월간조선, 2003년 8월호.

_____, "비망록을 통해 본 대한민국 원자력 창업스토리 <1>," 『월간조선』 2016년 2월호.

_____, "비망록을 통해 본 대한민국 원자력 창업스토리 <3>," 『월간조선』 2016년 4월호.

_____, "비망록을 통해 본 대한민국의 원자력창업 스토리 <4: 마지막회>", 『월간조선』 2016년 5월호.

오원철, "유도탄 개발, 전두환과 미국이 막았다," 『신동아』, 1996년 1월호.

The Korea Herald, "U.S. to replace top negotiator in nuclear talks with S. Korea,"(2013. 5.29.).

RaytheP, "[레이더P] 폭염 속 다시 이슈된 탈원전," (2018. 7.26.).

YTN, "한미 원자력협정 타결 의미와 성과는?"(2015. 4.22.).

New York Times, "Senate Bars Support For A Korea Pullout" Graham Hovey, Special to New York Times, June 17, 1977.

Newsweek, "The Koreans Are Coming,"June, 1977.

Washington Post, "Korea: Park's Inflexibility," Evans Novak, June 12, 1975. A19.

Washington Post, "And Kim's Warnings of War," Victor Zorza, June 12, 1975.

Washington Post, "U.S. General: Korea Pullout Risks War," John Saar, May 19, 1977.

로동신문.

조선인민보.

人民日報.

2. 인터뷰

저자와 Paul Wolfowitz 와의 인터뷰, 서울(1995.10.28.).

저자와 김병구 박사와의 인터뷰(2019. 5.15, 5.30.).

저자의 아인혼과의 인터뷰. 워싱턴의 브루킹스 연구소(2020. 1.28.).

저자와 이종훈 사장과의 인터뷰(2020. 7. 4.)

저자와 William Burr와의 인터뷰. National Security Archive at the George Washington University, Washington D.C. (December 2017 외 다수).

3. 학술논문, 연구보고서 및 발표문

변준연, "대북 경수로 사업 vs UAE 원전사업," 「비확산과 원자력 저널」, 2019년 12월호.

이광석, "한미원자력협력의 성과 및 전략적 파트너십 구축," 「비확산과 원자력 저널」, 2019년 12월호.

이유호, "경제안보시대의 새로운 뇌관: 우라늄 농축시장에서 무슨 일 벌어지나?" 「지구와 에너지」, 제11호(2022년, 여름).

이호재, "자주국방과 자주외교의 방향", 현대정치연구회, "자주성강화와 민족중흥" 학술세미나(1977. 6.13.).

_____, 「핵무기와 약소국의 외교적 지위: 동북아 국제질서와 핵무기 그리고 한국」, 국토통일원 특수과제 연구보고서, 국통정 77-12, 1977.12.

에너지경제연구원, 「세계원전시장인사이트」, 격주간(2021.11. 5.).

임수호, "북한의 대미 실존적 억지·강제의 이론적 기반," 『전략연구』, 제40호(2007).

정은숙, "제8차 NPT 평가회의와 비확산 레짐의 미래," 『정세와 정책』, 2010. 6.

한인택, "동맹과 확장억지: 유럽의 경험과 한반도에의 함의," 동아시아연구원·제주평화연구원. 공동 주최, EAI-JPI 동아시아 평화 컨퍼런스(2009. 9.11.).

한국핵정책학회, 「한미원자력협력협정 고도화를 위한 국내 핵비확산 신뢰성 및 핵비확산문화의 평가와 증진 방안 연구」, 외교부연구과제 최종보고서(2014.12.).

Adnrespok, Evelin, "Why South Africa Dismantled Its Nuclear Weapons," *Towson University of International Affair*s, VL:1, Fall 2016.

Arms Control Today, "India-Pakistan Nuclear Weapons at a Glance," Vol.49, No.3, April 2019.

Bragg, James W., "Development of the Corporal: the Embryo of the Army Missile Program, Vol 1. Narrative," (Redstone Arsenal, Alabama: Army Ballistic Missile Agency, 1961).

Bennett, Bruce. "Military Implications of North Korea's Nuclear Weapons," *KNDU Review*. 10:2, December 2005.

Bunn, George and Rhinelander, John B., "Looking Back: The NPT, Then and Now," *Arms Control Today*, July/August 2008.

Carpenter, W. et. al., "US Strategy in Northeast Asia," Strategic Studies Center, *SRI International Technical Report*, SSC-TN-6789-1, Arlington VA, June 1978

Dingman, Roger, "Atomic Diplomacy During the Korean War," *International Security*, 13:3 (Winter 1988/1989).

Einhorn, Robert, "Ukraine, Security Assurances, and Nonproliferation," *The Washington Quarterly*, 38:1, Spring 2015.

Garrett, Banning N. and Glaser, Bonnie S., "Chinese Perspectives on Nuclear Arms Controls," *International Security*, 20:3, Winter 1995/96.

Goldschmidt, B., "The Negotiation of the Non-Proliferation Treaty (NPT)," IAEA Bulletin, 22:3/4. (August 1980).

Hayes, Peter and Chung-in Moon, "Park Chung Hee, The CIA, and The Bomb," *Global Asia*, (September 2011).

Hersman, Rebecca K. C. and Peters, Robert, "Nuclear U-Turns: Learning from South Korean and Taiwanese Rollback," *Nonproliferation Review*, 13:3, November 2006.

Hymans, Jacques E. C., "Theories of Nuclear Proliferation: The State of the Field," *Nonproliferation Review*, 13:3, 2006.

Lewis, Jeffrey "China's Nuclear Modernization: Surprise, Restraint, and Uncertainty," Strategic Asia 2013-14: Asia in the Second Nuclear Age, *The*

National Bureau of Asian Research, 2013.

Meer, Sico van der, "Forgoing the nuclear option: states that could build nuclear weapons but chose not to do so," Conference Proceedings, Nuclear Exits, Helsinki, 18–19 October 2013, *Medicine, Conflict and Survival*, 2014. Vol. 30, No. S1, s27–s34.

_____, "States' Motivations to Acquire or Forgo Nuclear Weapons: Four Factors of Influence," *Journal of Military and Strategic Studies*, 17:1, 2016.

Mendelsohn, Jack and Lockwood, Dunbar, "The Nuclear Weapon States and Article VI of the NPT," *Arms Control Today*, March 1995.

Morrow, James D., "Alliances and Asymmetry: An Alternative to the Capability Aggregation Model of Alliances," *American Journal of Political Science*, Vol. 35, No.4 (November 1991).

Norris, Robert S., Arkin, William M., Burr, William, "Where They Were," *The Bulletin of the Atomic Scientists*, November/December 1999.

Pifer, Steven, "Why Care About Ukraine and the Budapest Memorandum," *Brookings*, December 5, 2019.

Pollack, Jonathan D., Cha, Young Koo, Kim, Changsu, Kugler, Richard L., Sung, Chai-Ki, Levin, Norman D., Chung, Choon-Il, Winnefeld, James A., Suh, Choo-Suk, Henry, Don et al., *A New Alliance for the Next Century: The Future of U.S.-Korean Security Cooperation* (Santa Monca, CA: RAND, 1995)

Pollack, Jonathan D., "China as a Nuclear Power," in William Overholt, Asia's Nuclear Future (New York: Routledge, 2020).

Program for Promoting Nuclear Non-Proliferation, IAEA and Its Future, April 1994, Special Issue.

Tannenwald, Nina, "The Nuclear Taboo: The United States and the Normative Basis of Nuclear Non-Use," *International Organization*, 53:3 (Summer, 1999).

Quester, George H., "Soviet Policy on the Nuclear Non-Proliferation Treaty," *Cornell International Law Journal*, 5:1, 1972.

Sagan, Scott D., "Why Do States Build Nuclear Weapons? Three Models in Search of a Bomb," *International Security*, 21:3(Winter 1996/1997).

Stimpson, Henry C., "The Decision to Use the Atomic Bomb," in Paul R. Baker, ed., *The Atomic Bomb* (hinsdale, Illinois: Dryden Press, 1968).

Villers, J.W. de, Jardine, Roger and Reiss, Mitchell, "Why South Africa Gave Up the Bomb," *Foreign Affairs*, November/December 1993.

Woolf, Amy F., "Nunn-Lugar Cooperative Threat Reduction Programs: Issues for Congress," *CRS Report for Congress*, Congressional Research Service, 97-1027 F, March 23, 2001.

Zondi, Siphalmandla, Apartheid South Africa and the Dismantled Nuclear Weapon Capability, *International Conference on New Security Threats and International Peace Cooperation* hosted by the Association for International Security and Cooperation in Seoul. 2021.10.14.

4. 단행본 및 학위논문

(1) 한글 단행본 및 학위논문

김광모, 『청와대 비서관의 박정희 대통령 중화학 공업 회상』(서울: 박정희 대통령기념재단, 2017).

김경일 저, 홍명기 역, 『중국의 한국전쟁 참전 기원』(서울: 논형, 2005).

김명섭, 『전쟁과 평화: 6·25전쟁과 정전체제의 탄생』(서울: 서강대학교출판부, 2015).

_____, 이희영, 양준석, 유지윤 편주, 『대한민국 국무회의록』(파주: 국학자료원, 2018).

김병구, 『제2의 실크로드를 찾아서』(서울: 지식과 감성, 2019).

김익중, 『한국 탈핵』(대구: 한티재, 2013).

김영호, 『한국전쟁의 기원과 전개과정』(서울:두레, 1998).

김정렴, 『아 박정희: 김정렴 정치회고록』(서울: 중앙M&B, 1997).

김정섭, 『낙엽이 지기 전에: 1차 세계대전 그리고 한반도의 미래』(서울: MID, 2017).

김태우, 『한국 핵은 왜 안되는가: 김태우의 핵 주권 이야기』(서울: 지식산업사, 1994).

김태형, 『인도-파키스탄 분쟁의 이해』(서울: 서강대학교 출판부, 2019).

김학준, 『한국전쟁:원인, 과정, 휴전, 영향 제4수정 증보판』(서울:박영사, 2010).

김홍익, 『권위주의 지역핵국가의 핵전략결정요인 연구』, 「북한대학원대학교 박사학위 논문」, 2022. 6.

경희대학교 한국현대사연구원(편저), 『한국전쟁관련 유엔문서 자료집 제1권: 제5차 유엔총회문서』(서울: 경인문화사, 2011).

고경력 원자력전문가 편저, 『원자력 선진국으로 발돋움한 대한민국 원자력 성공사례』(서울: 한국연구재단과 한국기술경영연구원, 2011).

국방부 군사편찬연구소, 『한미군사관계사 1871-2002』(서울: 신오성기획인쇄사, 2002).

국사편찬위원회, 『고위관료들 북핵 위기를 말하다』(과천: 국사편찬위원회, 2012).

권정욱, 『미국의 대동맹국 핵안전보장의 신뢰성 결정요인: 냉전기 서독과 한국의 사례비교』, 「국방대학교 석사학위논문」, 2017. 1.

노태우, 『노태우 회고록 하』(서울: 조선뉴스프레스, 2011).

류병현,『류병현 회고록』(서울: 조갑제닷컴, 2013).

박익수,『한국원자력창업비사 (서울: 도서출판 경림, 1999).

박익수(2004a),『한국원자력창업사 1955-1980 개정3판』(도서출판 경림, 2004).

박익수(2004b),『한국원자력창업비사, 개정판』(서울: 도서출판 경림, 2004).

박일, "핵군축과 비확산: 핵보유국과 핵비보유국간 차별적 의무 이행"(대전: 한국원자력통제
　　기술원, 2020).

박재규 편,『핵확산과 개발도상국』(서울: 경남대 극동문제연구소, 1979).

박휘락,『북핵억제와 방어』(경기도: 북코리아, 2018).

백진현, "핵확산금지조약(NPT)의 성과와 한계,"백진현 편,『핵비확산체계의 위기와 한국』
　　(서울: 오름, 2010).

산업통상자원부 한국수력원자력(주),『2016 한국 원자력 발전 백서』(서울: 진한 엠엔비,
　　2017).

송민순,『빙하는 움직인다: 비핵화와 통일외교의 현장』(서울: 창비, 2016).

심기보,『원자력의 유혹: 핵무기, 원자력 발전 및 방사성 동위원소』(서울: 한솜미디어,
　　2015).

심융택,『백곰, 하늘로 솟아오르다』(서울: 기파랑, 2013).

_____,『굴기: 실록 박정희 경제강국 굴기 18년 제10권: 핵개발 프로젝트』(서울: 동서문화
　　사, 2015).

서울신문사,『주한미군 30년』(서울: 행림출판사, 1979).

아산정책연구원,『ASAN Report: 한국인의 외교안보인식: 2010~2020 아산연례연구조사 결
　　과』(서울: 아산정책연구원, 2021).

안동만, 김병교, 조태환,『백곰, 도전과 승리의 기록』(서울: 플래닛미디어, 2016).

오시카 야스아키, 한승동 옮김,『멜트다운: 도쿄전력과 일본정부는 어떻게 일본을 침몰시켰
　　는가』(서울: 양철북, 2013).

오원철,『박정희는 어떻게 경제강국 만들었나』(서울: 동서문화사, 2006).

유광철 이상화 임갑수,『(외교현장에서 만나는) 군축과 비확산의 세계』(서울: 평민사, 2005).

이명박,『대통령의 시간 2008-2013』(서울: 알에이치코리아, 2015).

이용준,『북핵 30년의 허상과 진실: 한반도 핵게임의 종말』(파주: 한울아카데미, 2018)

이윤섭,『박정희 정권의 핵무기 개발 비사: 자주국방을 위한 도전』(경기도: 출판시대,
　　2019).

이정훈,『한국의 핵주권: 녹색 성장시대 그래도 원자력이다』(서울: 글마당, 2009).

이정훈 외,『탈핵비판: '이룩한 이'대 '없애는 이'』(서울: 글마당, 2018).

이종훈,『한국은 어떻게 원자력 강국이 되었나: 엔지니어 CEO의 경영수기』(서울: 나남,
　　2012)

이치바 준코,『한국의 히로시마: 20세기 백년의 분노, 한국인 원폭피해자들은 누구인가』(서

울: 역사비평사, 2003).

이호재, 『핵의 세계와 한국핵정책: 국제정치에 있어서 핵의 역할』(서울: 법문사, 1981).

장성규, 『한국전쟁시 미공군의 전략에 관한 연구』, 「국방대 박사학위 논문」, 2011. 1.

전두환, 『전두환회고록 2: 청와대 시절』(서울: 자작나무숲, 2017).

전봉근, 『비핵화의 정치』(서울: 명인문화사, 2020).

정욱식, 『핵의 세계사』(서울: 아카이브, 2012).

조성렬, 『전략공간의 국제정치: 핵 우주 사이버 군비경쟁과 국가안보』(서울: 서강대학교출판부, 2016).

조영길, 『자주국방의 길: 자주국방의 열망, 그 현장의 기록』(서울: 플래닛미디어, 2019).

전진호, 『일본의 대미 원자력 외교: 미일 원자력 협상을 둘러싼 정치과정』(서울: 도서출판선인, 2019).

조철호, 『박정희 핵외교와 한미관계 변화』, 「고려대학교 박사학위 논문」, 2000.12.

주경민, 『박정희 정부의 NPT 가입 요인 분석』, 「서울대학교 석사학위 논문」, 2018.12.

천영우, 『대통령의 외교안보 어젠다: 한반도 운명 바꿀 5대 과제』(서울: 박영사, 2022).

최명해, 『중국-북한 동맹관계: 불편한 동거의 역사』(서울: 오름, 2009).

최진욱 편저, 『신 외교안보 방정식(서울: 전략문화연구원, 2020).

토르쿠노프, A. V., 구종서 옮김, 『한국전쟁의 진실과 수수께끼』(서울: 에디터).

하영선, 『한반도의 핵무기와 세계질서』(서울: 나남,1991).

헤이즈, 피터 J., 고대승, 고경은 역, 『핵 딜레마: 미국의 한반도 핵정책의 뿌리와 전개과정』(서울: 한울, 1993).

한국안보문제연구소, 『북한 핵미사일 위협과 대응』(서울: 북코리아, 2014).

한국원자력연구원 (2008), 『원자력 50년 부흥 50년』(대덕: 과학기술부와 한국원자력연구원, 2008).

한국원자력연구원(2019), 『한국원자력연구원 60년사: 1959-2019』(대전: 한국원자력연구원, 2019).

한국원자력통제기술원, 『핵비확산조약 50년: 정치적 합의에서 기술적 이행까지』(대전: 한국원자력통제기술원, 2020).

한용섭, 『국방정책론』(서울: 박영사, 2014).

―――――, 『한반도의 평화와 군비통제』(서울: 박영사, 2015).

―――――, 『북한핵의 운명』(서울: 박영사, 2018).

황병무, 『한국 외군의 외교군사사』(서울: 박영사, 2021).

(2) 영어 단행본 및 학위논문

Albright, David with Stricker, Andrea, *Revisiting South Africa's Nuclear Weapons: Its History, Dismantlement and Lessons for Today* (Washington

DC: Institute for Science and International Security, 2016).

Albright, David and Stricker, Andrea. *Taiwan's Former Nuclear Weapons Program: Nuclear Weapons On-Demand* (Washington D.C.: Institute for Science and International Security, 2018).

Allen, T., *Wargames* (New York: McGraw-Hill, 1987).

Bacevich, A., *The Pentomic Era: The U.S. Army Between Korea and Vietnam* (Washington DC: U.S, National Defense University, 1986).

Brands, H. W., *The General vs. The President* (New York: Doubleday, 2016).

Campbell, Kurt M., Einhorn, Robert J., and Reiss, Mitchell B., eds., *The Nuclear Tipping Point: Why States Reconsider Their Nuclear Choices* (Washington D.C.: Brookings Institution, 2004).

Carnesale, Albert and Haass, Richard N., *Superpower Arms Control: Setting the Record Straight* (Cambridge, MA: Ballinger Publishing Company, 1987).

Cirincione, Joseph, *Bomb Scare: The History and Future of Nuclear Weapons* (New York: Columbia University Press, 2007).

Feiveson, Harold A., Glaser, Alexander, Mian, Zia, Hippel, Frank N. Von, *Unmaking the Bomb: A Fissile Material Approach to Nuclear Disarmament and Nonproliferation* (Cambridge, MA: The MIT Press, 2014).

Fitzpatrik, Mark, *Asia's Latent Nuclear Powers: Japan, South Korea, and Taiwan,* (London, UK: IISS, 2016).

Foot, Rosemary, *The Wrong War : American Policy and the Dimensions of the Korean Conflict, 1950-53* (Ithaca, N. Y.: Cornell Univ. Press, 1985).

Fravel, M. Taylor, *Active Defense: The Evolution of China's Military Strategy Since 1949* (Princeton, NJ: Princeton University Press, 2019).

Futrell, Robert F., *The United States Air Force in Korea 1950-1953* (Washington D.C.: Office of the Air Force History, 1961).

Futter, Andrew, The Politics of Nuclear Weapons (London: SAGE Publications Ltd, 2015), 고봉준 역, 『핵무기의 정치』(명인문화사, 2015).

Graham, Farmelo, *Churchill's Bomb: How the United States Overtook Britain in the First Nuclear Arms Race* (New York: Basic Books, 2013).

Han, Yong-Sup, *Nuclear Disarmament and Nonproliferation in Northeast Asia* (Geneva and New York: United Nations, 1995)

Hecht, Gabrielle, *The Radiance of France: Nuclear Power and National Identity After World War II* (Cambridge, MA: The MIT Press, 2009).

Hersman, Rebecca K. C. and Peters, Robert, "Nuclear U-Turns: Learning from

South Korean and Taiwanese Rollback," *Nonproliferation Review*, Vol. 13, No 3, November 2006.

Hiim, Henrik Stalhane, *China and International Nuclear Weapons Proliferation: Strategic Assistance* (London and New York: Routledge, 2019).

Hong, Sung Gul, "The Search for Deterrence: Park's Nuclear Option," *The Park Chung Hee Era: The Transformation of South Korea* Edited by Kim, Byung-Kook and Vogel, Ezra F., (Cambridge, MA: Harvard University Press, 2011).

Judt, Tony, *Postwar: A History of Europe Since 1945* (New York: Penguin, 2005)

Kennedy, Paul, *The Rise and Fall of The Great Powers* (New York, US: Random House, 1987).

Kissinger, Henry, *Nuclear Weapons and Foreign Policy* (New York: WW Norton & Company, 1969).

Kim, Byung-Koo, *Nuclear Silk Road: The Koreanization of Nuclear Power Technology* (New York: CreateSpace, 2011).

Knopf, Jeffrey W. ed., *Security Assurances and Nuclear Nonproliferation* (Stanford, CA: Stanford University Press, 2012).

Lamarsh, John R. and Baratta, Anthony J., *Introduction to Nuclear Engineering* 3rd. ed. (New York: Pearson Education, 2001), 박종은, 문주현, 박동규, 김유석, 김규태 공역, 『원자력공학개론』(서울: 한티미디어, 2018).

Library of Congress, Congressional Research Service, *Facts on Nuclear Proliferations: A Handbook prepared for the US Senate Committee on Government Operations* (Washington D.C.: US Government Printing Office, Dec 1975).

McGoldrick, Fred, *Limiting Transfers of Enrichment and Reprocessing Technology: Issues, Constraints, Options*(Cambridge, MA: Belfer Center, 2011)

Medgley, James, *Deadly Illusions: Army Policy for the Nuclear Battlefield* (Boulder, CO: Westview Press, 1986).

Narang, Vipin, *Nuclear Strategy in The Modern Era: Regional Powers And International Conflict* (Princeton, NJ: Princeton University Press, 2014).

Nah, Liang Tuang, *Security, Economics and Nuclear Nonproliferation Morality: Keeping or Surrendering the Bomb* (Switzerland: Palgrave MacMillian, 2017).

Nicholas, Thomas M., *No Use: Nuclear Weapons and U.S. National Security* (Philadelphia, Pennsylvania: University of Pennsylvania Press, 2014).

Lewis, John Wilson and Litai, Xue, *China Builds the Bomb*, (Stanford, CA:

Stanford University Press, 1988).

Lodgaard, Sverre, *Nuclear Disarmament and Nonproliferation: Towards a Nuclear-Weapon-Free World?* (Routledge Global Security Studies, 2011).

Oberdorfer, Don, *The Two Koreas* (New York: Basic Books, 2002).

Oberdorfer, Don and Carlin, Robert, *The Two Koreas: A Contemporary History* (New York: Basic Books, 2014).

Park, So Yeon (Ellen), *Why Do Leaders Matter?: Exploring Leaders' Risk Propensities and Nuclear Proliferation*, University of California, Santa Barbara Ph.D. Dissertation, June 2021.

Potter, William C., *Nuclear Power and Nonproliferation: An Interdisciplinary Perspective* (West Germany: Oelgeshlager, Gunn & Hain, Publishers, Inc., 1982).

Potter, William C. with Mukhatzhanova, Gaukhar, *Forecasting Nuclear Proliferation in the 21st Century* (Stanford, CA: Stanford University Press, 2010).

Potter, William and Mukhatzhanova, Gaukhar, *Nuclear Politics and the Non-Aligned Movement* (London, UK: Routledge, 2012).

Reevers, Richard, *President Kennedy: Profile of Power* (New York: Simon & Schuster, 1993).

Reiss, Mitchell, *Bridled Ambition: Why Countries Constrain Their Nuclear Capabilities* (Washington DC: The Woodrow Wilson Center Press, 1995).

Rhodes, Richard, *Arsenals of Folly: The Making of the Nuclear Arms Race* (New York, NY: Simon and Schuster, 2007).

Roehrig, Terence, *Japan, South Korea, And The United States Nuclear Umbrella: Deterrence After the Cold War* (New York: Columbia University Press, 2017)

Rublee, Maria Rost, *Nonproliferation Norms: Why States Choose Nuclear Restraint* (Athens, GA: University of Georgia Press, 2009).

Sagan, Scott D. and Waltz, Kenneth N., *The Spread of Nuclear Weapons: A Debate* (New York and London: W.W. Norton & Company, 1995).

Shin, David W., *Kim Jong-un's Strategy for Survival* (London, UK: Lexigngton Books, 2021).

Shultz, George P. and Goodby, James E. ed., *The War That Must Never Be Fought: Dilemmas of Nuclear Deterrence* (Stanford, CA: Hoover Institution Press, 2014).

Schweitzer, Peter, *Victory: The Reagan Administration's Secret Strategy that Has*

Hastened the Collapse of the Former Soviet Union, 한용섭 역, 『냉전에서 경제 전으로』(서울: 오름, 1998).

Tinnenwald, Nina, *The Nuclear Taboo: The United States and the Non-Use of Nuclear Weapons Since 1945* (New York: Cambridge University Press, 2007).

Thies, Walles J., "Learning in US Policy Toward Europe," in Bresluaer, George W. and Tetlock, Philip E. eds., *Learning in U.S. and Soviet Foreign Policy* (Boulder, CO: Westview Press, 1991).

Wiltz, John Edward, "The Korean War and American Society," Heller, Franis H. (ed.), *The Korean War: A 25-year Perspective* (Lawrence: The Regents Press of Kansas, 1977).

王仲春(Wang Zhong Chun), 『核武器核国家核战略』(北京, 中国: 时事出版社, 2007).

5. 인터넷 검색자료

과학기술정보통신부 (https://www.msit.go.kr/index.do)

국방부 (https://www.mnd.go.kr)

더불어민주당 (https://theminjoo.kr/)

(사)원폭피해자협회 (http://wonpok.or.kr/doc/abomb1.html)

위키백과, 제18, 19대 대통령 선거 (https://ko.wikipedia.org)

환경부 (http://www.me.go.kr/home/web/main.do)

Arms Control Association (http://www.armscontrol.org)

Atomic Archives (https://www.atomicarchive.com)

Atomic Heritage Foundation (https://www.atomicheritage.org)

IAEA (https://www.iaea.org)

International Panel on Fissile Materials (https://fissilematerials.org)

KBS World Radio, 한반도 A to Z (https://world.kbs.co.kr/special/northkorea/index.htm?lang=k)

National Security Archive (https://nsarchive.gwu.edu/)

United Nations Security Council Report (https://www.securitycouncilreport.org)

University of Virginia, Miller Center (https://millercenter.org)

World Nuclear Association (https://world-nuclear.org)

Wilson Center (https://digitalarchive.wilsoncenter.org/)

찾아보기

저자 약력

한용섭(韓庸燮), Yong-Sup Han

서울대 정치학과 학사 및 석사
미국 하버드대 정책대학원 석사
미국 랜드대학원 안보정책학 박사
제21회 행정고등고시 합격
국방부 한미연례안보협의회 담당
국방부 핵정책담당관 및 남북핵통제공동위 전략수행요원
국방장관 정책보좌관
국방대 교수
국방대 부총장, 국방대 안보문제연구소장
통일부, 외교부, 국방부, 보훈처, 합참, 육군, 해군, 공군 정책자문위원
한국핵정책학회 회장, 한국평화학회 회장, 한중 싱크넷 부회장
한 · 미 · 중 전략대화 부회장, 한국국제정치학회 부회장, 한국정치학회 부회장
노르웨이 국제문제연구소와 미국 몬테레이 비확산연구소 객원연구원
미국 랜드연구소와 유엔군축연구소 객원연구원
미국 포틀랜드대학교 및 샌디에고대학 교환교수
중국 상하이 푸단대 및 중국 외교학원, 일본 게이오대학 교환교수
現在 국제안보교류협회 회장, 우리국익가치연구회 대표
　　경남대 초빙교수, 국방대 명예교수, 중앙일보 한반도평화워치칼럼니스트

수상

국무총리상(1992), 국제정치학회 저술상(2004)
세종문화상(외교안보통일분야)(2008), 문화관광부 우수도서(자주냐 동맹이냐, 2004)
대한민국학술원 우수학술도서 선정(국방정책론, 2012), 한국연구재단 우수학자(2015-2020)
홍조근정훈장(2012), 황조근정훈장(2020)

주요저서

『우리국방의 논리』(2019), 『북한 핵의 운명』(2018), 『한반도 평화와 군비통제 전정판』(2015), 『한반도 평화와 군비통제』(2004), 『국방정책론』(2012, 2016), 『동북아시아의 핵무기와 핵군축』(2001), 『자주냐 동맹이냐』(2004, 편저), 『동아시아 안보공동체』(2005, 공저), 『미중경쟁시대의 동북아평화론』(2010, 편저), 『미일중러의 군사전략』(2018, 공저), 『신외교안보방정식』(2020, 공저) 등
South Korea's 70 Year Endeavor for Foreign Policy, National Defense, and Unification(co-authored in 2018), Peace and Arms Control on the Korean Peninsula(2005), Sunshine in Korea(2002), Nuclear Disarmament and Nonproliferation in Northeast Asia(1995), Conventional Arms Control on the Korean Peninsula(1991) 등

국제공동연구

한반도 재래식 군비통제방안 연구(2019)
한미동맹의 미래 비전 연구(2005)
북한체제의 근대화 방안 연구: 목적, 방법, 적용(2003)
한반도 신뢰구축방안 연구(2001)

핵비확산의 국제정치와 한국의 핵정책

초판 발행   2022년 9월 10일
중판 발행   2023년 1월 30일

지은이   한용섭
펴낸이   안종만·안상준

편 집   우석진
기획/마케팅   정연환
표지디자인   이수빈
제 작   고철민·조영환

펴낸곳   ㈜ **박영사**
             서울특별시 금천구 가산디지털2로 53, 210호(가산동, 한라시그마밸리)
             등록 1959. 3. 11. 제300-1959-1호(倫)
전 화   02)733-6771
f a x   02)736-4818
e-mail   pys@pybook.co.kr
homepage   www.pybook.co.kr
ISBN   979-11-303-1615-4   93390

copyright©한용섭, 2022, Printed in Korea

정 가   32,000원